TURING 图灵原创

App Inventor开发实战

金从军 张路 ◎ 著

人民邮电出版社
北京

图书在版编目（CIP）数据

App Inventor开发实战 / 金从军，张路著. -- 北京：
人民邮电出版社，2021.10
（图灵原创）
ISBN 978-7-115-57417-6

Ⅰ. ①A… Ⅱ. ①金… ②张… Ⅲ. ①移动终端—应用
程序—程序设计 Ⅳ. ①TN929.53

中国版本图书馆CIP数据核字(2021)第195062号

内 容 提 要

App Inventor 是 MIT 开发的流行的可视化编程工具，编程爱好者可以在短时间学会创建炫目的安卓手机应用。本书是 App Inventor 汉化先驱金从军及张路的经典作品《App Inventor 开发训练营》的升级版——全新版 App Inventor、全新写作思路、全面更新案例、全彩印刷。书中通过趣味游戏、辅助教学、数学实验室、实用工具四大单元共 15 个实战案例，生动形象、深入浅出地展示了使用 App Inventor 进行应用开发的步骤、要点和技巧。跟着本书，你也能成为可视化编程开发的高手，同时掌握编程开发的逻辑与思维！

本书适合青少年及其家长、中小学信息技术教师、大学生编程爱好者等自学，也适合青少年编程培训机构用作教材。拿起本书，通过 App Inventor 动手开发出自己的安卓应用吧！

◆ 著　　　金从军　张　路
　责任编辑　刘美英
　责任印制　周昇亮
◆ 人民邮电出版社出版发行　　北京市丰台区成寿寺路11号
　邮编　100164　　电子邮件　315@ptpress.com.cn
　网址　https://www.ptpress.com.cn
　天津图文方嘉印刷有限公司印刷
◆ 开本：800×1000　1/16
　印张：26.5
　字数：592千字　　　　2021年10月第1版
　印数：1-3 000册　　　2021年10月天津第1次印刷

定价：139.80元

读者服务热线：(010)84084456　印装质量热线：(010)81055316
反盗版热线：(010)81055315
广告经营许可证：京东市监广登字 20170147 号

再 版 序

你正在阅读的这本书是《App Inventor 开发训练营》（以下简称《训练营》）的升级版。

《训练营》最初发布在百度阅读上，从 2015 年 5 月发布第 1 章“水果配对”，到 2016 年 7 月发布最后一章“函数曲线”（当时为第 16 章），历时 14 个月。后来百度阅读一度出现系统故障，于是笔者将图书内容转移到了 book2.17coding.net 上，维护至今。2017 年，笔者收到图灵公司的出版邀约，于是在线上内容的基础上补充了几章，再加以内容的调整与优化，最终，纸质书于 2018 年 9 月正式出版。

2018 年是 MIT App Inventor 汉化版登陆中国的第五个年头，经过四年多不间断的普及和推广，积累了一批早期的开发者——其中很多人成了《训练营》的读者。读者中有相当一部分是教师，有的教师将书中的部分章节开发成课程，并发表了自己的教学科研成果；读者中也有一些是青少年，他们在完成书中的案例之后，询问我何时还能发表新的案例。还有些读者在阅读过程中遇到障碍，通过微博或微信等渠道询问解决问题的思路。这些来自读者的反馈，让我感到欣慰的同时，也发现了图书中的诸多不足，并梳理了许多改进的思路。

就在《训练营》出版 2 年之后，笔者收到了编辑的升级邀请。众所周知，MIT App Inventor 的版本一直处于更新之中，为了尽可能保持图书与开发工具的一致性，版本更新势在必行。加之此前对旧版的改进思路酝酿已久，我毫不犹豫地接受了邀请。于是便有了接下来长达 9 个月的改版之路——从 2020 年的 2 月初至 10 月末。在此期间，笔者的公众号“老巫婆的程序世界”一直处于停更状态。这是一个封闭式改版项目，任务比想象的要艰巨，耗时是原计划的三倍有余。

新版为何耗费这么长时间，跟旧版相比又有哪些特色？除了对书中全部案例的程序进行重新编写之外，我们还从以下几个方向做了大量调整与优化。

组织结构

《训练营》是一本以案例为主的技术书，当初的写作思路是以案例为线索展开对知识的讲解，因此，旧版各章之间在知识上存在递进关系。创作之初，虽然也考虑到了案例的种类，如游戏、教学、工具等，但并没有对这些案例进行分类，而是将不同类型的案例混杂排列。图书出版后有不少读者反馈案例逻辑复杂，知识点太多，学习起来有一定难度。此次改版的目标之一就是归类——将相同类型的案例规整为一个单元，让知识点的讲解更加聚焦，也让大家学习起来更加轻松。这样就有了新版的四个单元：趣味游戏、辅助教学、数学实验室以及实用工具。归类就意味着必然要打破旧版各章的顺序，同时打破各章之间知识的递进关系，因此新版也就不得不重建各章之间的知识连接。最后，替换代码截图的任务，转变为重写所有章节，新版不仅调整了整本书的章节组织，还改进了具体章节的写作模式（后面会单独说明），以及案例的展现方式，这就是新版耗费 9 个月的原因。

在此，用下面的思维导图展示下本书的单元与章目录。

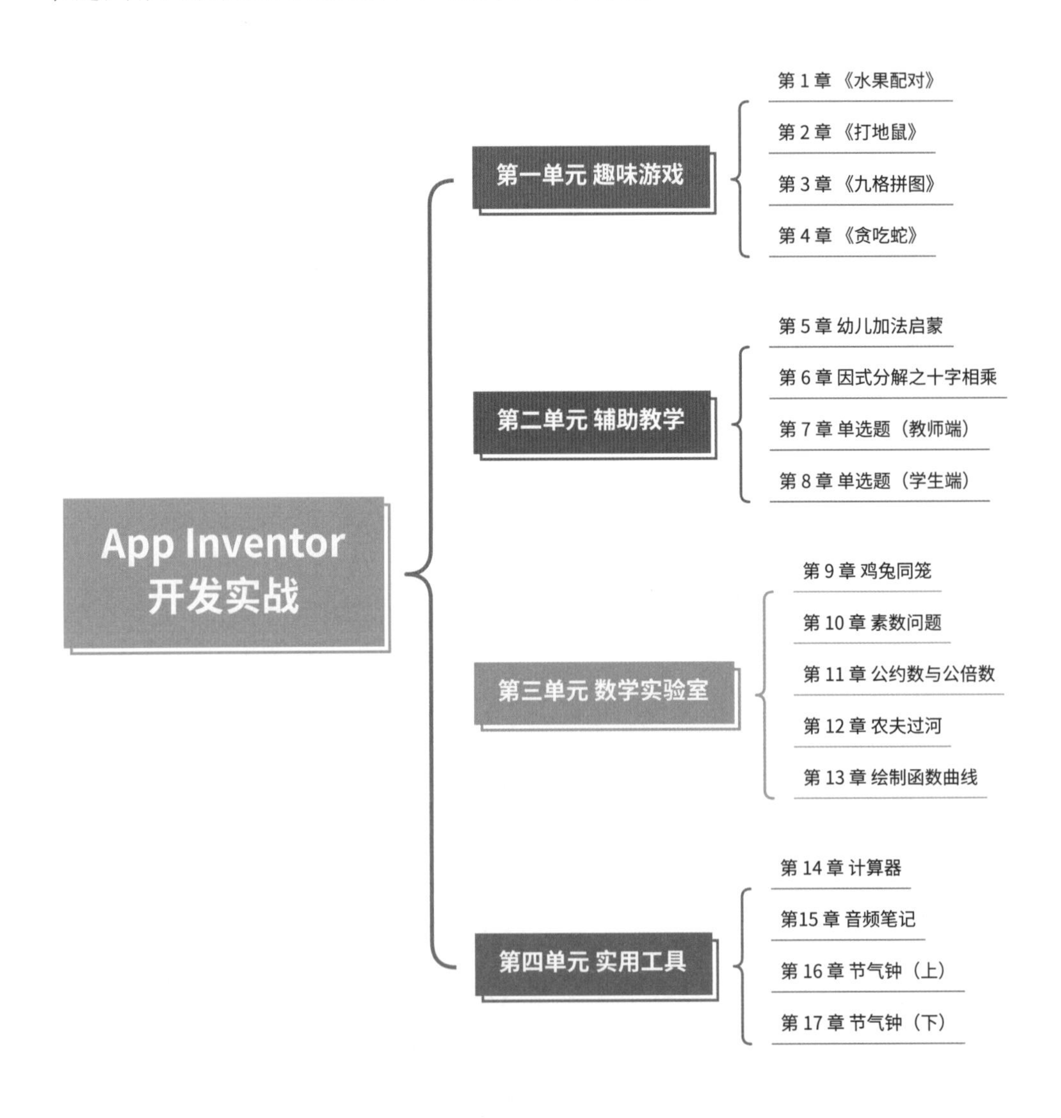

应用案例

新版中保留了旧版的大部分案例，删减了 3 个：天气预报、寻找加油站及家庭账本；同时增加了 4 个：单选题（教师端及学生端）、农夫过河、音频笔记及节气钟。删减天气预报及寻找加油站的原因是，这两个应用调用了第三方提供的网络服务接口，这些接口的技术规格更新频繁，且更新后的接口不能兼容旧版本。当大家按照书中提供的方法编写程序时，无法获得预期的结果，产生了不少困惑。删减家庭账本的原因是讲解应用的篇幅过长，家庭账本在旧版中占了 7 章，且内容上涉及前后台之间的协作，是一个非常复杂的大型案例。如果大家对家庭账本案例感兴趣，日后有机会笔者可以考虑将这部分独立成书。在增加的 4 个案例中，单选题是以往读者期待学习的应用中呼声较高的一类；农夫过河丰富了数学实验室单元的内容，用来说明如何将现实问题转化为程序问题；音频笔记可以视作家庭账本的简易版；而节气钟则是笔者对自己的双重挑战——先做出来，再写出来！

写作模式

除了对结构和案例的调整，新版还对具体章节的写作模式进行了改进（主要指案例的具体叙述方式），目的是让读者不仅“知其然”，更要“知其所以然”。例如，在前几章的用户界面设计环节，补充了用户界面设计的基本思路和页面布局的基本原则等相关内容。这些改进部分要归功于本书的责任编辑刘美英女士。在计划改版之初，她给了我许多关于叙述方法的建议，尤其是在考虑读者体验方面，这使得新版弥补了旧版的不足之处，在此我要向她表示衷心的感谢。

版式与印刷

阅读编程类技术书很容易给读者带来紧张感与疲劳感，我们试图在新版中尽可能规避这个问题。新版在知识组织、排版形式和印刷方式上，进行了力所能及的优化：

- 在知识组织上，笔者对内容进行了细分处理，降低了知识的密集程度，并在必要的情况下添加了补充说明；
- 在排版形式上，统一了变量名、过程名的表现方式，并针对注意事项和说明性内容进行了区别于正文的版式设计；
- 在印刷方式上，新版采用了全彩印刷，确保块语言的优势一览无余。

篇幅有限，更多细节就不在此一一阐述了，还请大家尽快开启阅读之旅，期待此次改进能够带给大家更加轻松愉悦的阅读体验！

金从军

2020 年 11 月 1 日

目　录

第一单元　趣味游戏

本单元包含 4 个游戏类的应用案例，分 4 章来讲解，它们是：

- 《水果配对》
- 《打地鼠》
- 《九格拼图》
- 《贪吃蛇》

凭心而论，计算机最吸引我们的莫过于游戏，而编写程序不过是一种更为高级的游戏，正因为如此，本书将游戏单元放在最前面。那么，究竟什么是游戏呢？

应用软件的分类有许多种方法，例如按功能划分，有办公软件、教学软件、游戏软件、即时通信软件，等等。这里想说的是另一种划分方法——问答分类法。按照这种分类方法，软件大致可以分为两类：一类是计算机出题，用户答题，如本书趣味游戏和辅助教学两个单元中的例子；另一类是用户出题，计算机答题，如本书实用工具单元中的计算器及节气钟的例子。因此，游戏软件可以定义为由计算机随机出题，由用户答题并获得奖赏的一类应用软件，通常具有以下特征：随机性、时限性及奖赏性。

游戏最显著的特点是题目的随机性。所谓随机性，你可以理解为现实世界里扑克牌游戏中的洗牌操作——为了确保游戏公平，牌的顺序必须是无规律的。计算机最擅长制造这种随机性，在 App Inventor 的数学代码块中，有两个生成随机数的块，分别是随机整数块及随机小数块，本单元的案例对这两种块都有所应用。

游戏类应用也可以细分为更多类型，如卡片类、动作类、解谜类、养成类，等等。无论是哪种类型的游戏，在随机性这一点上都是一致的，不同的是游戏中“角色”的呈现方式。例如，本书第 1 章的卡片类游戏《水果配对》及第 3 章的拼图类游戏《九格拼图》，游戏的主角是卡片，卡片按行列排列整齐，但卡片的正面图案是随机排列的。又如，第 4 章的动作类游戏《贪吃蛇》，游戏的主角是蛇，蛇吃果后会长大，而果会随机出现在屏幕的不同位置。由于游戏中角色的呈现方式不同，因此开发游戏使用的用户界面组件也有所不同，如《水果配对》游戏中使用了 16 个按钮，《九格拼图》中使用了画布和精灵，而《贪吃蛇》游戏中仅使用了一张画布。

游戏中的用户界面组件决定了游戏的空间特性，而游戏的另一个重要特性是时间特性。时间特性体现在两个方面：一是游戏中的角色会随时间的推移而改变状态，二是游戏的时间长度是有限的，即所谓的时限性。例如，在《水果配对》游戏中，翻开的两张牌如果正面图案不相同，会在短时间内重新合上（显示背面图案）；而当游戏耗时达到 1 分钟时，游戏会自动结束。又如，在《贪吃蛇》游戏中，蛇头每秒钟前进一步；不过，贪吃蛇不具有时限性。游戏的时间特性由计时器组件来实现，可以通过改变计时器的计时间隔来控制游戏的节奏。

在设计游戏的奖赏机制时，通常会考虑两个因素：一是加分因素（如命中次数、翻牌对数等），二是减分因素（如操作次数、游戏耗时等）。最终的成绩可能是二者之一，也可能是二者的综合。例如，《打地鼠》游戏只考虑加分因素，命中地鼠一次得 10 分，在有限时间内，命中次数越多，则最终得分越高。又如，在《水果配对》游戏中，每翻开一对卡片得 10 分，如果玩家在 1 分钟内翻开了全部卡片，则可得 80 分；除此之外，玩家还可获得奖励得分（剩余秒数 ×10），最终得分为这两项之和。上述两款游戏采用的是加分方式，即分数从零开始递增，而《九格拼图》游戏采用的是减分方式，即游戏开始时分数为 10 000，随着操作次数和游戏耗时的增加，分数会逐渐减少。

游戏的随机性、奖赏性及时空特性，都是游戏的外在特性，会直接影响玩家对游戏的体验，因此，对于游戏开发者而言，要格外关注这些特性。除此之外，开发者还应该关注应用的内在特性——应用的数据结构。稍微复杂一点的游戏，都涉及复杂的数据结构——列表。本单元的 4 个游戏案例无一例外地使用了列表。对列表的操作能力是开发者编程水平的重要标志，也是提高思维能力的重要途径。

通常，随机数、计时器、列表被称作游戏开发的“三板斧”。希望读者通过本单元的学习，能够掌握游戏开发的一般规律。

第 1 章 《水果配对》

作为本书的开篇，本章以《水果配对》游戏为例，全面讲解应用开发的流程及规范，并解析游戏开发特有的关键技术。本章将以开发流程为主线，针对流程中的各个环节，具体讲解实现的原则及规范。本章是全书内容的基础。

按照时间的先后顺序，通常一个应用的开发包含如下几个步骤：

(1) 需求分析
(2) 功能描述
(3) 界面设计
(4) 技术准备
(5) 任务分解
(6) 编写程序
(7) 测试纠错
(8) 代码整理

其中的 (6)(7) 两步需要重复多次，直到开发结束。

需求分析是一个软件开发项目的起点，这项任务需要由软件使用者和开发者共同来完成，双方经过一段时间的反复交流与研讨，最终就软件的功能及性能等指标达成共识，并以文字的形式确定下来，形成**需求文档**。需求分析同时也是一个软件开发项目的终点，用户将根据需求文档的内容对项目进行验收。本章将略去对需求分析的讨论，原因有二：一是《水果配对》是一款成熟的游戏，无须再作分析；二是需求分析的话题本身太过繁杂，不适合本章的篇幅。本章重点讨论后面几个步骤。

1.1 功能描述

功能描述可以说是需求文档的衍生品，它完整且具体地描述了软件的功能。所谓完整，指的是每一项功能都必须准确地加以描述，不能有遗漏；所谓具体，就是用具体数值来描述某项功能的技术指标。它既是开发任务的起点，也是终点。在着手开发之前，开发人员依据这个文档，将整个开发任务分解为一系列子任务，并在开发过程中逐个加以实现；在开发任务完成之后，测试人员会依据这个文档对项目进行综合测试，并最终交付给用户，这就是开发任务的终点。

功能描述的写作方法与记叙文有相似之处：记叙文中包含了时间、地点、人物、事件四大关键要素，而功能描述中通常也会包含**时间**、**空间**、**角色**、**事件**等基本要素，也要描述**角色**（组件）**在特定的时间、空间内的行为（所发生的事件）**。

此外，功能描述又与说明文相像，要求文字简练准确，内容具有条理性、客观性和完整性，不强调修辞方法，等等。一篇好的功能描述为后续的程序开发提供了一个完整的框架及任务清单，我们的每一个开发步骤都会以这份文档为依据，因此，千万不可掉以轻心。

《水果配对》是一款挑战瞬间记忆能力的游戏：先后翻开两张卡片，如果图案相同，则增加游戏得分，并保持两张卡片的翻开状态；如果图案不同，则瞬间将两张卡片重新合上。

以上这段文字描述了游戏的功能，对普通人来说，这样的描述已经算是清楚明白了，但是对开发者而言，它还不够完整，也不够具体，那么究竟如何着手写出一篇完整的功能描述呢?

这个问题可以从记叙文的写作中获得一些启示。我们都知道，记叙文有时间、地点、人物、事件四大要素，只有具备了这些要素，一篇文章才称得上是记叙文。那么游戏的功能描述呢？它由哪些要素组成呢？我们仿照记叙文的四大要素，给出功能描述的五大要素，即：时间、空间、角色、行为、规则。这五个要素，确立了我们写作的五个维度。下面我们将结合图 1-1，给出《水果配对》游戏的功能描述。

图 1-1 《水果配对》游戏的用户界面

(1) **时间**：设定游戏中与时间有关的因素。
  a) 游戏时长：60 秒。
  b) 卡片闪现时长：500 毫秒。

(2) **空间**：设定游戏中用户界面的布局。
  a) 用户界面顶部为信息提示区，用于显示游戏得分及游戏剩余时间。
  b) 用户界面中部显示 16 张卡片，以 4 × 4 的方阵进行排列。

(3) **角色**：设定游戏中被操作的对象，本游戏中为 16 张卡片。

(4) **行为**：分为游戏行为、角色行为及玩家行为，下面交替加以描述。
  a) 游戏行为（一）——游戏开始：分数清零，开始计时，为卡片随机分配正面图案。
  b) 角色行为（一）——角色初始状态：卡片显示背面图案。
  c) 玩家行为（一）——翻牌：玩家先翻开一张卡片，再翻开第二张卡片。
  d) 角色行为（二）：如果翻开的两张卡片图案相同，则两张卡片保持翻开状态。

e) 角色行为（三）：如果翻开的两张卡片图案不同，则两张卡片闪现片刻后重新合上（显示背面图案）。

f) 游戏行为（二）——计分：成功翻开一对卡片，更新得分。

g) 游戏行为（三）——计时：更新游戏剩余时间。

h) 游戏行为（四）——游戏结束：玩家翻开了全部卡片，或游戏剩余时间为零。

 i. 显示本次游戏得分。

 ii. 显示游戏得分的历史记录。

 iii. 允许用户选择重新开始或退出游戏。

(5) **规则**：设定游戏中的规则，如角色之间的生克关系、游戏奖励机制等。

a) 每翻开一对卡片得 10 分。

b) 如果在规定时间内翻开所有卡片，则将剩余游戏时间换算为奖励得分：（秒数）×10，与翻牌得分一同计入总分。

c) 如果在规定时间内没有成功翻开全部卡片，则不计分。

有一种说法：功能说明中隐含了程序中的变量和过程，其中的名词有可能成为程序中的全局变量，而动词或动宾词组有可能成为程序中的过程。具体来说，在以上的游戏描述中，游戏时长、剩余时间及奖励得分等都有可能成为程序中的全局变量；而翻牌、闪现、合上等，有可能成为程序中的过程。如果名词、动词能够与变量、过程相对应，那么这个游戏描述可以为整个开发任务提供一个切入点和努力的方向，并提高开发效率。不过，毕竟游戏描述使用的是人类的自然语言，而自然语言存在很大的不确定性，同样一款游戏，不同的人会有不同的描述方法。因此，这种说法值得借鉴，但不足以作为技术标准，而将复杂的问题简单化。

1.2 界面设计

开发者需要根据上述功能描述来设计用户界面，这是创作软件产品的重要环节。总体思路是，首先根据功能划分大的区域，然后针对每个区域考虑具体组件的选择与设置。

1.2.1 功能区划分

就《水果配对》而言，用户界面被划分为上下两个区域，如图 1-1 所示，屏幕的顶部称为**提示区**，用来提示用户游戏得分及游戏剩余时间。屏幕的其余部分称为**操作区**，是用户与游戏进行交互的区域。

1.2.2 界面布局

在 App Inventor 中，布局组件用来实现用户界面上的区域划分。现在进入 App Inventor 设计视图，依照上述功能区的划分，完成页面布局。

首先在屏幕上放置两个布局组件：上部提示区采用水平布局组件，下部操作区采用表格布局组件，将它们的名称分别修改为**提示区**及**操作区**，设置它们的宽、高属性，并将表格布局的行、列属性分别设为 4。然后在提示区中放置 3 个标签和 1 个数字滑动条，在操作区的 16 个单元格内依次放入 16 个按钮，最终的结果如图 1-2 所示，组件的命名及属性的具体设置见表 1-1。

图 1-2 设计游戏的用户界面

表 1-1 组件的命名及属性设置

组件类型	组件命名	属性	属性值
屏幕	Screen1	标题	水果配对
		主题	深色主题
		图标	ananas.jpg（菠萝图案）
		水平对齐	居中
水平布局	水平布局 1	宽度	96%
		高度	8%
		垂直对齐	居中
		背景颜色	白色

（续）

组件类型	组件命名	属　性	属 性 值
标签	{ 所有标签 }	文本颜色	灰色
	标签 1	显示文本	得分：
	得分	显示文本	0
	标签 2	显示文本	剩余时间
		宽度	充满
		文本对齐	居右
数字滑动条	剩余时间	宽度	120（像素）
		左侧颜色	红色
		最大值	60（像素）
		最小值	0
		滑块位置	60（像素）
		启用滑块	取消勾选
表格布局	表格布局 1	宽度	320（像素）
		高度	320（像素）
		行数	4
		列数	4
按钮	按钮 1 ～按钮 16	全部	默认
计时器	闪现计时器	一直计时	取消勾选
		启用计时	取消勾选
		计时间隔	500（毫秒）
计时器	游戏计时器	启用计时	取消勾选
		计时间隔	1000（毫秒）
对话框	对话框 1	全部	默认
本地数据库	本地数据库 1	全部	默认

表格中有几项内容说明如下。

(1) 表格中“标签”一行中，第二列（命名列）中的 { 所有标签 } 不是命名，而是说明性文字。

(2)“水平布局 1”的后面几行（标签、数字滑动条）采用了缩进格式，用来表明这些组件被包含在水平布局 1 中。“表格布局 1”下面的“按钮”一行也是如此。

(3) 组件默认的属性设置将不予说明。

本书中每章都设有表格“组件的命名及属性设置”，均采用与表 1-1 相同的格式。

1.2.3 素材文件

有些应用中需要使用一些图片或音视频素材，这些素材文件需要上传到项目中。在《水果配对》游戏中，共用到了 10 张图片，其中正面图片 8 张，背面图片 1 张，用于产品发布的图标图片 1 张（菠萝的卡通画，ananas.jpg）。图片的外观及规格见表 1-2。图片上传后的结果如图 1-2 所示。

表 1-2 图片规格（大小：80×80，单位：像素）

图片										
文件名	ananas	ananas	apple	banana	cherry	grape	orange	strawberry	watermelon	back
	.jpg	.png								

1.3 技术准备

对于游戏玩家而言，游戏的种类千差万别，各具特色。然而，在这些绚烂多彩的表面背后，起决定作用的技术手段，却只有屈指可数的那么几招，其中**随机数**、**列表**和**计时器**并称为游戏开发的“三大法宝”。**随机数**让游戏充满了不确定性，这正是游戏的趣味性所在；**列表**让棋牌或卡片类游戏可以随时追踪每个对象的状态，同时也可以动态改变它们的状态；而**计时器**用来限定游戏时长，或制造某种动画效果。

在《水果配对》游戏中，除了上述三大法宝，还涉及 App Inventor 特有的几项技术——组件对象、组件类代码块以及由组件对象构成的列表。下面我们依次加以介绍。

1.3.1 随机数

所有的编程语言，都有生成随机数的功能，App Inventor 也不例外。在数学类代码块抽屉中，有一个生成随机整数的块，如图 1-3 所示，这个块有两个参数——最小值和最大值，这个块的值是介于最小值与最大值之间的任意一个整数。

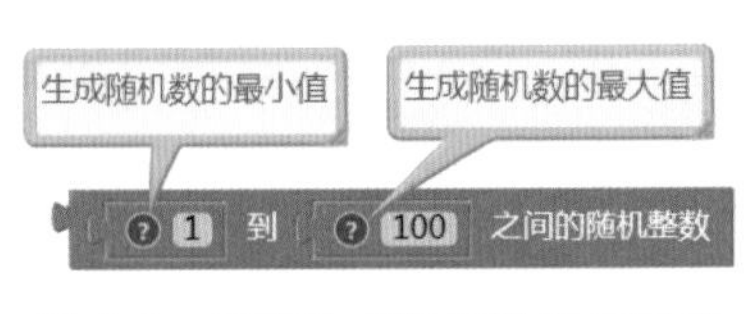

图 1-3 用来生成随机数的代码块

1.3.2 列表

我们知道，计算机能够处理的基本数据类型有 3 种——数值、文本及逻辑值，它们被称为简单的数据类型。相对而言，列表被称为复杂的数据类型，列表是一组数据，或者说是数据的集合。下面是几个与列表有关的重要概念。

- 列表项：组成列表的每一项数据都是一个列表项。
- 列表项的索引值：列表项之间按顺序排列，列表项在列表中的位置就是列表项的索引值。
- 列表的长度：列表中含有列表项的数目就是列表的长度。
- 多级列表：列表项可以是简单类型的数据，也可以是另一个列表，当列表项本身也是列表时，就构成了多级列表。

就简单数据类型而言，不同的数据类型有不同的处理方式，如数字的四则运算、字符的拼接和分解，等等。那么列表又有哪些处理方式呢？

首先是创建列表，在 App Inventor 中，使用列表块来创建列表，列表块是可扩展块，如图 1-4 中的左图所示，每一个插槽对应一个列表项。列表块的插槽需要用值来填充，如图 1-4 中的右图所示，这个值可以是数字、字串、逻辑值，也可以是另一个列表。

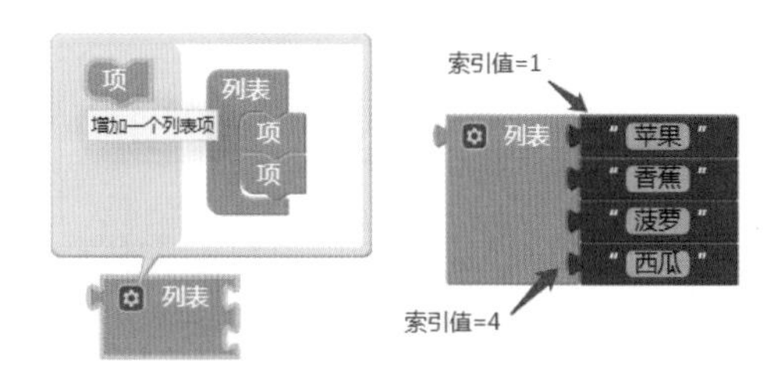

图 1-4　创建列表的方法

对于一个已有的列表，最常见的处理方式可以简单地归结为四个字：增删改查。

- 增：有两种增操作，一种是向列表结尾追加新项，另一种是在指定位置插入新项。
- 删：删除列表中的某一项。
- 改：修改列表中某一项的值。
- 查：根据索引值查找指定的列表项，或随机选取列表项。

由于列表是一个有序的数据集合，因此增（插入）删改查操作都与索引值有关。

此外，两个列表之间还可以进行“追加”操作，追加的结果是将一个列表中的全部列表项添加到另一个列表的尾部，组成一个新的列表，新列表的长度等于原来两个列表的长度之和。

在汉化版的 App Inventor 中，所有代码块都用汉字表明了它的用途，与列表有关的块也不例外。这些汉字可以帮助理解块的用法。在理解了列表的相关概念及操作方法之后，相信读者可以很容易地理解本章中用到的列表类代码块，这里就不再赘述了。

1.3.3　计时器

App Inventor 中提供了计时器组件，就像时钟每隔一定时间会发出“嘀嗒”声一样，计时器每隔一定时间会触发一次计时事件。在计时事件的处理程序中，可以实现某些与时间相关的功能。两次计时事件之间的时间间隔称为**计时间隔**，单位为毫秒（1 秒 = 1000 毫秒）。

对于《水果配对》游戏来说，以上技术都是至关重要的。

1.3.4　组件对象

在 App Inventor 的编程视图中，随意点击一个项目中的组件，打开该组件的代码块抽屉，你会发现，在代码块的最后一行，总有一个与该组件同名的代码块，这个代码块代表了这个组件本身，我们称之为**组件对象**。如图 1-5 所示，红色线条圈出的是表格布局组件对象，简称表格布局对象。

对于按钮来说，就是按钮对象。可以把组件对象看作一类特殊的数据（比如由键值对组成的列表），它里面包含了该组件的所有属性值。

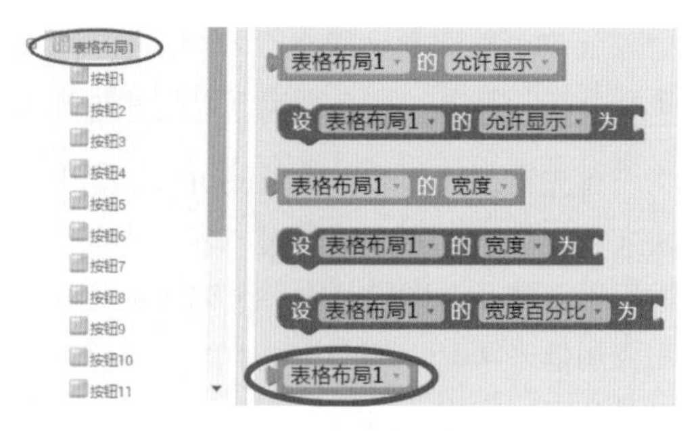

图 1-5 组件对象

1.3.5 组件类代码块

App Inventor 中提供了组件类代码块。在编程视图的代码块面板中，将内置块分组和 Screen1 分组折叠起来，就可以看到最后一个代码块分组——**组件类**，如图 1-6 所示。与 Screen1 项下的**组件代码块**相比，**组件类代码块**同样包含了三种颜色的块——黄色、浅绿色和深绿色，其中黄色块为事件块，浅绿色块为属性读取块，深绿色块为属性设置块。与组件块不同的是，组件类事件块中携带了两个参数，其中的**组件**参数正是触发该事件的**组件对象**。举例来说，当用户点击按钮 1 时，组件类点击事件块中的**组件**参数就是按钮 1 的组件对象。另外，在属性读取块中，需要提供的参数也是组件对象，如在读取按钮 1 的图片属性时，需要在“该组件为”的后面提供按钮 1 的组件对象。同样，在属性设置块中，除了要提供具体的设定值，也要提供被设置的组件对象。

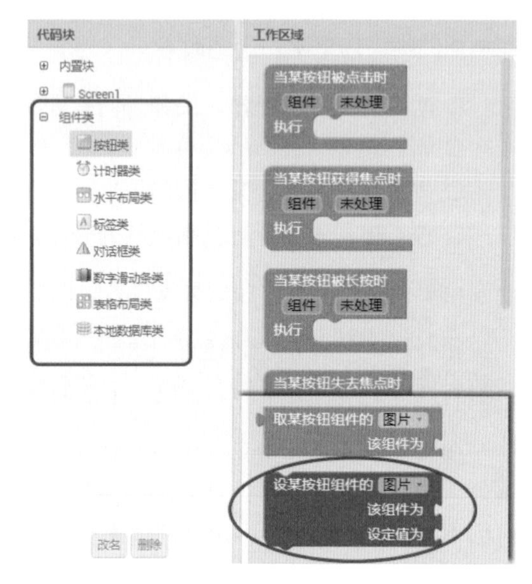

图 1-6 App Inventor 提供的组件类代码块

1.3.6 组件对象列表

将同种类型的组件对象存放在列表中，就构成了**组件对象列表**，例如由 16 个按钮对象构成的按钮列表。组件对象列表有以下两项重要的功能。

- 利用列表项的索引值，找到其中的任何一个按钮，动态地读取或改写它的属性值。
- 利用循环语句，批量地设置组件的属性。

以上两项功能的实现，都离不开组件类代码的配合。

1.4 任务分解

作为一个开发者，在面对一项开发任务时，总会问自己：哪些功能的实现会遇到陌生的技术和方法？如果你确信不存在陌生的技术和方法，那么就可以进入开发阶段了，否则，你需要创建一个实验项目，对难点问题进行有针对性的探索研究，直到找到合适的解决方案，再进入正式开发阶段。就《水果配对》这款游戏而言，我们已经在 1.3 节中完成了技术准备，因此现在可以进入正式开发阶段了。

接下来的问题是，依照怎样的顺序进行开发呢？如果把开发任务比作一张大饼，那么首先需要把它切成小块，然后再一块一块地吃掉它。于是又引出两个新的问题：一是如何分割，二是按照怎样的顺序来吃。

开发任务的分解并不像切大饼那样简单，一个更恰当的比喻是**庖丁解牛**，你要找到不同肌肉群之间的边界，并在边界处果断下刀。那么在 App Inventor 开发的程序中，代码是如何组织在一起的呢？也就是说，什么是代码中的“肌肉群”呢？答案是**事件处理程序！**

App Inventor 采用事件驱动的编程模式，按事件的来源划分，大致可分为两类事件，一类是用户交互事件，如按钮点击事件、画布拖动事件等；另一类是系统事件，如屏幕初始化事件、计时事件等。《水果配对》游戏中包含了以下事件：

- 屏幕初始化事件
- 按钮点击事件
- 计时事件
  - 闪现计时器
  - 游戏计时器
- 对话框完成选择事件

不过，这些事件并不是孤立的，它们之间有交叉的部分。比如在按钮点击事件中，当两张图案不同的卡片被翻开时，会触发闪现计时器的计时事件；又比如，游戏计时器的计时事件贯穿整个游戏的始终；最复杂的是，按钮点击事件和游戏计时器的计时事件都有可能导致游戏结束，并引发对话框的完成选择事件。由于这种交叉现象的存在，使得开发的任务不能完全用事件处理程序来划分。

综合游戏的功能描述，以及游戏运行的先后顺序，我们给出以下任务分解方案：

(1) 游戏初始化
(2) 翻牌——翻开、计分及闪现
(3) 控制游戏时长
(4) 设计游戏结尾

上述任务的排列顺序，也暗含了程序开发的顺序。我们知道，记叙文有 5 种常见的叙述方式——正叙、倒叙、插叙、平叙及补叙。一个故事选择哪种叙述方式，是仁者见仁、智者见智的事情，开发程序也一样。讲故事追求标新立异、不落俗套，写程序却不必如此，因此，通常会采用“正叙”方式来安排开发任务（即按照软件运行的时间顺序）。这样做的好处是，前置任务为后续任务奠定了基础，从而使整个开发过程自然且流畅。本书中的所有案例都将以“正叙”的方式展开。

凡事皆有顺序，在完成某项任务时，或在编写某个事件处理程序时，也会面临代码编写顺序的问题。总体上讲，无论是任务，还是事件，一般的实现顺序是：**变量、过程以及事件处理程序**。

1.5 编写程序：游戏初始化

游戏初始化任务需要在屏幕初始化事件中完成，其中包含下列两项子任务。

- 按钮初始化：
  - 清空显示文本
  - 显示背面图案
- 随机分配正面图案：将 8 对（16 张）图案随机分配给 16 个按钮。

正如中华文明始于盘古开天地，一款由 App Inventor 开发的应用则始于屏幕初始化事件。这个事件发生在应用启动时，此时，项目中所有的组件都已经添加完成，所有的全局变量都已经声明完成，并被赋予了初始值。

1.5.1 按钮初始化

1. 声明变量

此处需要声明两个全局变量。首先声明全局变量**按钮列表**，如图 1-7 所示。

然后声明全局变量**图片列表**，用来保存所有正面图案的图片文件名，如图 1-8 所示。

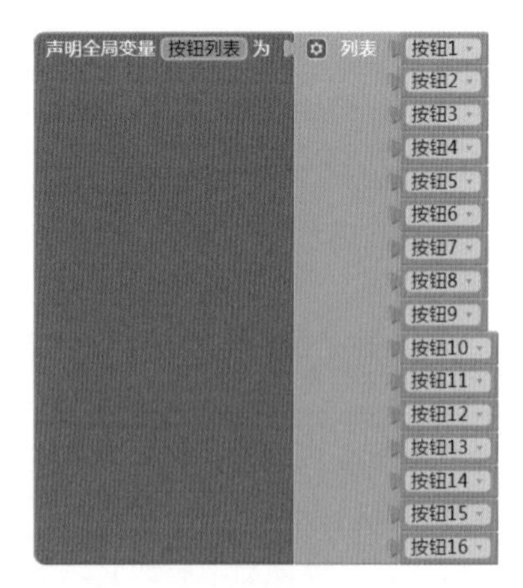

图 1-7 创建全局变量：按钮列表

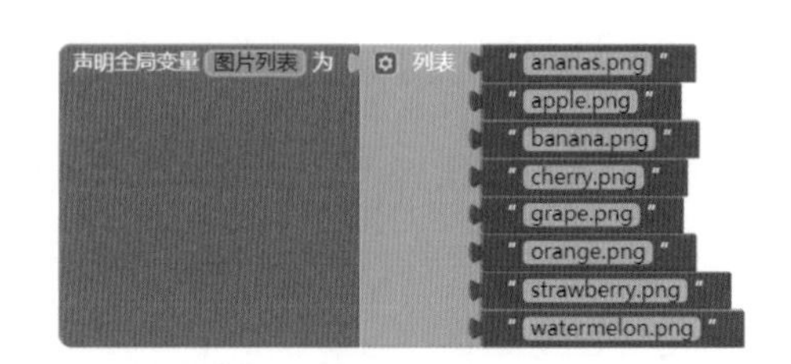

图 1-8 初始化图片列表

与按钮列表相比较，图片列表中的列表项是**文本**，而按钮列表中的列表项是**组件对象**。

这两个列表是整个程序的基础，稍后你将看到它们的威力。

2. 定义过程：按钮初始化

按钮初始化包含两项操作：清空按钮文本及设置按钮的背面图案。“组件对象列表 + 循环 + 组件类块”是实现这两个目标的关键！创建过程**按钮初始化**，利用循环语句批量设置按钮的显示文本及图片属性，代码如图 1-9 所示。

```
定义过程 按钮初始化
执行 针对列表 全局 按钮列表 中的每一 按钮
     执行 设某按钮组件的 显示文本 该组件为 按钮 设定值为 " "
          设某按钮组件的 图片 该组件为 按钮 设定值为 " back.png "
```

图 1-9 批量设置按钮的图片及显示文本属性

在屏幕初始化程序中调用上述过程，代码及测试结果如图 1-10 所示。

图 1-10 按钮显示背面图案

图 1-11 按钮的排列顺序

在**按钮初始化**过程里，如果不设置按钮的显示文本属性，我们将得到图 1-11 所示的测试结果，这里想利用此图来强调 16 个按钮的排列顺序。

1.5.2 随机分配正面图案

这是一个复杂的任务，为此，我们需要先写一个实验程序，引入两个不常用的列表操作——复制列表及追加列表，然后再讲解洗牌算法的实现过程。

1. 实验程序

我们的目标是让按钮按顺序显示正面图案，即让按钮 1 和按钮 9 显示图片列表中的第一项（菠萝），让按钮 2 和按钮 10 显示图片列表中的第二项（苹果），以此类推。与设置背面图案相同的是，这里也要使用“组件对象列表 + 循环 + 组件类块”这一方法；不同的是，图片的属性值来自另一个列表——**图案列表**。实验程序的代码如图 1-12 所示，其测试结果如图 1-13 所示。

图 1-12 设置卡片的正面图案（程序代码）

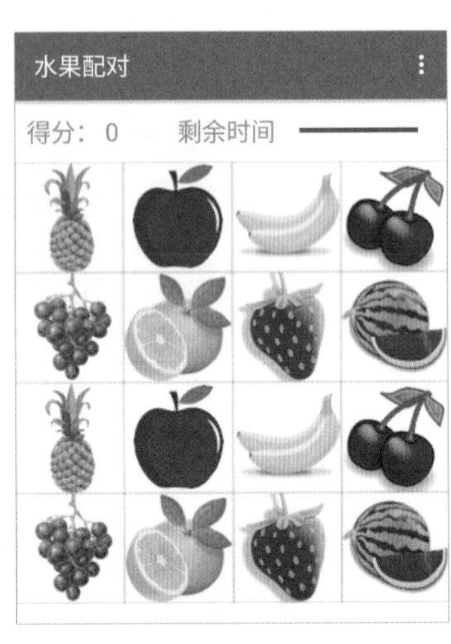

图 1-13 设置卡片的正面图案（测试结果）

在图 1-13 中，卡片的图案是按规律排列的，如果卡片一直这样排列，那么游戏将毫无乐趣可言。游戏的乐趣在于其多变性，就像我们玩扑克牌游戏，每次手中拿到的牌都有所不同，这种不可预知的变化才使得游戏充满乐趣和挑战。下面我们将利用 App Inventor 的列表及随机数功能来实现类似洗牌的操作。

2. 洗牌算法

洗牌算法的实现过程叙述如下。

(1) 需要两个列表，A 和 B，开始时，列表 A 按顺序存放了 8 对图案（如图 1-13 所示），列表 B 为空。
(2) 从列表 A 中随机选出一个列表项 *X*，添加到列表 B 中，并从列表 A 中删除 *X*。
(3) 从列表 A 中剩余的列表项中随机选出一个列表项 *Y* 添加到列表 B 中，再从列表 A 中删除 *Y*。
(4) 重复第 (3) 步直到列表 A 为空，此时列表 B 中随机排列了 16 个图案。

洗牌完成后，列表 A 中按顺序排列的 16 个图案被转移到了列表 B 中，而且排列顺序是打乱的。

根据上述原理，我们首先来考虑列表 A。由于列表 A 最终要被删除干净，因此不必使用全局变量，我们用局部变量**图案列表**来表示它。再来考虑图案混排的列表 B，在一轮 60 秒的游戏过程中，需要多次使用列表 B，因此声明一个全局变量**随机图案列表**来表示它，并设其初始值为空列表。

创建一个过程——**随机显示图案**，在该过程中声明局部变量**图案列表**，并用双倍的**图片列表**来填充**图案列表**，如图 1-14 所示。然后利用循环语句，逐一将**图案列表**中的列表项随机地转移到全局变量**随机图案列表**中，代码的测试结果如图 1-15 所示。

图 1-14　定义过程：随机显示图案

图 1-15　让卡片随机显示图案

对照前面的洗牌原理，我们很容易读懂图 1-14 中的代码。也许你会问，为什么要设置一个**随机图案列表**，它似乎与图案的显示无关。如果只是让 16 个按钮随机显示 16 个图案，那么“随机图案列表”的确是多余的。你可以试试看，即使删除过程中与随机图案列表相关的代码，也不会影响图案的随机显示。但是不要忘记，这个过程只是为了向读者展示如何为按钮随机分配正面图案，真正的游戏中并不会在游戏一开始就向玩家展示所有正面图案。随机图案列表的作用要到后面的程序中才能体现出来。

3. 知识扩展

这里需要解释一下图 1-12 及图 1-14 中的**复制列表**操作。如果直接将全局变量**图片列表**赋值给局部变量**图案列表**，那么，在之后的操作中，当从局部变量**图案列表**中删除列表项时，会同时删除全局变量**图片列表**中对应的项。为什么会这样呢？这是因为，在列表类型的变量中，保存的并不是数据本身，而是数据存放在内存中的地址，即如果把列表 A 赋值给列表 B，那么它们中的数据指向的是同一个内存地址，此时，对任何一个列表执行删除或改写操作，这项操作都会同时作用于两个列表。图 1-16 中是一个实验程序，读者可以按照图中标记的顺序进行操作

（在连接 AI 伴侣的前提下单步执行代码），验证一下上述结论，同时测试一下将复制列表 A 赋值给列表 B 的情况。

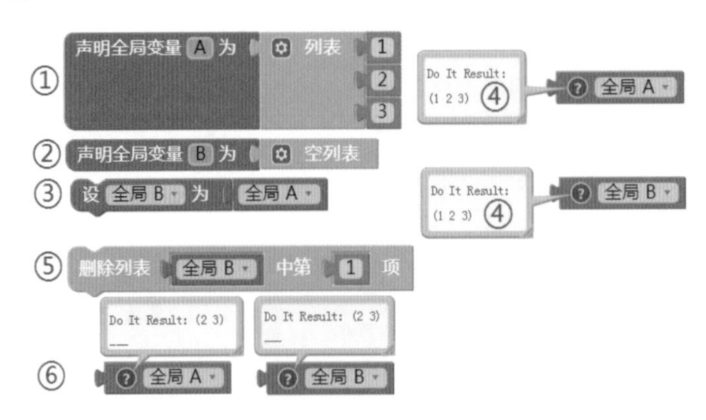

图 1-16 两个列表变量指向同一组数据（存放的地址）

好了，到此为止，我们已经实现了用 16 个按钮随机显示 16 个图案的功能，不过在游戏开始时，我们只需让所有按钮显示背面图案。我们将图 1-14 中的代码稍作修改，得到的新代码如图 1-17 所示。注意，在游戏中我们不需要一次性地随机显示正面图案，因此**随机显示图案**的过程名称显得有些不够贴切，我们将过程名改为**随机分配图案**。

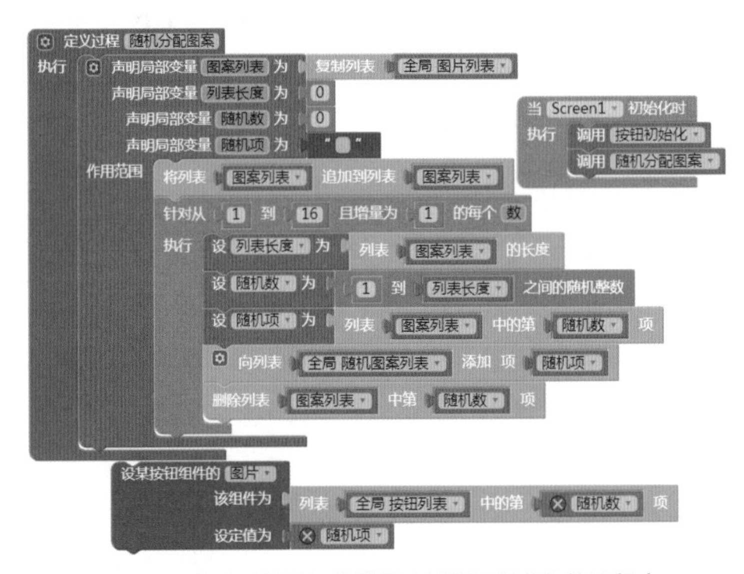

图 1-17 修改后的随机分配图案过程及屏幕初始化程序

在上述代码中，虽然删除了**随机分配图案**过程中设置按钮图片属性的代码，但是请读者记住，**按钮列表**中的列表项与**随机图案列表**中的列表项存着一一对应的关系，在后来翻开卡片显示图案以及判断两个卡片图案是否相同时，这是唯一的线索：根据按钮在按钮列表中的索引值来求得按钮的正面图案。表 1-3 描述了图 1-15 中**按钮列表**与**随机图案列表**之间列表项的对应关系。

表 1-3 图 1-15 中按钮列表与随机图案列表的对应关系

按钮索引值	1	2	3	4	5	6	7	8
图案								
按钮索引值	9	10	11	12	13	14	15	16
图案								

至此我们已经实现了游戏初始化中的两项任务：为 16 个按钮随机分配图案，并在程序开始运行时，只显示背面图案。接下来要实现游戏中最重要的功能——翻牌。

1.6 编写程序：翻牌

翻牌功能是整款游戏的核心功能，包含了以下三项任务：

(1) 判断图案异同

(2) 图案相同时计分

(3) 图案不同时闪现

1.6.1 翻牌流程

翻牌流程中涉及先后翻开的两张卡片，为了便于描述翻牌的过程，这里引入了流程图，如图 1-18 所示，它可以清晰完整地描述一张卡片被点击时所处的状态，以及针对不同状态所采用的处理方法。

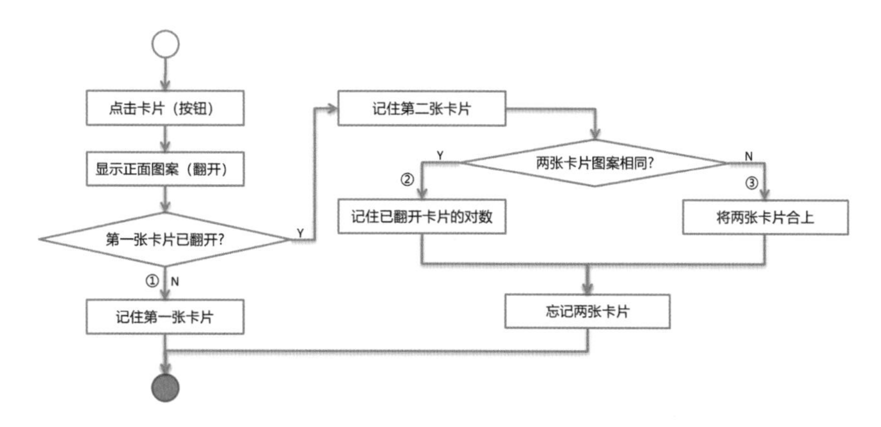

图 1-18 按钮点击事件引发的处理流程

图 1-18 中的流程有三种可能的路径：如果点击按钮翻开的是第一张卡片，则执行路径①，记住第一张卡片；如果点击按钮翻开的是第二张卡片，则记住第二张卡片，并判断两张卡片图案的异同，如果相同，则执行路径②，否则，执行路径③。无论是执行路径②还是路径③，最后都要忘记两张卡片。

注意流程图中的三个矩形框：记住第一张卡片、记住第二张卡片、忘记两张卡片，这是编写程序的关键。所谓记住，就是要用全局变量来记录已经翻开的卡片，而忘记则意味着恢复全局变量的初始值，这表明当前没有被翻开的、等待配对的卡片。

1.6.2 实验程序

我们先以**按钮 1** 及**按钮 2** 为例来实现图 1-18 中的流程。

1. 判断图案异同

首先声明两个全局变量：**翻牌 1** 及**翻牌 2**，来保存正在翻开并等待判断的两个按钮对象，并设它们的初始值为 0[①]，当第一张卡片被翻开时，设

翻牌 1 = 第一个被点击的按钮对象

当第二张卡片被翻开时，设

翻牌 2 = 第二个被点击的按钮对象

并以这两个变量为依据，判断按钮正面图案的异同，代码如图 1-19 所示。

当**按钮 1** 或**按钮 2** 被点击时，事件处理程序的执行过程如下。

(1) 根据按钮对象在**按钮列表**中的位置（索引值），从**随机图案列表**中获取按钮的正面图案，并显示该图案。

(2) 设被点击按钮的启用属性为假。（考虑一下为什么。如果不这样，当再次点击该按钮时，会发生什么事情？）

(3) 判断被点击的按钮对象是不是第一张被翻开的卡片，如果是，将**翻牌 1** 设置为该按钮对象，否则，将**翻牌 2** 设置为该按钮对象，并判断已经翻开的两个按钮的正面图案是否相同。这里我们暂时不做进一步的处理，而是利用屏幕的标题属性来显示测试结果，即如果**按钮 1** 与**按钮 2** 的图案相同，则屏幕的标题显示“图案相同”，否则显示“图案不同”。

(4) 如果已经翻开两张卡片，无论它们的正面图案是否相同，都必须重新将**翻牌 1** 及**翻牌 2** 的值设置为 0。

① 在一般的编程语言中，会保留一个空值（null），用来表示那些已经声明但尚未赋值的变量的状态，但 App Inventor 中没有这样的空值，因此这里用 0 来代替。

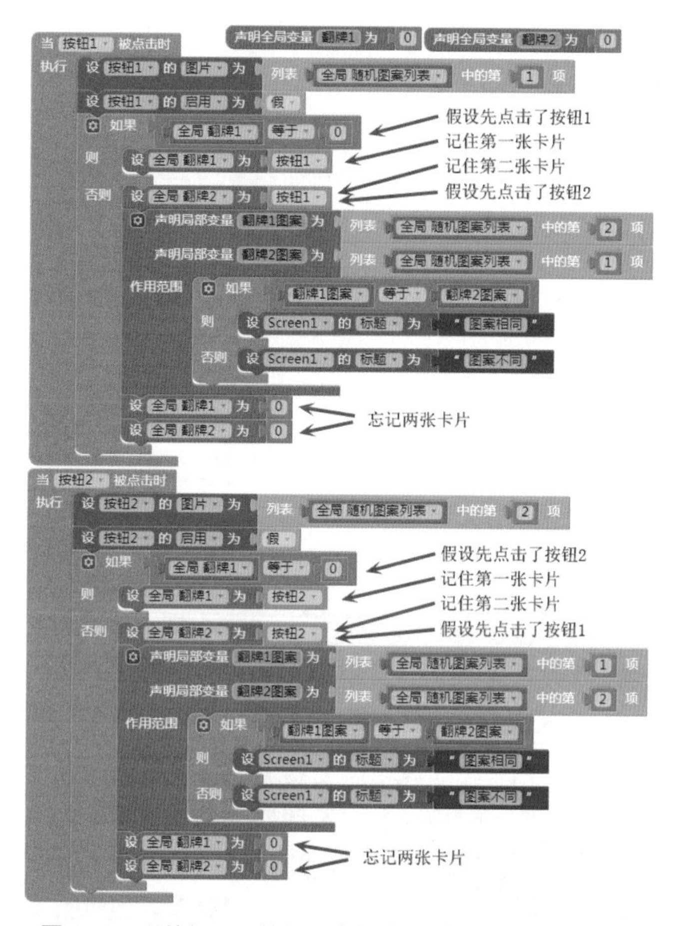

图 1-19　以按钮 1 及按钮 2 为例编写的点击事件处理程序

测试结果如图 1-20 所示。

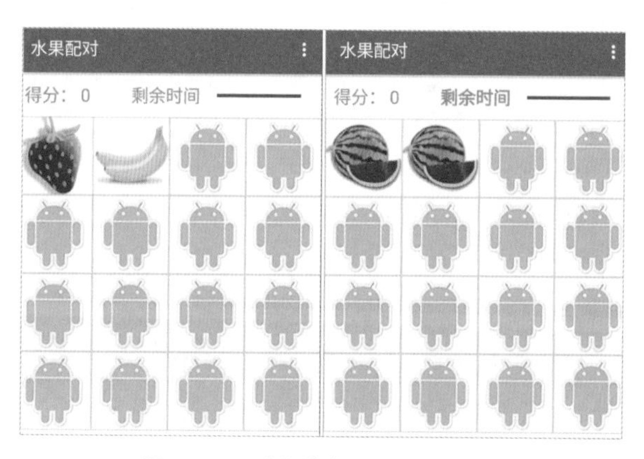

图 1-20　对上述代码的测试结果

2. 图案相同时计分

按照图 1-18 的设计，当图案相同时，记住已经翻开的卡片对数。凡是需要“记住”的内容，都需要一个全局变量来保存它。已翻开卡片的对数一方面用于计算游戏得分，另一方面用于判断是否所有卡片都已经被翻开（卡片对数等于 8 时）。我们将这个变量命名为**翻牌对数**。

当两张卡片的正面图案相同时，有 3 件事情需要完成。

(1) 为全局变量**翻牌对数**的值加 1。

(2) 计算并显示游戏得分。

(3) 判断**翻牌对数**是否等于 8，并依据判断结果选择执行两条路径之中的一条：

  a) 当“**翻牌对数** = 8”时，显示**游戏结束**；

  b) 当“**翻牌对数** < 8”时，显示**图案相同**。

假设每翻开一对卡片得 10 分，因此“游戏得分 = 翻牌对数 × 10”。我们用**得分**标签来显示游戏得分，具体代码如图 1-21 所示。

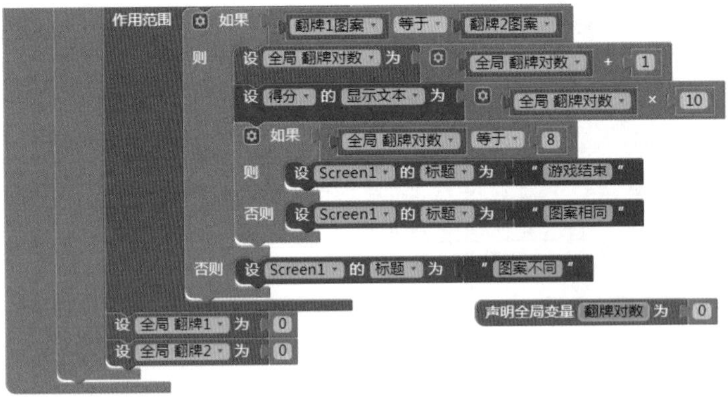

图 1-21 当两张卡片图案相同时，显示分数，如果“翻牌对数 = 8”，则游戏结束

3. 当图案不同时闪现

当两张被翻开的卡片图案不同时，将它们重新合上，即让它们显示背面图案。为了让已经翻开的图片能够显示一定的时间，这里需要用到计时器组件。一旦判断出两张卡片图案不同，则启动计时器，经过一个计时间隔的时长后，计时器发生计时事件，在计时事件的处理程序中，将两张卡片同时合上。我们用**闪现计时器**来实现这一功能。这里**闪现计时器**的计时间隔为 500 毫秒，如果需要加大游戏的难度，可以将计时间隔设置得更短。

我们在**图案不同**的分支里添加一条语句——启动闪现计时器，并编写了**闪现计时器**的计时事件处理程序，如图 1-22 所示。

在**闪现计时器**的计时事件中，我们设置两个按钮的启用属性为真，图片属性为背面图案，并将**闪现计时器**的**启用计时**属性设置为假，即让**闪现计时器**停止计时。经过测试，程序运行正常。

到目前为止，我们已经在**按钮 1** 及**按钮 2** 上实现了翻牌的全部功能，下面需要将实验程序转化为正式程序。

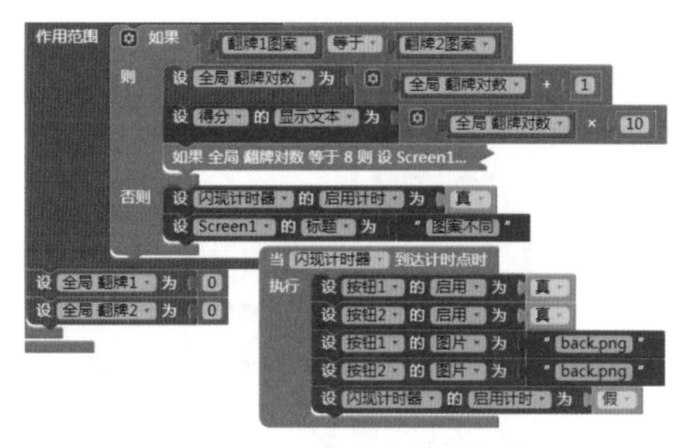

图 1-22　当两张卡片图案不同时，启动闪现计时器

1.6.3　翻牌程序

翻牌程序中涉及两种类型的事件，一种是按钮点击事件，另一种是**闪现计时器**的计时事件，下面我们分别加以叙述。

1. 全部按钮的点击事件

我们的目标是为所有的按钮编写点击事件处理程序，这就要用到 App Inventor 中的组件类事件块——当某按钮被点击时，如图 1-6 中的第一个事件块。在正式开始编写程序之前，先来观察一下已有的两个点击事件处理程序，找出其中需要改写的部分，如图 1-23 所示。

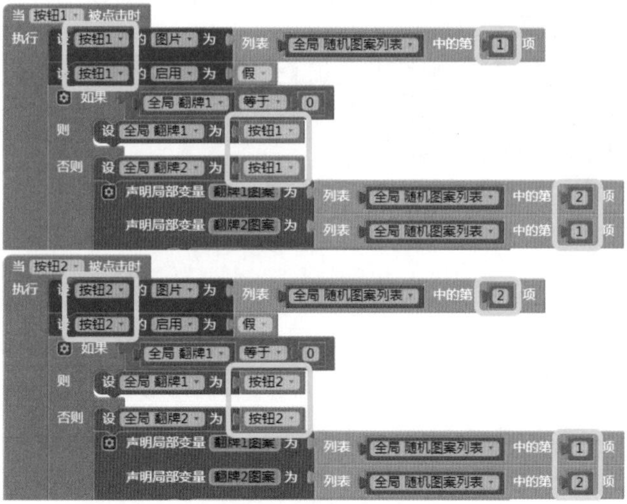

图 1-23　比较两个按钮的点击事件处理程序

经过观察，我们发现在每一个事件处理程序中，都有 7 处需要改写，其中 4 处与按钮本身有关，另外 3 处与按钮在**按钮列表**中的索引值有关，这个索引值也是按钮正面图案在**随机图案**

列表中的索引值。对于与按钮有关的部分，需要将绿色的组件块替换为同样是绿色的组件类块，而对于与索引值有关的部分，需要用局部变量来保存它们。改写后的代码如图 1-24 所示。

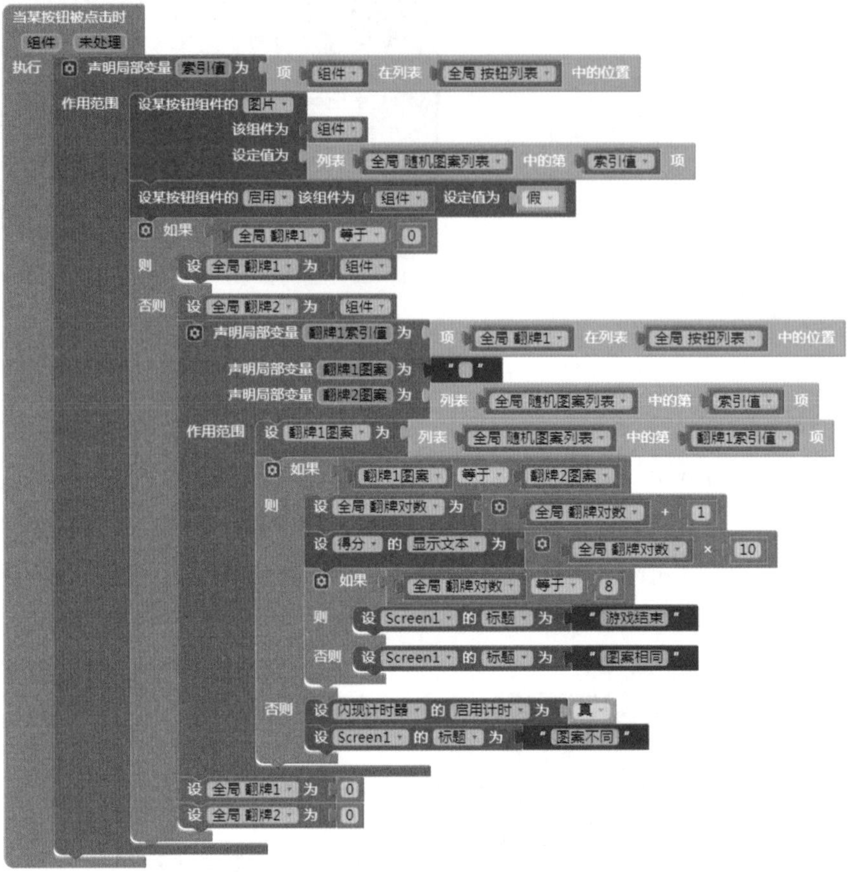

图 1-24 按钮点击事件处理程序

值得一提的是，在 2019 版之前的 App Inventor 中，并没有提供组件类事件块，因此需要为 16 个按钮分别编写点击事件处理程序——烦琐的复制、粘贴及修改操作，令人深感无奈。现在好了，有了组件类事件块，事件块中携带的“组件”参数正是当前被点击的按钮，这样，使用一个块就可以解决问题了，好不快活！

2. 闪现计时器的计时事件

在图 1-22 中，我们直接改写了**按钮 1** 及**按钮 2** 的图片及启用属性，现在需要将这段程序加以修改，以适用于所有的按钮。

还记得全局变量**翻牌 1** 和**翻牌 2** 中保存的是什么吗？是的，保存的正是已经被翻开的两个按钮。我们正好可以利用这两个变量，对计时程序中的前 4 行代码进行改写，改写后的代码如图 1-25 所示。

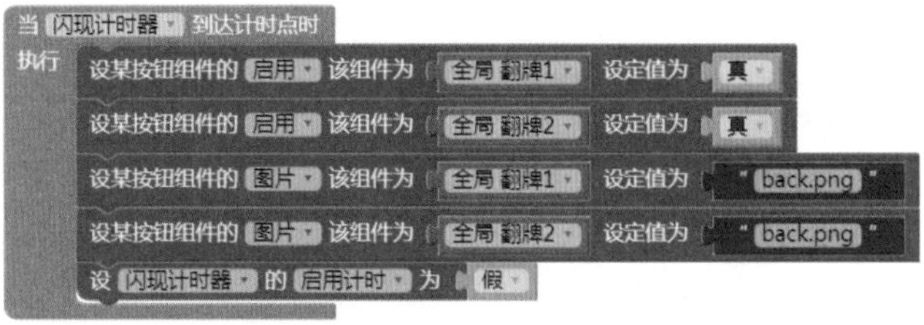

图 1-25 改写后的计时事件处理程序

至此我们完成了所有的翻牌程序，在正式进入测试环节之前，需要整理一下现有的代码。与一般的编程语言相比，使用 App Inventor 开发应用会遇到一种特殊的困难，当程序中的代码过多时，屏幕会显得拥挤和混乱。因此，代码的折叠与摆放也是一件需要考虑的事情。我个人的习惯是，将代码折叠之后，按类别及顺序排列整齐，这样做一方面可以节省屏幕空间，另一方面也方便查看和修改代码。如图 1-26 所示，将全局变量、自定义过程及事件处理程序分类码放整齐。

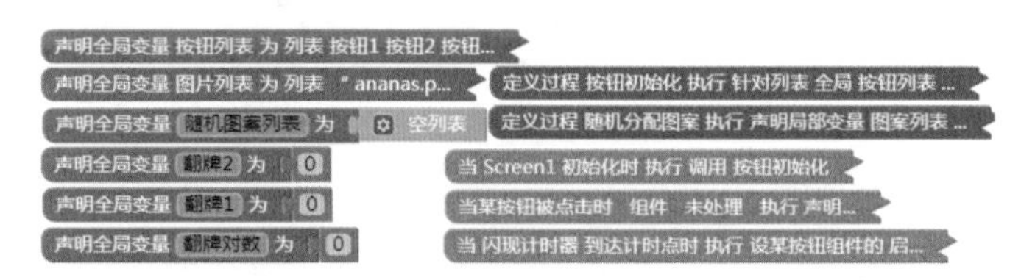

图 1-26 将代码折叠起来并码放整齐

1.6.4 测试

上述代码需要经过测试才能进入下一步开发，这里仅对**按钮 1** 和**按钮 2** 进行测试，测试过程记录如下。

(1) 程序启动之后，16 个按钮显示背面图案。✓

(2) 点击**按钮 1**，**按钮 1** 显示正面图案。✓

(3) 点击**按钮 2**，**按钮 2** 显示正面图案，屏幕标题显示**图案不同**。✓

(4) 在显示**图案不同**之后，两个正面图案并没有闪现后变为背面图案。✘

(5) 在编程视图及测试手机中弹出错误提示，结果如图 1-27 所示。✘

测试发现两处错误，一是闪现功能没有实现，二是系统弹出了错误消息。下面先来分析一下错误消息。图 1-27 中错误消息的含义是：属性设置块预期（接受）一个按钮组件类型的参数，却收到了一个整数。这很容易让我们联想到**翻牌 1**、**翻牌 2**，它们的值要么是整数 0，要么是某个按钮对象。

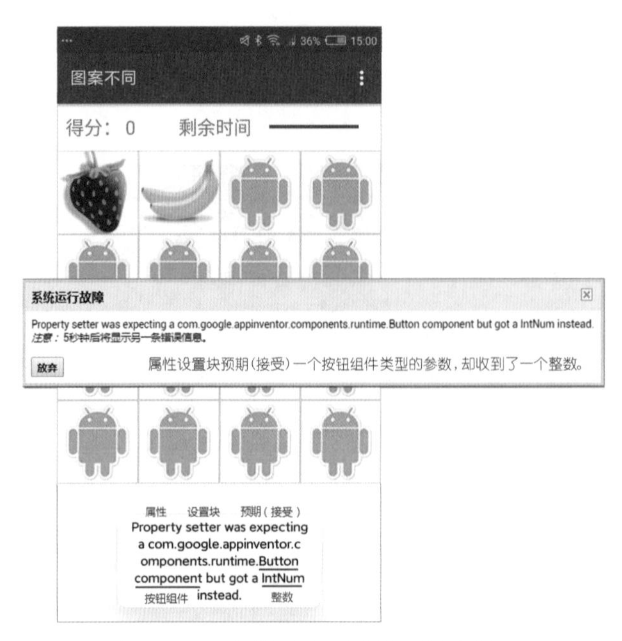

图 1-27 测试过程中出现的错误提示

问题有可能出在全局变量**翻牌 1** 和**翻牌 2** 的设置上。我们来分析一下程序的执行顺序，如图 1-28 所示。

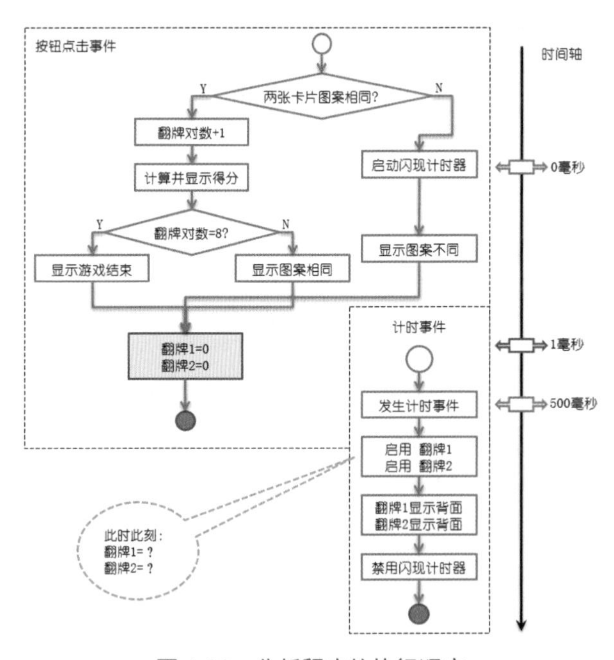

图 1-28 分析程序的执行顺序

问题出在两张卡片图案不同的情况，因此考虑图 1-28 中右侧的分支(N)。当翻开两张卡片时：

翻牌 1 = 按钮 1
翻牌 2 = 按钮 2

由于图案不相同，**闪现计时器**被启动，从这一时刻（0 毫秒）起开始计时，500 毫秒之后，开始执行**闪现计时器**的计时程序。而此时的按钮点击程序并没有停止，在屏幕标题显示**图案不同**之后，随即执行最后两条命令——设**翻牌 1** 及**翻牌 2** 的值为 0。

由于 CPU 时钟频率的数量级是 GHz（每秒 10 亿次运算），整个点击事件处理程序的执行时间也不会超过 1 毫秒，因此当计时程序开始运行时，**翻牌 1** 和**翻牌 2** 的值已经被设为了 0，程序试图设置整数“0”的启用及图片属性，于是导致了图 1-27 中的提示错误。

我们可以调整程序的流程来解决这个问题，如图 1-29 所示。在按钮点击程序中，仅当两张卡片的图案相同时，才设置**翻牌 1** 及**翻牌 2** 为 0；当图案不同时，让按钮点击程序直接结束，并在计时事件中，在按钮的启用和图片属性设置完成之后，再令**翻牌 1** 及**翻牌 2** 为 0。与新流程对应的代码如图 1-30 所示。经过测试，程序运行正常，运行结果如图 1-31 所示。

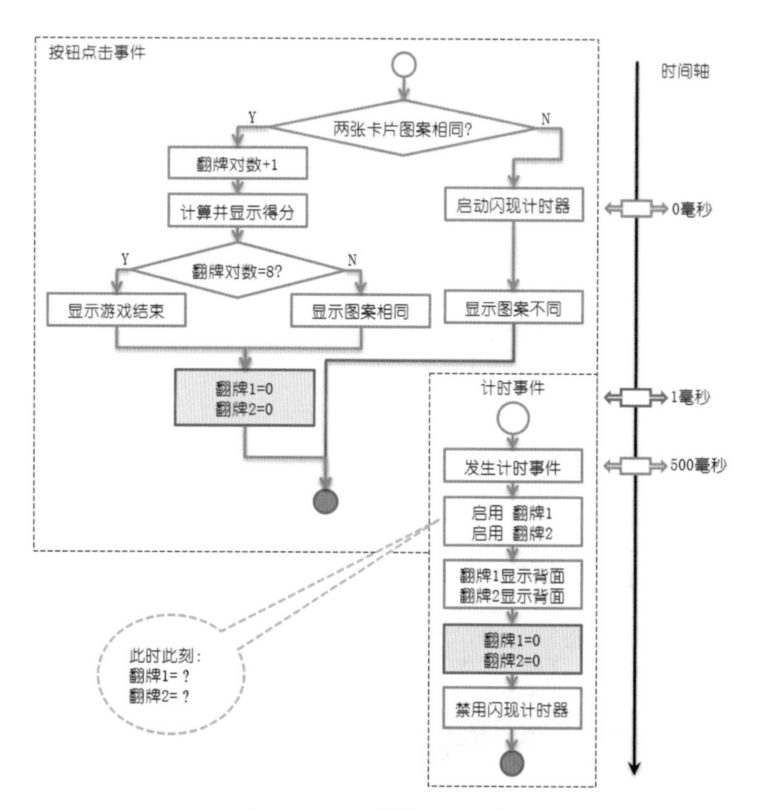

图 1-29 调整程序的流程

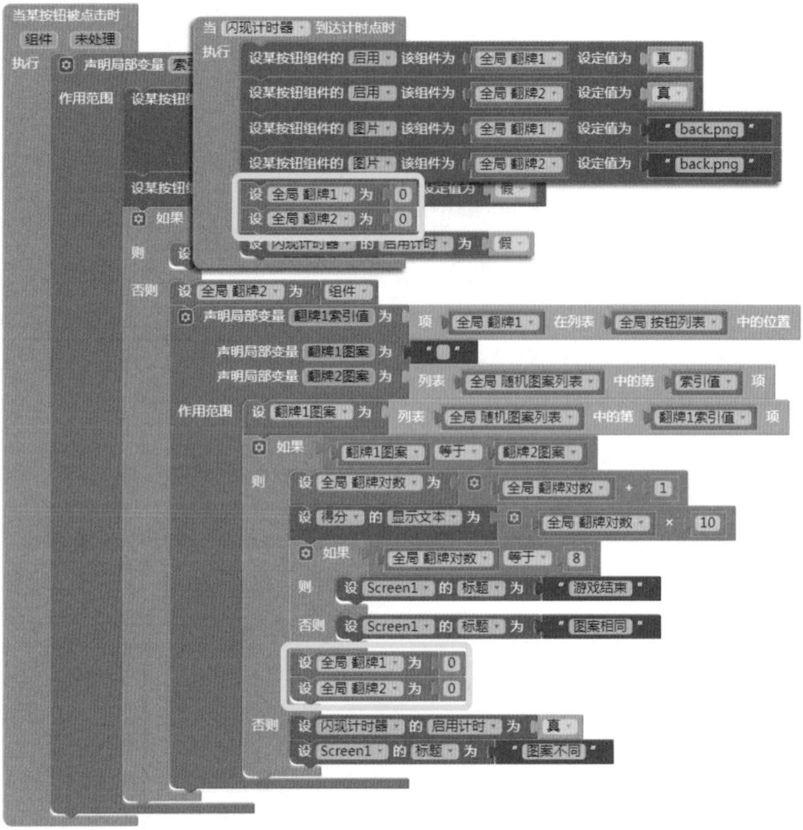

图 1-30 流程调整后的代码

图 1-31 测试运行结果

> **说明**
>
> 对于程序中的错误，程序员称之为 bug（臭虫）。要问程序员是怎样炼成的，就是在找 bug 的过程中炼成的。因此，不要害怕程序出错，这是人与机器交流的好机会，由此你才能更多地了解计算机，了解程序的运行机制。

程序开发到这里，游戏已经具备了基本的功能，但是显然这样的游戏是毫无乐趣的，因为任何人最终都能将所有卡片翻开，而且无论如何也只能得到 80 分，因此我们要增加游戏的难度，并让那些记忆力超强的玩家能得到更高的分数。我们的方法是限制游戏时间，并用剩余时间来奖励那些高手。

1.7 编写程序：控制游戏时长

控制游戏时长的功能包含下列 3 项任务：

(1) 控制游戏时长

(2) 显示游戏进度

(3) 计算奖励得分

我们用游戏计时器来控制游戏时长，用数字滑动条来显示游戏进度，并在按钮点击事件中计算奖励得分。

1.7.1 控制游戏时长

游戏计时器的计时间隔为 1 秒（1000 毫秒），即每隔 1 秒会触发一次计时事件，如果希望游戏时长为 60 秒，那么当计时次数达到 60 次时，游戏结束。为此，我们利用剩余时间来判断游戏是否结束。声明一个全局变量**剩余时间**，设其初始值为 60，在每次计时事件中让它的值减 1。当**剩余时间**等于 0 时，游戏结束，**游戏计时器**停止计时。具体代码如图 1-32 所示。

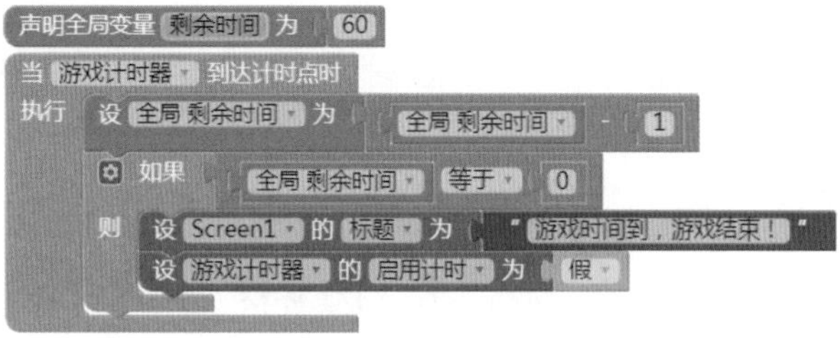

图 1-32 控制游戏时长

1.7.2 显示游戏进度

通过设置数字滑动条组件的滑块位置，可以提示游戏的剩余时间。需要说明一点，滑动条的宽度属性只代表它的几何尺寸，而滑块的位置属性仅仅与最大值、最小值以及当前值有关，与滑动条的宽度无关。例如，如果滑动条宽度为 120 像素，则每过 1 秒滑块向左移动 2 像素，是滑动条宽度的 1/60；如果滑动条为 180 像素，则每过 1 秒滑块向左移动 3 像素，也是滑动条宽度的 1/60。

因此只要在**游戏计时器**的计时事件中，让“滑块位置 = 剩余时间”即可，代码如图 1-33 所示。

如果此时我们测试程序，滑块不会有任何变化，因为**游戏计时器**还没有启动。我们需要在屏幕初始化程序中，设置**游戏计时器**的启用计时属性为真，如图 1-34 所示。

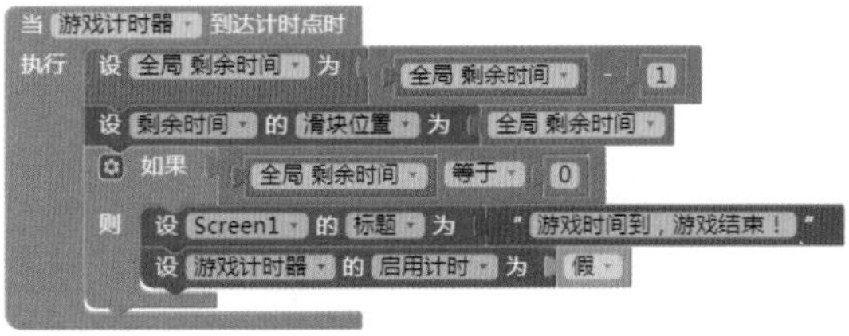

图 1-33 滑块的左侧表示游戏剩余时间

图 1-34 启动游戏计时器

测试发现，当所有卡片都被翻开，屏幕标题显示**游戏结束**时，滑动条的红线还在继续变短，我们需要在合适的位置添加代码，让**游戏计时器**停止计时。可以在屏幕初始化程序中启动计时器，并且让它在适当的时间停止计时。有两种情况需要停止计时：①当“剩余时间 = 0”时；②当“翻牌对数 = 8”时。前者我们已经做到了，如图 1-32 所示，现在需要对后者进行处理。在处理点击事件过程中，当“翻牌对数 = 8”时，让**游戏计时器**停止计时，具体代码如图 1-35 所示。

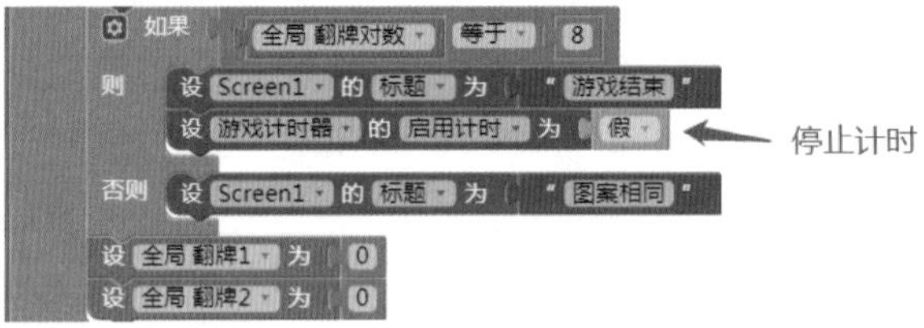

图 1-35 当所有卡片都被翻开时，让游戏计时器停止计时

1.7.3 计算奖励得分

为了鼓励玩家在更短的时间内翻开所有卡片，我们将剩余时间的 10 倍作为奖励，添加到游戏的最后得分中，这样一来，每次的游戏得分将有所不同，增加了游戏的趣味性。代码如图 1-36 所示。

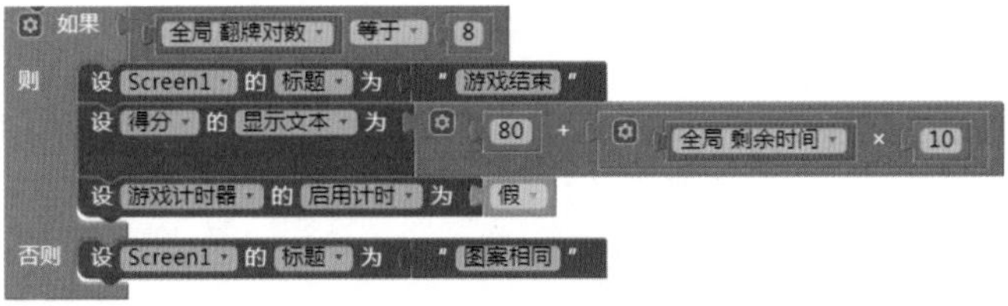

图 1-36 将“剩余时间的 10 倍”作为奖励计入总分

1.8 编写程序：设计游戏结尾

到目前为止，我们只是用屏幕的标题来显示游戏结束的状态，我们需要为游戏设计一个正式的结尾，并实现一些重要的功能。这些功能包括：

(1) 显示游戏得分

(2) 保存游戏得分

(3) 处理用户选择

(4) 重新返回游戏

上述功能的实现主要依赖于对话框组件及本地数据库组件。我们需要创建一个名为**游戏结束**的过程，并在适当的位置调用该过程。

1.8.1 显示游戏得分

有两种情况会导致游戏结束：①当“剩余时间 = 0”时；②当“翻牌对数 = 8”时。这两种情况需要分别加以考虑，而是否计分则需要判断**剩余时间**是否大于 0。如果**剩余时间**大于 0，则计算总分，否则将没有成绩。

对话框组件提供了很多内置过程（紫色的代码块），在调用这些过程时，屏幕上会弹出一个窗口：有些窗口只显示简单的信息，稍后窗口会隐去；有些窗口可以显示更多信息，并提供若干按钮供用户选择。在用户选择了某个按钮之后，将触发“选择完成”事件，开发者可以从该事件所携带的参数中，获得用户的选择，并针对不同选择，执行不同的程序分支。在**游戏结束**过程里，我们先使用一个简单的只带一个按钮的内置过程——**显示消息对话框**，如图 1-37 所示。

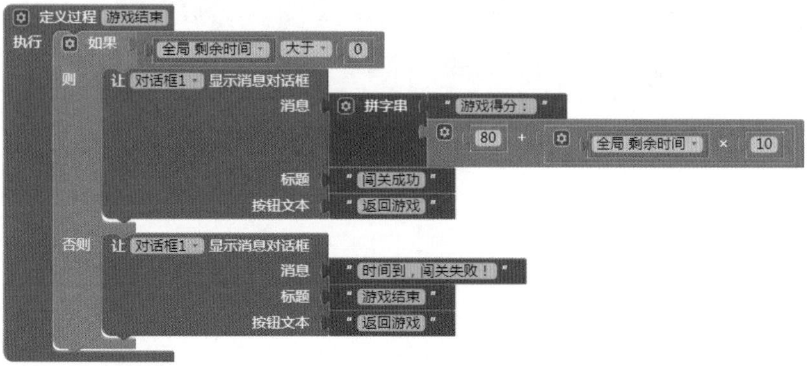

图 1-37 创建过程：游戏结束

然后在两处分别调用**游戏结束**过程，如图 1-38 及图 1-39 所示，这时可以删除两处原有的测试代码了。

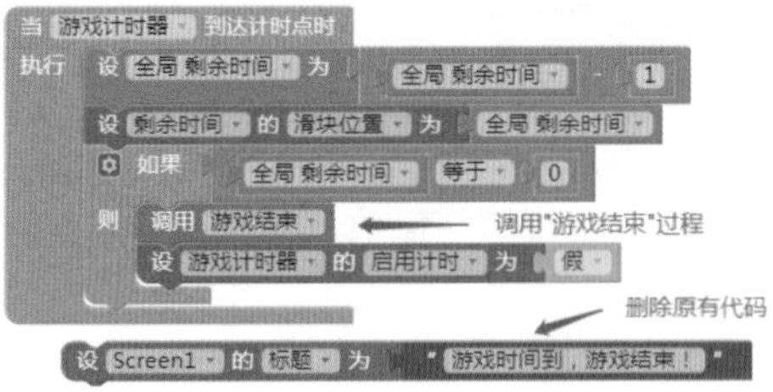

图 1-38 在游戏计时器的计时事件中调用游戏结束过程

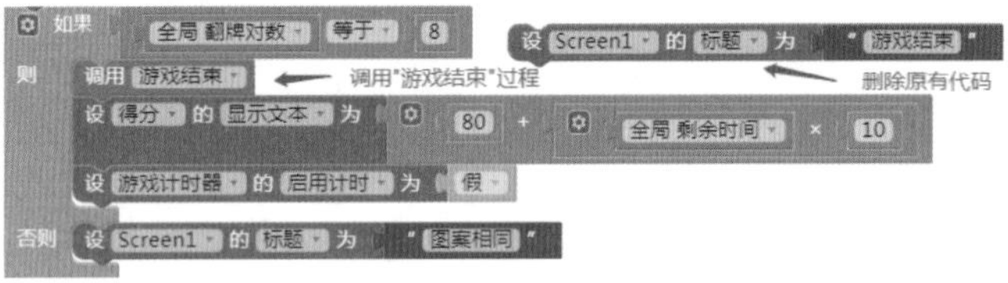

图 1-39 在按钮点击事件中调用游戏结束过程

测试结果如图 1-40 所示。

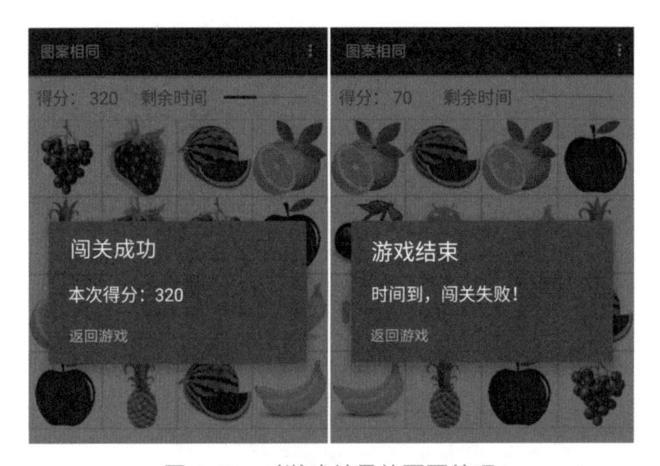

图 1-40 对游戏结果的不同处理

1.8.2 保存游戏得分

针对“剩余时间 > 0”的情况，我们用一张流程图来厘清解决问题的思路，如图 1-41 所示。

App Inventor 支持将应用中的数据保存到手机里。通过调用本地数据库组件的内置过程，可以保存、提取或清除数据，具体方法可参见 17coding 网站上与本地数据库（TinyDB）相关的条目。由于要显示历史记录，并允许玩家清除记录和退出游戏，因此我们选用对话框组件最复杂的内置过程——**显示选择对话框**。该内置过程可显示消息及标题，并提供 3 个按钮供用户选择，其中消息用来显示**本次得分**，标题用来显示**历史记录**，3 个按钮分别实现**清除记录**、**退出游戏**及**返回**

游戏的功能。按照流程图的思路，下面对**游戏结束**过程进行改写，修改后的代码如图 1-42 所示。

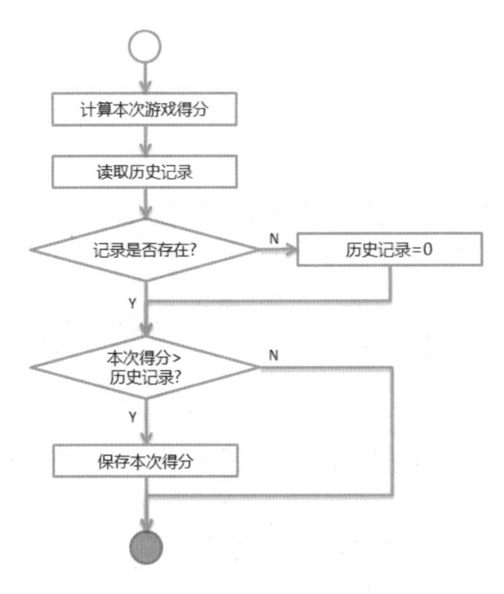

图 1-41　保存游戏得分的流程图

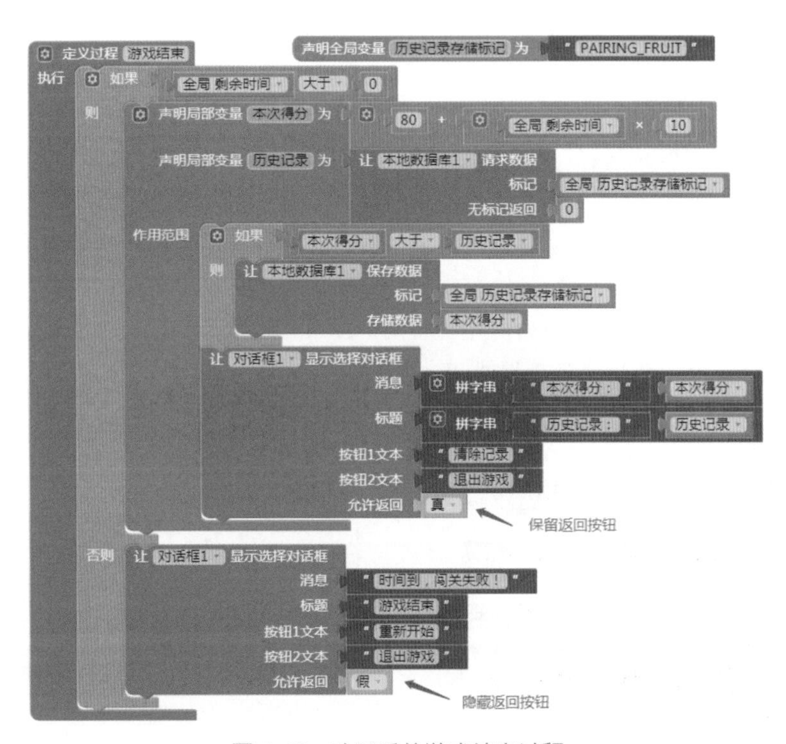

图 1-42　改写后的游戏结束过程

在上述代码中，我们声明了一个全局变量**历史记录存储标记**，它的值是一个不变的字串（PAIRING_FRUIT），可以用来充当历史记录在本地数据库中的存储标记。这个变量并不是必需的，我们可以在每次存储或请求数据时，手动输入存储标记，不过手动输入时，难免会有差错，用全局变量来保存这个标记，可以避免手动输入引入的错误。

经测试，游戏运行正常，测试结果见图 1-43。

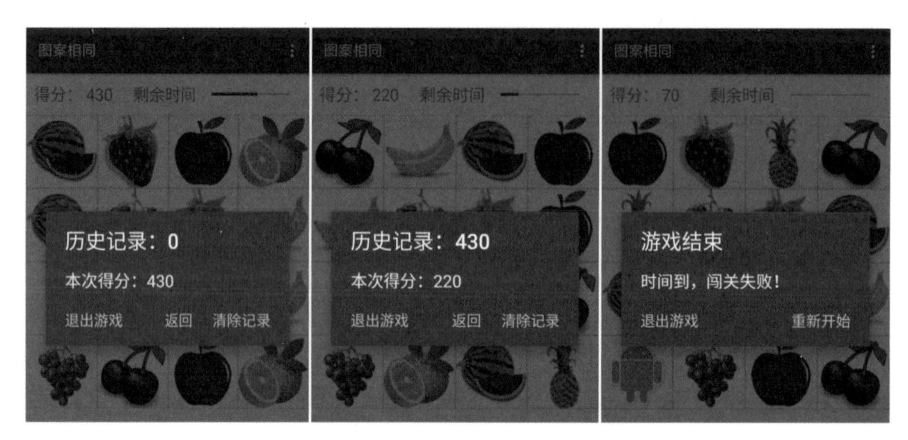

图 1-43 游戏测试结果

1.8.3 处理用户选择

在对话框组件的“完成选择”事件里，携带了用户的选择“结果”，它等于对话框中按钮上的文字：退出游戏、清除记录及返回。当用户选择退出游戏时，将退出整个应用；当用户选择清除记录时，将首先清除此前保存的历史记录，然后返回游戏；当用户选择返回时，将直接返回游戏。所谓返回游戏，就是开始新一轮游戏。我们将根据这些按钮上的文字来决定程序的走向。事件处理程序如图 1-44 所示。这里暂时用屏幕的标题来显示**清除记录**及**返回**的执行结果，稍后将编写一个**游戏初始化**过程，来处理**返回游戏**操作。

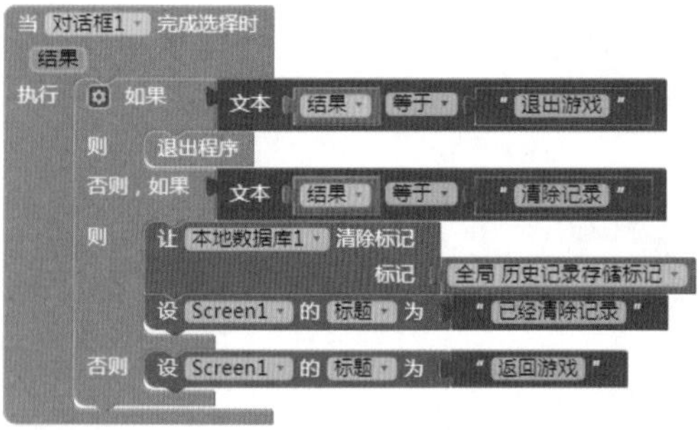

图 1-44 当对话框完成选择时，执行该程序

注意

退出程序功能在用 AI 伴侣测试时无法实现。当游戏开发完成，编译成 apk 文件并安装到手机上时，该功能才能生效。

1.8.4 重新返回游戏

这里将创建一个过程——**游戏初始化**，该过程将实现以下功能：

(1) 全局变量初始化

  a) 生成新的随机图案列表

  b) 设**翻牌对数**为 0

  c) 设**剩余时间**为 60

(2) 组件属性初始化

  a) 按钮初始化

  b) 滑块回到起始点（60）

  c) 得分显示为 0

  d) 启动游戏计时器，开始新一轮游戏

上述任务被划分为两个类别：变量的初始化及组件属性的初始化（对任务进行分类，可以帮助我们检查程序中的疏漏）。代码如图 1-45 所示。注意代码的顺序：先执行变量的初始化，再执行组件属性的初始化。

最后将对话框完成选择事件中的测试代码替换为**游戏初始化**过程，如图 1-46 所示。

图 1-45 游戏初始化过程

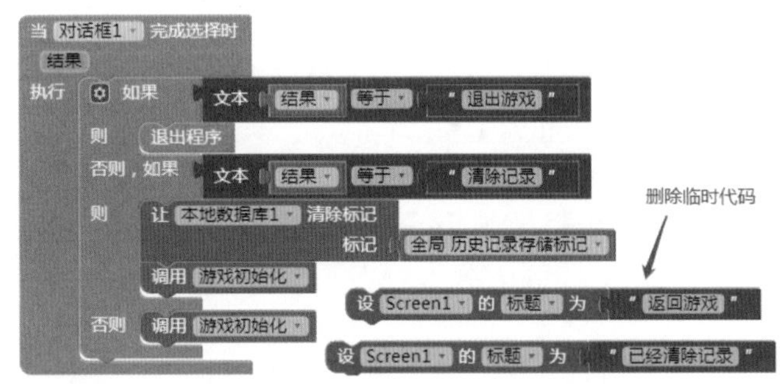

图 1-46 最终的完成选择事件处理程序

至此我们已经完成了《水果配对》游戏的全部程序，下面开始综合测试。

1.9 测试纠错

程序的编写与测试是相生相伴的，但开发过程中的测试是为了验证局部程序的正确性，这并不能排除程序中的全部错误，因此，当开发工作接近尾声时，还要对程序进行综合测试，并对错误加以修正。

1.9.1 重新开始游戏时，点击按钮无响应

1. 问题分析

这也许是最容易解决的一个问题：按钮对于点击行为没有响应，说明按钮处于禁用状态（启用属性值为假）。回想一下我们的程序：每翻开一对卡片，都会设置按钮的启用属性为假；在一轮游戏结束，并开始下一轮游戏时，执行了**游戏初始化**过程。该过程设置了按钮的图片属性，但没有更改按钮的启用属性，按钮实际上仍然处于禁用状态，因此才会出现上述问题。

2. 程序修正

有两种修改方式，一是修改**按钮初始化**过程，二是直接修改**游戏初始化**过程，两种方式使用的代码完全相同，这里选择前者。如图 1-47 所示，只需在原有过程里添加一行代码即可。

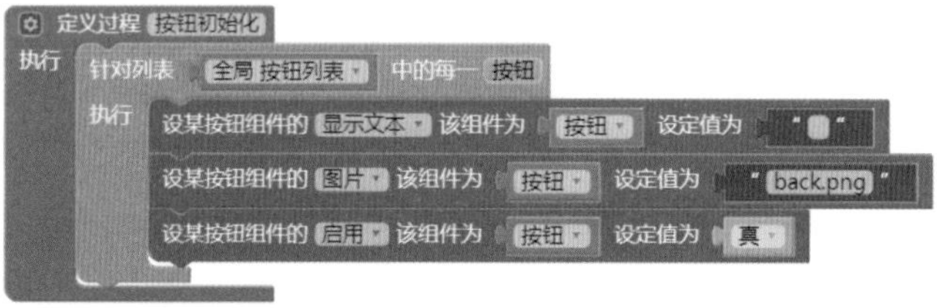

图 1-47 在按钮初始化过程里启用所有按钮

经过测试，程序运行正常。继续测试发现，在第二轮乃至此后的每一轮游戏中，图案的排列顺序都与第一轮完全相同。

1.9.2 重新开始游戏时，图案排列顺序不变

1. 问题分析

图案随机排列的功能由**随机分配图案**过程实现，因此我们来检查这个过程。为了查看程序的执行效果，这里添加了一个标签，设它的文本颜色为蓝色，字号为 10，用它来显示**随机图案列表**的内容，代码如图 1-48 所示。测试结果如图 1-49 所示，**随机图案列表**的列表项多出一倍。问题的原因在于：每次调用**随机分配图案**过程，都会在原有列表的末尾添加 16 个列表项，因此每一轮游戏都会显示前面的 16 个图案，而新生成的 16 个图案永远都不可能被显示。

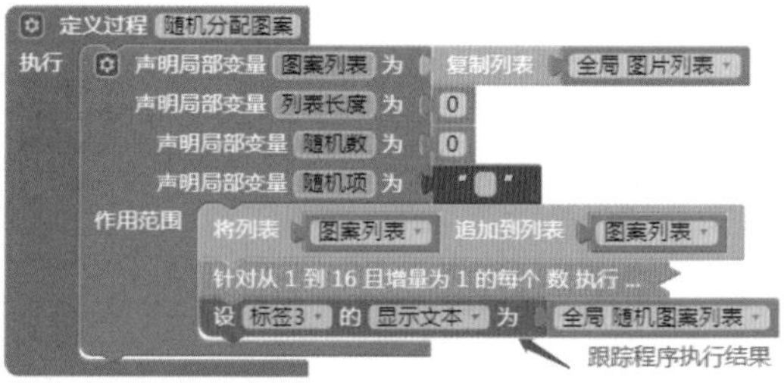

图 1-48 用标签的显示文本跟踪程序的执行结果

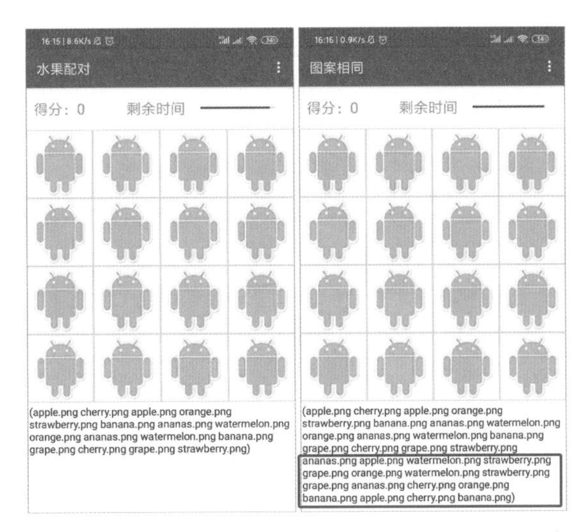

图 1-49　图 1-48 中代码的运行结果：列表长度加倍

2. 程序修正

在**随机分配图案**过程里添加一行代码，在每次调用该过程时，先清空原有列表，如图 1-50 所示。

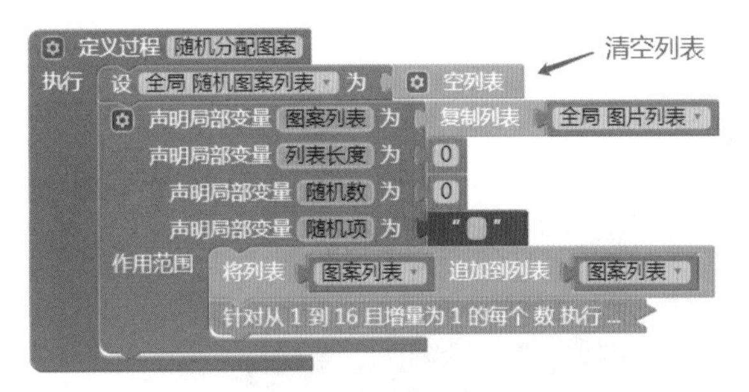

图 1-50　在生成新的随机图案列表之前清空该列表

经过测试，问题得到解决。继续测试。当快速点击按钮时，开发工具的编程视图中会弹出错误提示，如图 1-51 所示（这个错误提示在 1.6.4 节也出现过，见图 1-27）；此外，快速点击按钮时，偶尔会有单张卡片被翻开，之后既不能被合上，也不能参与配对，并最终导致闯关失败，我们把这张卡片叫作“弃牌”。

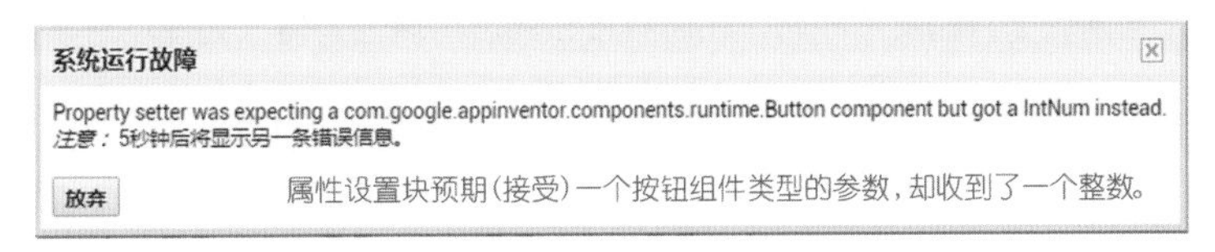

图 1-51　快速点击按钮时出现新的问题

1.9.3 快速点击按钮时，出现新的问题

1. 问题分析

这其中隐藏了两个问题，它们都与闪现计时器的延迟有关。第一个问题就是了解“弃牌”产生的原因。当第二张卡片被翻开时，闪现计时器开始计时，在这之后的 500 毫秒时间里，全局变量**翻牌 1** 与**翻牌 2** 都不等于 0，如果此时玩家点击了第 3 个按钮，那么**翻牌 2** 将等于第 3 个按钮，而第 2 个按钮将失去**翻牌 2** 的“身份”，像一个孤儿一样待在屏幕上，不能被再次点击（**启用**属性值为假），因而也就没有机会被合上（设置其背面图案）或被重新启用。这就是“弃牌”产生的原因。

第二个问题产生的原因有些复杂，它是导致图 1-51 中错误提示的真正原因。猜想可能存在这样的情节：用户快速地点击了 A、B 两个按钮，它们图案不同，这时闪现计时器启动，在此后的 500 毫秒内，用户再次点击了按钮 C，恰好 A、C 的图案相同，于是**翻牌 1**、**翻牌 2** 立即被设置为 0，此后闪现计时器到达计时点，在计时事件处理程序中，在设置 A、C 的属性时，遭遇了整数 0。

2. 程序修正

为了防止这两类问题的发生，我们可以采用一种极端的行为，就是在两张不同的卡片被翻开后，让所有的按钮都处于未启用状态，直到两张不同的卡片重新合上后，再启用那些没有被翻开的按钮。首先对按钮点击事件处理程序进行修改，当图案不同时，禁用全部按钮。修改后的代码如图 1-52 所示。

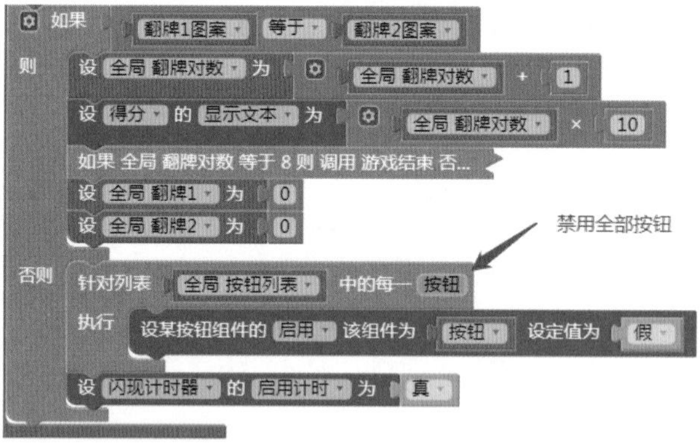

```
如果 翻牌1图案 等于 翻牌2图案
则  设 全局 翻牌对数 为 全局 翻牌对数 + 1
    设 得分 的 显示文本 为 全局 翻牌对数 × 10
    如果 全局 翻牌对数 等于 8 则 调用 游戏结束 否...
    设 全局 翻牌1 为 0
    设 全局 翻牌2 为 0
否则 针对列表 全局 按钮列表 中的每一 按钮
    执行 设某按钮组件的 启用 该组件为 按钮 设定值为 假
    设 闪现计时器 的 启用计时 为 真
```

禁用全部按钮

图 1-52 当两张卡片图案不同时，让所有按钮的启用属性为假（处理点击事件过程）

然后再对闪现计时器的计时事件进行修改：在针对列表的循环语句中，判断按钮是否处于未翻开状态（显示背面图案），如果是，则启用该按钮。修改后的代码如图 1-53 所示。

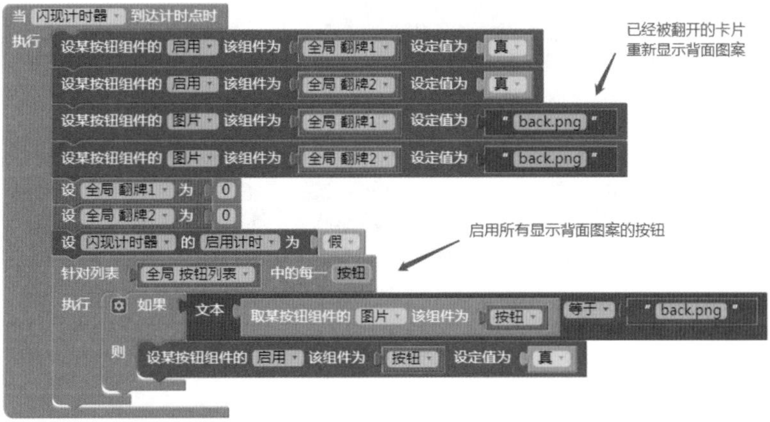

图 1-53 当闪现计时器停止计时后，让所有背面图案的按钮恢复到启用状态

现在，无论以多快的速度点击按钮，程序都不会再出错了。最后，删除程序中残存的测试代码，它就潜伏在按钮点击事件处理程序中。如图 1-54 所示，删除图中条件语句的“否则”分支即可。

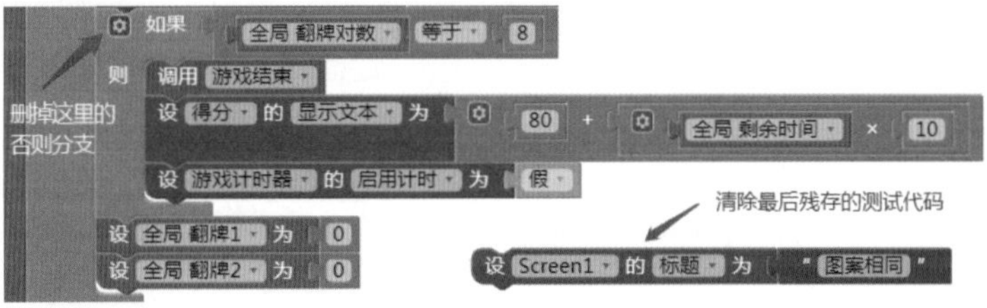

图 1-54 删除残存的测试代码

作为本书第 1 章的示范案例，程序的综合测试环节就到此为止。不过，这不意味着程序中不再有 bug，随着更多的人开始使用这个应用，还会发现更多的 bug，应用就是在这样不断的修改中趋于完善的。

1.10 代码整理

在一款游戏开发完成之后，整理代码是一个非常好的自我提升机会，它可以让开发者站在全局高度审视开发过程，将宝贵的开发经验真正地收入囊中。图 1-55 中列出了应用中的全部代码（略去了用于测试的部分），其中包括 8 个全局变量、4 个自定义过程以及 5 个事件处理程序。在 App Inventor 的编程视图中，在折叠了所有代码之后，可见的就只有这 3 类代码，其他代码都被封装在过程及事件处理程序中。需要提醒大家的是，不要忽视代码的排列，建议按照从左向右、自上而下的顺序，依次摆放变量、过程及事件处理程序。养成习惯之后，这会让自己的开发工作变得井井有条。

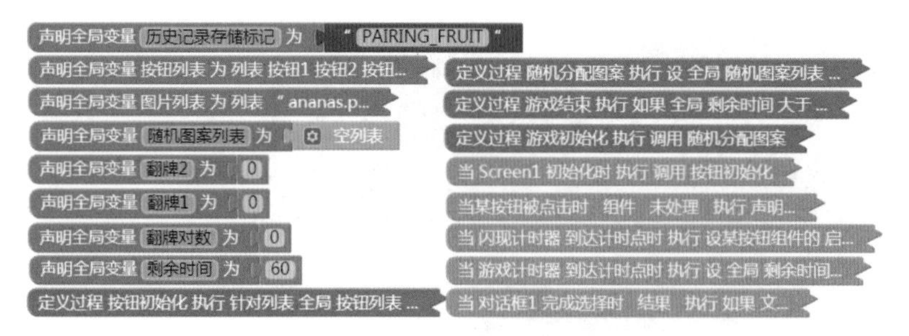

图 1-55　游戏中的全部代码

这里再推荐一种**要素关系图**，如图 1-56 所示，图中包含了项目中的各类要素：组件（属性）、变量、过程及事件处理程序，同时给出了各个要素之间的调用或设置关系，其中的黑色箭头表示对过程的调用，红色箭头表示对变量的改写，而绿色箭头表示对组件属性的设置。

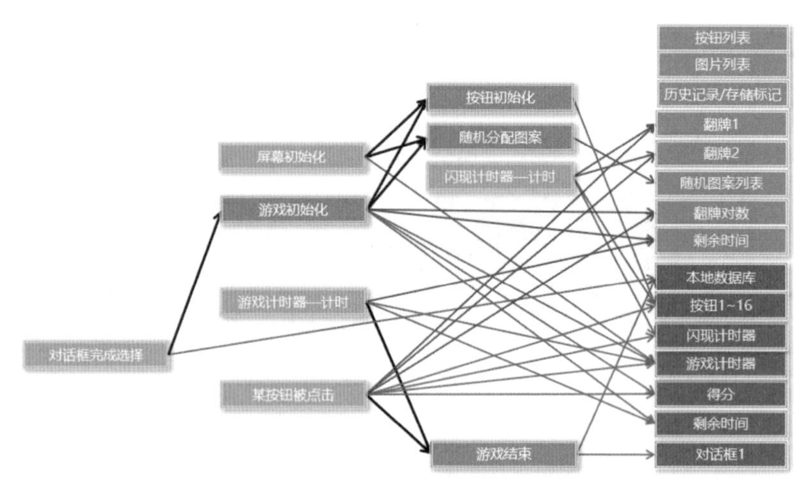

图 1-56　要素关系图

要素关系图不仅可以帮助我们从整体的角度去认识程序，还能够为优化程序提供思路，下面来看一下它的优势。

首先，要素关系图可以帮助我们查找程序中的错误。图中箭头所指向的是被调用（如过程）或被改写（如变量或组件属性）的要素，这样做的好处之一是，我们可以从中看到某个量（变量或组件属性）的变化原因。例如全局变量**剩余时间**，有两个红色箭头指向该变量，它们分别来自**游戏初始化**过程及**游戏计时器 – 计时**程序，其中前者将其设置为最大值（60 秒），而后者对其执行减法（减 1）运算。这样一来，当程序的某个环节出现错误时，很容易逆着箭头的方向找到问题所在。

此外，这个图也可以帮助开发者优化代码。例如，在屏幕初始化程序中有 3 行代码，而这

3 行代码全部包含在**游戏初始化**过程之中。可以在屏幕初始化程序中，直接调用**游戏初始化**过程，这样既优化了程序的结构，也提高了代码的复用性。

注意，图 1-56 中有 3 个空闲的全局变量——**按钮列表**、**图片列表**及**历史记录存储标记**，没有任何箭头指向它们。这很容易理解，在程序运行过程中，它们的值只是被读取，而不曾被改写。在一般的编程语言中，有一种语言要素被称为**常量**，与变量不同的是，它的值在程序运行过程中保持不变，类似**图片列表**这样的数据就可以保存在常量中。

人们习惯用“优雅”这个词来形容一组好的代码，好代码其实没有特定的标准，以下几点是笔者个人的经验，与大家共享。

1. 关注代码的可读性

可读性的关键在于组件、变量及过程的命名。好的命名让代码读起来像一篇文章，易于理解。像本游戏中对计时器的命名，笔者在开发这个程序时，用的名称是**计时器 1** 和**计时器 2**，这就不是一种好的命名，在开发到收尾阶段时，连自己都会混淆两者的功能，因此在撰写本章时，将**计时器 1** 命名为**闪现计时器**，将**计时器 2** 命名为**游戏计时器**。

2. 关注程序的结构

从图 1-56 中我们可以直观地体会什么是结构，像这样在事件处理程序中直接改写变量值或组件属性值的做法，当程序足够庞大时，会给代码的维护带来很大的麻烦。就 App Inventor 开发的程序而言，比较好的做法是，让事件处理程序调用某个**过程**，让过程来改写变量或属性的值。

3. 谨慎地对待写操作

针对组件属性和变量的值有两种操作——读操作和写操作，其中写操作需要谨慎对待。与读操作相比，写操作是不安全的。如果一组程序中有多处代码对同一个变量进行写操作，那么这个变量会像一颗潜伏的炸弹，随时有“引爆”的危险。好的办法是，减少写操作入口，必要时可以绘制变量的状态图，标出所有的写操作，以便纠错或优化程序。

我们对现有程序做如下两项改进。

(1) 改造屏幕初始化事件处理程序：只调用**游戏初始化**过程，改进后的程序如图 1-57 所示。

(2) 去除重复调用：在要素关系图中，游戏计时器组件汇聚了 4 个箭头，它们分别来自

  a) 屏幕初始化程序
  b) 游戏初始化过程
  c) 游戏计时器的计时程序
  d) 按钮点击事件处理程序

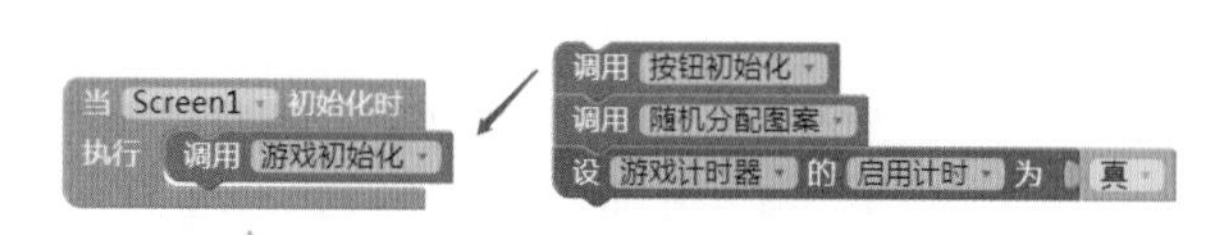

图 1-57 改进后的屏幕初始化程序

由于在第一项改进中，屏幕初始化程序调用了**游戏初始化**过程，因此现在 4 个箭头已经减为 3 个箭头（前两者合二为一），实际上应该减少为两个箭头，因为对计时器的设置只有两种可能：①启用计时；②停止计时。启用计时操作在**游戏初始化过程**里执行，停止计时操作在**游戏计时器**的计时程序以及按钮点击事件处理程序中执行，而后两者又同时调用了**游戏结束**过程，如图 1-58 所示。因此，合理的做法是将停止计时操作转移到**游戏结束**过程里，这样指向游戏计时器的箭头就剩下两个了。请读者自行修改这部分程序。

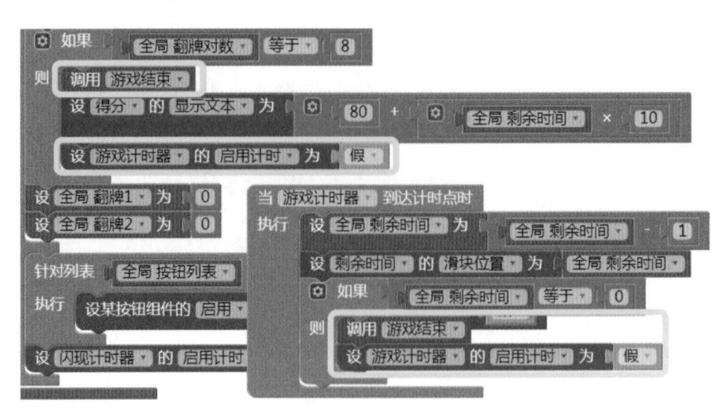

图 1-58 停止计时操作所处的位置

思考题

(1) 在图 1-56 中，16 个按钮组件同样汇聚了 3 个箭头，思考一下，这 3 项操作是否可以合并为两个呢？

(2) 根据改进后的代码，我们重新绘制了要素关系图，如图 1-59 所示。观察改进后的关系图，看是否还有改进的空间？

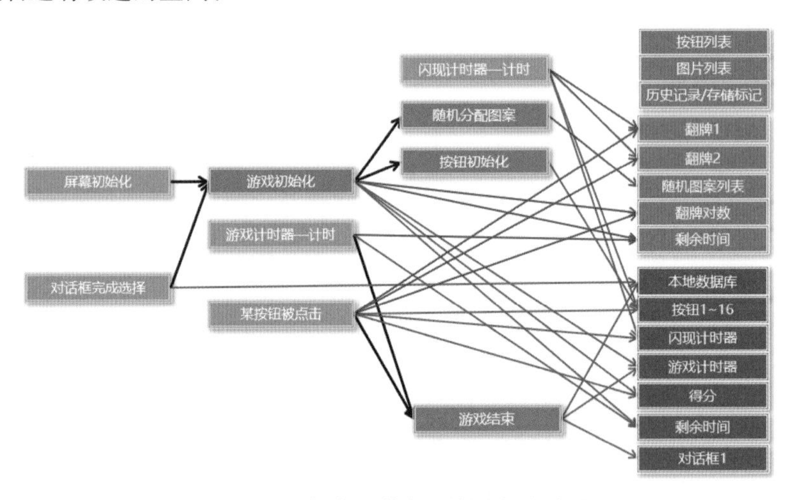

图 1-59 程序改进之后的要素关系图

写到这里本章就结束了。我们力图通过开篇第 1 章为大家描摹一幅应用开发的全景，同时也不漏掉对局部细节的描绘。希望各位通过本章的阅读及实操，掌握应用开发的基本步骤，以及实现这些步骤的要领。愚以为学编程如学游泳，明确了要领之后，一定要下水练习，否则永远无法学会。在接下来的几章里，我们将试水不同类型的游戏，看应用开发如何“换汤不换药”！

第 2 章 《打地鼠》

本章将沿袭第 1 章的叙述方式，以开发流程为主线，讲解《打地鼠》游戏的开发方法。本章包含下列主题：

(1) 功能描述
(2) 界面设计
(3) 技术准备
(4) 编写程序
(5) 整理与比较

2.1 功能描述

在一片肥沃的土地上有许多隐秘的洞口，地鼠趁人不备钻出来偷吃粮食，农夫则躲在暗处，等待地鼠从洞中探出头来……这款游戏有很多种版本，在安卓应用开发书[①]中有一个简单的版本，游戏中只有一只地鼠，地鼠被击中后，会随机地出现在其他位置。本章要讲解的版本相对来说比较复杂：有很多只地鼠，它们不停地从 9 个洞口中钻出来。

游戏的具体功能描述如下。

(1) 时间：限定游戏时长为 30 秒。
(2) 空间：用户界面分为上下两部分，上部为提示区，显示击打次数、命中次数及游戏得分；下部为游戏交互区，其中分布着 9 个洞口，每个洞口里藏着一只地鼠；另外，交互区的左上角是显示游戏剩余时间的彩条。
(3) 角色：有 3 种地鼠，它们出现的概率不同。
  a) 普通地鼠：蓝灰色，出现概率为 60%。
  b) 幽灵地鼠：灰黑色，出现概率为 20%。
  c) 黄金地鼠：金黄色，出现概率为 20%。

---

① 该书全称《写给大家看的安卓应用开发书：App Inventor 2 快速入门与实战》，由 App Inventor 发明人 Hal Abelson 教授参与编写，中文版由金从军翻译，已由人民邮电出版社于 2016 年出版，其中第 3 章名为“打地鼠”。

(4) 角色行为

a) 自主行为：地鼠以“纷至沓来”的方式显现在屏幕上，然后再以同样的方式从屏幕上消失，随着游戏时间的推移，地鼠消失得越来越快，游戏的难度也随之增大。

b) 受控行为：当玩家击中地鼠时，地鼠立即消失。

(5) 玩家行为（一）：玩家用手指点击地鼠，如果击中则地鼠消失，玩家得分。

(6) 游戏行为

a) 游戏开始：得分清零，开始计时。

b) 游戏计时：累计得分。

c) 游戏结束：当游戏剩余时间为零时，弹出对话框，允许用户选择退出游戏、返回游戏及清除记录，如果本次得分大于历史记录，则更新历史记录。

(7) 玩家行为（二）：当游戏结束时，可以选择

a) 返回游戏：重新开始新一轮游戏。

b) 清除记录：删除已经保存的历史记录，然后重新开始新一轮游戏。

c) 退出游戏：退出应用。

(8) 记分规则：击中普通地鼠得 5 分，击中幽灵地鼠得 –5 分，击中黄金地鼠得 25 分。

游戏的用户界面如图 2-1 所示。

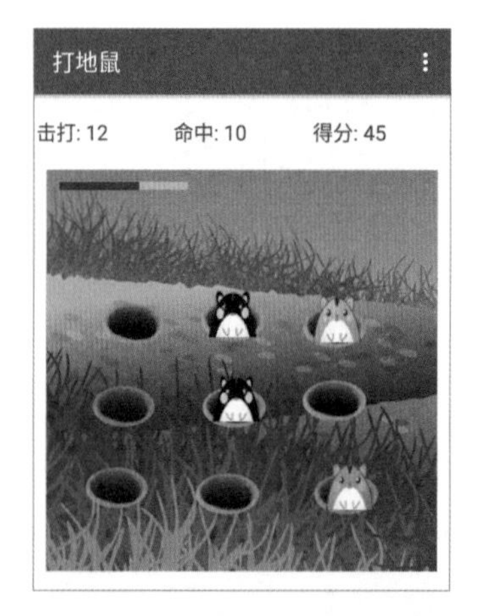

图 2-1 游戏在手机中的外观

2.2 界面设计

2.2.1 素材准备

项目中包含了 5 个素材文件，如图 2-2 所示，其中图片文件均为 png 格式。

(1) 地鼠图片 3 张：幽灵地鼠、普通地鼠及黄金地鼠，图片宽 42 像素，高 35 像素。
(2) 背景图片 1 张：草地图案，上面排列有 9 个洞口，图片宽高均为 600 像素。
(3) 声音文件 2 个：击中幽灵地鼠音效及击中黄金地鼠音效（击中普通地鼠时发出振动）。

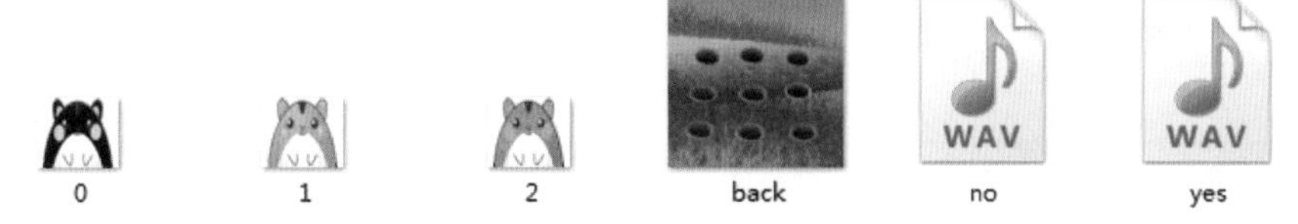

图 2-2 游戏中使用的素材文件

2.2.2 界面设计

创建一个项目，将其命名为“打地鼠”。在屏幕上部放置一个水平布局，向其中添加 6 个标签，分别用于显示**击打次数**、**命中次数**及**游戏得分**。在水平布局下方添加一个**画布**组件，在画布中添加 9 个精灵组件。然后添加计时器等非可视组件，并上传 6 个素材文件，如图 2-3 所示，组件的命名及属性设置见表 2-1。

图 2-3 设计游戏的用户界面

表 2-1 组件的命名及属性设置

组件类型	组件命名	属　　性	属　性　值
屏幕	Screen1	标题	打地鼠
		水平对齐	居中
		图标	1.png
		主题	深色主题
水平布局	成绩布局	宽	94%
		高	10%
		垂直对齐	居中
		背景颜色	白色
标签	{ 全部标签 }	文本颜色	深灰
		字号	12
	标签 1	显示文本	击打：
	击打次数	显示文本	0
		宽度	充满
	标签 2	显示文本	命中：
	命中次数	显示文本	0
		宽度	充满
	标签 3	显示文本	得分：
	分数	显示文本	0
		宽度	充满
画布	画布	宽度 / 高度	300（像素）
		画笔线宽	6（像素）
		背景图片	back.png
精灵	精灵 1 ~精灵 9		默认
音效播放器	音效播放器	最小间隔	100（毫秒）
对话框	对话框	停留时间	短
本地数据库	本地数据库	全部属性	默认
计时器	计时器	一直计时 / 启用计时	取消勾选
		计时间隔	500（毫秒）

画布中 9 个精灵的坐标见表 2-2。

表 2-2 精灵的坐标

	精灵 1	精灵 2	精灵 3	精灵 4	精灵 5	精灵 6	精灵 7	精灵 8	精灵 9
X 坐标	48	123	203	38	126	203	34	123	213
Y 坐标	91	90	94	151	153	150	215	218	219

属性设置说明：

(1) 击打次数、命中次数及得分 3 个标签的宽度均设为充满，以确保 3 个标签宽度相等；

(2) 表 2-2 中的坐标值与画布的宽度、高度直接相关，当画布尺寸变化时，需要重新调整精灵的坐标。

2.3 技术准备

在《打地鼠》游戏中，**随机数**、**列表**与**计时器**依然堪称“三大法宝”。与《水果配对》中不同的是，这里的随机数不是随机整数，而是随机小数及列表任意项。除此之外，《打地鼠》游戏中用到了**画布**与**精灵**组件，这是开发游戏类应用的另一大法宝。在正式开始编写程序之前，我们将对随机小数、列表任意项、画布及精灵组件的使用方法加以介绍。

2.3.1 随机小数

在 App Inventor 中，**随机小数**块将生成一个介于 0 和 1 之间的小数（保留到小数点后面第 5 位），如图 2-4 所示，我们在这本书中只用到一位或两位。

在这款游戏中，**随机小数**用来控制地鼠出现或消失的时机，在某一时刻，某只地鼠是否会冒出或消失，取决于随机小数的值。以左上角的洞口 1 为例，洞口 1 中藏着**精灵 1**，如果希望洞口 1 中地鼠冒出或消失的概率为 10%，那么代码的写法如图 2-5 所示。想想看，随机小数有多大的概率落在 0 和 0.1 之间？答案是 10%。当然，判断条件也可以写作“随机小数 > 0.9”。

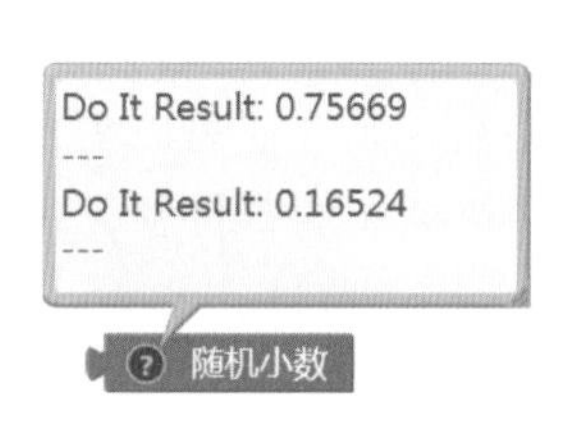

图 2-4 App Inventor 中的随机小数块

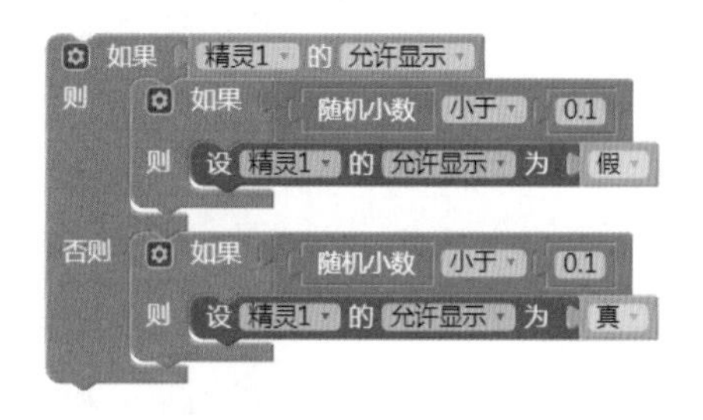

图 2-5 用随机小数控制地鼠的出现时机

读者不妨想一想，这样设置的结果是什么？地鼠冒出或消失的速度是快还是慢？答案是很慢！想象图 2-5 中的代码位于计时事件处理程序中，假设**计时间隔**为 500 毫秒，那么在每次计时事件中，地鼠改变状态的概率只有 10%，换句话说，10 次计时事件才能导致一次状态改变，也就是每隔 5 秒地鼠才能改变一次状态，这样的游戏还值得玩吗？由此可以得出结论：当判断条件中的**随机小数**增大时，地鼠状态改变的频率将加快，而游戏的难度也将增大。于是我们把决定地鼠出现时机的随机小数称作“难度”，注意，这个概念将在后面的程序中用到！

除此之外，随机小数也用来控制3种不同地鼠的出现比例，代码如图2-6所示。图中代码表明，3种地鼠出现的比例为：幽灵地鼠与黄金地鼠均为20%，普通地鼠为60%。注意“比例”这个概念，稍后会在编写程序时用到。

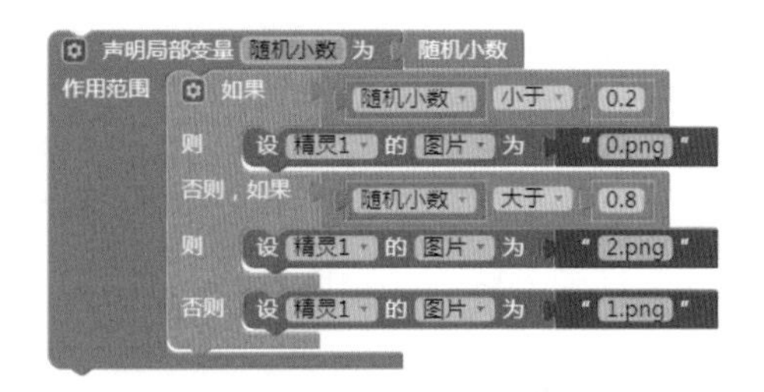

图2-6 用随机小数控制3种地鼠出现的比例

2.3.2 列表中的任意项

在App Inventor中，产生随机行为的方法有3种，在《水果配对》案例中用到了随机整数，上面又介绍了**随机小数**，第3种就是“列表中的任意项”，它就在代码块的列表分组中。图2-7中给出了一个实验列表，并用“列表中的任意项”块从实验列表中随机选取一个列表项，选择结果是第3项“3”。

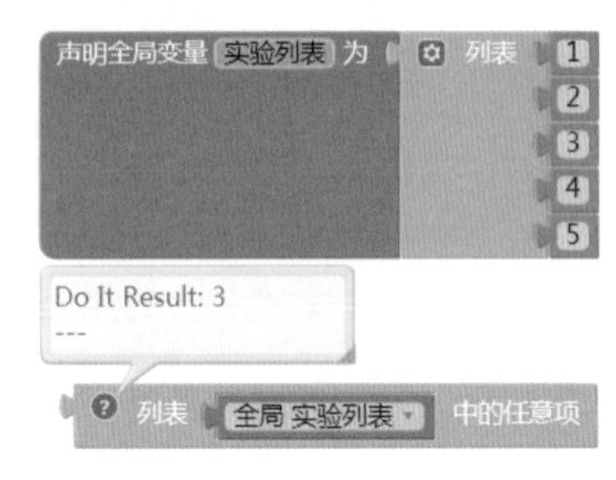

图2-7 选取列表中的任意项

2.3.3 画布与精灵

一个叫作画布的组件，听起来只与绘画有关，它是如何扮演游戏法宝的角色呢？其实，在App Inventor众多的组件当中，画布是名副其实的多面手。它是一张白纸，可以画画，同时它又是舞台和运动场，可以上演各种剧目和竞赛，而游戏就是竞赛，精灵就是演员和运动员。

首先，**画布**具有布局组件的功能，画布是精灵的容器。由于画布采用平面直角坐标的定位方式，因此其中的精灵可以自由移动，这一点令真正的布局组件望尘莫及。其次，画布可以绘制各种图形，当与计时器配合使用时，就可以生成动画。最后，画布还可以写字，与绘画功能结合起来，可以绘制表格、饼图等。在App Inventor中，画布拥有的事件种类是最多的，而内置过程的数量仅次于计时器，这些从另一个角度说明了它的多面手特性。

再来说**精灵**，与按钮等用户界面组件相比，精灵也可以用于显示图片，并接受用户的触摸（相当于按钮的点击）；不同的是，精灵具有丰富的交互手段，具有划动和拖拽等事件。精灵最常用的功能是运动。一方面它具有方向属性和速度属性，即使没有计时器，也可以实现自主运动；另一方面，可以用程序控制它的坐标，配合计时器的使用，可以实现受控的运动。运动是很多游戏的关键要素，也正是画布和精灵可以大显身手的地方。精灵在画布上运动，凭借的是x坐标、y坐标的改变，除此之外，精灵还具有z坐标，即精灵还有深度的属性，两个精灵可以在画布上重叠放置，其中z值小的精灵会遮挡z值大的精灵。

在《打地鼠》游戏中，精灵用于显示地鼠的图片，通过设置精灵的允许显示属性，实现地鼠的显示和隐藏。同时，利用精灵的触摸事件，实现用户击打地鼠的操作。游戏中的精灵按照给定的 x 坐标、y 坐标静置在画布上，它们只能待在原地，或显示，或隐藏。与这项功能有关的知识有两项：

- ❑ 画布坐标系
- ❑ 精灵的定位

如图 2-8 所示，与平面直角坐标系不同的是，画布坐标系的原点位于画布的左上角，y 轴的正方向指向下方。画布坐标系的长度单位为像素。图中的地鼠正是设置了图片属性的精灵组件，绿色矩形框表示精灵的边界，左上角的黄色圆点就是精灵在画布坐标系中定位的基准点。

图 2-8 画布坐标系及精灵的定位

2.4 编写程序

前面介绍了本章所涉及的主要技术，接下来，我们将运用这些技术来编写程序，以实现游戏的各项功能。编写程序的任务包含下列 4 个步骤。

(1) 屏幕初始化。
(2) 地鼠的闪现：参差算法。
(3) 命中地鼠与得分。
(4) 时间控制。

下面将依次展开。

2.4.1 屏幕初始化

屏幕初始化的任务是精灵初始化，为 9 个精灵以及它们的坐标建立列表，并在屏幕初始化事件中，利用这两个列表，实现精灵的坐标设定。

- *声明全局变量*

首先，根据表 2-2 提供的数据，建立一个**坐标列表**，代码如图 2-9 所示，列表中包含 9 个列表项，与 9 个精灵相对应，每个列表项中又包含两项，分别代表 x 坐标及 y 坐标。

然后，创建一个**精灵列表**，将 9 个精灵对象存放在列表中，代码如图 2-10 所示。

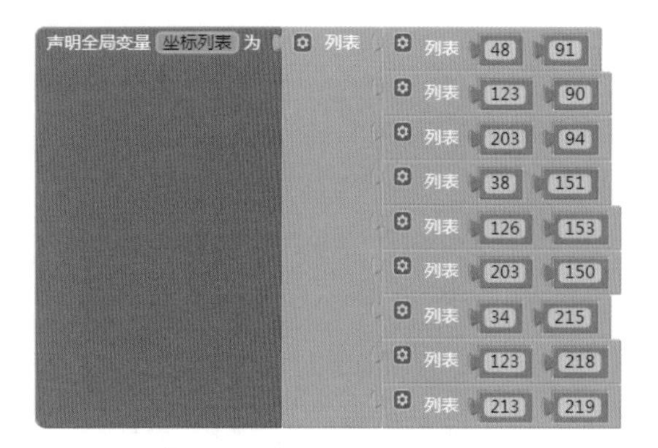

图 2-9 声明全局变量：坐标列表

图 2-10 声明全局变量：精灵列表

最后，在屏幕初始化事件中，利用循环语句设置 9 个精灵的坐标，代码如图 2-11 所示。

在图 2-11 中，后面的循环语句将所有精灵的图片属性设置为 1.png，这项设置与游戏的功能无关，主要是为了测试精灵坐标的设置效果，如图 2-12 所示。

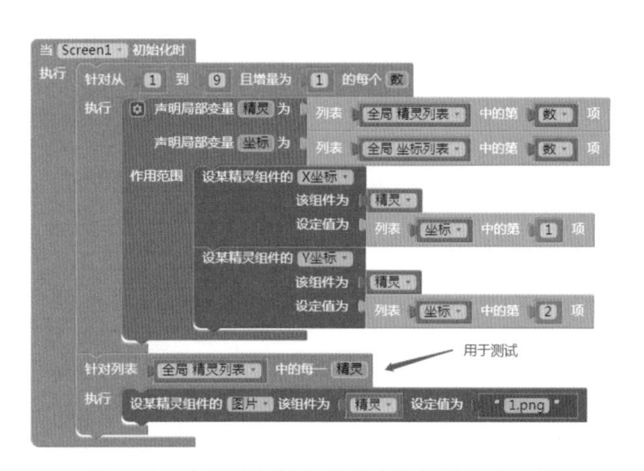

图 2-11 在屏幕初始化事件中设置精灵的坐标

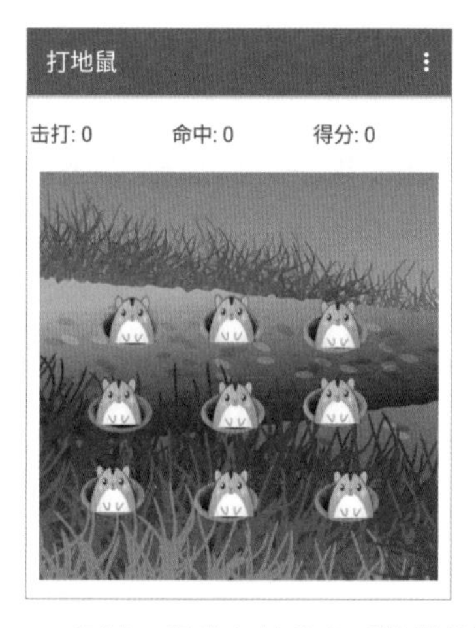

图 2-12 测试：屏幕初始化之后精灵的位置

2.4.2 地鼠的闪现：参差算法

地鼠此起彼伏地、毫无规律地钻出洞口，片刻后又消失在洞里，这是我们希望达成的目标。也就是说，我们要避免地鼠整齐划一地出现，又同时消失。我们接下来就看看如何用程序来实现这种参差不齐的效果——参差算法。

参差算法用于实现地鼠行为的随机性，这里的随机性包含三个方面的含义，一是**时间的随机性**，即不允许两只地鼠同时冒出，或同时消失，而且它们显示或隐藏的时间长度也不允许整齐划一。二是**空间的随机性**。所谓空间，指的是屏幕上的 9 个洞口，某一时刻，任何一个洞口中都有可能冒出地鼠。三是**地鼠种类的随机性**，某一时刻从某个洞口中冒出的地鼠，可能是普通地鼠，也可能是幽灵地鼠或黄金地鼠。总之，我们要制造出“纷至沓来”或“参差不齐”的视觉效果，实现这一算法的技术包括计时器、列表、循环、随机小数及列表任意项。接下来将从时间、空间、地鼠种类这三个方面来实现参差算法。

算法的实现分两步完成，首先验证算法的可行性，然后在可行性成立的基础上，调整相关参数，改进程序的执行效果。

与效果相关的参数以及它们的取值列举如下。

(1) 计时间隔：500 毫秒。
(2) 难度：0.1（见 2.3.1 节）。
(3) 比例：幽灵地鼠、黄金地鼠各占 20%，普通地鼠占 60%。

为了稍后测试方便，需要在屏幕初始化时，隐藏全部地鼠，利用循环语句来实现这一设置。为了保持代码的简洁性，创建一个**精灵初始化**过程，将屏幕初始化程序中的代码与隐藏精灵的代码都归整到该过程里，然后在屏幕初始化程序中调用该过程，同时让**计时器**开始计时。代码如图 2-13 所示，图中带黄框的代码仅用于测试。

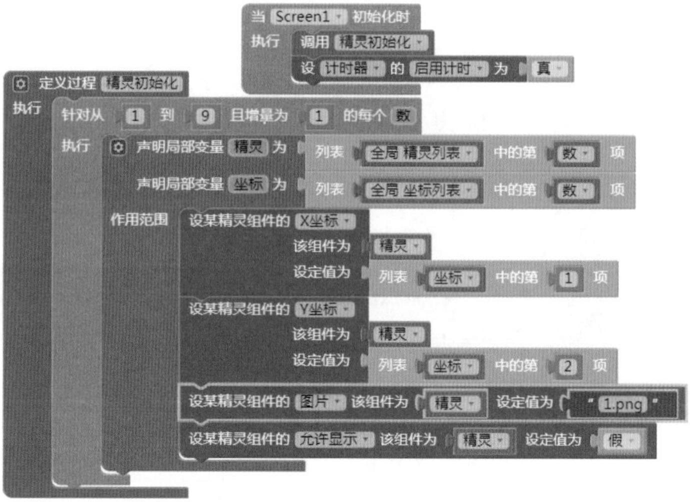

图 2-13 创建过程：精灵初始化

1. 空间随机性

为了避免地鼠出现“齐步走”的现象，我们的策略是：在每一次计时事件中只改变一只地鼠的显示状态，为了实现随机效果，要用到“列表中的任意项”，代码如图 2-14 所示。

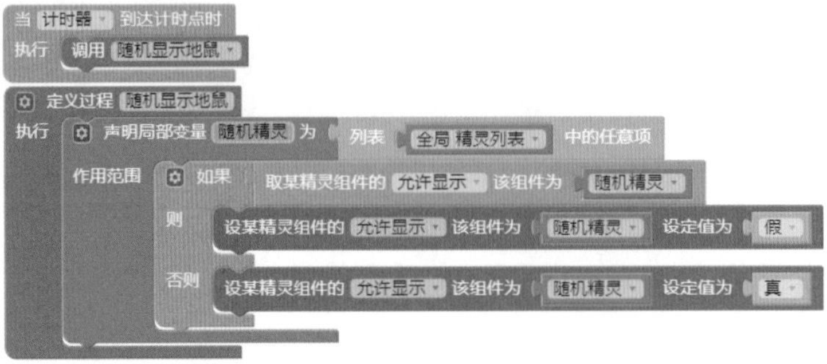

图 2-14 实现地鼠在空间上的随机显示

测试结果是，地鼠的显示和隐藏都表现出随机性，但是有些地鼠在屏幕上停留的时间非常短，几乎在冒出后立即消失，为了改变这一现象，我们来设置地鼠状态改变时间的随机性。

2. 时间随机性

前面介绍了随机小数与**难度**之间的关系（见 2.3.1 节），现在就要用到这个技术。首先声明一个全局变量——**难度**，设其初始值为 0.1，用难度来控制地鼠的显示（隐藏）时机，代码如图 2-15 所示。

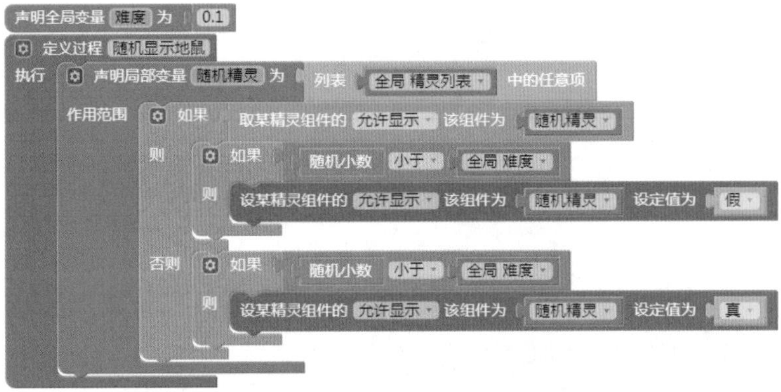

图 2-15 用难度（随机小数）来控制地鼠的显示（隐藏）时机

测试结果是，地鼠状态改变的速度慢了下来，不过慢得有些过分，致使游戏几乎没有难度可言。解决这一问题的方法有两种：

- 缩短计时间隔
- 增加难度值

不过，我们接下来的任务是实现地鼠种类的随机性，把调整参数改进效果的任务留到本节最后来完成。

3. 地鼠种类的随机性

2.3.1 节中同样介绍了用**随机小数**控制地鼠种类比例的方法，这里声明一个全局变量——**幽灵比例**，用来表示幽灵地鼠和黄金地鼠所占的百分比，设其初始值为 0.2，修改后的程序如图 2-16 所示。

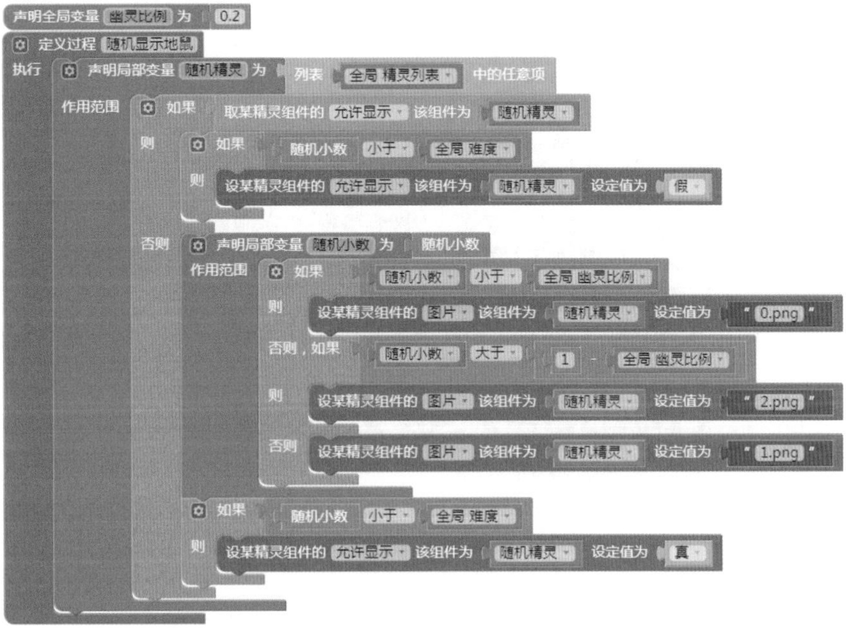

图 2-16　用幽灵比例（随机小数）来控制不同种类地鼠的比例

以上我们实现了对时间随机性、空间随机性以及地鼠种类比例的设定，测试的结果可想而知，地鼠显示状态的改变异常缓慢，这使得游戏变得了无生趣，下面我们调整参数，以求得更好的效果。

4. 调整参数

可供修改的参数有 3 个：计时间隔、难度及比例。我们的策略是：先改变一个参数，观察测试结果，根据结果再调整其他参数。

首先将**计时间隔**修改为 300 毫秒，进行测试，地鼠的状态改变依然很慢，即便是将**计时间隔**缩短为 100 毫秒，对效果的影响也十分有限。

理想的情况是，在游戏之初，地鼠状态改变比较慢，随着游戏时间的增加，状态改变越来越快。那么如何让难度值逐渐增加呢？

我们来做一道简单的算术题：假设游戏时长为 30 000 毫秒，**计时间隔**为 100 毫秒，则在游戏期间共发生 300 次计时事件。又假设**难度**的最小值为 0.1，最大值为 0.4，那么在每次计时事件中，**难度**增加值均为 (0.4 – 0.1) / 300 = 0.001。这就是我们改写程序的依据，为此需要增加几个全局变量，用来保存这些与**难度**有关的参数，如图 2-17 所示。首先要在屏幕初始化程序中，设定**难度**及**难度增量**的值，然后在计时事件中，逐渐增加**难度**的值。这里不需要修改**随机显示地鼠**过程。

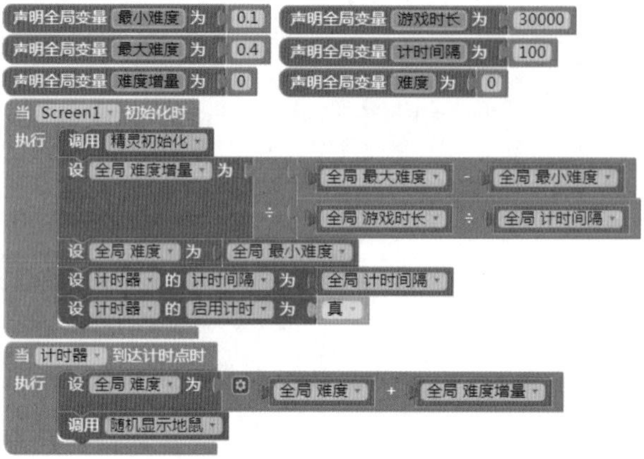

图 2-17 随着游戏时间的增加，难度也逐渐增大

经过测试，程序的执行效果还不错，不过此时我们还没有考虑玩家的行为，一旦玩家可以击打地鼠，就会影响地鼠的行为，进而影响游戏的效果。或许稍后还需要对程序进行完善。

2.4.3 命中地鼠与得分

这款游戏需要显示以下 3 项成绩。

(1) 击打次数：只要用户点击了画布，无论是否击中地鼠，都将被记入击打次数。

(2) 命中次数：用户击中普通地鼠及黄金地鼠的次数。

(3) 得分：按照规则，每击中一次地鼠，统计得分（+5、–5、+25）。

1. 显示击打次数

我们可以利用**画布**的被触摸事件来统计**击打次数**，代码如图 2-18 所示。

图 2-18 显示用户的击打次数

2. 命中地鼠

第 1 章的《水果配对》游戏中，我们使用一个按钮类事件块实现了 16 个按钮的点击事件处理程序，本章也将采用同样的方法，只不过这里使用的是精灵类的触摸事件块。在精灵类的触摸事件中，分别更新**命中次数**及**得分**，并隐藏被击中的精灵，代码如图 2-19 所示。

```
当某精灵被触摸时
  组件  未处理  x坐标  y坐标
执行  声明局部变量 图片 为  取某精灵组件的 图片 该组件为 组件
  作用范围  如果  图片 等于 " 1.png "
            则  设 命中次数 的 显示文本 为  命中次数 的 显示文本 + 1
                设 分数 的 显示文本 为  分数 的 显示文本 + 5
            否则  如果  图片 等于 " 0.png "
                  则  设 分数 的 显示文本 为  分数 的 显示文本 + -5
                  否则  设 分数 的 显示文本 为  分数 的 显示文本 + 25
                        设 命中次数 的 显示文本 为  命中次数 的 显示文本 + 1
            设某精灵组件的 允许显示 该组件为 组件 设定值为 假
```

图 2-19 更新命中次数及得分

上述程序的测试结果如图 2-20 所示。

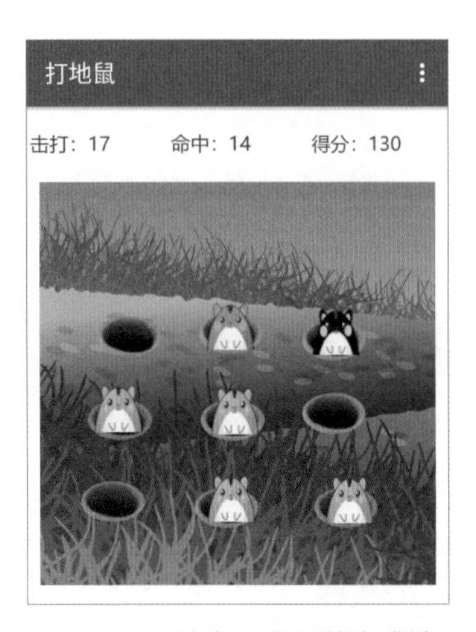

图 2-20 测试：显示游戏成绩

在测试过程中发现，刚刚开始游戏时，地鼠出现得不够快，随着时间的增加，地鼠会快速出现，这符合我们的预想。不过偶尔会有几只幽灵地鼠停留在屏幕上，因为玩家不会击打它，所以它们停留的时间就显得越发地长，而且影响了其他两种地鼠的出现，也拖慢了游戏的节奏。为此，我们需要调整比例参数，设幽灵比例为 0.1，再进行测试，情况有所改善。

在没有控制游戏时长的前提下，玩家可以一直玩下去，地鼠的变化速度会越来越快，而分数也可以一直增长，这样显然不符合游戏的规则。下面我们来限制游戏时长，并编写游戏结束程序。

2.4.4 时间控制

时间控制包含 3 项功能：一是显示游戏的进度，二是当游戏时间耗尽时，让游戏结束，三是处理游戏结束后用户的选择。

1. 显示游戏进度

在《水果配对》游戏中，我们利用数字滑动条来显示游戏的进度，本章将尝试另一种方法——在画布上绘制游戏进度条。

进度条由两条线段组成，一条灰色线段作为背景，表示游戏总时长，另一条红色线段为前景，表示游戏的剩余时长。在每次计时事件中，先绘制固定长度的灰色线段，再根据当前的剩余时长绘制红色线段。

画布具有绘制线段功能，绘制线段需要 4 个参数：起点 *x* 坐标、起点 *y* 坐标、终点 *x* 坐标及终点 *y* 坐标。在两条线段的 8 个参数中，唯一变化的就是红色线段的终点 *x* 坐标，它随游戏的剩余时间而改变。

首先声明几个全局变量：起点坐标（X0、Y0）、**进度条长度**、**毫秒像素比**及**剩余时间**，并设 X0 = 10、Y0 = 12、进度条长度 = 100（像素）。这里的**毫秒像素比**指的是画布上每像素所代表的毫秒数，它的值等于**游戏时长 / 进度条长度**，可以在屏幕初始化事件中设置它的值，同时设置“剩余时间 = 游戏时长”，代码如图 2-21 所示。

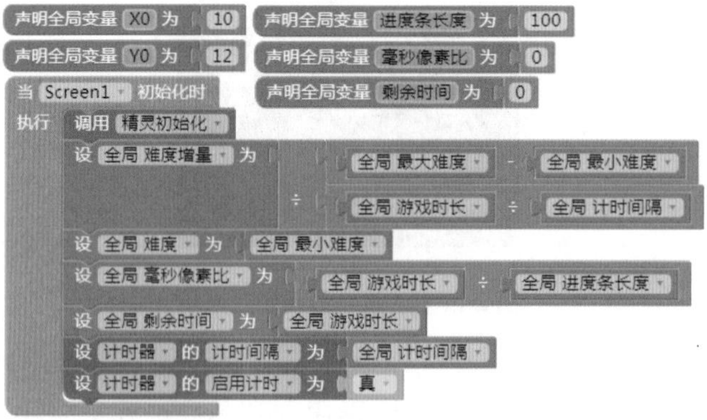

```
声明全局变量 X0 为 10
声明全局变量 Y0 为 12
声明全局变量 进度条长度 为 100
声明全局变量 毫秒像素比 为 0
声明全局变量 剩余时间 为 0
当 Screen1 初始化时
执行 调用 精灵初始化
     设 全局 难度增量 为 (全局 最大难度 - 全局 最小难度) ÷ (全局 游戏时长 ÷ 全局 计时间隔)
     设 全局 难度 为 全局 最小难度
     设 全局 毫秒像素比 为 全局 游戏时长 ÷ 全局 进度条长度
     设 全局 剩余时间 为 全局 游戏时长
     设 计时器 的 计时间隔 为 全局 计时间隔
     设 计时器 的 启用计时 为 真
```

图 2-21 与绘制进度条有关的全局变量

然后创建一个过程——**显示游戏进度**。在该过程中，首先判断**剩余时间**是否为零，如果为零，让**计时器**停止计时，否则，让**剩余时间**减少一个**计时间隔**，并绘制两条线段；然后在计时事件中调用该过程，代码如图 2-22 所示。测试结果如图 2-23 所示。

```
定义过程 显示游戏进度
执行 如果 全局 剩余时间 等于 0
     则 设 计时器 的 启用计时 为 假
     否则 设 全局 剩余时间 为 全局 剩余时间 - 全局 计时间隔
          设 画布 的 画笔颜色 为
          让 画布 画线
             第一点x坐标 全局 X0
             第一点y坐标 全局 Y0
             第二点x坐标 全局 X0 + 全局 进度条长度
             第二点y坐标 全局 Y0
          设 画布 的 画笔颜色 为
          让 画布 画线
             第一点x坐标 全局 X0
             第一点y坐标 全局 Y0
             第二点x坐标 全局 X0 + 全局 剩余时间 ÷ 全局 毫秒像素比
             第二点y坐标 全局 Y0
当 计时器 到达计时点时
执行 设 全局 难度 为 全局 难度 + 全局 难度增量
     调用 随机显示地鼠
     调用 显示游戏进度
```

图 2-22 在计时事件中调用显示游戏进度过程

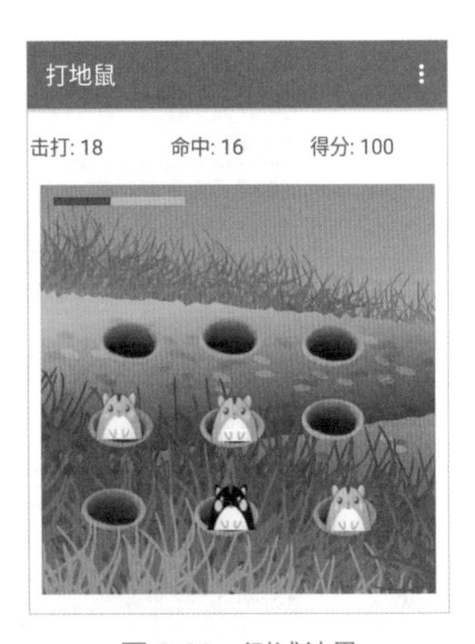

图 2-23 测试结果

在测试过程中，可以发现两个问题。

(1) 在游戏最初的几秒内，地鼠的变化很缓慢，随着时间的增加，地鼠变化的频率加快，直至过快，令人应接不暇。

(2) 击中地鼠时，虽然命中次数及得分有变化，但是用户感觉有些迷茫，不知道当前是否击中了地鼠。

第一个问题的原因是难度的最小值太低，而最大值过高，可以通过修改**计时间隔**以及难度的最大、最小值，来调节地鼠变化的频率。我们的策略是：保持**计时间隔**不变，提高难度的最小值，同时降低难度的最大值。设**最小难度**为 0.2，**最大难度**为 0.3。测试发现，游戏开始时，地鼠变化有点快，但应接不暇的状况有所改善，不过偶尔会有一段空闲时间，屏幕上一只地鼠都没有。因此，可以将**最小难度**降低到 0.15，将**计时间隔**降为 50 毫秒。这样再测试时，上述状况有所改善。修改后的代码如图 2-24 所示。

声明全局变量 计时间隔 为 50
声明全局变量 最小难度 为 0.15
声明全局变量 最大难度 为 0.3

图 2-24 修改与难度有关的参数

以上 3个全局变量的值与游戏的节奏感有关，上面的改进虽然让游戏的体验有所提升，但游戏的运行依然不够流畅，读者可以尝试调整上述指标，以求得更好的用户体验。

对于第二个问题，我们可以利用**音效播放器**组件来解决。当用户击中不同种类的地鼠时，发出不同的声音，或产生振动，以此来反馈用户的操作，代码如图 2-25 所示。

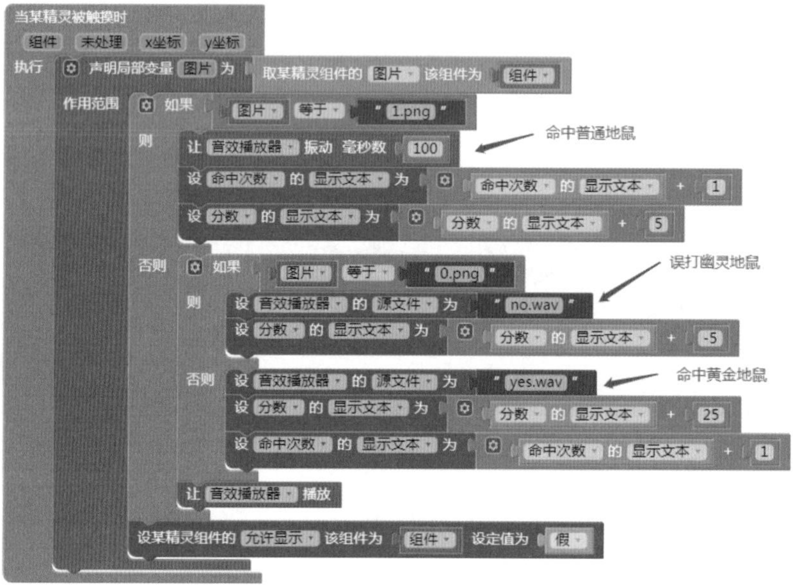

图 2-25 对用户的操作结果进行反馈

2. 游戏结束

在**显示游戏进度**过程里（见图 2-22），当**剩余时间**为零时，只是让**计时器**停止计时，并没有考虑游戏结束后的相关功能。下面我们用**对话框**组件的选择对话框功能来提示游戏结束并显示得分，同时提供 3 个按钮供用户选择。

首先声明一个全局变量**打地鼠存储标记**，用于**本地数据库**的存取操作，然后创建一个**游戏结束**过程，来处理**计时器**停止计时后的事情。**对话框**的各项参数设置如下所示。

(1) 消息：显示"本次游戏得分："。
(2) 标题：显示"历史记录："。**历史记录**取自**本地数据库**，如无记录，则显示 0。

(3) 按钮 1 文本：清除记录。稍后在**对话框**的选择完成事件中加以处理。

(4) 按钮 2 文本：退出游戏。在**对话框**的选择完成事件中处理。

(5) 允许返回：保留默认值“真”。当用户点击返回按钮时，重新开始新一轮游戏。

除此之外，当**本次得分**高于**历史记录**时，将**本次得分**保存到**本地数据库**中，替代原有记录。注意，使用**本地数据库**组件保存及提取数据，必须使用相同的标记，为避免输入错误，这里用全局变量来替代手动输入。具体代码如图 2-26 所示。

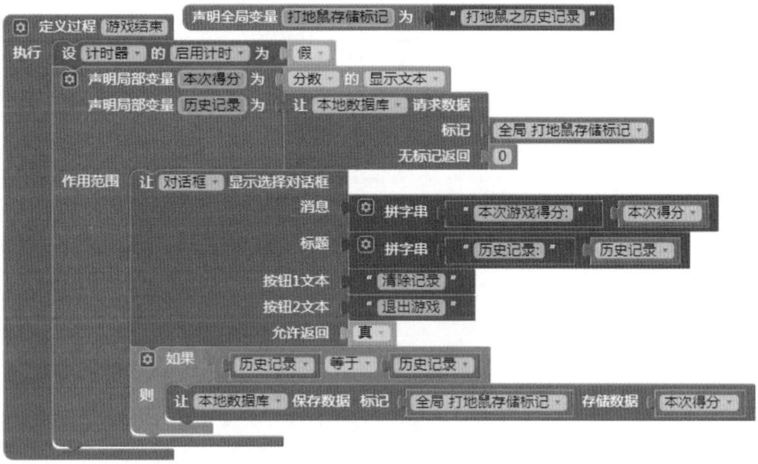

图 2-26 定义游戏结束过程

然后在**显示游戏进度**过程里调用**游戏结束**过程，如图 2-27 所示。

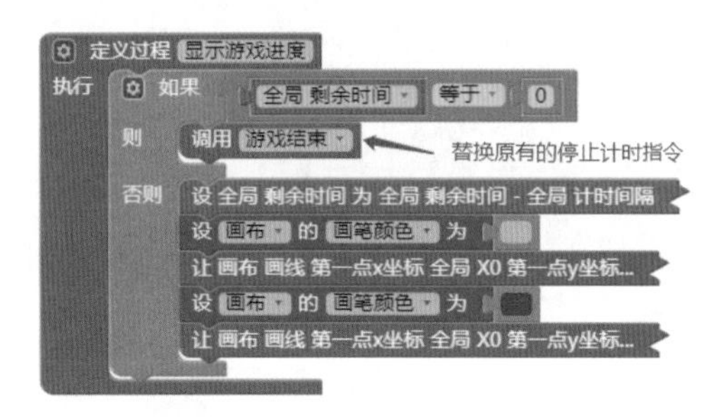

图 2-27 调用游戏结束过程

3. 处理用户选择

在**对话框**的完成选择事件中，依据用户的选择，执行不同的操作。当用户选择退出游戏时，退出应用，否则，开始新游戏，且当用户选择清除记录时，将 0 保存到**本地数据库**中。

为了实现重新开始游戏功能，需要创建一个**游戏初始化**过程，对相关的全局变量及组件属性进行初始化。不过，在动手之前需要思考一个问题：统观整个游戏过程，哪些程序只在屏幕初始化时执行一次，哪些程序必须在每次游戏重新开始时再次执行？为了回答这个问题，我们绘制了下面的表2-3。表格中的蓝星只需在屏幕初始化时执行一次，而其余部分在游戏初始化时需要重新设置。有了上述分析，我们需要两个过程，分别处理与屏幕初始化及游戏初始化有关的操作。

首先修改精灵初始化过程的名称，将其命名为**屏幕初始化**，用来处理与蓝星有关的操作，然后再创建一个**游戏初始化**过程，处理与红星有关的操作。

表2-3 与初始化相关的设置

变量 组件	变量				计时器		精灵		标签		
	剩余时间	难度	难度增量	毫秒像素比	计时间隔	启用计时	X坐标、Y坐标	允许显示	击打次数	命中次数	分数
初始设置	0	0	0	0	500	假	—	真	0	0	0
屏幕初始化	★	★	★	★	★	★	★	★			
游戏初始化	★	★				★		★	★	★	★

修改后的程序如图2-28所示。

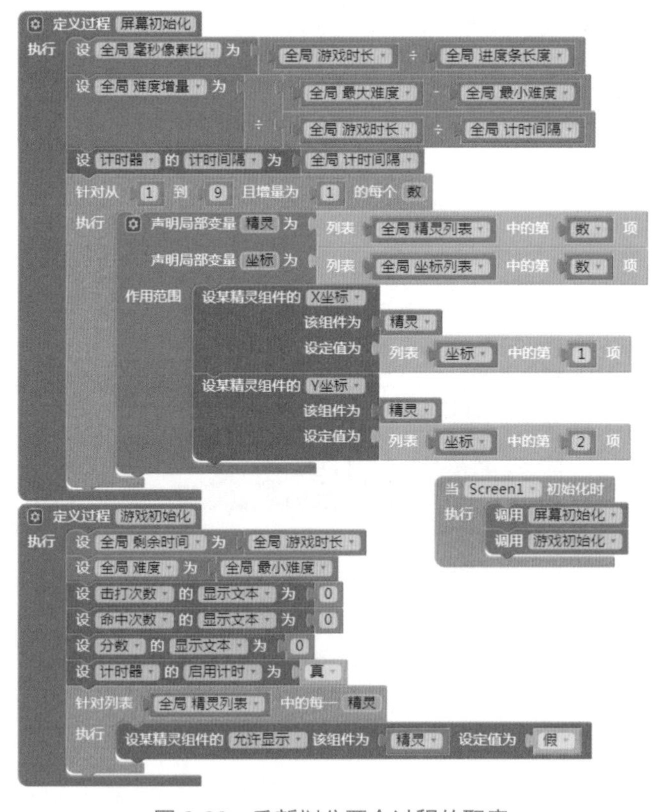

图2-28 重新划分两个过程的职责

游戏初始化过程不仅用于**屏幕初始化**事件，也要用于**对话框**完成选择事件，代码如图 2-29 所示。

经过测试，游戏运行正常，运行结果如图 2-30 所示。

```
当 对话框 完成选择时
  结果
执行 如果 结果 等于 "退出游戏"
     则 退出程序
     否则 如果 结果 等于 "清除记录"
          则 让 本地数据库 保存数据
                  标记 全局 打地鼠存储标记
                  存储数据 0
          调用 游戏初始化
```

图 2-29 处理用户的选择

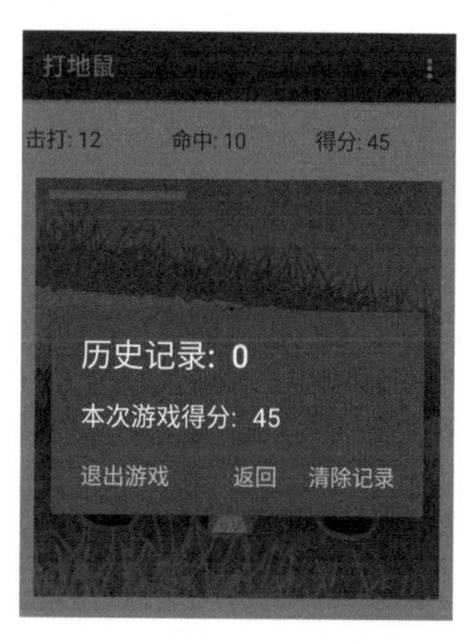

图 2-30 程序修改后的运行结果

至此我们实现了《打地鼠》游戏的全部功能，下面的任务是对现有程序进行整理，并对程序的结构进行优化。

2.5 整理与比较

2.5.1 代码整理

项目中的代码清单如图 2-31 所示。

```
(1) 声明全局变量 X0 为 10   声明全局变量 Y0 为 12
    声明全局变量 精灵列表 为 列表 精灵1 精灵2 精灵...
    声明全局变量 坐标列表 为 列表 列表 48 91 列...
    声明全局变量 打地鼠存储标记 为 "打地鼠之历史记录"
    声明全局变量 进度条长度 为 100
(2) 声明全局变量 最小难度 为 0.15   声明全局变量 游戏时长 为 30000
    声明全局变量 最大难度 为 0.3    声明全局变量 计时间隔 为 50
    声明全局变量 幽灵比例 为 0.1
(3) 声明全局变量 毫秒像素比 为 0    声明全局变量 难度增量 为 0
(4) 声明全局变量 剩余时间 为 0      声明全局变量 难度 为 0

定义过程 屏幕初始化 执行 设 全局 毫秒像素比 为 ...
定义过程 随机显示地鼠 执行 声明局部变量 随机精灵 ...
定义过程 显示游戏进度 执行 如果 全局 剩余时间 等...
定义过程 游戏结束 执行 设 计时器 的 启用计时 为 假
定义过程 游戏初始化 执行 设 全局 剩余时间 为 全...
当 Screen1 初始化时 执行 调用 屏幕初始化
当某精灵被触摸时 组件 未处理 x坐标 ...
当 画布 被触摸时 x坐标 y坐标 碰到精...
当 计时器 到达计时点时 执行 设 全局 难度 为 全...
当 对话框 完成选择时 结果 执行 如果 ch...
```

图 2-31 《打地鼠》游戏中的全部代码

图 2-31 中的全局变量被分为 4 个组，其中第 (1) 组是无须变化的量，第 (2) 组是可调参数，第 (3) 组是导出参数（由其他变量计算得来），第 (4) 组是真正的变量。在第 (1)(2) 组中，那些初始值为数字或字符的变量，在编写游戏时，它们的值一经设定，就永远不会改变。那么为什么不在程序中直接使用这些数字，而要额外设置这些变量呢？这与一条编程的原则有关：**杜绝在程序中使用硬编码**。那些具体的数字就是所谓的硬编码。

说明

使用硬编码最大的风险发生在程序被修改时。有些硬编码，如**进度条长度**，程序中不止一处要用到这个数（**显示游戏进度**过程、**游戏初始化**过程），如果直接使用“100”这个数字，一旦程序需要修改，作为开发者，你必须找到程序中所有的“100”并逐个加以修改，如果不小心忘记了其中的某一个，程序就会出错，由此带来的是额外的任务——找 bug！因此，作为开发者，必须养成良好的习惯，一旦程序中需要使用具体的数值或文本，就把它们设置成变量。

避免硬编码的另一个好处是便于程序的调试。在本章的例子中，在调整游戏难度时，我们多次修改**计时间隔**、**最小难度**、**最大难度**等参数，以求得更好的游戏体验。这个过程只需要修改变量，不需要修改过程或事件处理程序，在提高开发效率的同时，也避免了出错的风险。

2.5.2 要素关系图

这是一款功能相对简单、技术也不复杂的小游戏，不过我们依然对代码进行整理，厘清各个程序之间的关系，以便对代码进行可能的优化，图 2-32 中显示了程序的要素关系图。

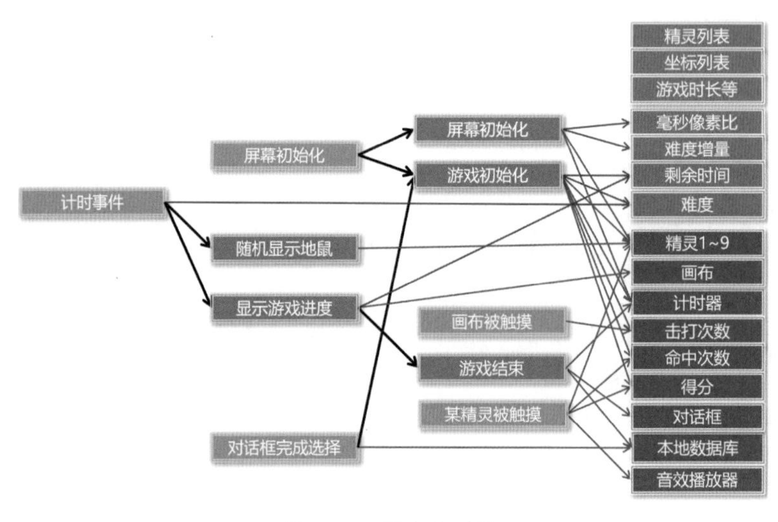

图 2-32 要素关系图

注意观察图中变量，可分为 3 种类型，第 1 类没有汇聚箭头，它们一直保持变量声明时被赋予的初始值。第 2 类汇聚了一个箭头，它们保持了屏幕初始化时被赋予的初始值。第 3 类汇聚了两个箭头，一个箭头来自**游戏初始化**过程，此时它们被赋予初始值，另一个来自其他过程或事件处理程序，用于在游戏过程中改变这个值。

再来看图中的组件，没有一个组件是空闲的，即每个组件都汇聚了或多或少的箭头，否则，它们就没有存在的必要了。有些组件与游戏进程有关，它们汇聚了不少于两个箭头，如**击打次数**、**得分**等；有些与游戏进程无关，它们仅汇聚了一个箭头，如**画布**、**音效播放器**等。组件中最复杂的要数精灵，它们汇聚了四个箭头，分别来自**屏幕初始化**过程（设置坐标）、**游戏初始化**过程（隐藏精灵）、**随机显示地鼠**过程（改变显示状态）以及**某精灵被触摸事件**（隐藏）。另一个看似复杂的组件是**计时器**，它汇聚了三个箭头，但其中一个来自**屏幕初始化**过程，用来设置它的**计时间隔**，这项设置在游戏中一直没有改变，而真正需要改变的是它的启用计时属性，这两项改变分别来自**游戏初始化**过程及**游戏结束**过程。

我们在这里不厌其烦地分析变量和组件的演变过程，目的是要强调一点：**程序的目的最终是要改变"世界"，这个"世界"由变量和组件组成，**其中变量隐藏在应用的背后，用户并不知晓其中的乾坤，而组件则是前台的主角，它们的变化用户是看得见的。就好像一台京剧，变量相当于琴师，控制着戏剧的节奏，而组件则是演员，只有它们能被观众看到。

2.5.3 比较：《水果配对》与《打地鼠》

到目前为止，我们已经完整地开发了两款游戏——《水果配对》及《打地鼠》，两者之间有许多共同之处，也有很多差异，这里作一个简短的对比，以加深读者对程序的理解。

先来看一下两款游戏的共同点。

(1) 两者都是多主体游戏，在《水果配对》中，有 16 张卡片，对应 16 个按钮；在《打地鼠》中，有 9 个洞口，每个洞口中藏了一个精灵，用来扮演不同的地鼠。针对主体的这种特点，从技术实现上，两者采用了相同的方法：将组件对象放在列表中，利用循环语句，批量设置按钮或精灵的属性。
(2) 两款游戏都有时间限制，都使用了**计时器**组件，并在游戏过程中显示了游戏的进度。
(3) 在处理游戏结束环节上，两者都使用了**对话框**组件，而且处理方式完全相同。

两者都有保存历史记录的功能，都使用了**本地数据库**组件。以上四个方面对于游戏开发来说具有普遍性，我们在两个案例中重复使用这些技术，也是为了强化这一普遍性。

再来看一下两款游戏的不同点。

(1) 同样是多主体的游戏，但两者主体的排列方式不同。在《水果配对》中，卡片需要整齐排列，因此使用了表格布局组件；而在《打地鼠》中，由于9个洞口在背景图片上的位置不是严格地对齐，因此主体的位置必须是可微调的，这正是画布和精灵组件特有的功能。

(2) 在处理随机性上，两者存在差异。在《水果配对》中，随机过程发生在游戏初始化时，在游戏过程中，不存在随机性；在《打地鼠》中，游戏初始化时没有随机性（隐藏全部精灵），但随机性伴随了整个游戏过程。这种随机性上的差异，可以用来区分不同的游戏类型，前者是解谜类游戏，而后者是动作类游戏。

(3) 由于这种随机性的差异，导致我们在编程技术上采用的策略也有所不同。在《水果配对》中，必须使用全局变量“记住”当前翻开的卡片（实际上是记住位置），以便进行比对和计分；而在《打地鼠》中，无须记住任何地鼠，计分操作仅与地鼠的图片属性有关，与地鼠的位置无关。

(4) 两者显示游戏进度的方法有所不同。在《水果配对》中，使用了数字滑动条组件，这个组件使用起来非常方便，只要简单地设置滑块位置即可；在《打地鼠》中，利用了画布的画线功能，手动绘制游戏进度条，这种方式虽然实现起来稍显复杂，但由于它的灵活性，因此也更具实用性。

总而言之，《水果配对》和《打地鼠》是两款具有典型性的游戏。在组件的选择上，前者采取“表格布局 + 按钮 + 数字滑动条”的方案，而后者则是“画布 + 精灵”的组合；前者操作简单，上手容易，而后者机动灵活，有操控感。这两种选择没有绝对的优劣之分，只要能够满足游戏的要求、实现游戏的功能就好。

第 3 章 《九格拼图》

这是一款拼图游戏，用户界面如图 3-1 所示，在 3×3 的方格中，有 8 张小图和一个空格，空格可以与小图交换位置，玩家通过移动小图，将 8 张凌乱的图片拼成一张完整的图形。

本章仍然以开发流程为主线，按照下列主题展开内容：

(1) 功能描述
(2) 界面设计
(3) 技术准备
(4) 难点分析
(5) 编写程序
(6) 代码整理

图 3-1 《九格拼图》游戏的用户界面

3.1 功能描述

游戏的具体功能描述如下。

(1) 时间：不限制游戏时长，但对游戏耗时进行记录，以秒为单位，游戏耗时将成为最终得分的减分因素。

(2) 空间：用户界面分为上中下三个部分。上部为提示控制区，用于显示原图、游戏耗时、移动次数、游戏得分等信息，并提供了排行榜及重新开始按钮。中部为 3×3 的方格，完整的图片被等分成 9 张小图，其中 8 张小图随机排列在 9 个格子中（不含原图中右下角的部分），留有一个空格，供玩家移动小图，并最终拼出原图。下部为排行榜显示区，显示游戏排名前三的成绩。

(3) 角色：8 张小图。

(4) 游戏行为（一）：游戏开始时，随机放置 8 张小图。

(5) 玩家行为（一）：玩家触摸空格周围的小图（程序中被称为“空格的邻居”）。

(6) 角色行为：被玩家触摸的小图将自动移动到空格中，原来小图的位置变为空格。

(7) 游戏行为（二）：玩家每移动一次小图，累计移动次数（移动次数将成为最终得分的减分因素）。

(8) 游戏行为（三）——游戏结束：当拼图成功时，右下角的小图出现，拼成一张完整的原图，同时屏幕显示“拼图成功，点击 restart 图标再来一次”字样。

(9) 游戏行为（四）——游戏排行榜：在互联网上保存游戏排名前三的成绩，包括游戏耗时、移动次数及游戏得分。当玩家点击排行榜按钮时，显示游戏排行榜；当再次点击排行榜按钮时，隐藏排行榜。

(10) 玩家行为（二）：查看或隐藏排行榜。

(11) 玩家行为（三）——重新开始：玩家可以随时点击重新开始按钮，放弃当前游戏，开始新一轮游戏。

(12) 玩家行为（四）——退出游戏：当用户点击手机的回退按钮时退出游戏。

(13) 计分规则：采用“减、除计分法”，即游戏之初玩家拥有最高分数 10 000 分，两个减分因素中，移动次数充当减数，游戏耗时充当除数，具体计算方法如下（计算结果就低取整）。

得分 =（10 000 – 移动次数）/ 游戏耗时

3.2 界面设计

从前两章的例子中不难发现，界面设计通常采用上下结构，这是因为在默认情况下，手机屏幕的高度大于宽度。电脑的屏幕则刚好相反——宽度大于高度。因此，早期大多数网站的设计采用左右结构。不过，近期为了方便手机用户阅读，它们也采用了上下结构。本书中的所有例子都采用这种结构。

对于一款应用来说，最重要的是功能；在功能明确了之后，最重要的是界面结构；在明确了结构之后，接下来的问题是，如何将功能的实现对应到结构中。通常一款应用会有多项功能，但这些功能之间有主辅之分。例如，在《水果配对》中，主要功能是翻牌，而辅助功能是显示得分和游戏剩余时间。同样，对于一块手机屏幕，不同的区域也有主次之分，屏幕中部的位置占据主要地位，而靠近顶部或底部的位置居于次要地位。基于这样的前提，我们很容易得出这样的结论：将主要功能安排在屏幕的中部，而将辅助功能放在屏幕的顶部或底部，事实上我们也是这样做的。

3.2.1 功能决定位置

第 1 章中提供了《水果配对》游戏的简单设计思路：首先按照应用的**功能**将用户界面划分为几个大的区域，然后针对每个区域考虑组件的选择与设置。这个说法是没错的，不过它引出了另一个问题：如何对应用的功能进行分类呢？功能之间除了主辅之别，还有哪些差别呢？

对事物进行分类的依据只有两种：外观与行为。当我们说黑人、白人、黄种人时，我们的分类依据是外观；当我们说运动员、演员及学生时，分类的依据是行为。外观只代表外在特性，而行为代表本质，我们对应用功能的分类要从“行为”着手。

应用的行为同时也是计算机（也包括智能手机、平板电脑等）的行为，从本质上讲，计算机的行为只有 3 种：输入、输出及处理。对使用计算机的人来说，处理行为是不可见的，因此本章将焦点集中在输入行为与输出行为上。

如何理解输入和输出行为呢？举例来说，当我们点击按钮、摇晃手机、划动屏幕或输入文字时，我们的行为对计算机来说是输入行为（这些行为对我们来说是输出行为，想想看为什么）；当我们浏览文字、图片、播放声音或观看视频时，我们是在接受计算机的输出行为（同理，这些行为对我们来说是输入行为）。

理解了输入和输出概念之后，现在我们来看开发工具中组件的分类。在 App Inventor 中，组件可以分为两大类。

(1) 用户接口组件：对用户来说可见、可操控的组件，如按钮、标签、音频播放器、各类传感器等，这些组件是用户与应用程序之间沟通的桥梁。
(2) 系统接口组件：对用户来说不可见且无法操控的组件，如计时器、文件管理器、语音合成器、数据库等，它们是应用程序与本机系统及外部资源之间沟通的桥梁。

因为系统接口组件与用户界面设计无关，所以我们在这里只讨论用户接口组件。用户接口组件可以划分为以下 3 种类型。

(1) 输入组件：只有输入功能，通常为非可视组件，如各类传感器，但对话框组件除外。
(2) 输出组件：只有输出功能，不具备与用户交互的能力，如图片、标签、各种布局组件以及音频播放器等。
(3) 输入输出组件：兼具输入和输出功能，如按钮、文本输入框、数字滑动条、列表选择框以及画布精灵等。

在上述 3 种组件中，输入组件与用户界面设计无关，因此也不在讨论范围之内。我们即将讨论的是对用户来说可见的组件，它们主要分布在用户界面、界面布局及绘图动画分组中，如图 3-2 所示。

图 3-2 具有输出功能的组件

话题转回到应用的功能，与组件的分类相对应，应用的功能也分为两类。

- ❑ 交互功能：需要用户参与的功能，如《水果配对》游戏中的翻牌功能，《打地鼠》游戏中的击打功能等，这些功能的实现依赖于输入输出类型的组件。
- ❑ 呈现功能：用户只能查看但无法参与的功能，如上述游戏中的显示剩余时间功能，这些功能的实现依赖于具有输出功能的组件。

如前所述，功能是用户界面区域划分的依据。例如，在《水果配对》游戏中，用户界面被划分为提示区及操作区，其中提示区用来实现呈现功能，而操作区用来实现交互功能。

现在来看《九格拼图》游戏。从功能说明中得知，需要用户参与下列功能：

(1) 移动小图
(2) 显示（隐藏）排行榜
(3) 重新开始游戏
(4) 退出游戏

上述功能中，移动小图是游戏的核心功能，而其余功能为辅助功能。

另外，需要向用户呈现以下信息：

(1) 原图
(2) 游戏耗时
(3) 移动次数
(4) 游戏得分
(5) 排行榜列表

在上述内容中，前四项为固定内容，而排行榜为可选内容（可显示，也可隐藏）。

通过以上分析，我们给出如图 3-3 所示的区域划分方案。图中绿色虚线环绕的区域为操作区，其中主操作区占据中心位置，由画布和精灵组成；辅操作区位于右上角，由按钮组成；另外，退出游戏功能使用手机自带的回退按键，不在操作区内。图中的提示区被划分为两个独立的部分，屏幕上方粉红色虚线环绕的是固定内容提示区，由水平布局（显示原图）及标签组成；屏幕下方黄色虚线环绕的是排行榜显示区，由按钮和标签组成。除此之外，提示区和辅操作区中有许多布局组件，来实现上述组件的合理排列。

以上是我们基于对游戏功能的划分给出的界面设计方案，下面来具体实现这一方案。

图 3-3　用户界面的区域划分

3.2.2　实现界面布局

俗话说一图胜千言，我们先给出用户界面的设计结果，然后再来解释其中的实现细节，如图 3-4 所示。在设计阶段，需要设置屏幕的允许滚动属性为真，否则，无法添加和设置屏幕下部的组件。等全部组件的属性设置完成之后，再取消勾选屏幕的允许滚动属性。

首先设置屏幕的相关属性，主要是水平对齐居中。直接放置在屏幕上的可视组件一共有 6 个，按照自上而下的顺序，分别是 3 个水平布局（占位 5 像素、提示控制区及占位 2 像素）、画布、水平布局（占位 4 像素）及垂直布局（排行榜）。这 6 个组件中有 5 个是布局组件，其中 3 个用来占位，另外 2 个是容器，用来容纳主、辅提示区中的其他组件。主操作区中的画布也相当于容器，它容纳了 9 个精灵组件。

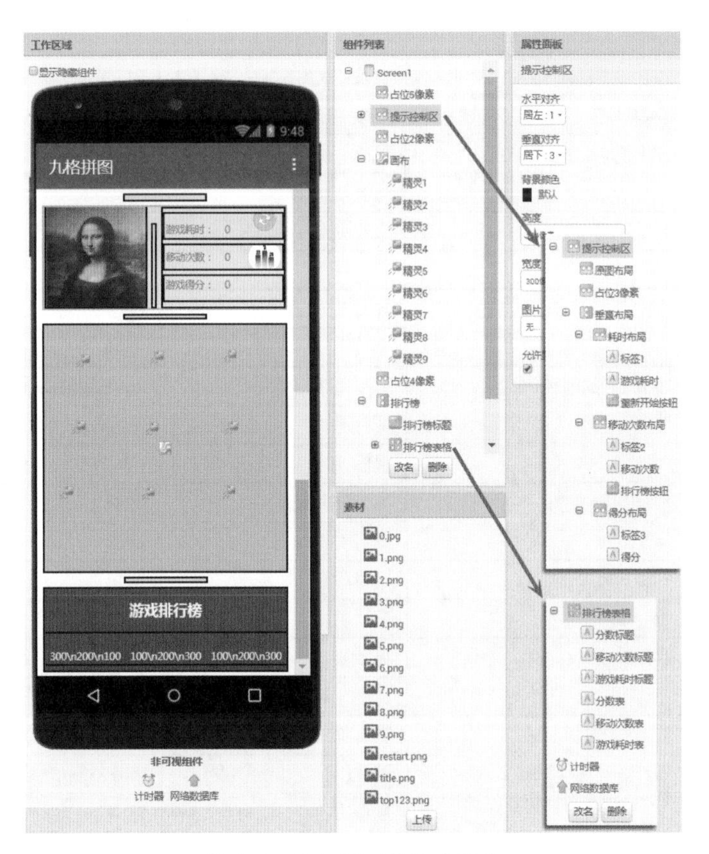

图 3-4　设计游戏的用户界面

由于项目中的组件数量较多，无法在屏幕及组件列表中显示全部组件，因此图 3-4 是由多张截图拼接而成。组件列表中有两个折叠起来的布局组件，它们展开后的内容如右边的小图所示。组件的命名及属性设置见表 3-1。

表 3-1 组件的命名及属性设置（按屏幕自上而下顺序）

组件类型	组件命名	属 性	属 性 值
屏幕	Screen1	标题	九格拼图
		图标	0.png（完整图片）
		水平对齐	居中
		主题	默认（注：创建项目时为经典）
		允许滚动	选中（注：设计完成后取消）
水平布局	占位 5 像素	高度	5（像素）
水平布局	提示控制区	高度	124（像素）
		宽度	300（像素）
水平布局	原图布局	图片	0.png
		宽度 / 高度	124（像素）
水平布局	占位 3 像素	宽度	3（像素）
垂直布局	垂直布局	宽度 / 高度	充满
水平布局	耗时布局	宽度 / 高度	充满
		垂直对齐	居下
标签	{ 以下两个标签 }	文本颜色	灰色
	标签 1	显示文本	游戏耗时：
	游戏耗时	显示文本	0
		宽度	充满
按钮	重新开始按钮	宽度 / 高度	40（像素）
		图片	restart.png
		显示文本	空
水平布局	移动次数布局	宽度 / 高度	充满
		垂直对齐	居中
标签	{ 以下两个标签 }	文本颜色	灰色
	标签 2	显示文本	移动次数：
	移动次数	显示文本	0
		宽度	充满
按钮	排行榜按钮	宽 / 高	40（像素）
		图片	top123.png
		显示文本	空
水平布局	得分布局	宽度 / 高度	充满
标签	{ 以下两个标签 }	文本颜色	灰色
	标签 3	显示文本	游戏得分：
	得分	显示文本	0
		宽度	充满

（续）

组件类型			组件命名	属 性	属 性 值
水平布局			占位 2 像素	高度	2（像素）
画布			画布	背景颜色	浅灰
				宽度 / 高度	300（像素）
	精灵		精灵 1 ~精灵 9	{全部属性}	默认
水平布局			占位 4 像素	高度	4（像素）
垂直布局			排行榜	高度 / 宽度	充满 /300（像素）
				背景颜色	#c05036bc
	按钮		排行榜标题	背景颜色	透明
				粗体	选中
				字号	20
				显示文本	游戏排行榜
	表格布局		排行榜表格	行数 / 列数	2/3
				高度	充满
		标签	{以下六个标签}	文本对齐	居中
				宽度	30%
			{以下三个标签}	文本颜色	深灰
			分数标题	显示文本	分数
			移动次数标题	显示文本	移动次数
			游戏耗时标题	显示文本	游戏耗时
			{以下三个标签}	文本颜色	白色
			分数表	显示文本	300\n200\n100（临时）
			移动次数表	显示文本	100\n200\n300（临时）
			游戏耗时表	显示文本	100\n200\n300（临时）
计时器			计时器	启用计时	取消勾选
网络数据库			网络数据库	服务地址	http://tinywebdb.17coding.net

表格说明：

(1) 表格中有 3 个黄色背景的行，它们都是直接放在屏幕上的水平布局，用于制造空隙；

(2) 上数第 3 个水平布局（原图布局）中不包含任何组件，它的作用就是显示原图；

(3) 垂直布局“排行榜”的背景颜色为定制颜色，在背景颜色列表中选择最后一行——定制，将颜色值“#c05036bc”输入到输入框中即可。

3.2.3 素材规格

本项目包含 13 张图片，其中 0.png（330 像素 × 350 像素）为原图，1.png ～ 9.png 为局部小图（110 像素 × 110 像素），back.png 为游戏结束时画布的背景图片（300 像素 × 300 像素），restart.png、top123.png 分别为两个按钮的图片（300 像素 × 300 像素），如图 3-5 所示。

图 3-5 图片素材

由于原图布局的宽高均为 124 像素，因此显示出来的原图略有变形。此外，画布宽高均为 300 像素，因此小图的宽高必须设为 99 像素，才能在小图之间留出空白，稍后将用程序统一设置。

3.3 技术准备

在前两章中，游戏的历史记录保存在**本地数据库**中，玩家只能看到自己的成绩，无法与他人进行比较和竞争。现今流行的很多游戏设置了排行榜功能，张榜公布极品玩家的成绩。这一功能刺激了玩家的好胜心，促使玩家奋勇争先，从而使游戏更具参与感。

《九格拼图》游戏中的排行榜比较简单，只记录前三名玩家的成绩，不记录玩家的身份。实现排行榜存储功能的组件是**网络数据库**，与**本地数据库**相比，它的数据存放在网络服务器上，供全体玩家共享。两个数据库组件看似相近，实则存在较大差异，下面用表格列举两者的异同，如表 3-2 所示。

表 3-2 组件比较：本地数据库与网络数据库

	本地数据库	网络数据库
属性	设 本地数据库 的 命名空间 为 本地数据库 的 命名空间 用来区分同一部手机中的不同应用	设 网络数据库 的 服务器地址 为 网络数据库 的 服务器地址 互联网上提供存储服务的服务器地址
内置过程及事件	让 本地数据库 请求数据 标记 无标记返回 直接返回请求值，需要设置标记不存在时的返回值，如空字串或空列表	让 网络数据库 请求数据 标记 不能直接返回请求结果，需要与收到数据事件块配合使用
	让 本地数据库 保存数据 标记 存储数据	让 网络数据库 保存数据 标记 存储数据

（续）

	本地数据库	网络数据库
内置过程及事件	让 本地数据库 清除标记 标记 让 本地数据库 获取标记 让 本地数据库 清除全部 清除标记：清除命名空间内指定标记 获取标记：获取命名空间内全部标记 清除全部：清除命名空间内全部标记及数据	当 网络数据库 收到数据时 标记 数值 执行 当 网络数据库 通信失败时 消息 执行 当 网络数据库 完成存储时 执行 收到数据：同时返回请求标记及数据 通信失败：返回失败原因 完成存储：存储成功后触发该事件

仔细观察表格中两个请求数据块：**本地数据库**的请求数据块左侧有插头，表明它是一个值，即请求命令可以立即获得请求值，这种数据通信方式称为**同步调用**；**网络数据库**的数据请求块左侧没有插头，说明它无法立即获得请求值，必须与收到数据事件块配合使用，这种通信方式称为**异步通信**，因为在发出请求与收到数据之间会有一段时间间隔。注意，收到数据事件中携带了两个参数——标记及数值，这意味着程序可以向数据库服务器发送多个请求，凭借收到数据事件中的标记参数可以区分开不同的请求。

除此之外，**本地数据库**可以操作命名空间内的标记（清除、获取及清除全部），这是因为**本地数据库**中保存的是私人信息，这些操作不会对他人造成影响；相反，**网络数据库**则不允许对标记进行操作，应该说只有开发者才知道这些标记的存在。因此我们在开发基于**网络数据库**的应用时，标记的设置应该兼顾保密性与特异性，以免数据遭到盗取或改写。

最后，由于对**网络数据库**服务器的访问依赖于互联网，因此也就存在访问失败的可能，为此，**网络数据库**组件提供了通信失败事件，并将失败原因以消息的方式通知用户。

3.4 难点分析

当我们着手开发一款新类型的应用时，总会预先盘算一下开发中可能遇到的难点，并先行为这些难点找到解决办法，然后再进入常规的开发流程。

3.4.1 程序的主流程

游戏之初，8 张小图被随机放置在 9 个格子中，并保留一个空格；玩家通过不断触碰空格周围的小图来移动图片（小图与空格交换位置），并最终实现小图的正确排列。程序的主流程如图 3-6 所示。注意，图中的条件分支中，红线表示否定分支，绿线表示肯定分支，后同。

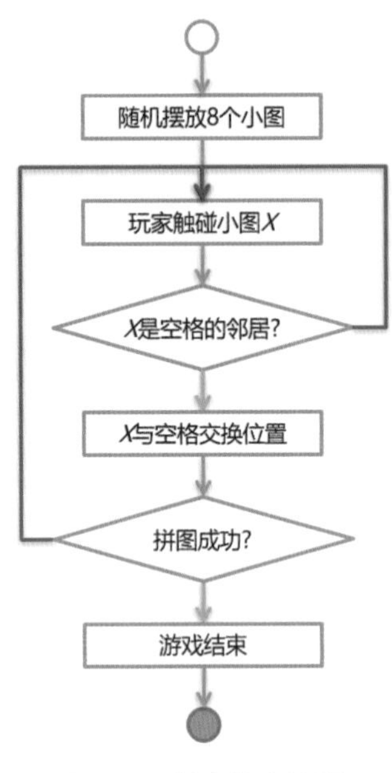

图 3-6 程序的主流程

3.4.2 术语解释

在接下来的讨论中，我们会频繁使用“编号”“序号”等词语，在日常生活中，这些词语之间或许可以相互替换，但在本文中，它们有着严格的定义，如果稍不留意混淆了它们的含义，就会造成思路的混乱，进而导致程序的混乱。

1. 编号与序号

编号指的是事先设定好的、固定不变的顺序号码，而**序号**指的是在一个可变序列中某个元素的顺序号码。

1) 位置编号

画布被等分为 3×3 的 9 个格子，这 9 个格子按照从左向右、自上而下的顺序，被赋予从 1 至 9 的编号，如图 3-7 所示，其中阿拉伯数字为**位置编号**。在后续的讨论中，这组编号是固定不变的，是其他可变要素的参照，就像数学中的平面直角坐标系一样。

图 3-7 9 个格子的位置

2) 精灵编号

项目中有 9 个精灵，它们的名称分别是**精灵 1 ～精灵 9**，这里的数字 1 ～ 9 就是精灵的编号。

稍后将创建一个**精灵列表**，将 9 个精灵对象按顺序放在列表中，因此，**精灵编号**也是精灵在列表中的位置。除此之外，**精灵编号**还是精灵所显示的图片的文件名（不包含 .png）。在图 3-7 中，中文数字（壹、贰、叁……）表示**精灵编号**。

3) 精灵序号

在编写程序时，对 9 个**精灵编号**进行洗牌操作（见第 1 章）《水果配对》），就组成了一个无序的**精灵编号**列表。例如，图 3-7 中的一个无序列表为 (3 5 6 2 7 4 8 9 1)，其中精灵伍（**位置编号 = 2**）的序号为 2，精灵柒（**位置编号 = 5**）的序号为 5，等等。图中用**精灵 9**（**位置编号 = 8**）来充当空格，只要设置它的图片属性为空即可。

这里举一个日常生活中的例子，来帮助读者理解编号和序号的区别。在学校的班级里，每位学生都有一个座位，同时，每位学生也都有一个学号。按照惯例，学生每周轮换一次座位。如果把学生比作精灵，假设每个座位都有一个编号，那么对于学生而言，他（她）的座位号会时常变动，但是学号会一直跟着他（她）。这里的学号就相当于精灵的编号，而座位号就相当于精灵的序号。

2. 空格的邻居

按照游戏规则，只有与空格相邻的小图才能移动，相邻是指与空格有一条公共边，它们一般分布在空格周围的四个正方向上，即正上方、正下方、左侧及右侧，如在图 3-7 中，精灵柒（**位置编号 = 5**）、精灵捌（**位置编号 = 7**）及精灵壹（**位置编号 = 9**）都是空格的邻居。空格的邻居用**位置编号**来表示，如果用列表来表示空格的邻居，则图 3-7 中空格的邻居为 (5 7 9)。

3. 游戏成功

针对图 3-7 中的排列顺序，玩家需要多次移动空格的邻居，才能将无序的小图拼成一副完整的原图，此时宣布游戏成功。如图 3-8 所示，当游戏成功时，精灵的序号与**位置编号**完全匹配，无序列表变为有序列表 (1 2 3 4 5 6 7 8 9)。

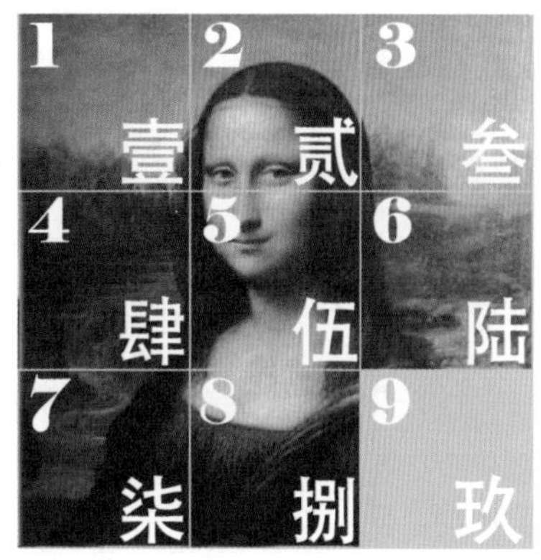

图 3-8 拼图成功时精灵的排列顺序

3.4.3 关键点

在开发这款游戏的过程中，有 3 个关键点：

(1) 随机摆放精灵（小图），即洗牌

(2) 移动小图

(3) 判断拼图是否成功

与这 3 个关键点密切相关的是精灵的排列顺序：(1) 是对排列顺序的初始化，(2) 是改变排列顺序，(3) 是判断排列顺序是否与**位置编号**相匹配。下面分别叙述解决这 3 个问题的思路。

1. 洗牌

洗牌是游戏开发中的常见问题，本书第 1 章《水果配对》中已经介绍了洗牌算法，这里再来简单地回顾一下。洗牌程序需要两个列表：顺序列表和随机列表（分别对应图案列表和随机图案列表）。在洗牌之前，顺序列表中按顺序排列了所有项，而随机列表为空。利用循环语句实现洗牌操作：每循环一次，都从顺序列表中选择一个随机项，添加到随机列表中，并从顺序列表中删除该随机项，然后进入下一个循环，直到顺序列表为空，此时，随机列表中包含了所有项。程序的流程如图 3-9 所示。

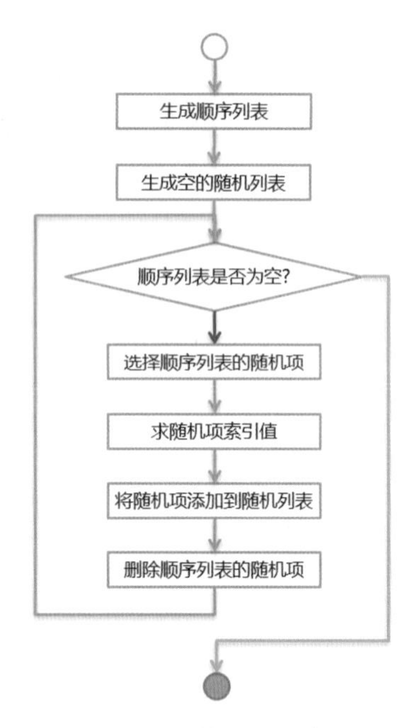

图 3-9 洗牌算法的操作流程

> 注意
>
> 无论是**顺序列表**，还是**随机列表**，其中的列表项都是**精灵编号**，同时也是图片的文件名。稍后你将看到，本章实现洗牌算法的程序不同于《水果配对》，但具有相同的效果。

2. 移动小图

移动小图包含两项操作。

(1) 更新数据：修改**随机列表**中**精灵编号**的排列顺序，具体来说是被点击精灵的编号与**精灵 9** 交换位置。

(2) 更新用户界面：将小图移动到空格的位置，小图原来的位置变成空格。

实现这一步的关键在于判断玩家触碰的小图是不是空格的邻居。如前所述，我们会将空格的邻居保存在一个列表中，每次用户触碰小图时，程序会先根据当前空格位置（精灵 9 的序号）到**空格邻居列表**中查询，以判断被触摸的小图是否可以移动，如果可移动，则执行上述两项操作。程序的流程如图 3-10 所示。

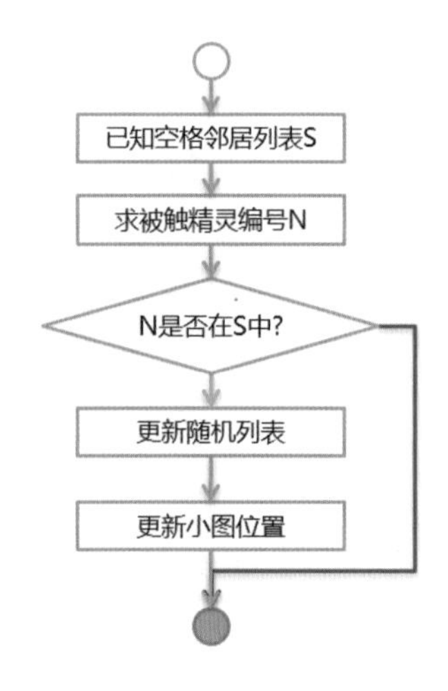

图 3-10 移动小图的流程

3. 判断拼图是否成功

在每次移动小图之后，都要判断**随机列表**中**精灵编号**的排列顺序是否与**位置编号**完全匹配。利用循环语句对**随机列表**进行遍历，将**精灵编号**与循环变量进行逐个对比，如果全部相等，则拼图成功。

以上分析我们没有动用一行代码，但是已经厘清程序的脉络了。作为一名初学者，做到这一点并不容易，因为在开始编写一款软件之前，你通常无法预计那些潜在的难题。不过，我们学习编程的过程也恰恰是不断遭遇难题，并解决难题的过程。随着遇到的难题越来越多，你将学会在动手之前，预估可能存在的障碍，并优先着手清除这些障碍，之后再转入常规的开发过程。

3.5 编写程序：屏幕初始化

在前面两章中，**屏幕初始化**为游戏做足了准备，以至于打开应用后可以立即开始游戏。本章的情况有所不同：打开应用后，屏幕上显示由 9 张小图拼成的原图，1 秒后，9 张小图的顺序被打乱，游戏才正式开始。本节将实现原图在画布上的显示，把洗牌操作留给 3.6 节。现在先来声明必要的全局变量，然后再来考虑屏幕初始化任务。

3.5.1 全局变量

这里声明了 4 个全局变量：精灵尺寸、随机列表、精灵列表及空格邻居列表。如图 3-11 所示，其中**精灵尺寸**为数值型常量，**空格邻居列表**为列表型常量，在开发过程中，这些量只供读取，不会被改变。这里最重要的变量是**随机列表**，每次进行洗牌操作时，它的值为无序列表，随着游戏的进展，无序列表的顺序不断改变，最终变为有序列表，此时宣布游戏成功。最后的**精灵列表**，在游戏过程中，虽然它的列表项不变，但由于精灵本身坐标、图片等属性在改变，因此它不是常量，而是变量。

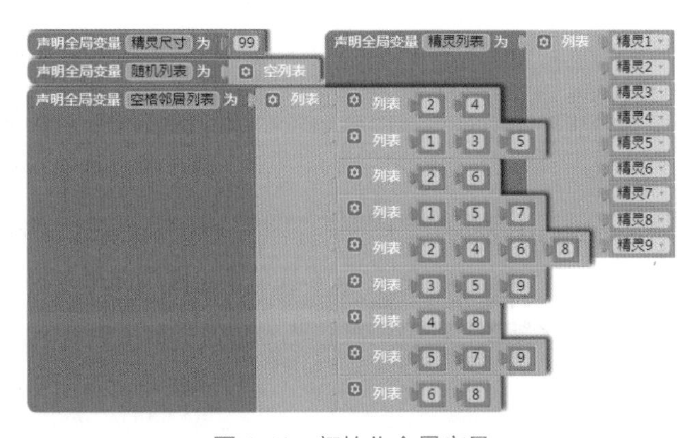

图 3-11 初始化全局变量

这里需要特别解释一下**空格邻居列表**。**空格邻居列表**是一个二级列表，这也是本书中第一次接触多级列表[①]。**空格邻居列表**中共有 9 个列表项，分别对应 9 个位置的空格；每个列表项本身也是一个列表，其中的数字为**位置编号**。举例来说，**空格邻居列表**中的第 1 项 (2 4) 是位置 1 的邻居，即位置 1 的邻居是位置 2 及位置 4，同样，**空格邻居列表**中的第 5 项是位置 5 的邻居，很显然，位置 5 的邻居分别是位置 2、位置 4、位置 6、位置 8，从图 3-7 中很容易得出这个结论。这个列表在整个程序中占有非常重要的地位，每次用户点击小图时，程序都要先查询**空格邻居列表**，再判断被点击的精灵是否可以移动。

其实，有两种方法可以获得某个空格的所有邻居，这里我们采用的是**查表法**，即以空格的**位置编号**为索引值，从列表中查询需要的结果。另一种方法称作**推演法**，是根据空格的位置，用逻辑的方法推导出某个空格的所有邻格。本书初版[②]中采用的是推演法，有兴趣的读者可以查看其中相关的章节。查表法适用的前提是：(1) 被查询的数据固定不变；(2) 数据被查询的频率很高。推演法则正好相反，适用于可变数据且查询频率不高的情况。这两种方法各有千秋，查表法具有更高的执行效率，而推演法具有更高的灵活性。就《九格拼图》这个案例来说，更适合用查表法。

3.5.2 屏幕初始化

在屏幕初始化时，我们希望 9 个精灵分别显示 9 张小图，并在画布上拼出一张完整的原图，原图显示 1 秒之后，即当第一次计时事件发生时，再执行洗牌操作。因此屏幕初始化任务仅包含下列内容：

(1) 启动计时器

(2) 设置精灵属性

  a) 宽、高

  b) *x* 坐标、*y* 坐标

  c) 图片

在上述任务中，*x* 坐标、*y* 坐标的设置需要费一些周折，下面先来解决它。

1. 精灵的坐标

创建两个有返回值的过程——X 及 Y，根据**位置编号**来求出 *x* 坐标、*y* 坐标，代码如图 3-12 所示。

---

① 多级列表的定义见 1.3 节。

② 本书初版名为《App Inventor 开发训练营》，由人民邮电出版社于 2018 年出版，其中的《九格拼图》案例同样位于第 3 章，试读网址：ituring.cn/book/2561。

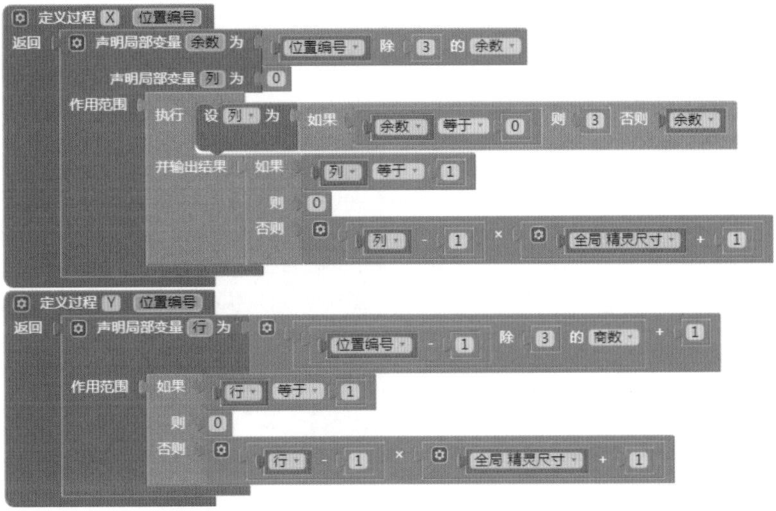

图 3-12 根据位置编号求精灵的 x 坐标、y 坐标

我们来解释一下上面的程序，先来说说**位置编号**、**行**、**列**之间的关系。**位置编号**的取值范围为 1 ～ 9，行、**列**的取值范围均为 1 ～ 3。如果把**行**、**列**的两两组合叫作行列对，那么，**位置编号**与行列对之间具有一一对应的关系，如表 3-3 所示。这种对应关系可以抽象为维度转换关系。**位置编号**是一维数据，**行列对**是二维数据，由于它们之间存在一一对应的关系，因此从数学角度来讲，它们之间的关系可以用下面的函数来表示。

(1) 设商 =（位置编号 － 1）/ 3，商为整数，则行 = 商 + 1。

(2) 设余数 =（位置编号 / 3），当余数 = 0 时，列 = 3；否则，列 = 余数。

这是一种非常有用的转换关系，在棋盘类游戏中，通常会用一维列表记录棋盘的状态（哪些位置有棋子，哪些位置为空），但是，在判断胜负时，需要将一维列表转换为二维列表，只有这样，才能搞清楚棋子之间的关系。而实现这种转换的算法只涉及小学数学中的求商与求余数运算。注意，商为整数。

表 3-3 位置编号与行列对之间的一一对应关系

位置编号	1	2	3	4	5	6	7	8	9
行列对	(1,1)	(1,2)	(1,3)	(2,1)	(2,2)	(2,3)	(3,1)	(3,2)	(3,3)

有了**位置编号**与行、列之间的关系，很容易求出 x 坐标、y 坐标。第 2 章中我们介绍过精灵在画布上的定位方式（见图 2-8），定位的基准点位于精灵所在矩形的左上角。由于精灵的宽高均为 99 像素，为了保持行列之间有 1 像素的间隙，因此在设置第 2、3 行与列的坐标时，用“(精灵尺寸 + 1)”作为乘数。

其实，还有另一种方法可以获取精灵的坐标值。你还记得前面提到了**空格邻居列表**吗？对于那些保持不变的、需要被反复读取的数据，查表法是个不错的选择。我们可以创建一个**坐标列表**，如图 3-13 所示，然后根据**位置编号**，从列表中选择需要的坐标对。不过，作为程序员的你，可能更喜欢采用第一种方式——推演法。试想，此刻我们设置坐标的前提是画布的宽和高为 300 像素，小图的宽和高为 99 像素，如果我们想改变画布或小图的尺寸，那么使用查表法时，需要逐个修改**坐标列表**中的值，而推演法仅需修改全局变量**精灵尺寸**即可。本章决定采用推演法来获取精灵的坐标值，读者也可以自行采用查表法完成后面的程序。

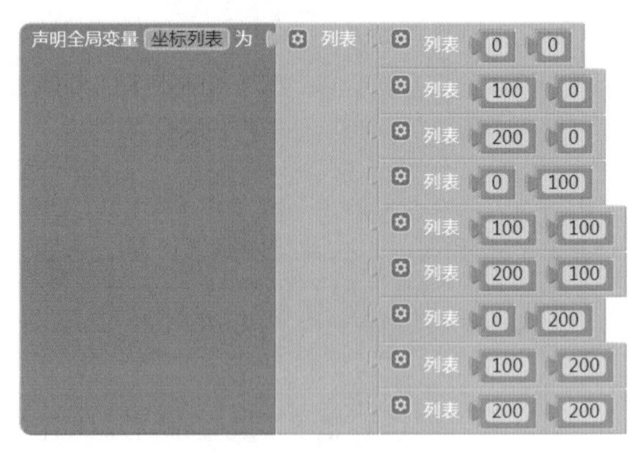

图 3-13 用具体的数值初始化坐标列表

2. 屏幕初始化过程

有了 x 坐标、y 坐标，就可以精确地设置精灵的位置了。创建**屏幕初始化**过程，利用循环语句对**精灵列表**进行遍历，并依次设置精灵的图片、宽高及坐标属性，如图 3-14 所示。

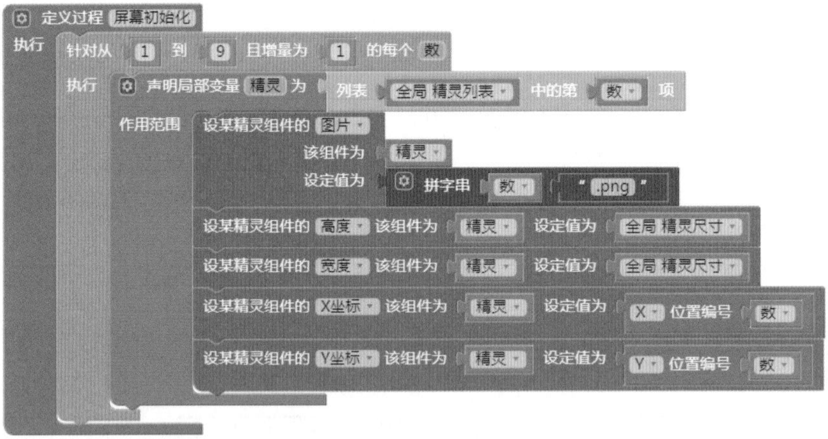

图 3-14 用程序的方法初始化坐标列表

3. 屏幕初始化事件

在屏幕初始化事件中，首先启动**计时器**，然后调用**屏幕初始化**过程，代码如图 3-15 所示，测试结果见图 3-3。

图 3-15 屏幕初始化事件处理程序

3.6　编写程序：计时事件

当完整的原图在屏幕上显示了 1 秒钟之后，发生了第一次计时事件，此时需要完成 3 项任务：

(1) 洗牌

(2) 发牌

(3) 改写游戏耗时标签

其中的前两项任务需要创建两个过程。

3.6.1　洗牌

首先创建一个有返回值的过程——**顺序列表**，利用循环语句生成一个由数字 1 ～ 9 组成的列表，代码如图 3-16 所示。

图 3-16　创建有返回值的过程：顺序列表

然后创建过程——**洗牌**，代码如图 3-17 所示。

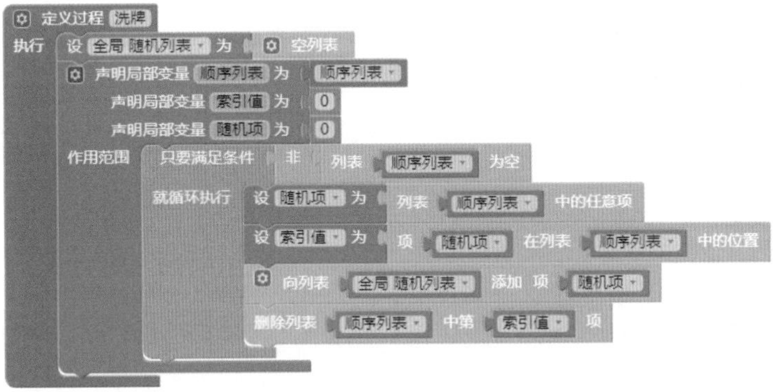

图 3-17　洗牌过程

注意

无论是**顺序列表**，还是**随机列表**，其中的数字均为**精灵编号**！另外，此处的**洗牌**过程使用了条件循环语句，有兴趣的读者可以将此处的**洗牌**过程与第 1 章中的**随机显示图片**过程（图 1-14）做一个对比，看看两个过程的异同。

3.6.2 发牌

经过洗牌之后，**随机列表**中已经混排了数字 1 ~ 9（**精灵编号**），这是对**随机列表**的初始化。接下来，要将**随机列表**中的数字所代表的精灵依次放在画布 1 ~ 9 的位置上，这就是所谓的**发牌**操作。代码如图 3-18 所示。

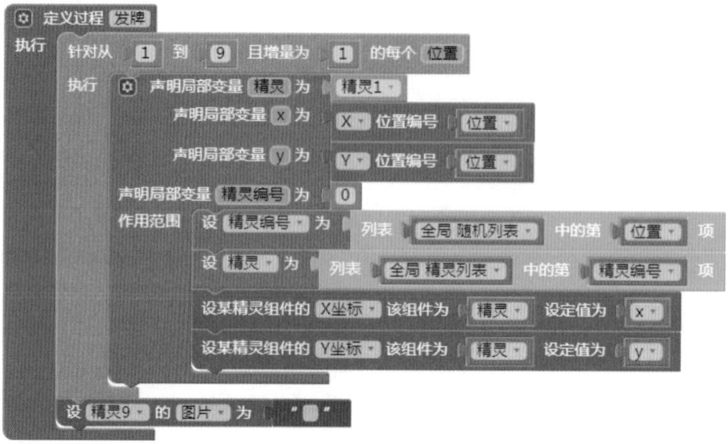

图 3-18 发牌过程

如果你理解了图 3-7 中对**位置**与**精灵编号**的定义，很容易理解上面的过程。在思考这种与顺序有关的问题时，最好先找到一个不变的因素，如位置，然后再来考虑变动因素与不变因素之间的关系。

3.6.3 计时事件

在本案例中，首次计时事件具有特殊意义，它承担着洗牌、发牌的任务，因此需要予以特别关注。我们以**游戏耗时**标签的显示文本为依据，判断某计时事件是否为首次计时事件，代码如图 3-19 所示。

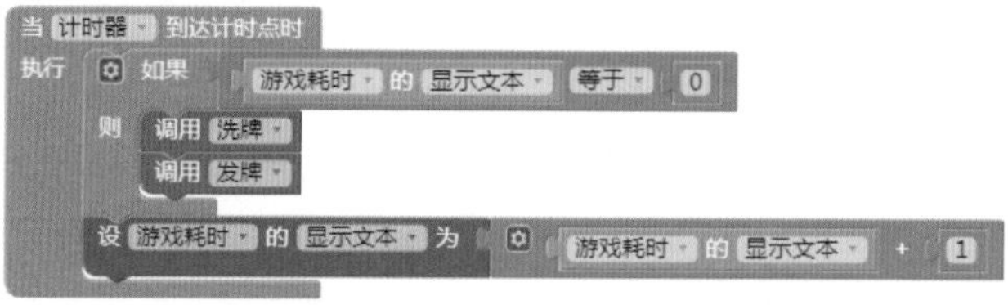

图 3-19 处理首次计时事件

在本案例中，**计时器**的任务还不止于此，稍后再作解说。

3.7　编写程序：移动精灵

当用户点击小图时，会触发精灵触摸事件，在该事件中，需要先判断被触摸的精灵是否为空格的邻居，如果是，则让精灵与空格交换位置。此时，**空格邻居列表**该登场了！

不过，在开始编写触摸事件处理程序之前，先来创建一个过程——**交换位置**，用于交换精灵与空格的位置。**交换位置**包含两种类型的操作，一是对数据的改写，也就是将**随机列表**中被触摸精灵的编号与空格编号“9”交换位置，这项操作对用户来说是不可见的；二是将被触摸的精灵与空格交换位置，这项操作对用户来说是可见的。具体代码如图 3-20 所示。

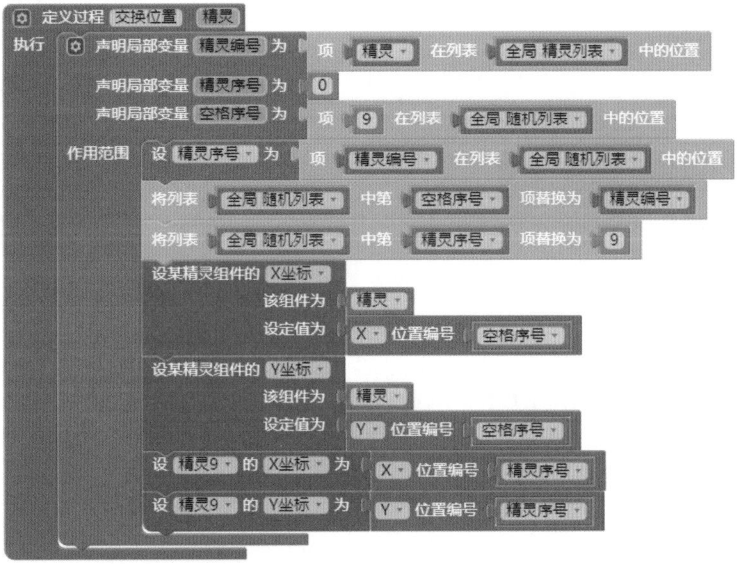

图 3-20　交换位置过程

> **注意**
>
> 如果你尚未确切地理解编号与序号的差别，想必你无法理解上面的过程。对于一个精灵来说，编号代表它的身份（就像人类的身份证号一样），是它图片的文件名，而序号表示它在画布上的位置。

下面来编写精灵触摸事件处理程序，依然避不开区分编号与序号，代码如图 3-21 所示。

至此，我们的游戏已经具备了最基本的功能：当玩家触摸某个与空格相邻的小图时，小图会与空格调换位置。从测试结果上看，程序运行正常，如图 3-22 所示。

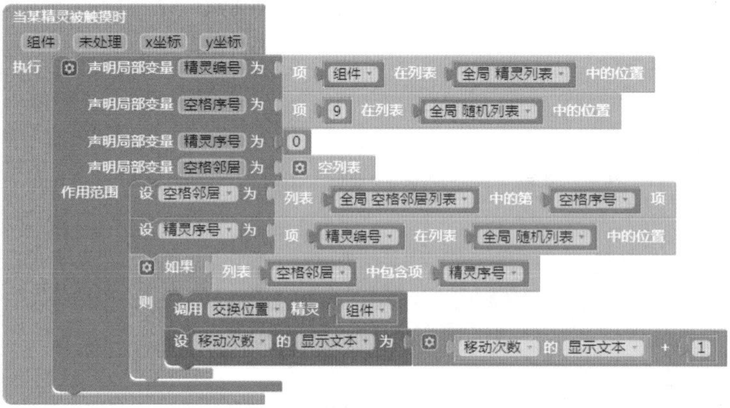

图 3-21 精灵触摸事件的处理程序

图 3-22 测试移动精灵程序

3.8 编写程序：拼图成功

这个环节包含两项任务：

- ❑ 判断拼图是否成功
- ❑ 告知用户拼图成功

下面依次加以实现。

3.8.1 判断拼图成功

每次移动精灵之后，都要做一个判断：精灵的排列顺序是否与位置编码相匹配。如果匹配，则拼图成功，游戏结束，否则，继续等待下一次移动。那么，从哪里得知精灵的排列顺序呢？当然是**随机列表**，因为**随机列表**中的数字就是精灵的编号，也是它们图片属性的文件名。如果随机列表呈现出这样的顺序：(1 2 3 4 5 6 7 8 9)，则拼图成功。

创建一个有返回值的过程——**拼图成功**，如图 3-23 所示。先假设局部变量**成功**为真，遍历**随机列表**，一旦有某个**精灵编号**与循环变量**位置**的值不相等，则**成功**为假，过程的返回值为假；如果所有的**精灵编号**均与**位置**的值相等，则返回值为真。

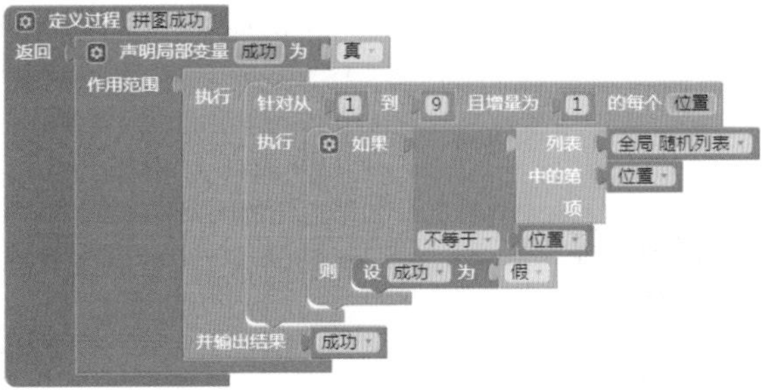

图 3-23 创建有返回值的过程：拼图成功

3.8.2 通知拼图成功

在前面两章中，我们利用对话框组件来通知用户游戏结束，现在尝试用画布来实现这一功能，具体包含下列步骤：

(1) 拼图成功后，显示精灵 9 的图片，这时拼图已经完整了；

(2) 让 9 张小图逐渐缩小并最终消失，让画布显示一张事先准备好的图片 back.png；

(3) 计算并显示游戏得分。

上面的第 (1)(3) 两个步骤可以直接在精灵触摸事件中实现，第 (2) 步需要**计时器**的配合，即在精灵触摸事件中，设置**计时器**的**计时间隔**为 100 毫秒，然后在计时事件中，完成第 (2) 步。经过改造的精灵触摸事件处理程序如图 3-24 所示。

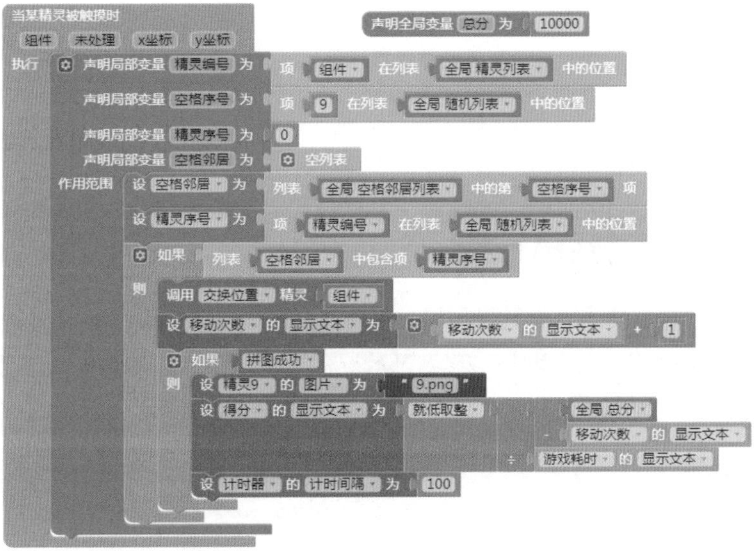

图 3-24 在精灵触摸事件中实现部分通知功能

下面修改**计时器**的计时事件处理程序。添加一个条件语句，当**计时间隔**为 1000 毫秒时，执行原有程序，否则，开始生成动画。在否则分支中，利用循环语句，在每次计时事件中让精灵的宽度、高度缩小到原来的 80%，直到**精灵尺寸**小于 5 像素时，让宽度、高度等于 0，此时让**画布**显示**背景图片**，并让**计时器**停止计时，代码如图 3-25 所示，测试结果如图 3-26 所示，动画效果请读者自行测试观察。

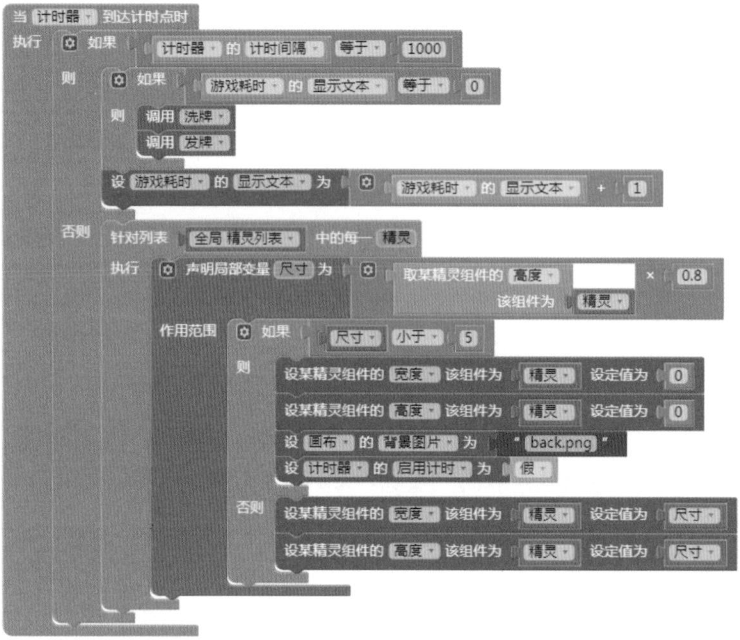

图 3-25　用计时事件制造动画效果

图 3-26　用画布通知拼图成功

以上是拼图成功后的结束动作，虽然结果显得有些简陋，但它提供了一种用画布实现通知功能的可能性，读者可以发挥自己的想象力和创造力，让这个结束动作更生动，更美观。

3.9　编写程序：游戏排行榜

在讨论排行榜的具体功能之前，首先要明确排行榜的数据结构，因为所有对于排行榜的操作，都是以数据结构为基础的。有了数据结构，再来考虑与功能相关的操作流程，并根据流程来编写程序。

3.9.1　准备工作

排行榜是一个多级列表，它的结构如图 3-27 所示。注意，表中的数据是虚构的。

按照程序运行的时间顺序，对**排行榜**的操作包含以下两项。

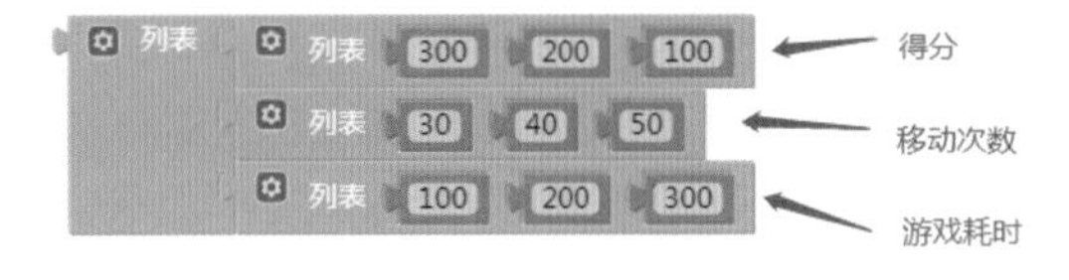

图 3-27 排行榜的数据结构

(1) 当用户点击**排行榜**按钮时，判断**排行榜**的显示状态。

  a) 如果**排行榜**已显示，则隐藏**排行榜**。

  b) 如果**排行榜**已隐藏，则应用向数据库服务器请求排行榜数据。

    i. 如果返回数据为空，则提示**排行榜为空**。

    ii. 如果返回数据不为空，则显示**排行榜**。

(2) 当用户拼图成功时，应用向数据库服务器请求排行榜数据。

  a) 如果数据为空，则创建**排行榜**，将本次成绩置于**排行榜**之首，其余位置用零填写。

  b) 如果数据不为空，则与本次成绩比较，如果本次成绩高于历史成绩，则更新排行榜。

有了以上对数据结构及操作流程的了解，下面开始编写程序。首先来做一点准备工作：针对图 3-27 中给出的数据结构，创建一个**显示排行榜**过程，将数据内容显示在各个标签中，过程的代码如图 3-28 所示。

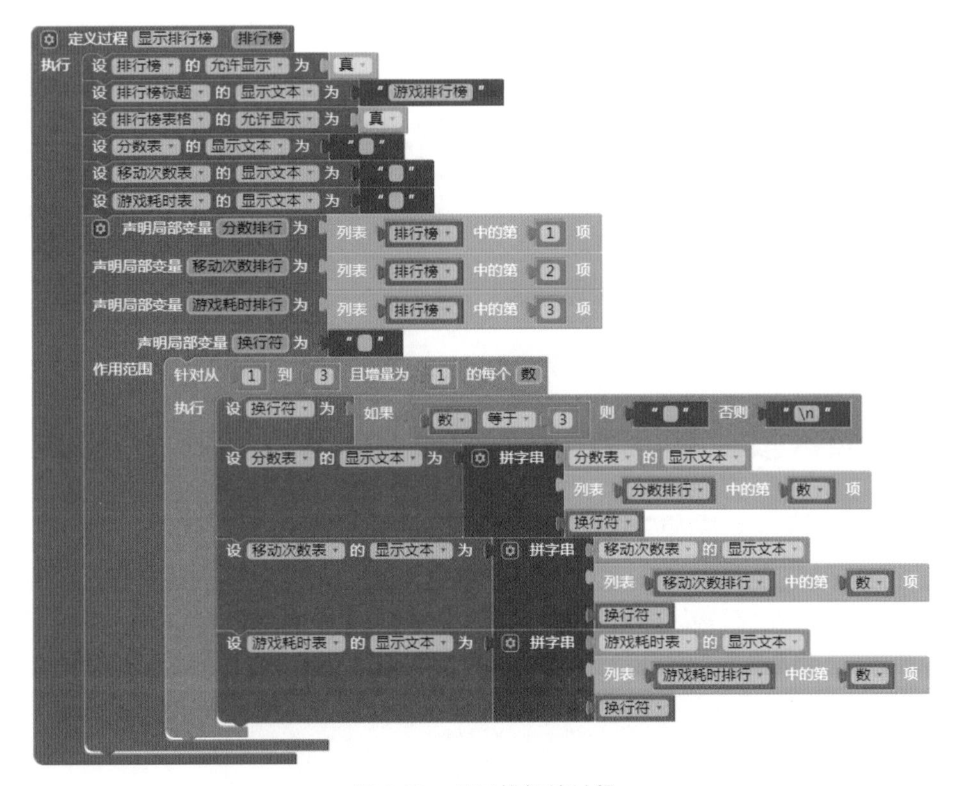

图 3-28 显示排行榜过程

与**排行榜**功能相关的事件包括**排行榜**按钮的点击事件及精灵触摸事件，从程序的复杂程度上来讲，后者大于前者，我们接下来按照先易后难的顺序，依次来处理两个事件。

3.9.2 按钮点击事件

当用户点击**排行榜**按钮时，首先判断当前排行榜布局是否处于显示状态，如果正在显示，则将其隐藏，否则，向**网络数据库**发出数据请求，代码如图 3-29 所示。

> 注意
>
> 为了避免输入错误，这里特别声明了全局变量**九格拼图排行榜存储标记**，用来保存标记字串，该字串用于向**网络数据库**保存或请求数据。

3.3 节中提到，**网络数据库**的通信方式为异步通信，请求数据的指令发出后，并不能立即得到数据，当请求的数据稍后返回给应用时，会触发**网络数据库**组件的收到数据事件（见表 3-2）。因此请求数据操作必须与收到数据事件协同工作，才能完成数据请求操作。在收到数据事件中，要分别处理两种情况：数据为空及数据不为空，事件处理程序的代码如图 3-30 所示。

图 3-29 排行榜按钮的点击事件处理程序

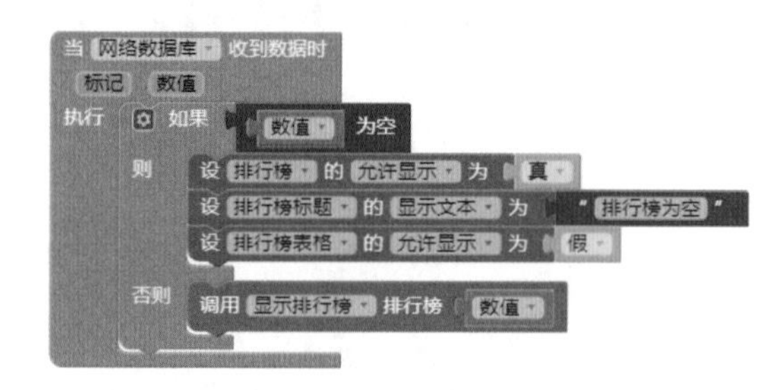

图 3-30 网络数据库的收到数据事件处理程序

3.9.3 精灵触摸事件：首创排行榜

在精灵触摸事件中，当拼图成功时，向服务器请求排行榜数据，代码如图 3-31 所示。

此时可能有两种返回结果——数据为空或数据不为空。如果数据不为空，则让当前成绩与排行榜进行比较，以决定是否更新排行榜；如果为空，说明其他玩家尚未拼图成功，此时需要创建一个排行榜，将当前玩家的成绩列在第一位，并将排行榜保存到数据库服务器上。

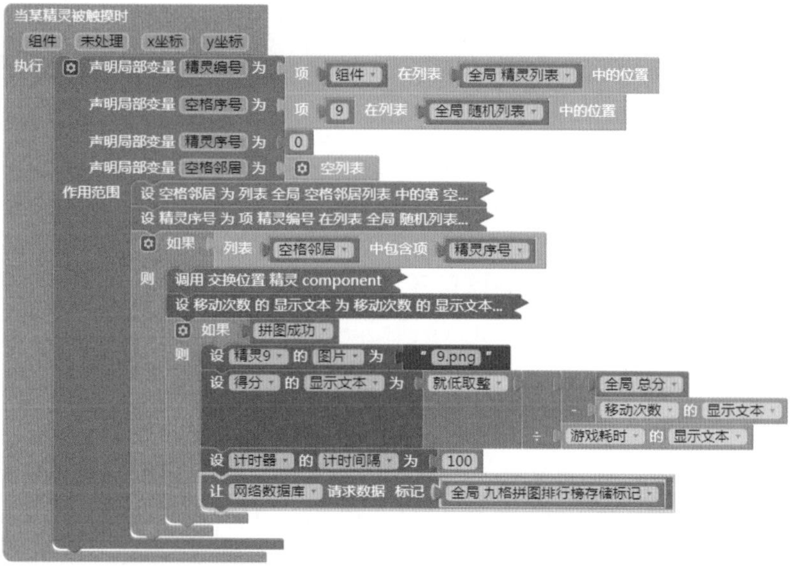

图 3-31 拼图成功后请求排行榜数据

首先创建一个有返回值的过程——**首创排行榜**，代码如图 3-32 所示。

如前所述，当用户点击**排行榜**按钮时，也可能返回空数据，在处理收到的空数据时，如何判断当前的数据来自哪一个请求呢？答案是根据用户的分数：如果分数不为零，则请求来自于**拼图成功**，否则来自**排行榜**按钮。下面修改收到数据事件处理程序，在数据为空的分支中，增加对分数的判断，当分数不为零时，将首创排行榜保存到**网络数据库**中，代码如图 3-33 所示。

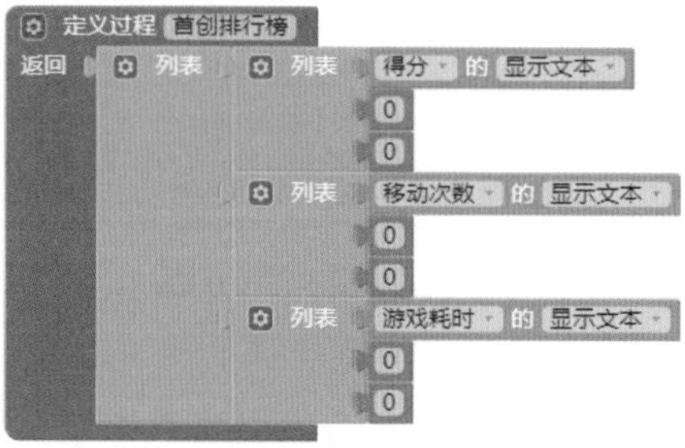

图 3-32 创建有返回值的过程：首创排行榜

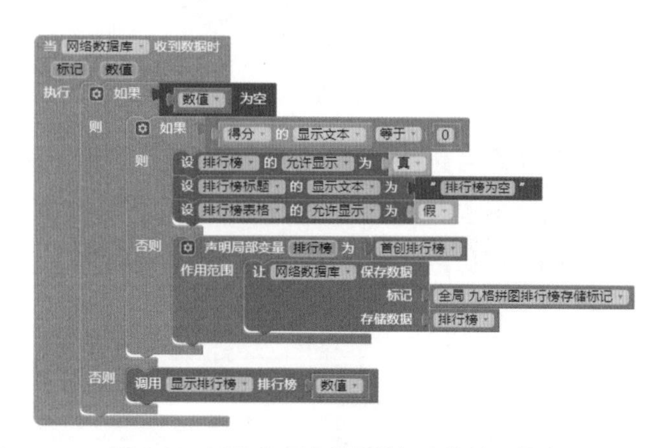

图 3-33 网络数据库收到数据事件处理程序

当数据保存成功时，会触发**网络数据库**组件的完成存储事件，在该事件中，再次向服务器发出数据请求，代码如图 3-34 所示。

这次的数据请求同样会触发收到数据事件，这时，收到数据事件的处理程序将执行条件语句的否则分支，即**显示排行榜**。

图 3-34 在完成存储事件中再次发送数据请求

程序写到这里，也许你会生出疑问：为什么要在**网络数据库**的完成存储事件里再次请求数据？难道不可以在保存数据的同时，直接显示排行榜吗？这要看在同一时间参与游戏的玩家有多少，如果玩家寥寥无几，那么可以在保存数据的同时直接显示排行榜；但是，如果玩家众多，排行榜随时可能更新，在这种情况下，再次请求数据更为稳妥。

3.9.4 精灵触摸事件：更新排行榜

当拼图成功后返回的排行榜数据不为空时，则需要对数据进行比较，比较的关键指标是分数。如果本次游戏得分高于排行榜中的某个分数时，则需更新排行榜。下面创建一个过程——**更新排行榜**，在该过程里，利用循环语句，将当前分数依次与第 1、2、3 名的分数进行比较，一旦当前成绩高于其中的被比较者，则更新原排行榜，并将修改后的数据保存到数据库服务器，然后终止循环。代码如图 3-35 所示。

```
定义过程 更新排行榜 原排行榜
执行 声明局部变量 分数榜 为 列表 原排行榜 中的第 1 项
     声明局部变量 移动次数榜 为 列表 原排行榜 中的第 2 项
     声明局部变量 游戏耗时榜 为 列表 原排行榜 中的第 3 项
     声明局部变量 本次得分 为 得分 的 显示文本
     作用范围 针对从 1 到 3 且增量为 1 的每个 数
              执行 如果 本次得分 大于 列表 分数榜 中的第 数 项
                   则 在列表 分数榜 第 数 项处插入 本次得分
                      在列表 移动次数榜 第 数 项处插入 移动次数 的 显示文本
                      在列表 游戏耗时榜 第 数 项处插入 游戏耗时 的 显示文本
                      删除列表 分数榜 中第 3 项
                      删除列表 移动次数榜 中第 3 项
                      删除列表 游戏耗时榜 中第 3 项
                      将列表 原排行榜 中第 1 项替换为 分数榜
                      将列表 原排行榜 中第 2 项替换为 移动次数榜
                      将列表 原排行榜 中第 3 项替换为 游戏耗时榜
                      让 网络数据库 保存数据
                         标记 全局 九格拼图排行榜存储标记
                         存储数据 原排行榜
                      终止循环
```

图 3-35 创建过程：更新排行榜

> **注意**
>
> 这里**终止循环**的指令非常重要，如果缺少这条指令，且本次成绩高于第一名的话，程序会将前三名的成绩都改为本次游戏的成绩。

随后在收到数据事件中调用该过程，如图 3-36 所示。注意，这里声明了一个全局变量——**排行榜已更新**，它的初始值为假，当排行榜更新后，它的值为真，这样确保本次拼图成功后，排行榜不会重复更新。从这一点上讲，它的作用与**得分**标签的作用相同。

```
当 网络数据库 收到数据时
  标记 数值
执行 如果 数值 为空
     则 如果 得分 的 显示文本 等于 0
        则 设 排行榜 的 允许显示 为 真
           设 排行榜标题 的 显示文本 为 "排行榜为空"
           设 排行榜表格 的 允许显示 为 假
        否则 声明局部变量 排行榜 为 首创排行榜
             作用范围 让 网络数据库 保存数据
                          标记 全局 九格拼图排行榜存储标记
                          存储数据 排行榜
     否则 如果 全局 排行榜已更新
        则 调用 显示排行榜 排行榜 数值
        否则 调用 更新排行榜 原排行榜 数值
             设 全局 排行榜已更新 为 真

声明全局变量 排行榜已更新 为 假
```

图 3-36　收到数据事件处理程序的最终版本

至此，排行榜的功能已经完备，下面进行测试，初步测试的结果如图 3-37 所示。

图 3-37　排行榜测试结果

3 个结果从左往右按测试的顺序排列（有状态栏的时间为证），得分逐渐提高，不过最右侧图中的结果不符合我们对游戏的设计，第三名本应是原来的第二名（207、30、48），但结果却是零。这一定是程序的错误。查看图 3-35 中**更新排行榜**过程，可以发现其中的问题：在插入新的成绩之后，本应删除第 4 项，但不知怎地，竟然删除了第 3 项，看人类有多马虎！修改后的代码如图 3-38 所示。再次测试时完整地显示了前三名的成绩。

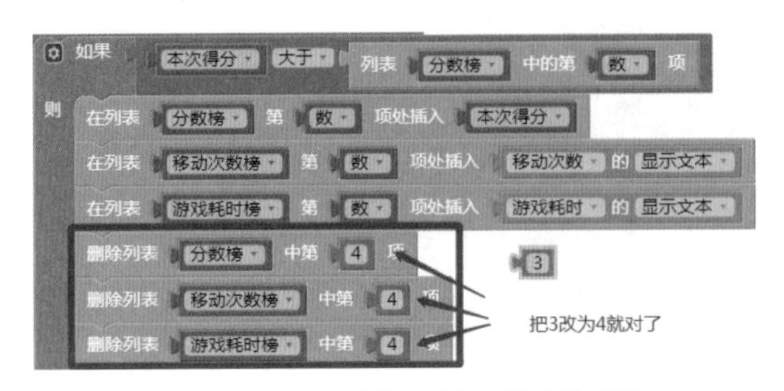

图 3-38 改正更新排行榜过程里的错误

3.10 编写程序：重新开始及退出游戏

这是整个开发过程的最后两项任务，首先来实现重新开始功能。与第 1 章和第 2 章中的案例不同，在《九格拼图》游戏中，可以随时重新开始游戏，只要点击右上角的重新开始按钮即可。之所以这样设置，是因为用洗牌方法生成的谜题有可能无解，因此，必须允许用户随时可以开始新一轮游戏。

经过前面的学习，想必读者已经知晓了重新开始游戏的含义：变量及组件属性初始化。不过这里依然需要对所有的变量和组件做一次梳理，看看哪些设置属于屏幕初始化（一次设置后无须改变），哪些属于游戏初始化。梳理的结果如表 3-4 所示。

表 3-4 有待初始化的变量及组件属性

组件＼变量	变量		画布	精灵			计时器		标签			垂直布局
	随机列表	排行榜已更新	背景图片	X 坐标、Y 坐标	宽、高	图片	启用计时	计时间隔	游戏耗时	移动次数	得分	排行榜
初始设置	空	假	无	任意	任意	无	假	1000	0	0	0	显示
屏幕初始化				★	★	★	★					★
游戏初始化		★	★	★	★	★	★	★	★	★	★	★
首次计时	★			★		★			★			

经过梳理发现，所有可变的变量及组件的属性在游戏初始化时均须重新设置，这意味着**屏幕初始化**与游戏初始化可以合二为一。只要将**屏幕初始化**过程改名为**游戏初始化**，添加表 3-4 中列举的所有设置项，最后在**屏幕初始化**及按钮点击事件中调用**游戏初始化**过程即可。

关于退出游戏功能，App Inventor 的 Screen1 具有一个回退事件，只要在该事件中调用**退出程序**指令即可。两项功能最终的代码如图 3-39 所示。

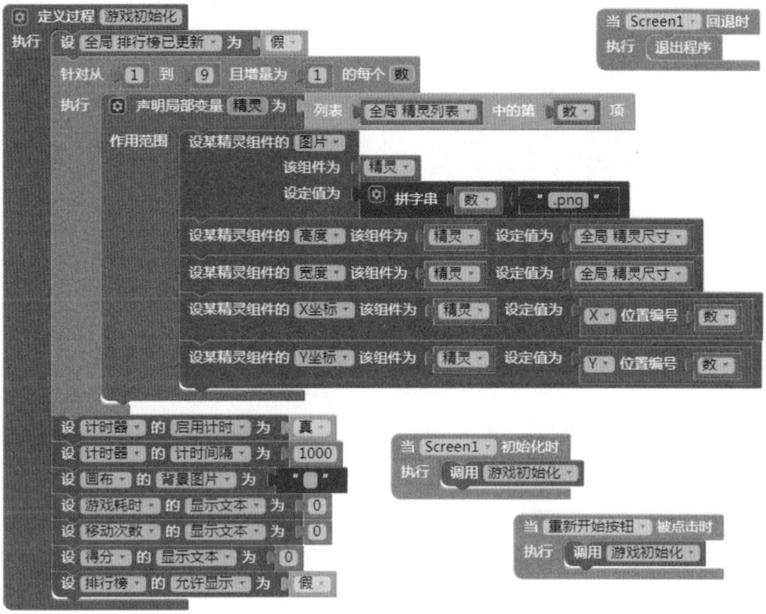

图 3-39 屏幕初始化与游戏初始化合二为一

经过测试，游戏可以实现重新开始的功能。至此，我们的游戏已经实现了全部的功能，下面对代码进行整理，并思考代码是否有优化的可能。

3.11 整理与优化

这个环节包括两项任务，一是将代码折叠起来，按类型顺序排列整齐；二是描绘代码之间的调用关系，并从关系图中寻找代码优化的可能性。

3.11.1 代码清单

图 3-40 中列出了程序中的全部代码，包括 7 个全局变量、11 个自定义过程以及 7 个事件处理程序。全局变量中有 4 个为常量，3 个为变量。其中**精灵列表**算作变量，虽然程序运行过程中，不曾修改过**精灵列表**，但作为列表项的精灵对象，它们的属性值一直在改变，如 x 坐标、y 坐标。所有变量中，最重要的是**随机列表**，在游戏过程中，列表项的顺序一直在改变。除此之外，游戏过程中一直在改变的还有 3 个成绩标签——**得分**、**游戏耗时**及**移动次数**，这些标签除了用于显示数据之外，同时也充当了全局变量的角色。

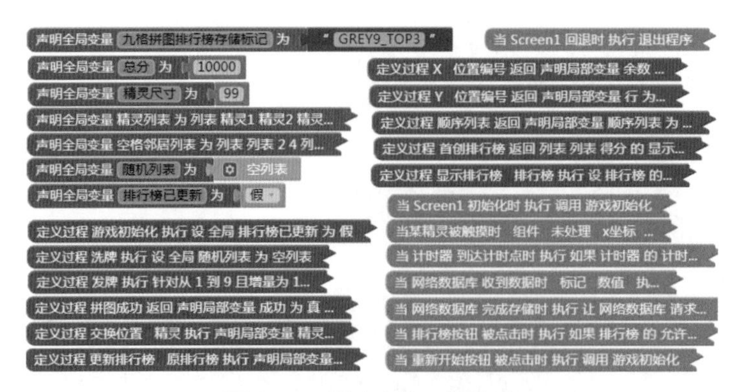

图 3-40 程序中的全部代码

3.11.2 要素关系图

我们先给出《九格拼图》游戏的要素关系图，如图 3-41 所示，然后再来看看如何从图中得到启示，优化现有的程序。

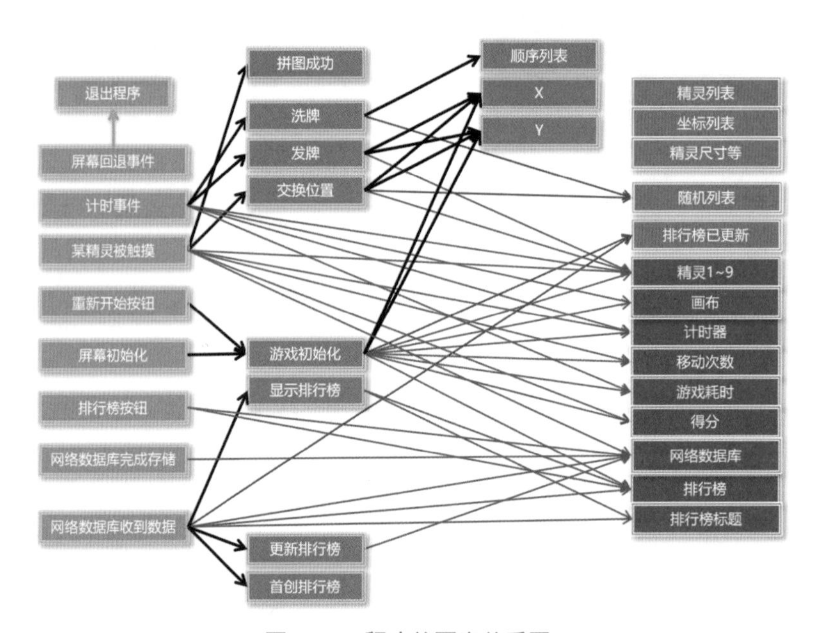

图 3-41 程序的要素关系图

在绘制要素关系图的过程中，最困难的事情就是调整过程框（紫色）的位置，为了不让过程框遮挡那些长连线（从事件指向变量及组件的线），需要反复调整各个要素的位置。这种直观的感受给了我们启发：能否减少长连线的数量，让过程框更容易摆放呢？那么，如何才能减少长连线的数量呢？

我们知道，这些过程有两个重要的作用：

- 改善程序的结构
- 提高代码的复用性

这也正是我们优化程序的目标，不过，这一次我们把目标缩小到改善结构上。观察图中的过程，它们可以分为 3 类。

- 终点过程：只有指向它的箭头，没有从它出发的连线，如 X、Y、**拼图成功**等。
- 被调用一次的过程：如**洗牌**、**发牌**、**拼图成功**等。
- 被调用多次的过程：如 X、Y、**游戏初始化**等。

第一类过程是有返回值的过程，它们只输出结果，不改变外部世界（组件的可见属性）；第二类过程的作用是改善程序的结构，但不能提高代码的复用性；第三类过程既可以改善程序的结构，也可以提高代码的复用性。出于改善结构的目的，我们关注的是第二类过程。

从图 3-41 中可以看到，从计时事件和某精灵被触摸事件中，有多条长绿线指向了多个组件，能否将这些绿线对应的代码封装为过程呢？仔细查看这两个事件的处理程序，发现可以有所作为。首先来改造计时事件，创建一个**精灵消失**过程，将否则分支中的代码转移到过程里，然后在否则分支中调用该过程，代码如图 3-42 所示。

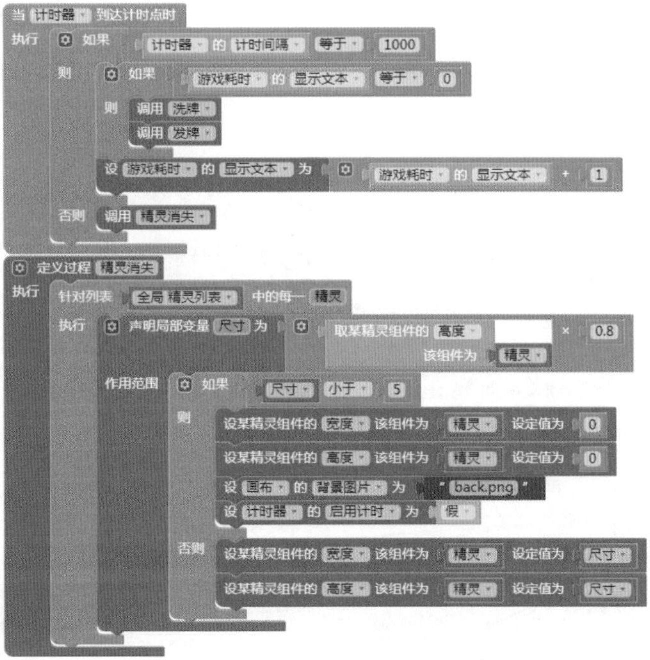

图 3-42 对计时事件处理程序进行优化

同样的方法也适用于精灵触摸事件，优化后的代码如图 3-43 所示。

```
当某精灵被触摸时
组件 未处理 x坐标 y坐标
执行 声明局部变量 精灵编号 为 项 组件 在列表 全局 精灵列表 中的位置
     声明局部变量 空格序号 为 项 9 在列表 全局 随机列表 中的位置
     声明局部变量 精灵序号 为 0
     声明局部变量 空格邻居 为 空列表
     作用范围 设 空格邻居 为 列表 全局 空格邻居列表 中的第 空格序号 项
              设 精灵序号 为 项 精灵编号 在列表 全局 随机列表 中的位置
              如果 列表 空格邻居 中包含项 精灵序号
              则 调用 交换位置 精灵 组件
                 设 移动次数 的 显示文本 为 移动次数 的 显示文本 + 1
                 如果 拼图成功
                 则 调用 游戏结束

定义过程 游戏结束
执行 设 精灵9 的 图片 为 "9.png"
     设 得分 的 显示文本 为 就低取整 全局 总分 - 移动次数 的 显示文本 ÷ 游戏耗时 的 显示文本
     设 计时器 的 计时间隔 为 100
     让 网络数据库 请求数据 标记 全局 九格拼图排行榜存储标记
```

图 3-43 优化精灵触摸事件处理程序

优化后的要素关系图也发生了一些改变，如图 3-44 所示，图中的虚线是发生改变的部分。优化后的要素关系图，由于增加了两个过程，因此也增加了两条黑色连线（黑色虚线），但连线的长度减小了，这让过程框的摆放变得容易了。

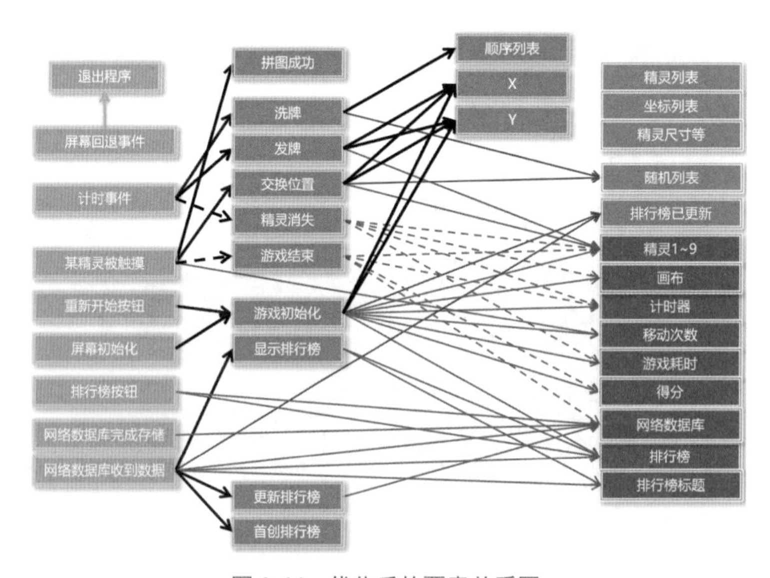

图 3-44 优化后的要素关系图

仅凭要素关系图中过程框摆放的难易程度来审视程序结构的优劣，这似乎有些牵强，甚至也有些荒唐，就连我自己也充满疑惑。不过，自古成功在尝试，正如鲁迅所说：“世上本无路，走的人多了，也便成了路！”程序的结构是一个抽象的概念，假如能够借助于一个可视化的工具探索优化程序结构的思路，也算是一种有益的尝试。

说明

有时测试过程中发现游戏无法成功完成，在这种情况下，游戏到最后时，总有两张图片无法调换位置。无意中与一位博士生聊天，提起这个问题，她给出的解释是：“如果最终只能通过奇数次置换才能成功，那么这是一种无解的问题。”也就是说，如果最后两张图片只通过 1 次换位就能成功，这款游戏就永远都无法完成。这个结论来自于数学的一个分支——群论。

第4章 《贪吃蛇》

猜想大家一定玩过《贪吃蛇》游戏，一条小蛇在地上爬行，地上随处可见鲜艳的果子，小蛇在玩家的控制下吃掉这些果子，并让自己长大。随着身体逐渐变长，蛇的行动越来越笨拙，一旦蛇头碰到边界或自己的身体，则游戏结束。游戏在手机上的样子如图4-1所示。

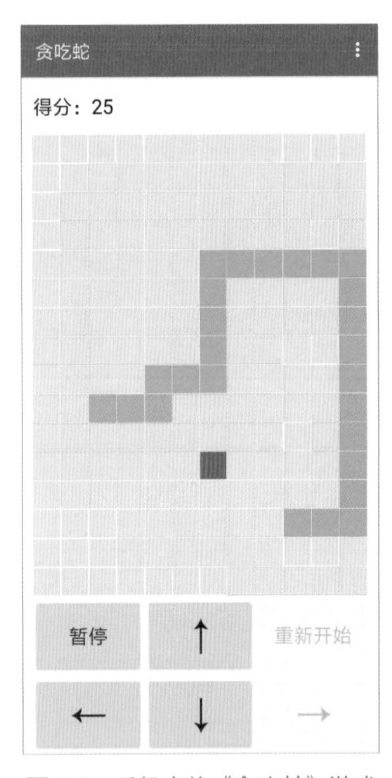

图4-1 手机中的《贪吃蛇》游戏

> **说明**
>
> 从玩家的角度来看，游戏可以分为静、动两种类型。在目前涉及的案例中，《水果配对》和《九格拼图》是静的，《打地鼠》和本章的《贪吃蛇》是动的。前者挑战的是玩家的观察力、记忆力、思考力等，而后者挑战的是玩家的反应速度和手脑配合能力。然而，对游戏开发者而言，无论是哪种类型的游戏，它们挑战的都是把现象抽象为数据，再将数据还原为现象的能力。

在上面关于游戏的介绍中，我们看到了若干个名词：蛇、果子、边界等，也看到了几个动词：爬行、吃掉、变长、碰到，等等。如何将这些名词表示为数据，进而通过改变数据来表现动作，这是本章将要解决的问题，也是游戏软件开发中**最重要**的问题。

4.1 功能描述

(1) 时间

a) 本游戏不设时间限制，相反，游戏的时间越长，说明玩家的技术越高超。

b) 游戏的节奏：每 500 毫秒蛇前进一个长度单位。

(2) 空间：屏幕按照自上而下的顺序被划分为以下 3 个区域。

a) 提示区：显示玩家当前得分。

b) 演示区：长度单位为格，场地宽 12 格、高 16 格，用来查看蛇的移动状态。

c) 操作区：包括控制方向的 4 个按钮、重新开始按钮及暂停按钮。

(3) 角色：蛇及果子。

(4) 游戏行为（一）——游戏开始：游戏得分清零，恢复蛇的初始状态，随机生成果子。

(5) 蛇的行为（一）——初始状态：蛇的长度为 1 格，位于演示区中央，方向指向右方。

(6) 蛇的行为（二）——前进：在不受干预的情况下，蛇沿当前方向一直前进，直到碰壁（碰到屏幕边缘）。

(7) 蛇的行为（三）——转向：当玩家点击方向按钮时，将改变蛇的前进方向。

(8) 蛇的行为（四）——吃果子：如果蛇头碰到果子，则蛇身变长 1 个长度单位。

(9) 蛇的行为（五）——碰壁：当蛇头碰到屏幕边缘时，游戏结束。

(10) 蛇的行为（六）——自吃：当蛇头碰到蛇身时，游戏结束。

(11) 果子的行为：随机出现在场地中，被蛇吃掉（蛇碰到果子）后，果子会立即在别处生长出来。

(12) 游戏行为（二）——游戏结束：当蛇碰壁或自吃时，屏幕显示“游戏结束”，此时允许玩家选择“重新开始”。

(13) 玩家行为（一）：点击方向按钮，改变蛇的运动方向。

(14) 玩家行为（二）：游戏过程中，玩家可以点击暂停键，让游戏暂时停止运行；再次点击此键时，游戏继续。

(15) 玩家行为（三）——重新开始：游戏结束后，玩家可以点击重新开始键，开始新一轮游戏。

(16) 规则：蛇每吃掉一颗果子得 1 分。

4.2 用户界面

根据功能说明中对空间因素的描述，屏幕划分为三个部分，如图 4-2 所示。另外，组件列表中显示了项目中的全部组件，注意布局组件与按钮之间的包含关系。图中**画布**组件的高度临时设为 200 像素，以便完整地显示页面布局，正确的高度应为 400 像素。

图 4-2 开发环境中的用户界面

组件的命名及属性设置见表 4-1。

表 4-1 组件命名及属性设置

组件类型	组件命名	属　　性	属　性　值
屏幕	Screen1	水平对齐	居中
		主题	默认
		标题	贪吃蛇
水平布局	得分布局	宽度 | 高度	95% | 8%
		垂直对齐	居中
标签	得分提示	显示文本	得分：
	得分	显示文本	0
画布	画布	宽度 | 高度	300 | 400（像素）
		画笔线宽	24（像素）
垂直布局	控制布局	宽度 | 高度	95% | 充满
水平布局	布局上	宽度 | 高度	充满
按钮	{ 以下三个 }	宽度 | 高度	充满
	暂停	显示文本	暂停
	上	显示文本	↑
	重新开始	显示文本	重新开始

（续）

组件类型	组件命名	属　性	属 性 值
水平布局	布局下	宽度 | 高度	充满
按钮	{以下三个}	宽度 | 高度	充满
	左	显示文本	←
	下	显示文本	↓
	右	显示文本	→
计时器	计时器	计时间隔	500（毫秒）

4.3 编写程序：绘制背景

在《打地鼠》及《九格拼图》游戏中，**画布**的作用仅仅是精灵的容器，利用画布坐标系的定位功能，可以将精灵精确地摆放在指定的位置上。然而，**画布**的功能远不止如此。打开**画布**组件的代码块抽屉，会发现里面有许多紫色代码块，它们代表了**画布**丰富的绘图功能，可以画圆、画弧、画线等，甚至还可以写字。在《贪吃蛇》游戏中，我们将利用**画布**的画线功能来绘制蛇的活动场地——12 × 16 的灰色格子阵，并利用**画布**的写字功能通知玩家游戏结束。

绘制格子阵

我们的目标是在宽 300 像素、高 400 像素的**画布**上绘制 16 行、12 列的灰色格子，且格子与格子之间要保留一条 1 像素宽的白线作为间隔，如图 4-1 所示。很容易计算出每个格子的尺寸：300/12 或 400/16 的结果都是 25，减去格子之间的间隔 1 像素，则每个格子的宽、高均约为 24 像素，这是绘制格子阵的数学依据。

1. 画线与画方块

如何利用**画布**来绘制方块阵呢？答案是：循环语句 + 画线功能。**画线**就是画一条线段，而线段有两个端点。**画布**的画线功能块如图 4-3 所示，它有 4 个参数，恰好对应线段起点（第一点）及终点（第二点）的坐标。

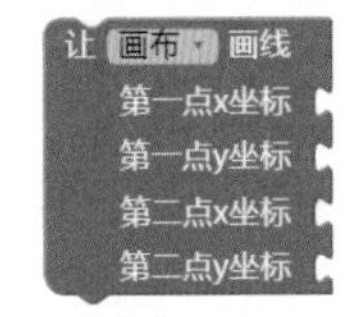

图 4-3 画布的画线功能块

在开始画线之前，需要确立一个观念：画线 = 画方块。从表 4-1 中可以看到，**画布**的画笔线宽为 24 像素，这意味着画笔将绘制出宽度为 24 像素的线，而我们即将绘制的线段的长度也是 24 像素，这样我们就画出了一个边长为 24 像素的正方形，即方块。假设画笔沿水平方向画线，这时线段起点与终点的 y 坐标相同，而 x 坐标则相差 24 像素。但是，值得注意的是，为了确保方块之间留有 1 像素的间隔，起点坐标的定位要以 25 为间隔。

2. 画线参数说明

当画笔沿水平方向画线时，参数 x 坐标的含义是显而易见的，但是，y 坐标以什么为基准呢？

一条24像素宽的线，基准点在线的上沿、中间还是下沿呢？答案是中间，如图4-4所示。举例来说，如果要在第1行、第1列绘制一个方块，那么起点 x 坐标应该设为0，终点 x 坐标为24，而 y 坐标应该设为12（图4-4中间的图），即画线块的参数分别为：

第一点 x 坐标 = 0
第一点 y 坐标 = 12
第二点 x 坐标 = 24
第二点 y 坐标 = 12

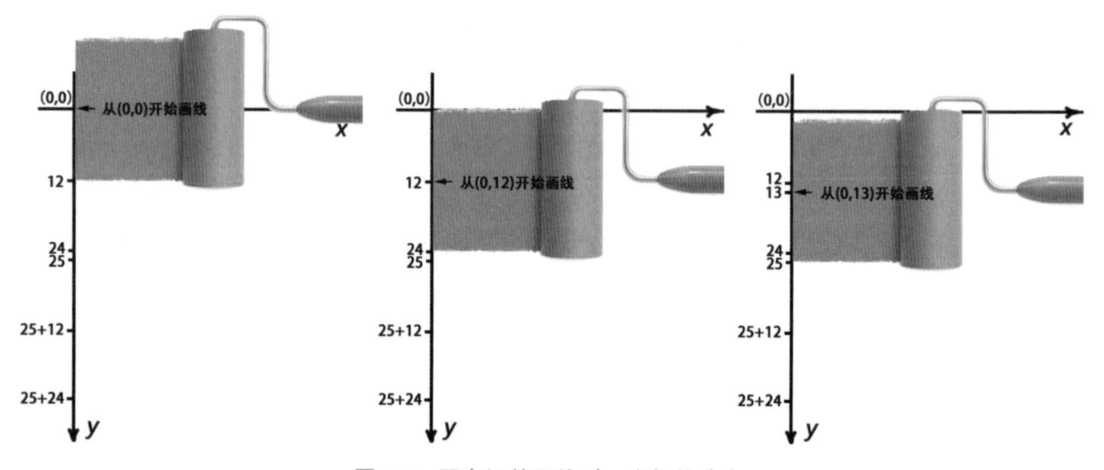

图4-4 画布组件画线时 y 坐标的确定

3. 行列与坐标之间的转换

作为游戏开发者，我们习惯于使用行和列来思考程序中的问题，而不是使用 x 和 y。例如，当我们要绘制左上角的方块时，我们对于方块位置的描述是第1行、第1列，而不是具体的 x 和 y。然而，画线块的参数是 x 和 y，因此我们要建立行、列与 x、y 之间的转换。实际上，在《九格拼图》游戏中我们已经实现了这样的转换，这里再次强调。

为了绘制任意行列的方格，我们需要一个简单的计算公式，将行、列的值换算为坐标值。假设方格位于第 m 行、第 n 列，m 的取值范围为1 ~ 16，n 的取值范围为1 ~ 12，则方块起点与终点的坐标计算公式如下：

起点 $x=(n-1)\times 25$
起点 $y=(m-1)\times 25+12$

终点 $x=n\times 25$
终点 $y=(m-1)\times 25+12$（与起点 y 相同）

这些公式在程序中会多次使用，为了提高代码的复用性，我们创建两个有返回值的过程：**行转 Y** 及**列转 X**，代码如图 4-5 所示。

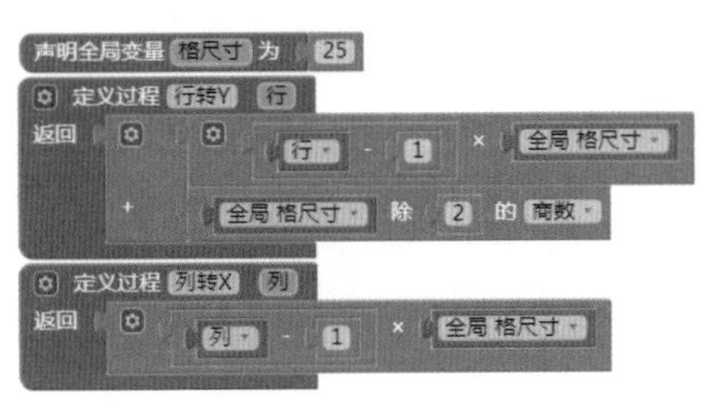

图 4-5 将绘制方块的行、列换算为坐标

> **注意**
>
> 这里声明的全局变量**格尺寸**，它的值为 25，在求 25/2 的商数的运算中，结果将取整数部分，即 12。

4. 绘制方块

有了上面的过程，我们先来绘制一个方块。创建一个过程——**画块**，代码如图 4-6 所示。

定义过程 画块 行 列
执行 声明局部变量 起点x 为 列转X 列 列
声明局部变量 起点y 为 行转Y 行 行
作用范围 让 画布 画线
第一点x坐标 起点x
第一点y坐标 起点y
第二点x坐标 起点x + 全局 格尺寸 - 1
第二点y坐标 起点y

图 4-6 在任意行、列绘制方块的过程

> **注意**
>
> 两点间 x 坐标的差为“格尺寸 − 1”，即 24。

5. 绘制背景

创建一个过程——**绘制背景**，利用双层循环语句来绘制 192（12 × 16）个方格，并在屏幕初始化时调用该过程。代码及测试结果如图 4-7 所示。

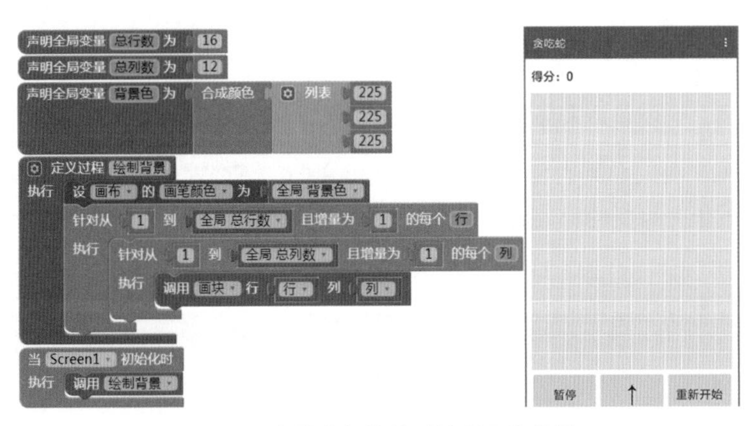

图 4-7 在屏幕初始化时绘制方格背景

关于上述代码，有两点需要说明。一是全局变量**总行数**、**总列数**，这两个变量的使用可以避免在程序中出现硬编码；二是全局变量**背景色**，这是一种合成颜色，列表中的 3 个数字，自上而下分别代表红、绿、蓝三种颜色。当这 3 个数值相等时，合成颜色为灰色，数值越大，颜色越浅，有兴趣的读者不妨自己试试看。注意，颜色值的最小值为 0，最大值为 255。

4.4 编写程序：蛇的移动

对这个问题的思考应该从以下两个方面着手。

(1) 如何用数据描述蛇：

  a) 当前时刻蛇的初始位置

  b) 当前时刻蛇头的方向

  c) 下一时刻蛇头的运动方向

(2) 如何将数据转变为视觉信息，即将数据变成屏幕上移动的蛇。

4.4.1 描述蛇的数据

这里要为“蛇”这个名词找到合适描述它的数据类型。想象一下，描述**蛇身**的数据应该是什么样子的呢？在第 1 章中我们提到过，列表是游戏开发的三大法宝之一。在前面几章的游戏案例中，我们用列表来保存游戏中的角色：《水果配对》中的卡片（按钮）、《打地鼠》中的地鼠（精灵）以及《九格拼图》中的小图（精灵）。它们的共同点是，列表中的列表项都是组件对象，而且列表的长度是固定的。在《贪吃蛇》游戏中，我们依然会使用列表，称之为**蛇列表**，那么蛇列表是由哪些元素组成呢？

从空间上看，一条蛇由多个相邻的方块组成，每个方块也称作一个环节。方块的位置可以用行和列两个值来描述，那么很自然我们会想到，在蛇列表中，列表项本身是一个子列表，子列表中包含两个列表项，代表一个方块的行和列，我们称之为**行列对**。换句话说，在这个由行列对组成的蛇列表中，每个行列对代表蛇的一个环节，其中排在首位的行列对代表蛇头，其后的行列对代表**蛇身**。这就是用来描述蛇的数据。

与前面几章的组件对象列表相比，蛇列表是可变的，可变性体现在两个方面：首先，作为列表项的行列对的值是可变的；其次，列表的长度是可变的——吃果子会让蛇身变长。

有了以上分析，下面就来声明一个全局变量——**蛇**，它的初始值为空列表，代码如图 4-8 所示。稍后将在屏幕初始化事件中设置它的初始值。

声明全局变量 蛇 为 空列表

图 4-8 描述蛇的数据是一个列表

1. 蛇的初始位置

设定蛇的初始位置包含两个方面的含义：一是描述初始位置的数据，二是将数据所表示的内容显示在用户界面上。先来解决数据的问题。

游戏初始化时，蛇只有一个环节，即蛇头，它位于屏幕的中央：行 = 8，列 = 6，由这两个值组成的行列对，正是描述蛇头初始位置的数据。声明一个全局变量**初始位置**来存放这个行列对，然后，在屏幕初始化事件中将**初始位置**添加到蛇列表中，代码如图 4-9 所示。

图 4-9 蛇头位置的初始值

需要注意两点：一是**初始位置**列表中，第一项为行，第二项为列，这样的约定贯穿整个开发过程的始终；二是在屏幕初始化事件中，**初始位置**是蛇列表中的首项，这是蛇头的位置，首项的值会随时间改变，从而引发蛇的移动。

以上我们用列表描述了蛇的**初始位置**，并将**初始位置**添加到蛇列表中，下面将蛇列表中的数据显示到用户界面上，即绘制到**画布**上。创建一个**画蛇**的过程，代码如图 4-10 所示。图中的**蛇色**为略浅一点的绿色（纯绿色的数值应该为 255）。

然后在屏幕初始化事件中调用**画蛇**过程，代码如图 4-11 所示。

至此我们为蛇找到了适合的数据类型，并将数据转化为用户界面上的视觉元素（绿色方块），从而完成了对蛇**初始位置**的设定，测试结果如图 4-12 所示。

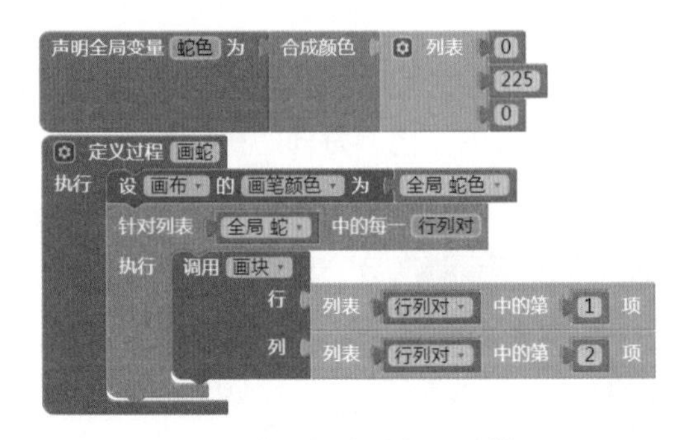

图 4-10 创建过程：画蛇

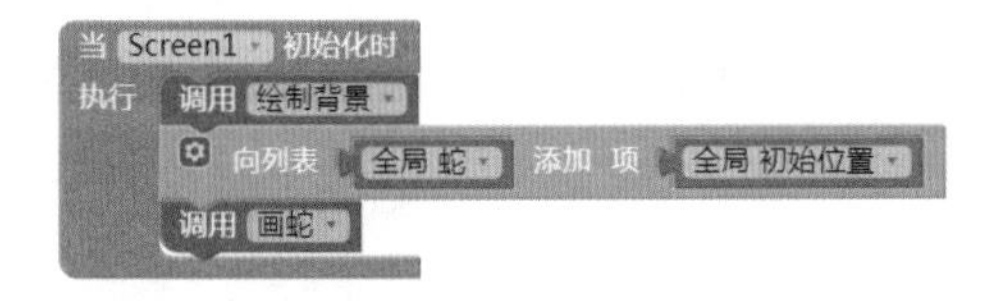

图 4-11 在屏幕初始化事件中调用画蛇过程

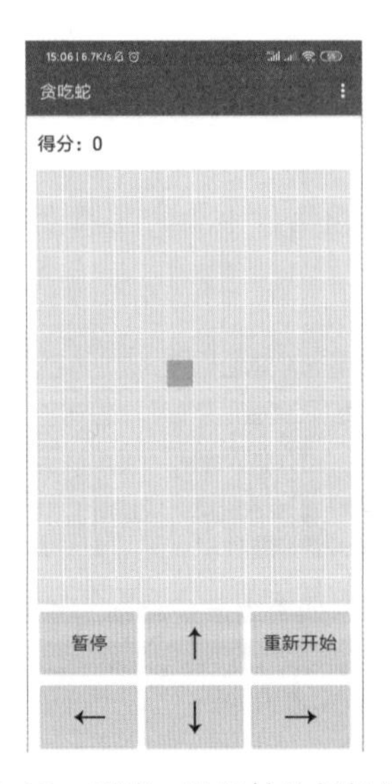

图 4-12 测试：设置蛇的初始位置

2. 蛇头的方向

“方向”是一个名词，那么如何为方向找到合适的数据类型呢？我们来做一个不插电的思想试验。假设在屏幕初始化时，蛇头朝向屏幕的右方，现在思考一个问题：下一时刻蛇的位置在哪里？答案是“行不变，列加 1”。现在假设用户点击了向上的按钮，那么下一刻蛇头又在哪里？很简单，即“列不变，行减 1”。这样的思考同样适用于其他几个方向。假设当前时刻蛇头位于第 m 行、第 n 列，那么，针对不同的方向，我们用表格来描述下一时刻蛇头的位置，如表 4-2 所示。

表 4-2　蛇头下一时刻的位置与方向的关系

当前时刻	行：m	移动方向			
	列：n	上	下	左	右
下一时刻	行	$m-1$	$m+1$	$n+0$（不变）	$n+0$（不变）
	列	$m+0$（不变）	$m+0$（不变）	$n-1$	$n+1$

现在，将上面表格中的 m、n 去掉，剩下的值可以表示为以下的行列对：

上：(–1, 0)
下：(1, 0)
左：(0, –1)
右：(0, 1)

这就是我们需要的结果——描述方向的数据。注意，在每个方向的行列对中，第一项表示行的变化，第二项表示列的变化。基于这样的分析结果，我们声明 4 个全局变量，用列表来表示这 4 个方向，代码如图 4-13 所示。

以上的 4 个方向在游戏运行过程中是固定不变的，但是蛇头的方向会随用户的操作而改变，因此需要另一个全局变量——**方向**，来描述任意时刻蛇头的方向。**方向**的初始值为空列表，需要在屏幕初始化事件中将它的值设置为**右**，代码如图 4-14 所示。

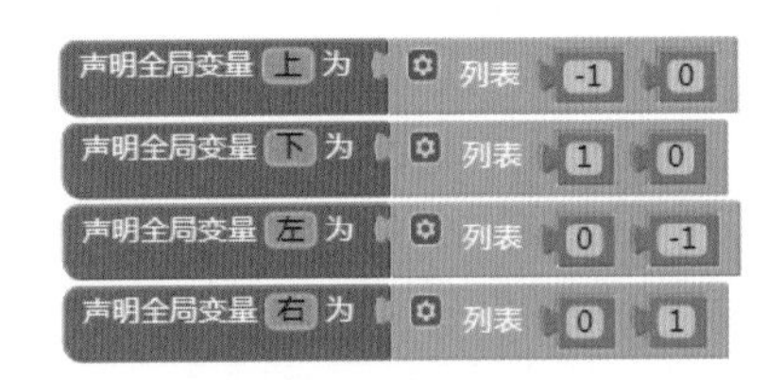

图 4-13　用列表表示蛇移动的 4 个方向

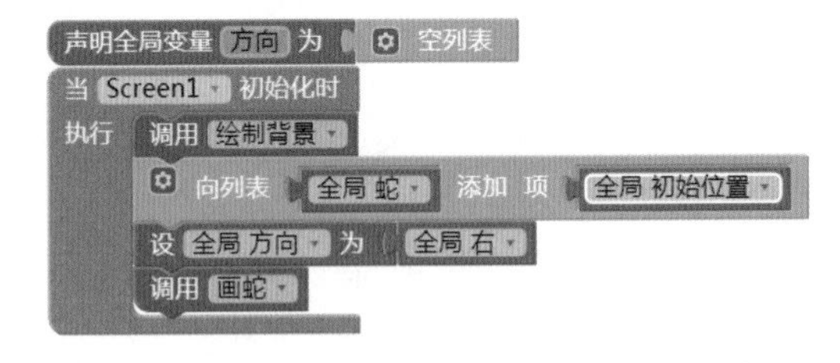

图 4-14　在屏幕初始化事件中设置蛇头的方向

3. 蛇头的运动方向

玩家用上下左右键来改变蛇头的**方向**。读者必须清楚地意识到，在按钮点击事件中，方向的改变仅仅是对**方向**数据的更新，不涉及用户界面的改变。此外，**方向**数据的改变发生在当前时刻，而改变的结果体现在下一时刻：在用户界面上，蛇头不再沿直线爬行，而是转了一个直角弯。方向按钮的点击事件处理程序如图 4-15 所示。

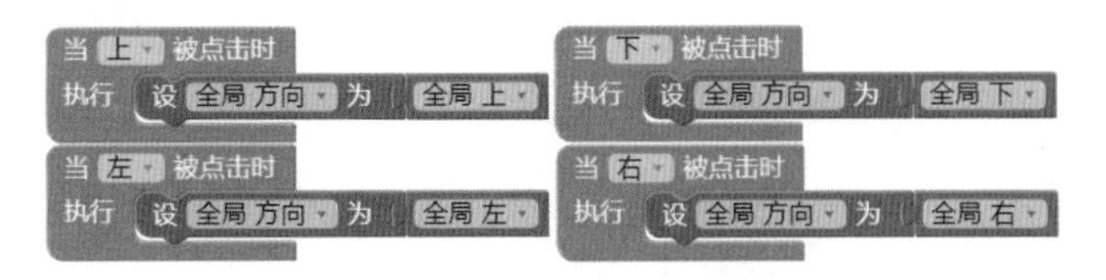

图 4-15 用按键控制蛇头的移动方向

在测试过程中，点击方向按钮，则蛇头的运动方向随之改变，由于静态图片无法显示运动的效果，因此这里请读者自行对程序进行测试。

4.4.2 蛇的移动

有了蛇的初始位置，又有了描述方向的数据，现在可以让蛇动起来了。蛇的移动包含了以下 3 个步骤：

(1) 擦掉上一时刻的蛇
(2) 更新蛇（列表）的数据
(3) 画新的蛇

所谓擦掉蛇，也就是用背景颜色来画蛇。创建一个过程——**擦掉蛇**，代码如图 4-16 所示。该过程与**画蛇**的过程几乎完全相同，唯一的差别是**画笔颜色**不同。

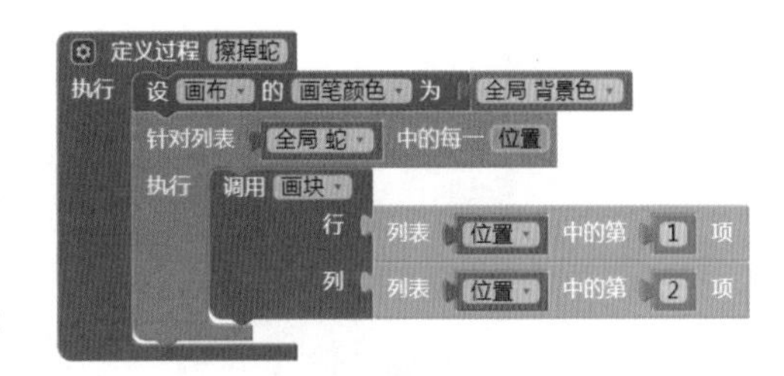

图 4-16 创建过程：擦掉蛇

下面**计时器**该上场了！在计时事件中，首先擦掉原来的蛇，然后根据蛇的当前位置（行、列）及**蛇头**方向（行、列的变化），算出下一时刻蛇的位置，并更新蛇列表，最后根据新的蛇列表来**画蛇**，代码如图 4-17 所示。

> **注意**
>
> 上述代码中对蛇列表的更新：将**蛇头**的新位置插入到蛇列表的首位，然后计算蛇列表的长度，并删除蛇列表中的末项，即蛇尾。在测试过程中，绿色的蛇头一直向屏幕右侧移动，直到消失在屏幕之外。

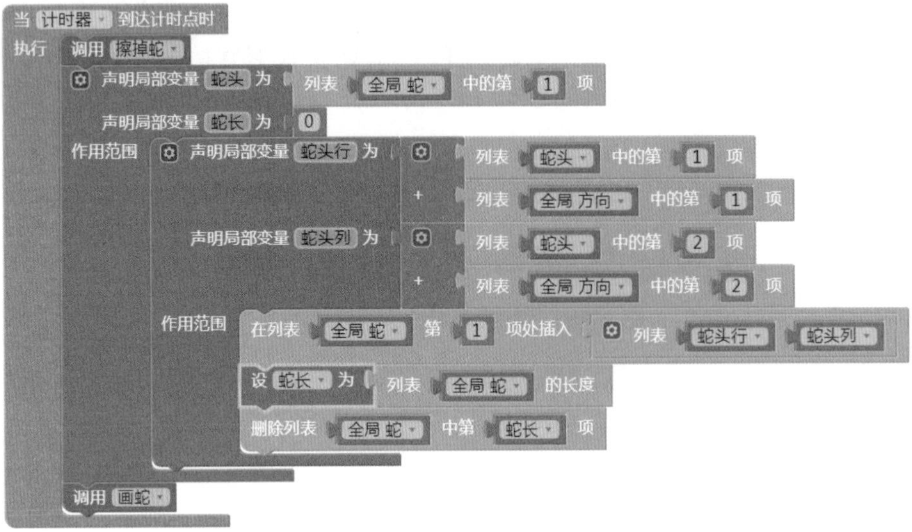

图 4-17 蛇沿着当前方向移动

4.5 编写程序：果子的产出

我们已经知道如何用数据来描述**蛇**，同样的方法也可以用来描述“果子”：用一个两项列表（行列对）来表示果子的位置。由功能说明可知，果子的位置是随机生成的，因此这里要用到随机整数。创建一个有返回值的过程——**产果位置**，代码如图 4-18 所示。

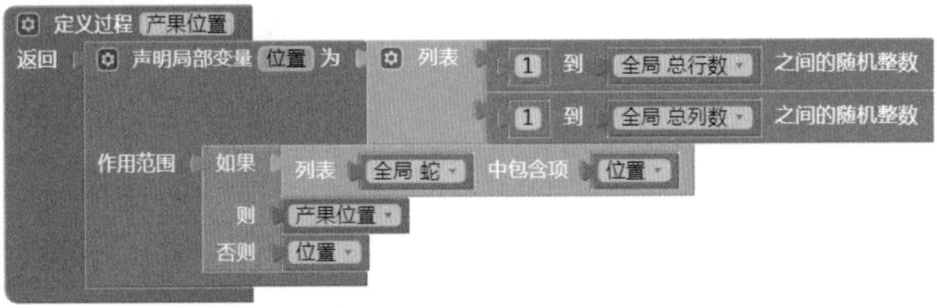

图 4-18 创建有返回值的过程：产果位置

在上面的代码中使用了“递归调用”：当**产果位置**与**蛇**的位置重叠时，重新生成**产果位置**，直到这两者不相重叠。

随机生成的**产果位置**需要被保存下来，因为每一次**蛇**的移动，都要判断**蛇头**是否碰到了果子，为此需要声明一个全局变量——**果**，来保存**产果位置**，并在屏幕初始化时，为其赋初值。有了**果**的数据，还要将数据体现在用户界面上——在**画布**上画出果子。创建一个过程——**画果**，并在屏幕初始化事件中调用该过程，实现上述功能的代码如图 4-19 所示。

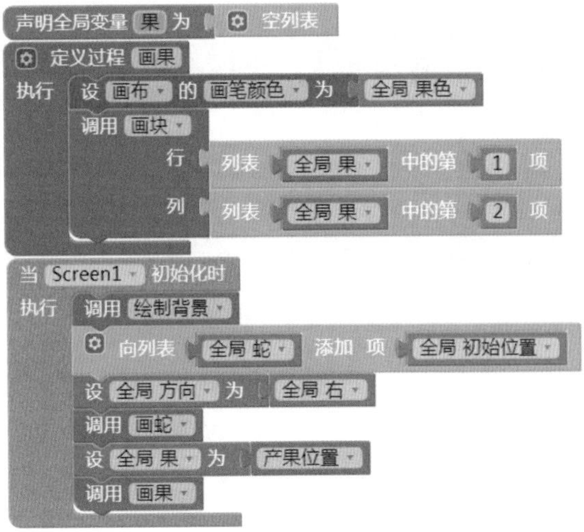

声明全局变量 果 为 空列表
定义过程 画果
执行 设 画布 的 画笔颜色 为 全局 果色
调用 画块
行 列表 全局 果 中的第 1 项
列 列表 全局 果 中的第 2 项

当 Screen1 初始化时
执行 调用 绘制背景
向列表 全局 蛇 添加 项 全局 初始位置
设 全局 方向 为 全局 右
调用 画蛇
设 全局 果 为 产果位置
调用 画果

图 4-19 在屏幕初始化事件中画出果子的位置

4.6 编写程序：蛇吃果子

在**蛇**爬行过程中，如果**蛇头**在下一时刻的位置刚好与**产果位置**重叠，就会发生**蛇**吃果子的事件。当**蛇**吃到果子后，需要完成以下两项任务。

(1) 蛇身加长 1 个方块。

(2) 生成新的果子并增加游戏得分。

下面按顺序来实现以上任务。

4.6.1 蛇身加长

蛇身加长包含了以下两步。

(1) 判断蛇是否吃到果子。

(2) 如果吃到果子，更新蛇的数据。

a) 更新蛇列表（数据更新）。

b) 更新蛇的外观（显示更新）。

1. 判断蛇是否吃到果子

判断**蛇**吃到果子的条件是：下一时刻蛇头的位置 = 产果位置。蛇列表中的首项就是**蛇头**的当前位置，再根据当前时刻**蛇头**的方向，就可以求出下一时刻**蛇头**的位置。创建一个有返回值的过程——**下一刻蛇头**，代码如图 4-20 所示。

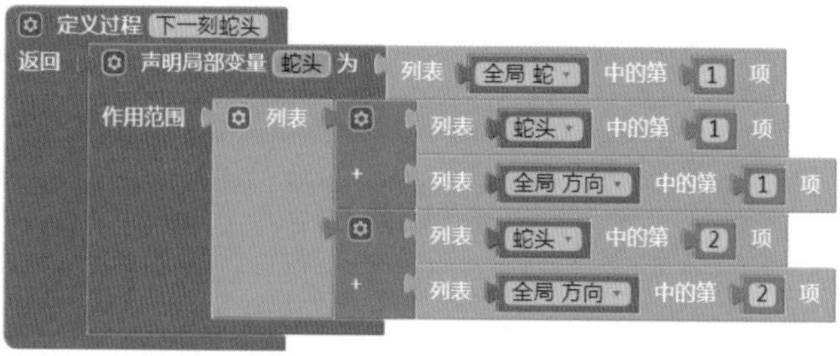

图 4-20 求蛇头在下一时刻位置的过程

产果位置保存在全局变量**果**中，只要与下一时刻**蛇头**的位置进行比较，就可以判断出下一时刻蛇是否会吃到果子。

2. 更新蛇的数据

首先考虑更新蛇列表。如果**蛇**吃到果子，则让**蛇身**增加一个方块，这意味着要向蛇列表中添加一个新的行列对。现在需要思考两个问题：这个行列对的值如何确定？这个行列对要加在蛇列表的什么位置，首位、末尾还是中间？如果能回答这两个问题，那么蛇列表的更新问题就可以迎刃而解了。我们的答案是：将产果位置（行列对）添加到蛇列表的首位，这样就实现了蛇列表的更新。然后针对更新后的蛇列表，直接调用**画蛇**过程，即可实现**蛇**的外观更新。

蛇的更新需要在计时事件处理程序中实现，在开始改写计时程序之前，先创建一个过程——**蛇爬**，将原来计时程序中的代码转移到**蛇爬**过程里，过程的代码如图 4-21 所示。

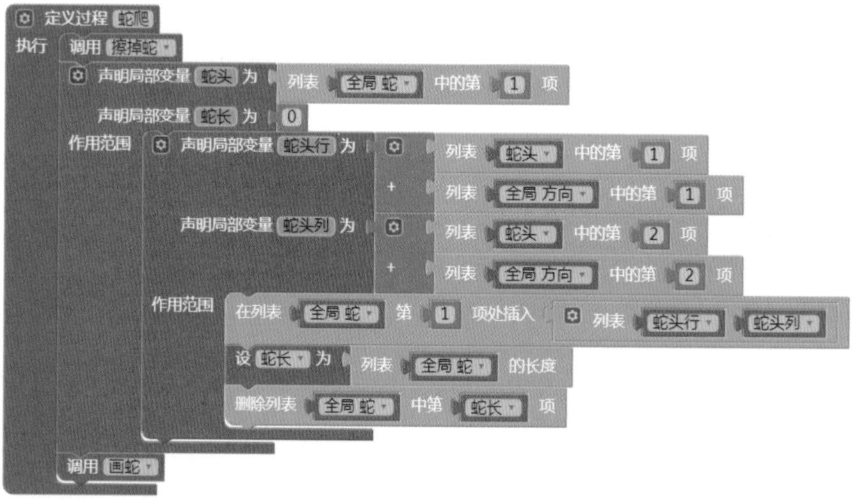

图 4-21 将原来计时程序中的代码封装为过程

下面来改造计时程序，代码如图 4-22 所示。

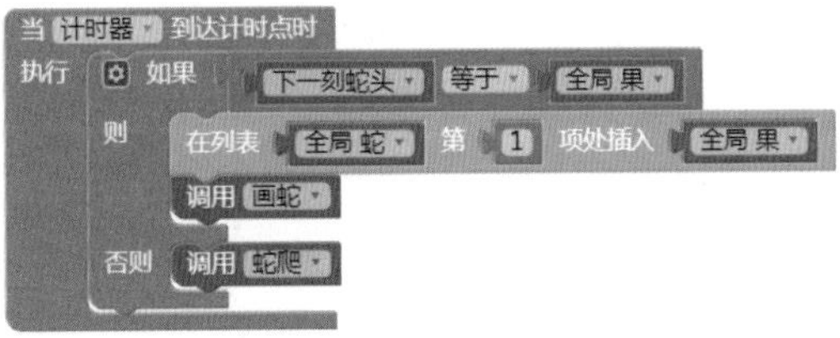

图 4-22 在计时事件中实现蛇的更新

4.6.2 生成新的果子并增加游戏得分

在**蛇**吃到果子的那一刻，重新生成一颗果子，同时更新得分，代码如图 4-23 所示。

上述代码在手机中的测试结果如图 4-24 所示。

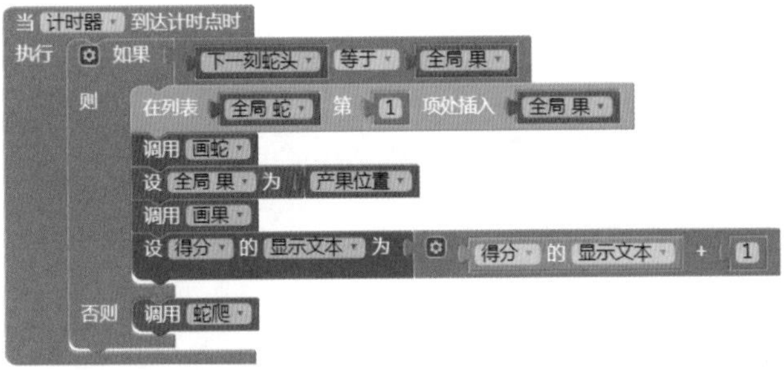

图 4-23 蛇吃到果子后，生成新的果子，并增加得分

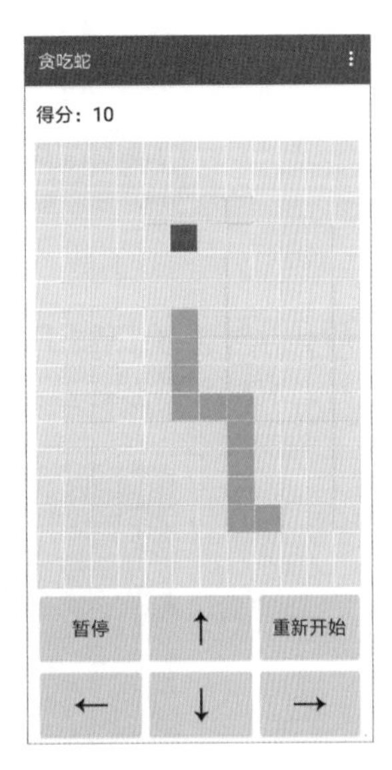

图 4-24 测试：蛇吃果子的相关程序

4.7 编写程序：碰壁与自吃

有两种情况会导致游戏结束——碰壁与自吃。本节包含以下两项内容：

- 判断**蛇**是否碰壁或自吃
- 如果碰壁或自吃，通知玩家游戏结束

碰壁指的是**蛇头**超出了**画布**范围，有 4 种可能性：行 < 0、行 > 16、列 < 0、列 > 12。**自吃**指的是**蛇头**碰到了**蛇身**，即**蛇头**位置与**蛇身**的某个环节重叠。这里创建两个有返回值的过程——

碰壁与**自吃**，来判断是否出现了上述情况，代码如图 4-25 所示。

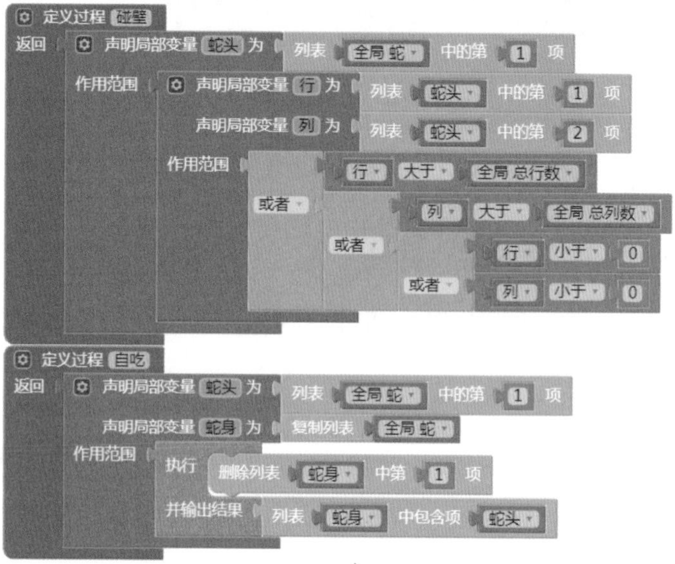

图 4-25　判断蛇是否碰壁或自吃的过程

然后在计时程序中调用这两个过程：如果蛇发生了**碰壁**或**自吃**的情况，则让**计时器**停止计时，并在**画布**上写出文字**游戏结束**，代码如图 4-26 所示。

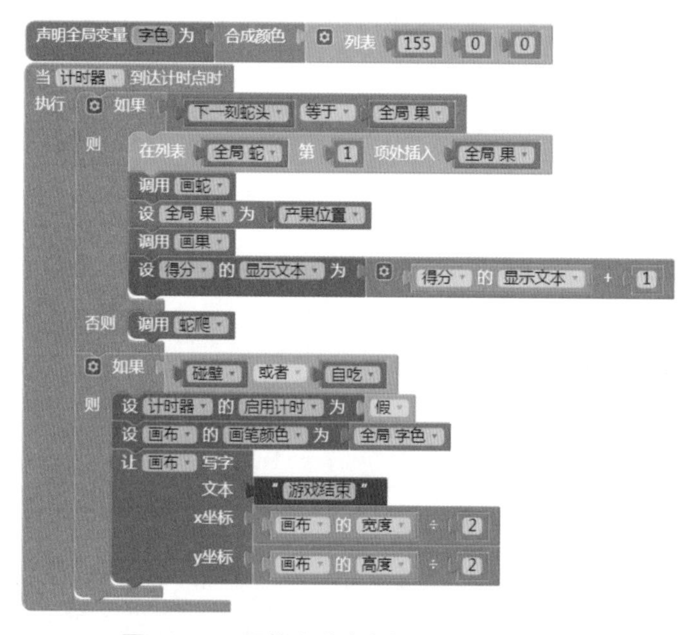

图 4-26　一旦蛇头碰壁或自吃，则游戏结束

4.8 功能完善

以上实现了游戏的核心功能，本节将完成游戏的辅助功能。

4.8.1 暂停与继续

在**画布**的下方有一个**暂停**按钮，点击它可以让正在进行的游戏暂停，或让暂停的游戏继续运行，具体代码如图 4-27 所示。

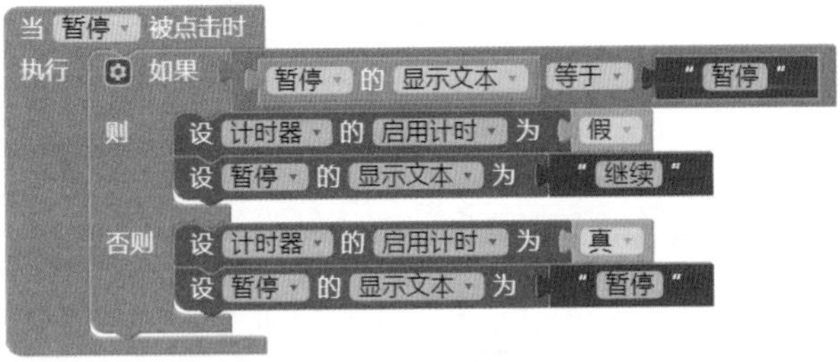

```
当 暂停 被点击时
执行 如果 暂停 的 显示文本 等于 "暂停"
     则 设 计时器 的 启用计时 为 假
        设 暂停 的 显示文本 为 "继续"
     否则 设 计时器 的 启用计时 为 真
        设 暂停 的 显示文本 为 "暂停"
```

图 4-27 控制游戏的暂停与继续

4.8.2 重新开始

当游戏结束时，用户可以点击**重新开始**按钮，开始新一轮游戏。根据前几章的经验，这时需要创建一个**游戏初始化**过程，对相关的变量及组件属性进行初始设置，然后在屏幕初始化及重新开始按钮点击事件中调用该过程，代码如图 4-28 所示。

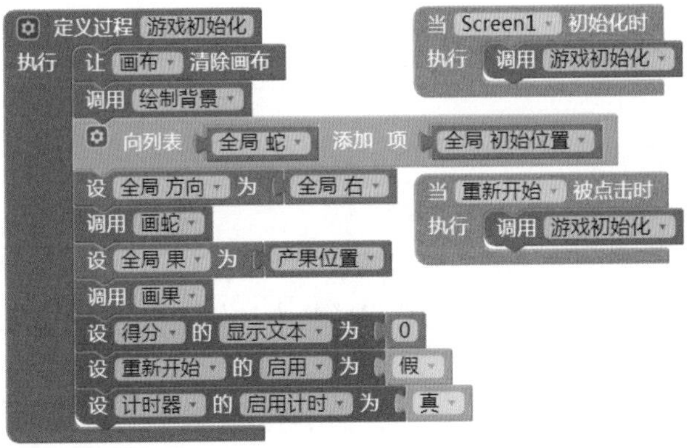

```
定义过程 游戏初始化
执行 让 画布 清除画布
     调用 绘制背景
     向列表 全局 蛇 添加 项 全局 初始位置
     设 全局 方向 为 全局 右
     调用 画蛇
     设 全局 果 为 产果位置
     调用 画果
     设 得分 的 显示文本 为 0
     设 重新开始 的 启用 为 假
     设 计时器 的 启用计时 为 真

当 Screen1 初始化时
执行 调用 游戏初始化

当 重新开始 被点击时
执行 调用 游戏初始化
```

图 4-28 在屏幕初始化及按钮点击事件中调用游戏初始化过程

> **注意**
>
> 在**游戏初始化**过程里，我们禁用了**重新开始**按钮，这是为了避免用户不小心碰到它，导致游戏意外地重新开始。

4.8.3 防止自毁

假设某一时刻**蛇头**的方向向右，此时，如果玩家点击**左按钮**，那么**蛇头**势必要碰到**蛇身**，从而导致游戏结束，为了防止游戏中出现这种自毁现象，我们要对几个方向按钮的启用属性进行设置，代码如图 4-29 所示。

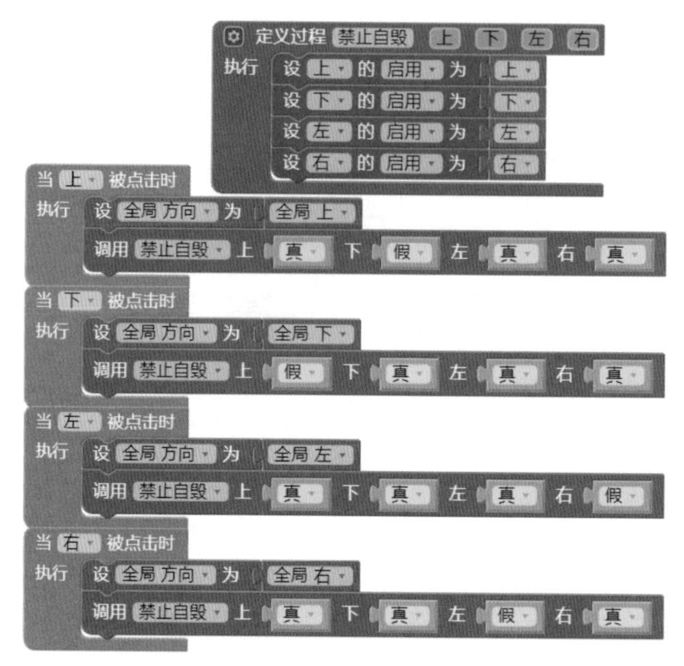

图 4-29 在方向按钮点击事件中调用禁止自毁过程

4.9 整理与优化

4.9.1 代码整理

代码整理的结果如图 4-30 所示。仔细品味图中变量及过程的名称，你是否油然而生一种一览全局的感觉，或者一种对程序的宏观印象？如果把这些名称串联起来，是否就是一篇功能说明呢？相比前面几章的程序，本章的程序虽然稍显复杂，但其中的每一个环节，其实都很简单，不是吗？

值得一提的是，在图 4-30 中有许多全局变量，从数据的可变性来说，它们可以分为两类：变量和常量。这里真正的变量只有 3 个：**方向**、**蛇**及**果**，在游戏过程中，它们的值一直在改变，而其他的全局变量均可以视作常量，它们的存在是为了避免在程序中使用硬编码。

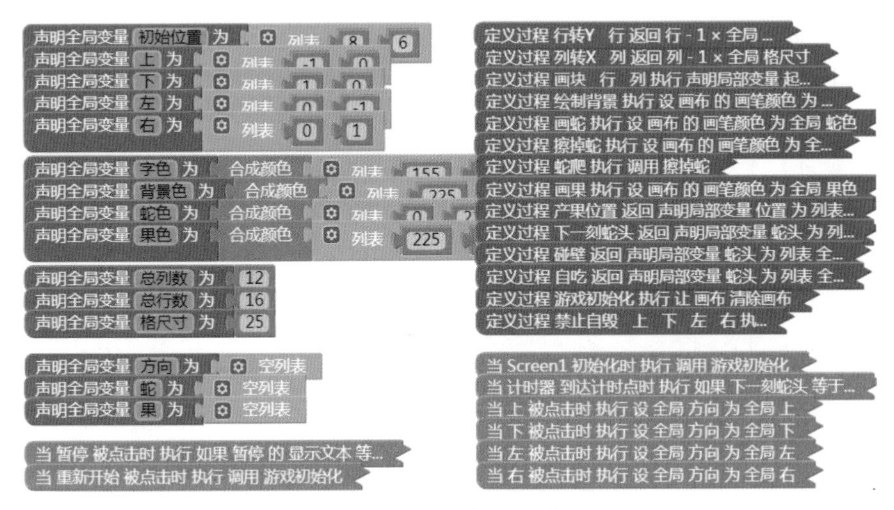

图 4-30 代码整理的结果

值得一提的是，**蛇**、**果**及**方向**三个变量均为列表类型的数据，它们是全部程序的核心和灵魂，因为数据的结构决定了程序的写法，这正是本章想要传达的思想。

4.9.2 要素关系图

《贪吃蛇》游戏程序的要素关系图如图 4-31 所示。

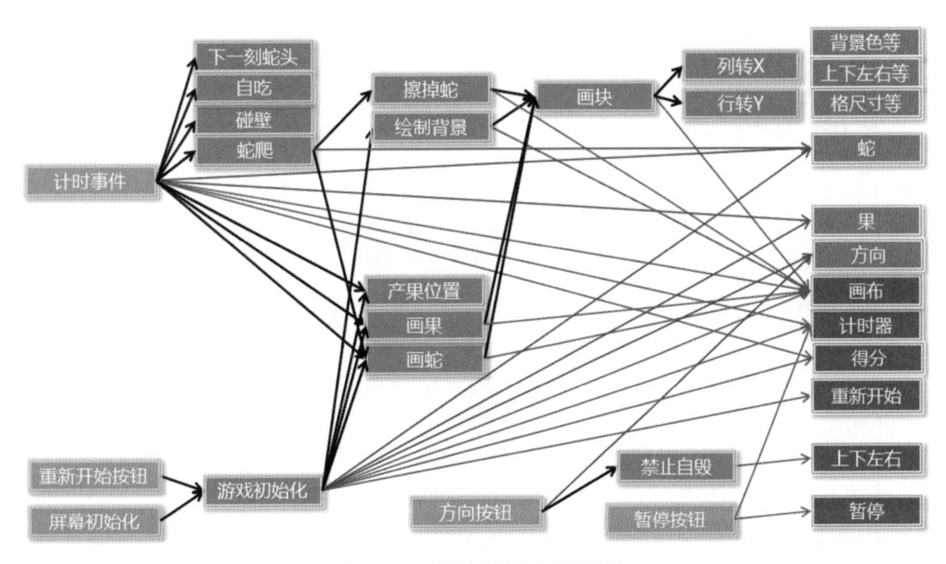

图 4-31 程序的要素关系图

大家读要素关系图，考虑如何优化程序的结构时，要将注意力集中在汇聚多个箭头的变量或组件上。在图 4-31 中，**画布**组件汇聚了 7 个箭头，优化可以从这里入手。观察这些箭头的来源，可以看到它们分别来自以下过程及事件处理程序。

(1) 计时事件：在画布上写“游戏结束”。

(2) 游戏初始化过程：清空画布。

(3) 画块过程：画线。

(4) 擦掉蛇：设置画笔颜色。

(5) 绘制背景：设置画笔颜色。

(6) 画果：设置画笔颜色。

(7) 画蛇：设置画笔颜色。

其中的第 (4) ~ (7) 项在设置**画笔颜色**的同时，还调用了**画块**过程，而**画块**过程本身也在操作**画布**。这样的调用关系提醒我们，可以将设置**画笔颜色**的功能转移到画线过程里，方法是为**画块**过程添加一个参数——**画笔颜色**，并在调用该过程时，为参数赋值。具体的修改方法如图 4-32 所示。

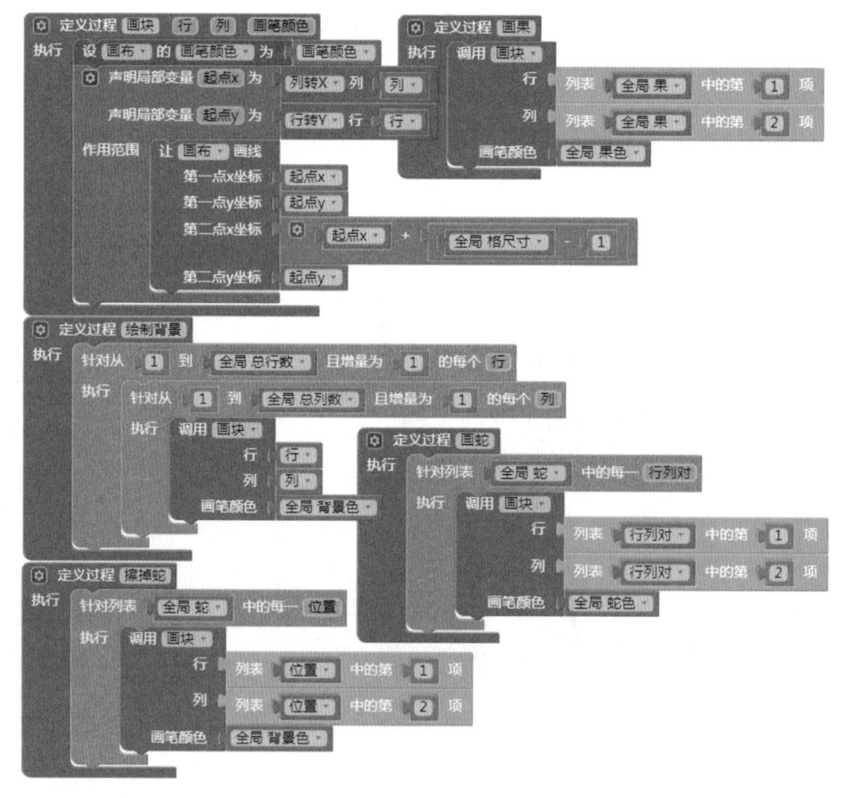

图 4-32 为画块过程添加参数：画笔颜色

在**画块**过程被添加了参数之后，**画块**过程的调用块上会多出一个插槽——**画笔颜色**，这时，需要找到程序中所有的调用块，为插槽提供正确的颜色值。注意，从图 4-31 中可以找到那些调用了**画块**过程的程序。程序经过修改之后，其要素关系图如图 4-33 所示。

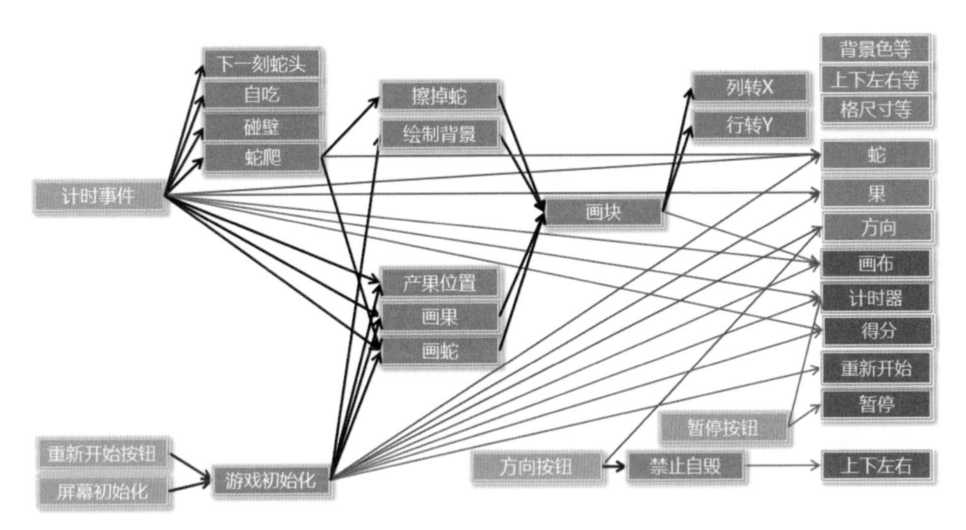

图 4-33 程序优化后的要素关系图

通过对本章的学习，相信你已经熟悉了蛇、果及方向等，它们不再是几个简单的名词，而是表示游戏状态的数据——全局变量。在图 4-33 中，有若干个红色的箭头指向这些全局变量。这些箭头意味着对数据的改变，你可以追溯这些箭头的来源，发现数据改变的原因。箭头的来源无外乎两种，一种来自游戏初始化过程，它的作用是为全局变量赋初始值；另一种则来自计时事件或按钮点击事件，它们的作用是改变全局变量的值，进而改变游戏的状态。正如本章开头所言，将名词表示为数据，通过改变数据来表现动作——这正是本章要解决的问题，你领会到了吗？

本单元包含 3 个辅助教学类案例，分 4 章加以讲解，它们是：

- ❑ 幼儿加法启蒙
- ❑ 因式分解之十字相乘
- ❑ 单选题（教师端）
- ❑ 单选题（学生端）

辅助教学类应用也称教育软件，主要作用是帮助使用者学习知识，或强化技能。从本质上讲，教学软件与游戏软件类似，也具有或部分具有游戏软件的特性：随机性、时限性和奖赏性。如，**幼儿加法启蒙**具有游戏软件的全部特征，**因式分解之十字相乘**具有随机性及奖赏性，但缺少时限性；**单选题**则仅有奖赏性，因为题目的内容和排列顺序都是固定的。

由于辅助教学类应用与游戏类应用的相似性，因此，许多游戏开发的技术在这里都可以派上用场，如随机数的使用、奖赏机制的设置，等等。实际上，**幼儿加法启蒙**也可以视作一款游戏类应用。

正如游戏类应用有很多细分的子类，辅助教学类应用也有许多不同的类型。从使用者的角度来看，辅助教学类应用可以分为 3 种类型：知识类、训练类及测验类。作为开发者，由于受到专业知识的限制，通常我们会选择自己熟悉的领域，为解决特定的问题而开发应用。以**因式分解之十字相乘**为例，这个作品的雏形是由一位初中生开发的，他当时对用十字相乘法进行因式分解感到困惑，于是有了开发这款应用的动机。通过开发这款应用，这位同学不仅在编写程序上有了显著的进步，同时也对十字相乘法有了更加深刻的理解。这个例子启示我们，要关注身边的问题，同时，要为解决问题而付诸行动。解决问题的过程，也是我们的知识和能力得以扩展的过程。

第 5 章　幼儿加法启蒙

这是一款寓教于乐的应用：在规定的时间内，应用随机出题，题目内容是一位数加法，其中的数字用漂亮的图形来表示，以增加应用的亲和力；用声音和图像两种形式对回答结果进行反馈，以增加应用的趣味性。

5.1　功能描述

虽然这是一款教学类应用，但从实现手段和运行效果上看，它更像是一款游戏类应用。因此，对于作品的功能描述，我们也基本上沿袭游戏类应用的描述方法，只是将原来的角色和行为统一合并为情节。下面是应用功能的具体描述。

(1) 时间
  a) 设置 5 档练习时间，分别为 1 分钟～ 5 分钟。
  b) 用进度条显示本次练习的剩余时间，每秒更新一次进度条。
  c) 在练习开始前可以重新设置时长，一旦开始答题，将禁用时长设置功能。
  d) 当剩余时间为零时，练习结束。

(2) 空间：用户界面自上而下分为以下 5 个区域。
  a) 分数提示区 + 设置区：显示得分，提供音效选项及时长选项。
  b) 剩余时间提示区：显示剩余时间进度条。
  c) 数字题目区：用数字显示题目内容（如 3 + 8 = ？）。
  d) 图示题目区：用图形显示题目内容，两行彩色圆点，圆点的数量与加数、被加数相匹配。
  e) 操作区：12 个按钮排列成 3 行，分别为 0 ～ 9 的数字键、确定按钮及清除按钮。数字键用于输入答案，确定按钮用于提交答案，清除按钮用于清除已经输入的答案。

(3) 情节
  a) 应用启动后，自动随机出题，题目有两种显示方式——数字方式及图形方式。
    i. 此时可以选择练习时长，选择完成后，重新出题，并重新开始计时。
    ii. 此时也可以选择回答问题，用按键的方式输入答案、提交答案或修改答案。

b) 一旦提交答案，将禁用选择时长功能，直到下一次练习开始。

c) 对于提交的答案，应用将判断对错。

  i. 如果答案正确，则闪现红色对号图片，并播放一段清脆的铃声。

  ii. 如果答案错误，则闪现红色叉号图片，并播放一段短促的噪声。

d) 判断对错之后，应用将自动生成并显示下一道题，如此循环往复，直到剩余时间为零时，弹出对话框。

e) 对话框中显示本次游戏得分，并提供两个按钮供用户选择。

  i. 退出：退出应用。

  ii. 再来一次：重新开始练习。

(4) 记分规则：每道题回答正确加 10 分；答错不得分，也不减分。

应用运行时的外观如图 5-1 所示。

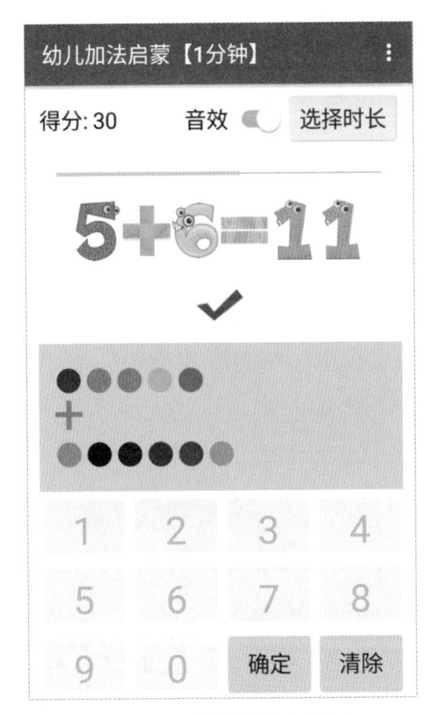

图 5-1 应用的用户界面

5.2 素材准备

为了增加应用的趣味性，题目中的数字、加号、等号及提示信息等全部以图片来呈现，并辅以表示正确及错误的音效，以渲染提示的效果。

5.2.1　素材清单

图 5-2 中显示了应用中的全部素材文件，将文件上传到项目中，以备使用。

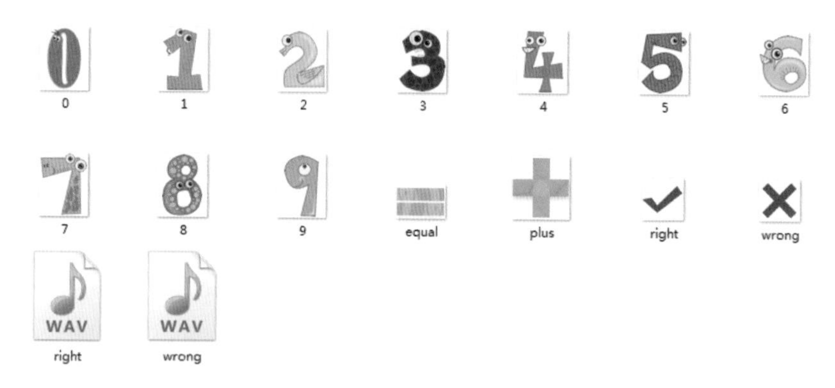

图 5-2　应用中使用的素材文件

5.2.2　素材规格

- 图片：均为 png 格式。
  - a) 数字（0 ~ 9）：宽 48 像素，高 60 像素。
  - b) 加号（plus）：宽 55 像素，高 60 像素。
  - c) 等号（equal）：宽 48 像素，高 32 像素。
  - d) 对号（right）、叉号（wrong）：宽度、高度均为 40 像素。
- 声音：均为 wav 格式，时长不足 1 秒。

5.3　界面设计

在设计本应用的用户界面时，有两点需要给予特别的关注。

(1) 组件与屏幕的左右边界之间应该保持合适的距离，避免靠得太近。

(2) 沿屏幕的垂直方向，组件之间应该保持合适的距离，避免过远或过近。

为了实现第一点，需设 Screen1 的水平对齐为居中，并在 Screen1 中添加一个垂直布局组件，命名为**外层垂直布局**，设其宽度为 98%，将项目中的其他所有组件放在**外层垂直布局**中。这样，所有组件都被限定在**外层垂直布局**之内，并保持了与左右边界之间的距离。关于第二点，可以利用布局组件来调节组件之间的垂直距离。此外，由于项目中的组件较多，因此在开始添加组件之前，要先勾选 Screen1 的允许滚动属性，等所有组件都添加完成后，再取消勾选该属性。添加组件后的用户界面如图 5-3 所示，从图中可以看出，只有**剩余时间条**和**画布**两个组件直接位于**外层垂直布局**内，其他组件都被放置在内层的布局组件之内，内层组件的列表被展开并显示在图的右侧，即那些红色箭头指向的部分。另外，为了在工作区中完整地显示用户界面，**画布**的高度被临时设为“自动”。

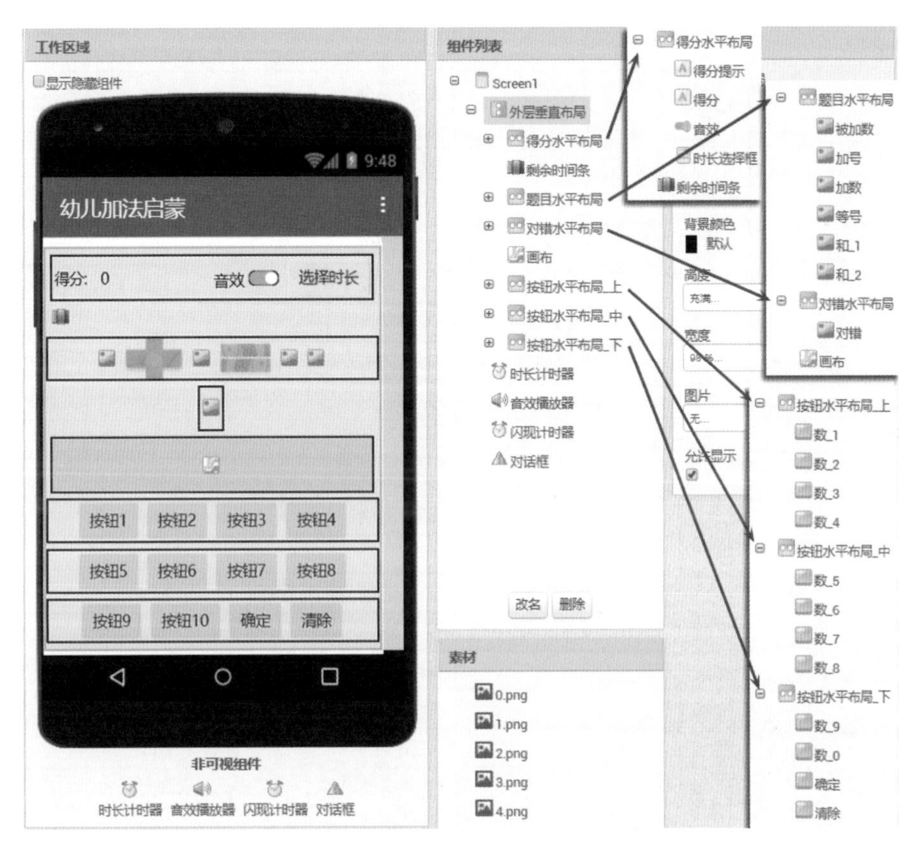

图 5-3 设计视图中的用户界面

组件的命名及属性设置见表 5-1。

表 5-1 组件的命名及属性设置

组件类型	组件命名	属 性	属 性 值
屏幕	Screen1	图标	plus.png
		水平对齐	居中
		主题	默认
		标题	幼儿加法启蒙
垂直布局	外层垂直布局	高度 | 宽度	充满 | 98%
		水平对齐	居中

（续）

组件类型	组件命名	属性	属性值
水平布局	得分水平布局	垂直对齐	居中
		高度 | 宽度	10% | 300（像素）
标签	得分提示	显示文本	得分：
	得分	显示文本	0
		宽度	充满
开关	音效	显示文本	音效
		开通	勾选
列表选择框	时长选择框	背景颜色	#fff04dff
		逗号分隔字串	1, 2, 3, 4, 5
		选中项	1
		显示文本	选择时长
		提示	选择练习时间（分钟）
数字滑动条	剩余时间条	宽度	300（像素）
		最小值	0
		启用滑块	取消勾选
水平布局	题目水平布局	高度 | 宽度	充满
		水平对齐 | 垂直对齐	居中
图片	被加数	全部属性	默认
	加号	图片	plus.png
	加数	全部属性	默认
	等号	图片	equal.png
	和 _1	全部属性	默认
	和 _2	全部属性	默认
水平布局	对错水平布局	垂直对齐	居中
		高度	充满
图片	对错	全部属性	默认
画布	画布	背景颜色	浅灰
		字号	46
		高度 | 宽度	120 | 300（像素）
水平布局	按钮水平布局 _ 上	水平对齐	居中
		宽度	充满
按钮	数 _1 | 数 _2 | 数 _3 | 数 _4	全部属性	默认
水平布局	按钮水平布局 _ 中	水平对齐	居中
		宽度	充满
按钮	数 _5 | 数 _6 | 数 _7 | 数 _8	全部属性	默认

（续）

组件类型	组件命名	属　　性	属　性　值
水平布局	按钮水平布局 _ 下	水平对齐	居中
		宽度	充满
按钮	数 _9 | 数 _0	全部属性	默认
	确定	显示文本	确定
	清除	显示文本	清除
计时器	时长计时器	启用计时	取消勾选
		计时间隔	1000（毫秒）
	闪现计时器	启用计时	取消勾选
		计时间隔	100（毫秒）
音效播放器	音效播放器	全部属性	默认
对话框	对话框	全部属性	默认

关于上述组件属性的设置，有以下几点需要说明。

(1) 为了确保组件在垂直方向上均衡分布，且充满整个屏幕，对相关组件的高度作如下设置。

a) 外层垂直布局的高度设为充满。

b) 得分水平布局的高度设为 10%，垂直对齐居中，这使得布局内部组件与其下方的数字滑动条之间保持了一定的距离。

c) 题目水平布局的高度为充满，垂直对齐居中，这使得布局内部组件与其上方的数字滑动条之间保持了一定的距离。

d) 题目水平布局与对错水平布局的高度均设为充满，这使得两个布局组件的高度相等，并且将其下方的组件挤压到屏幕的底部。

e) 画布组件的高度采用了固定值 120 像素。

f) 3 个容纳按钮的水平布局组件高度均采用默认设置“自动”。

(2) 按钮组件的其他属性设置将在编程视图中用程序来实现。

(3) 数字滑动条的启用滑块属性设为假（不勾选），以保证计时的客观性，否则，用户可以手动滑动滑块以增加或减少练习时间。数字滑动条的最大值及滑块位置属性也将由程序来设置。

5.4 技术准备

在正式开始动手之前，先来考虑下面几个问题，并给出解决问题的方法。

5.4.1 用图片组件显示数字

应用中用素材图片来显示数字及数学符号，以改善应用的视觉效果。当需要显示图片时，可以将图片组件的图片属性设置为对应图片的完整文件名；当不需要显示图片时，可以将图片组件的图片属性设为空字符，如图 5-4 所示。注意，图片组件不显示图片时，依然占据其原有位置，只有将图片组件的允许显示属性设为“假”时，它才会从屏幕上彻底消失。

图 5-4 不让图片组件显示图片的方法

5.4.2 用画布组件绘制图形

在《贪吃蛇》游戏中，我们已经了解了画布组件的画线及写字功能，本章将使用画布的画圆功能，在画布上绘制两行圆点，圆点的数量与题目中的被加数、加数相匹配。通过设置圆心坐标、圆点半径及圆点间隔等参数，来控制圆点的位置及大小。图 5-5 中给出了沿水平方向绘制 5 个圆点的代码，其中圆心 y 坐标为 30 像素，圆点的半径为 10 像素，圆点间隔为 25 像素。

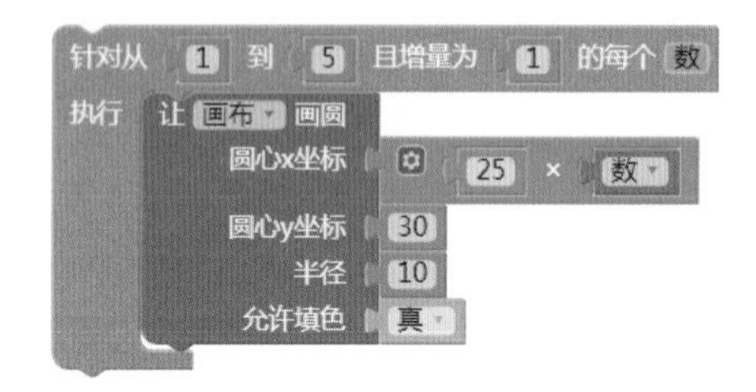

图 5-5 沿水平方向绘制 5 个圆点

除了画圆，我们还要在**画布**上写字，即在两行圆点之间写一个加号（+）。写字的方法已经在《九格拼图》及《贪吃蛇》游戏中实践过了，这里不再赘述。

5.4.3 随机合成颜色

如果用图 5-5 中的代码在**画布**上画圆，那么每个圆的颜色是相同的，我们希望圆的颜色有所变化，因此，这里利用**随机整数**及**合成颜色**块，来生成一些不同的颜色，具体方法如图 5-6 所示。

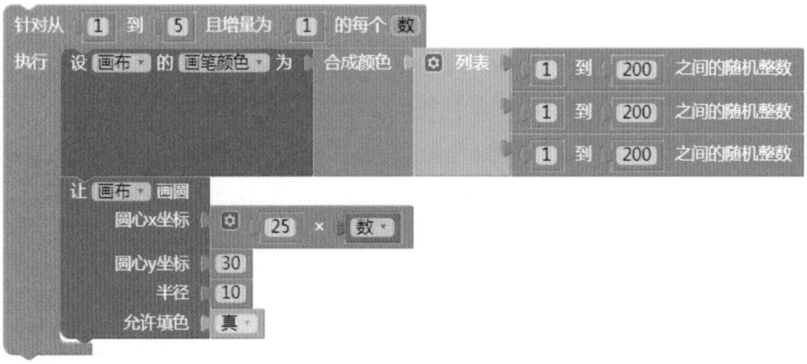

图 5-6 让每个圆都拥有不同的颜色

在**合成颜色**块中，3 个数字分别代表红、绿、蓝三种颜色的饱和度，也称作**色阶**，它们的取值范围为 0 ~ 255，当 3 个值均为 255 时，合成结果为白色；当 3 个值均为 0 时，合成结果为黑色。这里将**随机整数**块的最大值设为 200，是为了避免合成的颜色过浅。

5.4.4 用计时器组件控制应用的节奏

计时器组件不仅可以用于控制整个练习的时长，也可以用来制造一个简短的时间间隔：当用户输入答案并点击确定按钮后，屏幕上会显示对号或叉号，告知用户答案是否正确，这个对号或叉号会在下一道题出现之前从屏幕上消失，这个消失的动作就由计时器来控制。在本应用中使用了两个计时器，一个命名为**时长计时器**，另一个为**闪现计时器**，后者决定了对号或叉号在屏幕上的停留时间，项目中设它的计时间隔为 100 毫秒。

5.4.5 用过程保存常量

在众多的代码编写原则中，有一条非常重要，那就是避免在程序中使用硬编码。我们在第 2 章中提到过硬编码的问题，并使用全局变量来保存那些程序中用到的常量，如**最大难度**、**最小难度**、**幽灵比例**等。本章将引入另一种保存常量的方法——有返回值的过程。

在图 5-5 中，有 3 处硬编码，即 3 个常量：**圆点间隔**（25）、**圆心坐标 Y**（30）及**圆点半径**（10），下面我们给出了两种避免硬编码的编程方法，如图 5-7 所示，图中右侧的定义过程块采用了内嵌输入项的显示模式。

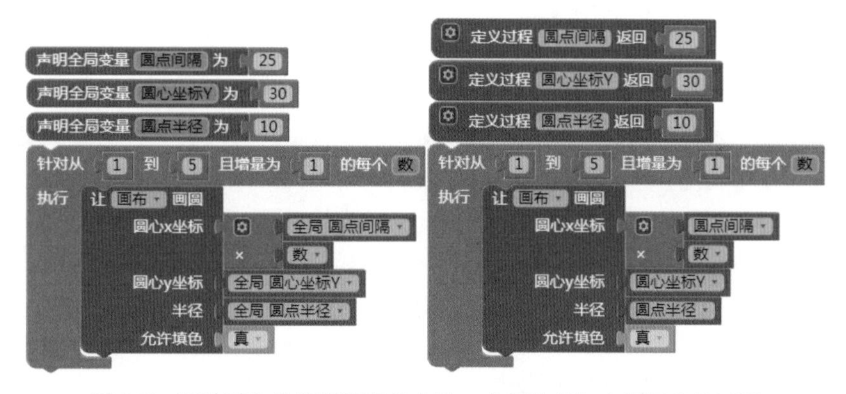

图 5-7 两种避免使用硬编码的方法：全局变量与有返回值的过程

图 5-7 的左侧采用了全局变量的方法：将数值保存在全局变量中，在需要使用这些数值时，用变量来替代具体的数值。图的右侧给出了过程方法：创建 3 个有返回值的过程，过程的名称与全局变量完全相同，这些过程的功能仅仅是返回一个数值，然后在图右下方的循环语句中，通过调用过程来取得这些数值。这两种方法在执行效果上是完全等效的，不同的是，过程方法不占用内存。

其实，不仅仅是常量，变量也可以用过程来保存。例如，稍后我们会用到两个列表：**按钮列表**与**图片列表**，这两个列表既可以保存为变量，也可以保存为过程，代码如图 5-8 所示。本章中将尽可能地采用过程来保存变量及常量，图 5-7 与图 5-8 中右侧的代码也是程序中即将使用的代码，而左侧的代码则不再需要。

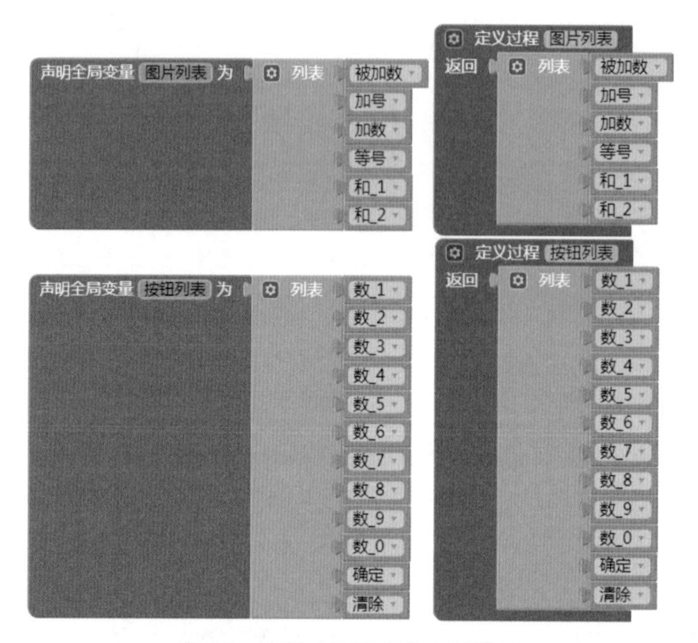

图 5-8 变量也可以保存在过程里

关于**按钮列表**和**图片列表**，它们究竟是变量，还是常量，这取决于它们的“值”在程序运行过程中是否会发生改变。这两个列表中的列表项均为组件对象，从表面来看，在程序运行过程中，这些组件对象的名称及排列顺序并不会发生改变，但是，这其中的每一个组件对象，都是由组件的若干个属性组成，而其中的某些属性是会变化的，如按钮组件的启用属性、图片组件的图片属性，等等。因此，从本质上说，**按钮列表**和**图片列表**是变量，而非常量。

5.5 编写程序：屏幕初始化

在屏幕初始化事件中，需要执行以下操作：

(1) 设置按钮及图片组件的静态属性

(2) 设置按钮及图片组件的动态属性（包括屏幕的标题属性）

(3) 出题并显示题目

为了让屏幕初始化事件的处理程序看起来简洁明了，我们先创建几个过程，将不同类型的操作归整到不同的过程里，然后在屏幕初始化事件中调用这些过程。

5.5.1 初始化静态属性

这里将创建一个过程——**初始化静态属性**。所谓**静态属性**，指的是在应用运行过程中，始终保持不变的那些组件属性。将设置组件中静态属性的相关代码添加到过程里，代码如图 5-9 所示。图中定义了 5 个有返回值的过程，用于保存与初始化设置有关的常量。

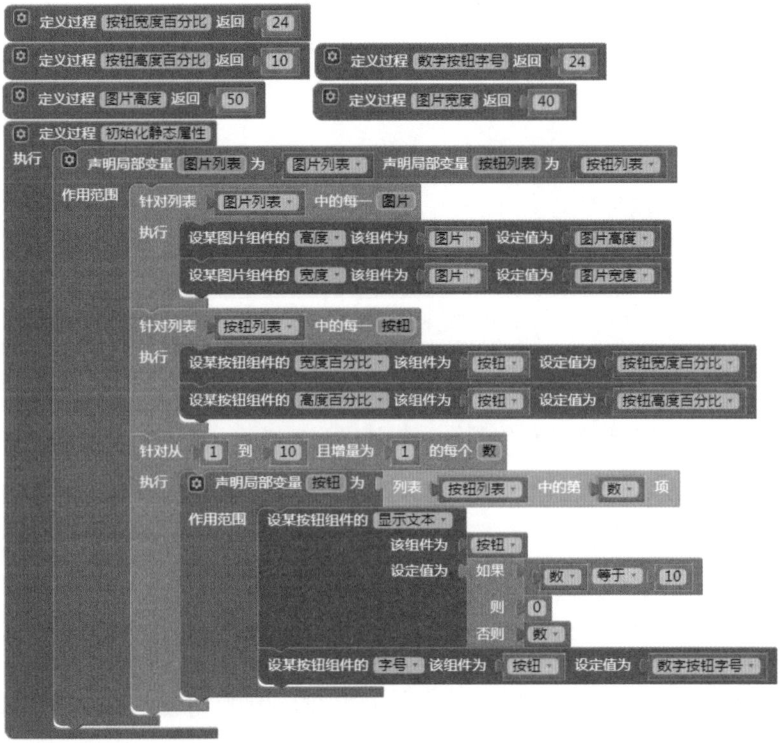

图 5-9 创建过程：初始化静态属性

屏幕初始化过程中包含了 3 条循环语句，前两条是针对列表的循环语句，分别用于设置图片及按钮的高度和宽度。第 3 条是针对数字的循环语句，循环变量的取值为 1 ~ 10，用于设置 10 个数字按钮的显示文本及字号。注意按钮的宽度设置，通常为了让按钮以相等的宽度充满布局组件，我们会在设计视图中逐个设置它们的宽度为充满。但是当按钮数量较多时，手动设置很烦琐，因此我们希望用程序的方法来实现同样的效果。遗憾的是，在 App Inventor 中，无法用程序方式来设置“充满”，因此，只能采用宽度百分比的方式来实现充满的效果。

5.5.2 设置屏幕标题

应用中有 5 档练习时长，我们希望将当前的练习时长信息显示在屏幕的标题栏中，以便用户随时查看。具体的格式为“幼儿加法启蒙【*N*分钟】”，其中的*N*为**时长选择框**的**选中项**。创建一个有返回值的过程——**屏幕标题**，代码如图5-10所示。

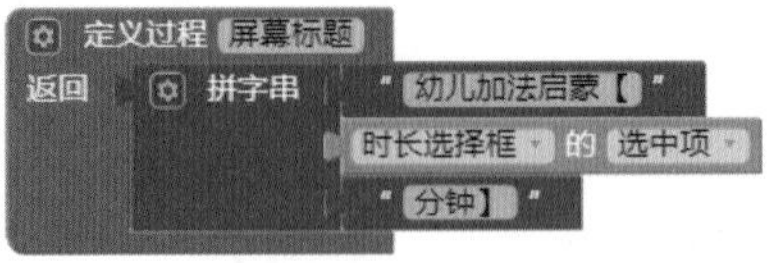

图5-10 创建有返回值的过程：屏幕标题

5.5.3 初始化动态属性

在一款应用中，有些组件是动态的，它们像舞台上的演员，通过改变自己的外观来表现情节；而另一些组件则是静态的，就像舞台上的道具和布景。所谓**动态属性**，指的是在应用运行过程中，那些动态组件中会发生改变的属性。

在本应用中，有一组特殊的动态组件，即数字按钮及确定按钮，它们在应用运行过程中，会不断地改变自己的启用属性，以满足用户输入答案、提交答案的需要，同时，又要避免不必要的错误操作。以下是对这些按钮行为逻辑的描述。

(1) 当题目出来以后，启用全部数字按钮，同时禁用确定按钮，以便用户可以输入答案，但又不会提交空的答案。
(2) 当用户输入了一个数字后，启用确定按钮，以便用户可以提交答案。
(3) 当用户输入两个数字后，禁用全部数字按钮，以避免用户输入过多的数字，因为一位数加法的和最多只有两位数。
(4) 如果用户输入两个数字后又点击了一次清除按钮，则启用数字按钮及确定按钮。
(5) 如果用户输入两个数字后又点击了两次清除按钮，则启用数字按钮，禁用确定按钮。

从以上的描述中我们得知，数字按钮的行为具有一致性：要么全部启用，要么全部禁用。因此，我们可以创建一个过程，来实现对全体数字按钮的启用属性设置，代码如图5-11所示。

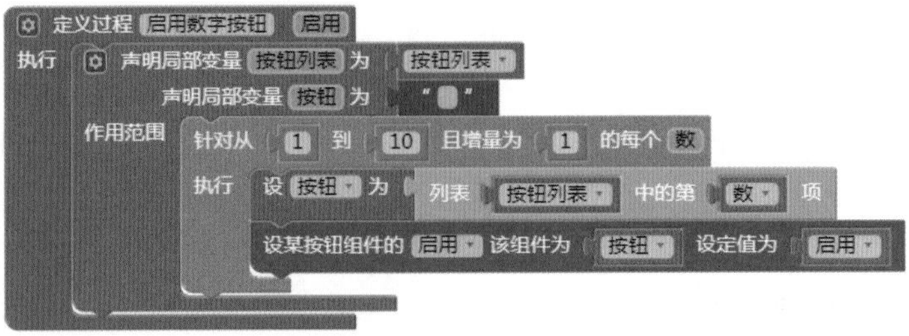

图5-11 创建过程：启用数字按钮

除了上述的按钮组件，项目中还有一些动态组件，如得分标签、剩余时长滑动条、对错图片等，下面创建一个过程**初始化动态属性**，为这些动态组件的可变属性设置初始值，代码如图 5-12 所示。过程中调用了**启用数字按钮**过程，并为参数的“启用”赋予“真”值。

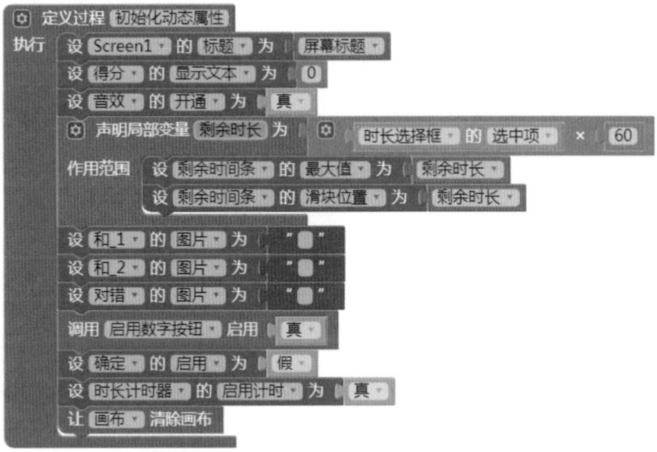

```
定义过程 初始化动态属性
执行 设 Screen1 的 标题 为 屏幕标题
     设 得分 的 显示文本 为 0
     设 音效 的 开通 为 真
     声明局部变量 剩余时长 为 时长选择框 的 选中项 × 60
     作用范围 设 剩余时间条 的 最大值 为 剩余时长
             设 剩余时间条 的 滑块位置 为 剩余时长
     设 和_1 的 图片 为 " "
     设 和_2 的 图片 为 " "
     设 对错 的 图片 为 " "
     调用 启用数字按钮 启用 真
     设 确定 的 启用 为 假
     设 时长计时器 的 启用计时 为 真
     让 画布 清除画布
```

图 5-12 创建过程：初始化动态属性

在前面几章中，每款应用都有一个**游戏初始化**过程，当游戏结束，用户选择重新开始游戏时，可以调用这个过程，对全局变量及组件的动态属性进行初始化。现在的**初始化动态属性**过程，仅仅是对组件属性的初始化，暂时还不涉及变量的初始化，稍后会在这一过程里添加对全局变量的初始化，从而组成一个完整的**游戏初始化**过程。

5.5.4 出题

所谓**出题**，就是生成两个随机数——**加数**和**被加数**，并把它们显示在屏幕上。这两个随机数将被保存在全局变量中，以便用户提交答案后，判断答案是否正确。下面声明两个全局变量，并创建**出题**过程，代码如图 5-13 所示。

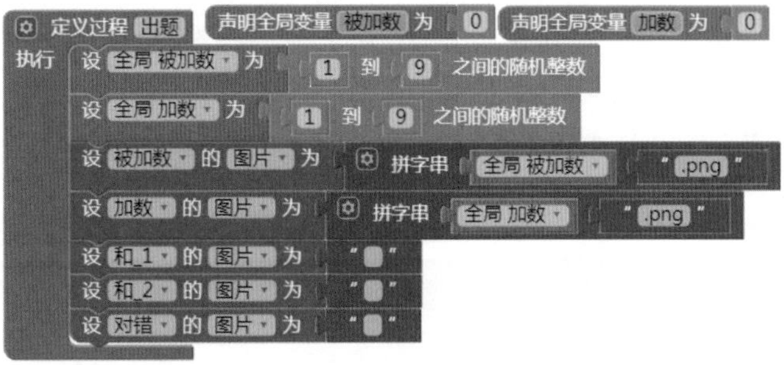

```
声明全局变量 被加数 为 0
声明全局变量 加数 为 0
定义过程 出题
执行 设 全局 被加数 为 1 到 9 之间的随机整数
     设 全局 加数 为 1 到 9 之间的随机整数
     设 被加数 的 图片 为 拼字串 全局 被加数 ".png"
     设 加数 的 图片 为 拼字串 全局 加数 ".png"
     设 和_1 的 图片 为 " "
     设 和_2 的 图片 为 " "
     设 对错 的 图片 为 " "
```

图 5-13 创建出题过程

> 注意
>
> 出题过程里不仅要显示必要的内容（加数与被加数），还要隐去无须显示的内容（设和_1、和_2 及对错的图片属性均为空）。

5.5.5 屏幕初始化

有了上述过程，下面编写屏幕初始化事件的处理程序，依次调用上述 3 个过程，代码如图 5-14 所示。

测试结果如图 5-15 所示。

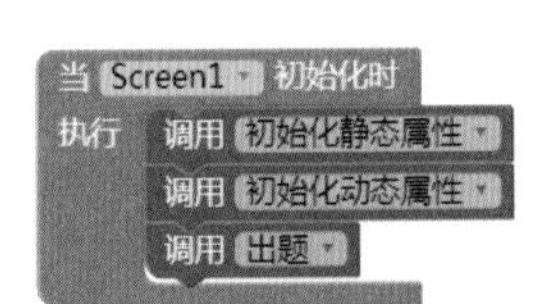

图 5-14 屏幕初始化事件处理程序

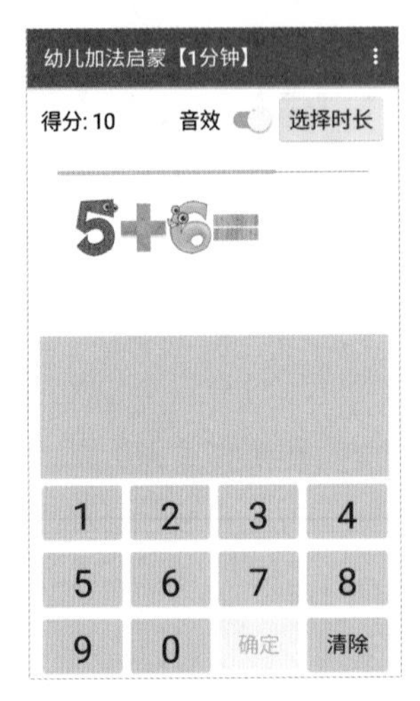

图 5-15 屏幕初始化的测试结果

5.6 编写程序：题目的图示

接下来实现题目的另一种呈现方式——题目的图示。所谓**图示**，就是在**画布**上绘制两行彩色的圆点，并在两行圆点之间写一个加号（+），其中圆点的数量与**被加数**、**加数**相匹配。对于初学加法的幼儿，如果不习惯于用数字进行思考，可以通过数数的方式求出结果。

5.6.1 绘图参数

与绘制圆点有关的参数包括下列几项：

(1) 被加数圆点的圆心 y 坐标

(2) 加数圆点的圆心 y 坐标

(3) 加号的 y 坐标

(4) 圆点之间的间隔（用于计算圆点的 x 坐标）

(5) 圆点的半径

为了避免在程序中使用硬编码，这里定义 5 个有返回值的过程来保存这些参数。在程序调试过程中，可以根据需要调整这些参数的值，但不必对程序作任何改动。此外，定义一个**随机颜色**过程，将 3 个随机数合成为一种随机颜色。过程的代码如图 5-16 所示。

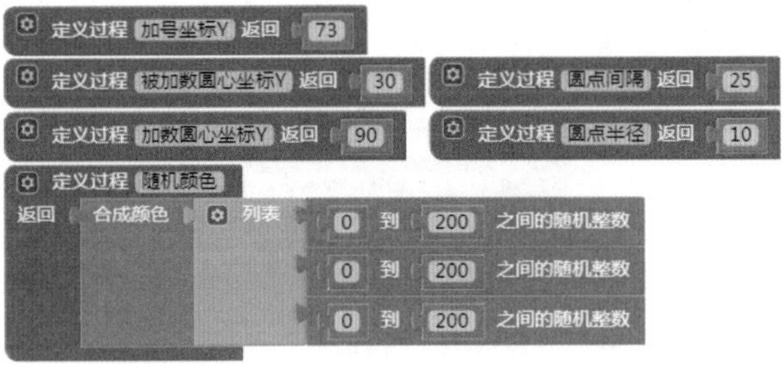

图 5-16 将绘图参数保存为全局变量

5.6.2 画一行圆点

对图 5-6 中的代码稍加改动，就可以得到我们需要的过程——**画一行圆点**，代码如图 5-17 所示。该过程包含了两个参数——**圆点数**及 Y，在调用该过程时，**圆点数**分别为全局变量**被加数**及**加数**，Y 分别为过程**被加数圆心坐标 Y** 及**加数圆心坐标 Y** 的返回值。

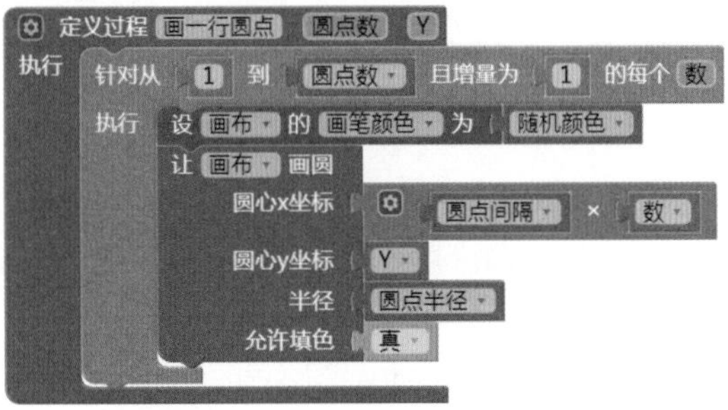

图 5-17 创建过程：画一行圆点

5.6.3 题目图示

创建一个**题目图示**过程，先后绘制被加数圆点、加数圆点及加号，并在屏幕初始化事件中调用该过程，代码如图 5-18 所示。测试结果如图 5-19 所示。

> **注意**
>
> 在绘制图形之前，需要清除画布，以清除掉上一题的图形。

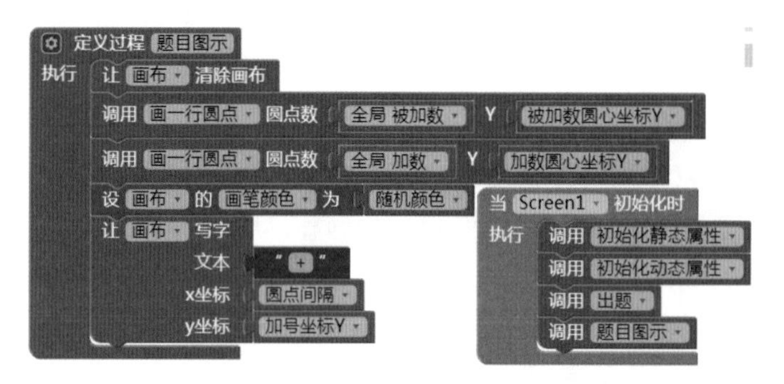

图 5-18 在屏幕初始化事件中调用题目图示过程

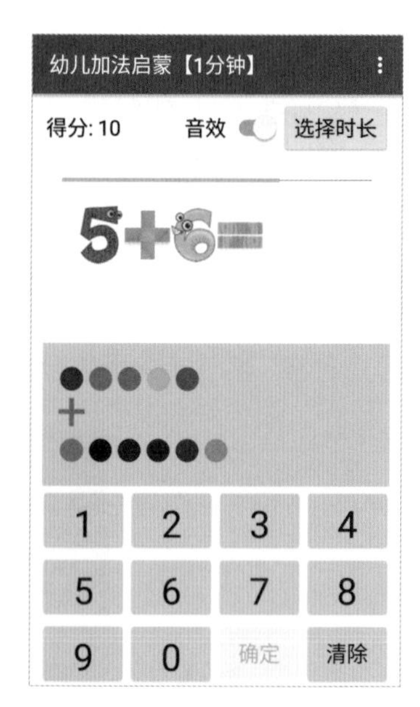

图 5-19 题目图示的测试结果

5.7 编写程序：答题

答题环节包含以下 3 项功能：

- 输入答案
- 清除答案
- 提交答案

下面依次加以实现。

5.7.1 输入答案

很显然，屏幕下方的数字按钮就是用来输入答案的。其实输入答案还有另外一种更为简单的实现方法，即用文本输入框，并仅限其输入数字。这一方法所涉及的程序非常简单，但是，对于这款应用的目标人群——幼儿来说，输入框显得不够友好。对于输入框，从操作过程上来看，每答一道题，都要经过点击输入框（获得焦点）、弹出手机数字键盘、输入数字、提交答案等过程，这样烦琐的操作可能会令幼儿的玩乐兴趣大减，这不是我们期待的结果。相反，使用数字按钮，虽然在程序编写上需要费一些周折，但由此给用户带来的便捷体验，可以让开发者的所有努力都变得有价值。

在正式开始编写程序之前，我们先来整理一下思路，思考的顺序如下。

(1) 输入答案的操作分为两个部分。
 a) 数据层面：记录输入的内容。
 b) 显示层面：用图片显示输入的内容。
(2) 就数据层面而言，需要一个全局变量“和”来记录用户的输入。
 a) 当用户输入第一个数字 N 时，和 = N。
 b) 当用户输入第二个数字 M 时，和 = NM（拼接字串所得）。
(3) 就显示层面而言，则分为下面两种情况。
 a) 当用户输入第一个数字 N 时，让图片“和_1”显示 N。
 b) 当用户输入第二个数字 M 时，让图片“和_2”显示 M。

基于以上思路，我们来编写程序，首先声明全局变量**和**，然后创建一个过程——**输入答案**，代码如图 5-20 所示。

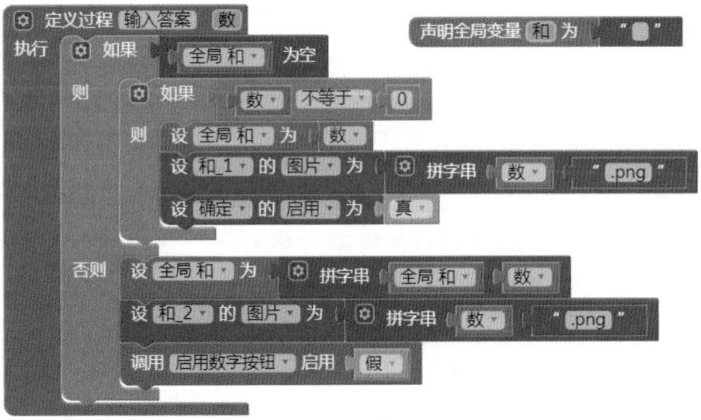

```
定义过程 输入答案 数
执行 如果 全局 和 为空
     则 如果 数 不等于 0
          则 设 全局 和 为 数
             设 和_1 的 图片 为 拼字串 数 ".png"
             设 确定 的 启用 为 真
     否则 设 全局 和 为 拼字串 全局 和 数
          设 和_2 的 图片 为 拼字串 数 ".png"
          调用 启用数字按钮 启用 假

声明全局变量 和 为 " "
```

图 5-20 创建过程：输入答案

注意，我们不希望用户输入以零开头的数字，因此，在**和**为空的情况下，只允许输入不为零的数字。此外，该过程里还设置了数字按钮和确定按钮的启用属性。

下面在按钮的点击事件中调用**输入答案**过程，代码如图 5-21 所示。

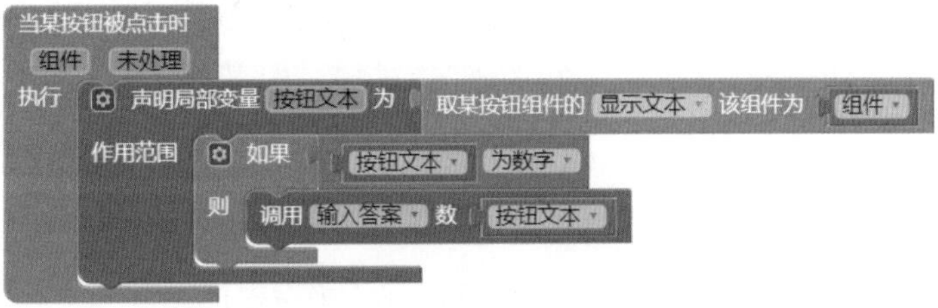

```
当某按钮被点击时
 组件 未处理
执行 声明局部变量 按钮文本 为 取某按钮组件的 显示文本 该组件为 组件
     作用范围 如果 按钮文本 为数字
              则 调用 输入答案 数 按钮文本
```

图 5-21 在按钮点击事件中调用输入答案过程

说明

需要提醒大家的是，这里使用了按钮类点击事件，也就是说，任何按钮的点击事件，都会触发这段程序的运行，而我们希望这段程序只对数字按钮起作用，因此，程序中使用了条件语句：只有当按钮文本为数字时，才能执行输入答案过程。

经测试，程序运行正常。当用户输入两个数字后，所有数字按钮均被禁用，这时用户可以点击**确定**按钮提交答案，也可以点击**清除**按钮修改答案，下面我们先来实现对答案的修改。

5.7.2 清除答案

如果用户想修改已经输入的答案，可以点击**清除**按钮，来清除已经输入的内容。在点击**清除**按钮时，可能存在以下 3 种情况，我们需要针对不同的情况，分别加以处理。

(1) 如果用户已经输入了两个数字，则清除个位数。
   a) 更新变量：设全局变量**和**为十位数。
   b) 更新显示：设**和 _2** 的图片属性为空。
   c) 启用全部数字按钮。
(2) 如果用户已经输入了一个数字，则清除该数字。
   a) 更新变量：设全局变量**和**为空。
   b) 更新显示：设**和 _1** 的图片属性为空。
   c) 禁用**确定**按钮。
(3) 如果用户尚未输入数字，则不做任何操作。

根据以上描述，创建一个**清除答案**过程，并在清除按钮点击事件中调用该过程，代码如图 5-22 所示。

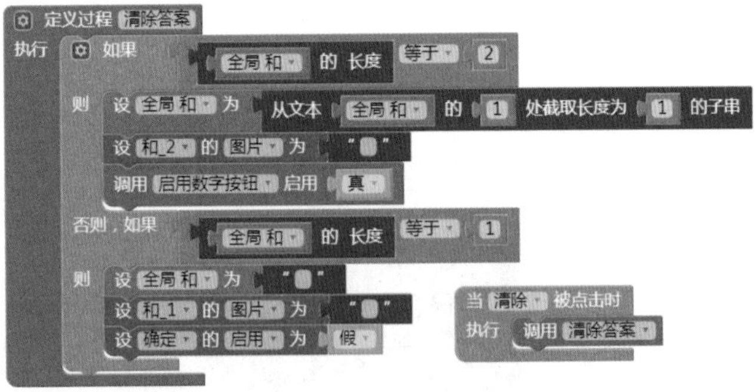

图 5-22 在清除按钮点击事件中调用清除答案过程

看到图 5-22 中的代码，你也许会产生疑问：为什么要额外创建一个**清除答案**过程呢？如果将过程中的代码直接转移到清除按钮的点击事件中，不是更简单吗？就本项目而言，完全可以将两者合二为一，不过，在真实的项目中，也许你愿意添加一个加速度传感器组件，当用户摇晃手机时，也会起到清除答案的效果，这时，**清除答案**过程就具有了复用价值。

5.7.3　提交答案

用户在输入数字后，点击**确定**按钮提交答案，此时，应用首先要对用户的回答给出评价（发出声音并显示图片），然后再进入下一道题，以下是提交答案操作包含的具体功能。

(1) 判断对错

　a) 如果答案正确，则执行以下操作：

　　i. 增加得分

　　ii. 显示对号图片

　　iii. 播放悦耳音效（如果音效开关开通）

　b) 如果答案错误，则执行以下操作：

　　i. 显示错号

　　ii. 播放警告音效（如果音效开关开通）

　c) 无论答案正确与否，启动**闪现计时器**。

(2) 出下一题，在**闪现计时器**的计时事件中完成：

　a) 更新全局变量**和**

　b) 出题

　c) 绘制题目的图示

　d) 更新按钮的启用状态

　e) 让**闪现计时器**停止计时

首先判断答案的对错，然后根据判断结果，执行不同的操作。此处定义一个有返回值的过程——**单题分数**，并设其返回值为 10。然后创建一个过程——**提交答案**，并在确定按钮的点击事件中调用**提交答案**过程，代码如图 5-23 所示。

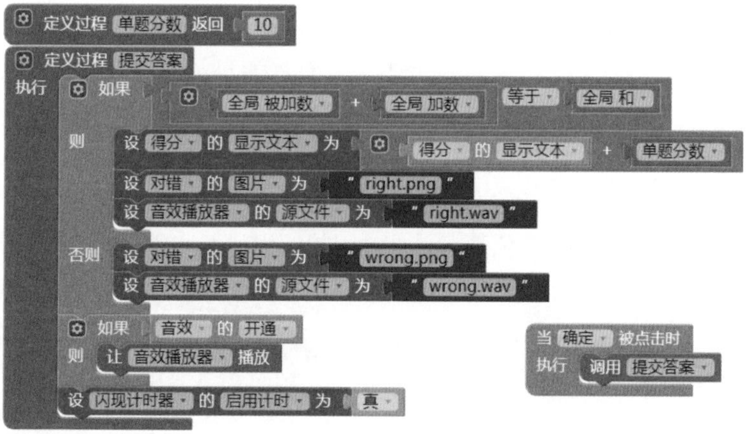

图 5-23　在确定按钮点击事件中调用提交答案过程

注意，这里为**音效播放器**的播放功能设置了执行条件，只有当**音效**开关开通时，才执行播放功能。关于**音效**开关，它的开通状态的变化，并不会对应用的行为产生直接的影响，它的作用仅仅是提供一个可供读取的开通状态值，因此这里无须为它编写事件处理程序。此外，图 5-23 中的过程与事件处理程序可以合二为一，不过为了强化程序结构的概念，这里保留现有的写法。

下面来编写**闪现计时器**的计时事件处理程序，代码如图 5-24 所示。

以上我们实现了**提交答案**功能，下面进行测试，测试结果如图 5-25 所示①。

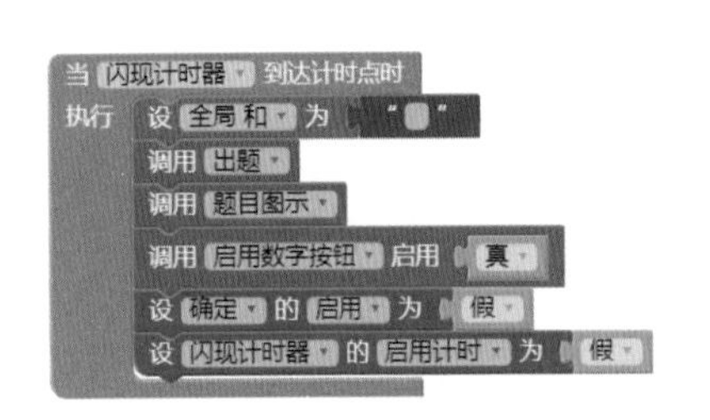

图 5-24 在闪现计时器的计时事件中出下一题

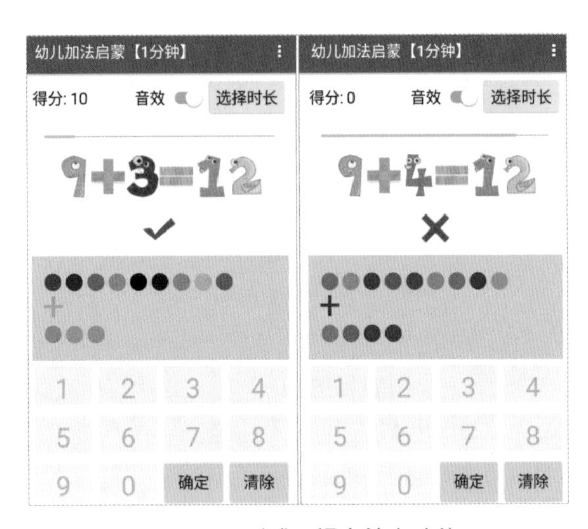

图 5-25 测试：提交答案功能

5.8 编写程序：时长选择

与前面几章的游戏案例不同的是，在本章的案例中，用户可以自行选择练习的时间长度。应用中提供了 5 个时长选项，用户在练习过程中，可以随时打开**时长选择框**，选取需要的时间长度。在应用启动时，默认选中的时间长度为 1 分钟，当用户在练习过程中重新选择了时间长度后，将开启新一轮的练习，这有点像前面几章里的“重新开始游戏”，此时要对相关的全局变量及组件属性进行初始化。重新开始的操作在**时长选择框**的完成选择事件中完成，与屏幕初始化事件相比，这里仅仅少了对**初始化静态属性**过程的调用。不过要在**初始化动态属性**过程里添加一行代码：设置全局变量**和**的初始值为空字符。最终的代码如图 5-26 所示。

① 在测试过程中，为了获得截图，这里将闪现计时器的计时间隔临时调整为 1000 毫秒。

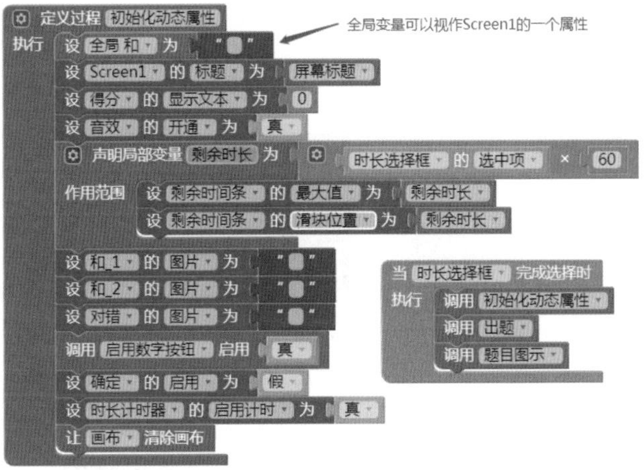

图 5-26 实现选择时长功能

> **注意**
>
> 全局变量可以视作 Screen1 这个组件的属性！

5.9 编写程序：控制时长与练习结束

控制时长的结果是练习结束，因此将这两项功能放在一节中实现。

5.9.1 控制时长

与控制时长功能有关的要素包含以下 3 个。

(1) 全局变量：剩余时长。
(2) 计时器：时长计时器。
(3) 数字滑动条：剩余时间条。

其中**剩余时长**的初始值需要在**初始化动态属性**过程里设置，以替代原有的局部变量，修改后的过程如图 5-27 所示。

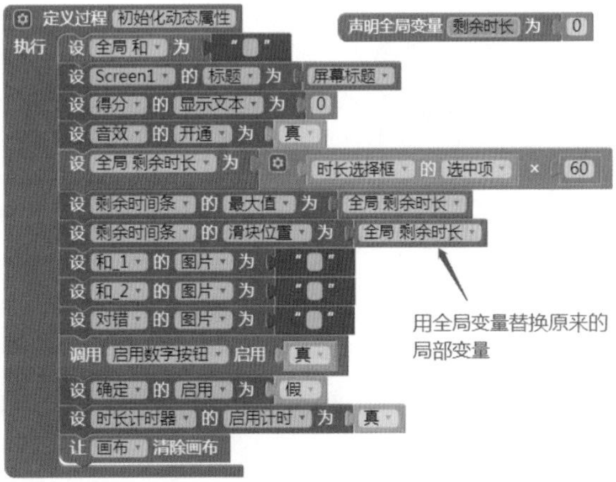

图 5-27 在初始化动态属性过程里设置剩余时长的初始值

在新一轮练习开始时，根据**时长选择框**的**选中项**求出**剩余时长**的初始值，并设**剩余时间条**的最大值及滑块位置为该初始值。然后，在每次计时事件中，让**剩余时长**减去 1，并更新**滑块位置**，直到**剩余时长**为 0 时，练习结束。当练习结束时，应用会弹出选择对话框，通知用户当前得分，并等待用户的进一步选择。实现上述功能的代码如图 5-28 所示。

测试结果如图 5-29 所示。

当 时长计时器 到达计时点时
执行 设 全局 剩余时长 为 全局 剩余时长 - 1
设 剩余时间条 的 滑块位置 为 全局 剩余时长
如果 全局 剩余时长 等于 0
则 让 对话框 显示选择对话框
消息 拼字串 " 本次得分: "
得分 的 显示文本
标题 " 练习结束 "
按钮1文本 " 再来一次 "
按钮2文本 " 退出 "
允许返回 假
设 时长计时器 的 启用计时 为 假

图 5-28　利用时长计时器来控制练习时长

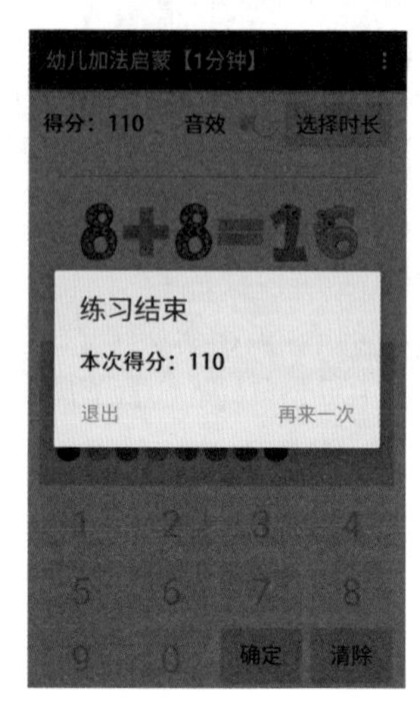

图 5-29　控制时长功能的测试结果

5.9.2　练习结束

如图 5-29 所示，当**剩余时长**为零时，应用会弹出对话框，通知用户练习结束，此时用户可以选择退出应用，或重新开始新的练习。如果用户选择了**再来一次**，应用会自动打开**时长选择框**，当用户选中某个时长时，新一轮练习正式开始。上述功能要在对话框的完成选择事件中实现，代码如图 5-30 所示。

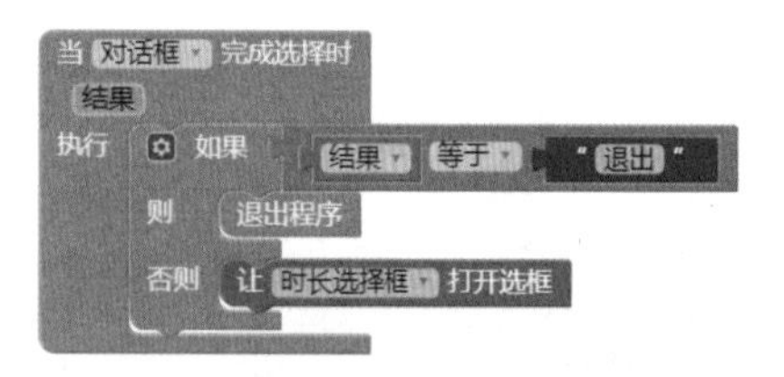

图 5-30　在练习结束后处理用户的选择

至此已经实现了应用的全部功能，这里对于练习结束的处理相对简单，通常这类应用中会有保留历史记录的功能，请读者参考前面几章的处理方式，自己加以完善。

> **注意**
>
> 在图 5-30 的否则分支中，并没有执行任何与重新开始有关的程序，如**出题**，这里只是打开了**时长选择框**，而重新开始的任务将在**时长选择框**的完成选择事件中实现，见图 5-26。经过测试，程序运行正常，经编译安装到手机上测试，程序也可正常运行，并可实现退出功能。

5.10 代码整理

这款应用的技术难度并不大，大体上与前几章持平，甚至可能更简单，但这款应用的环节比较多，处理起来需要非常小心。最后我们来整理一下代码，以便对程序有一个整体的把握。

5.10.1 代码清单

如图 5-31 所示，应用中共有 4 个全局变量、13 个存储类型的过程（用于保存常量）、11 个普通过程以及 8 个事件处理程序。

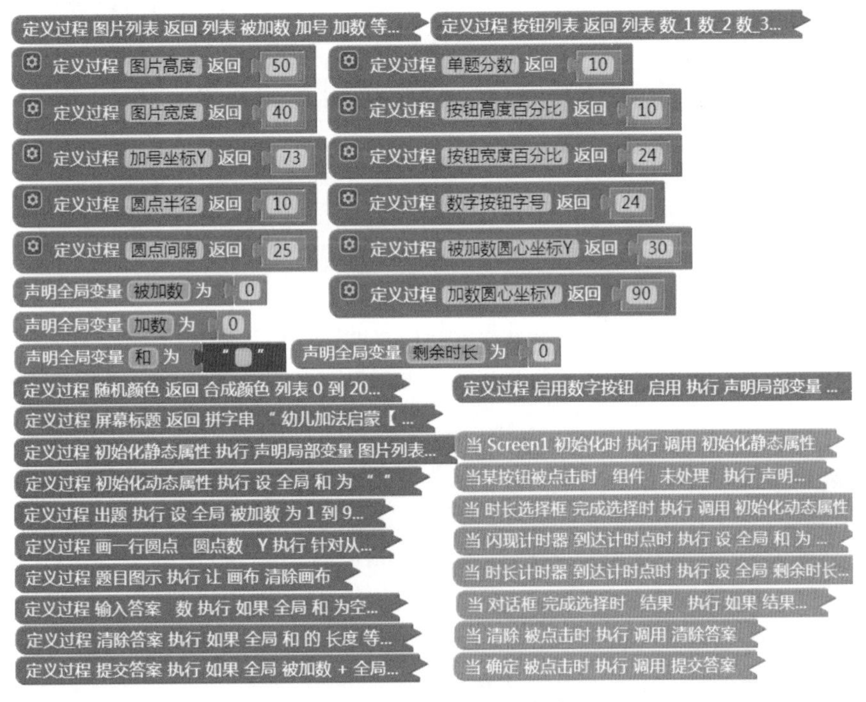

图 5-31 应用的代码清单

本章引入了一种新的编程方法——用过程的返回值取代全局变量，来保存程序中的常量或变量，从而减少了全局变量的数量，进而减少了应用对内存的消耗。我们称这样的过程为**存储型过程**。这种方法的另一个好处是，除非开发者主动修改过程的返回值，否则，这些不变量在开发过程中不可能被意外修改，因此保持了数据的安全性。

5.10.2 要素关系图

从屏幕初始化程序开始，逐一打开折叠的代码，绘制一张要素关系图，如图 5-32 所示。

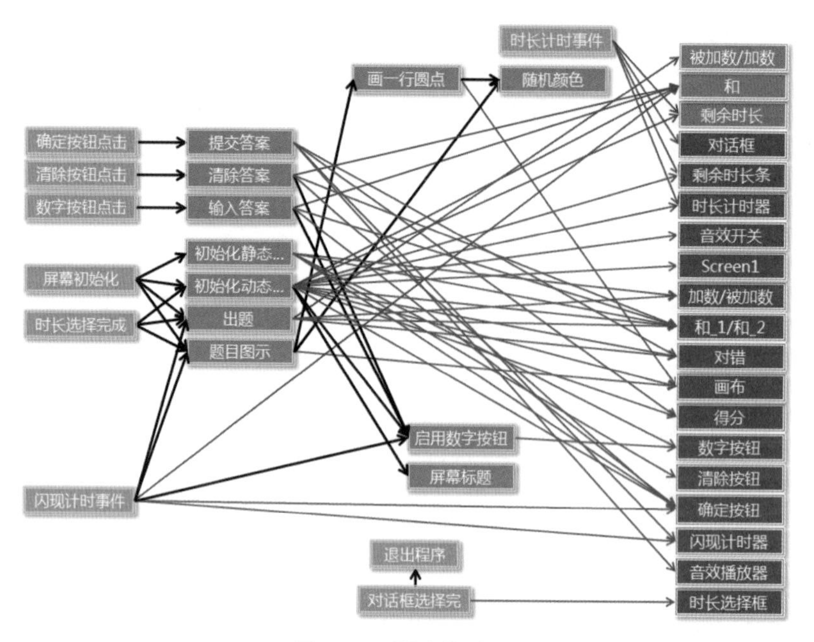

图 5-32 要素关系图

从要素关系图中可以看出，从事件处理程序出发的绿色箭头数量很少，这与 3 个过程的引入有关，即**输入答案**、**清除答案**及**提交答案**这 3 个过程，这是我们有意而为之，以强化程序结构的概念。

从要素关系图中还可以体会到**初始化动态属性**过程的重要性，它是发出箭头最多的过程。像这样对动态属性（包括全局变量）进行集中统一设置的方法，可以帮助开发者养成思考问题的严整性。在 App Inventor 中，利用开发工具提供的组件列表（设计视图及编程视图中均可见），可以逐一筛查出那些需要初始化的动态属性。另外，在编程视图中，将全局变量集中摆放整齐，也可以避免遗漏对全局变量的初始化。本章中使用的存储型过程，减少了全局变量的使用量，从而使真正的变量得以凸显出来，给程序的编写带来了方便。

这款应用试图起到抛砖引玉的作用。如果正在阅读本书的你是一位年轻的家长，希望你能够积极地行动起来，自己动手为孩子制作更多、更优秀的教学软件，以增进亲子双方的学习热情，并从中获得快乐。

第 6 章　因式分解之十字相乘

将$6x^2+5x+1$因式分解，对于一个刚刚学过因式分解的初中生来说，不算一道难题，因此，当我可爱的侄子陶陶，对此表现出手足无措时，我的信心彻底崩塌了，并直接导致了生理上的反应——头晕头痛。好在他喜欢编程，于是张路先生（他的姑父）给他出了一道题，让他做一款应用——一个自动出题机，专门出十字相乘法的因式分解题。稍作讲解之后，他理解了十字相乘法的解题思路，最终经过一个暑假的努力，陶陶完成了这款应用，并凭借这个作品赢得了 2017 年谷歌 App Inventor 应用开发全国中学生挑战赛的三等奖（获奖名单中的金熙呈）。本章中的很多地方借鉴了他的思路。

6.1　功能说明

与前几章中的案例相比，本章介绍的是一款创新类型的应用，它结合了数学知识、编程技术以及应用开发技巧三个要素。本节从相关的数学知识讲起，并详尽描述应用的功能。

6.1.1　数学知识

在初中数学课中，因式分解仅限于对一元二次多项式进行分解，分解的结果是两个一元一次多项式的乘积。作为因式分解的题目，它的一般表达式可以写作Ax^2+Bx+C，而因式分解的结果，即题目的答案，可以表示为$(mx+p)(nx+q)$，其中题目的系数 A、B、C 与答案的系数 m、n、p、q 之间存在下列关系：

- ❑ $A=m\times n$
- ❑ $C=p\times q$
- ❑ $B=m\times q+n\times p$

图 6-1 中给出了十字相乘法中系数之间关系的形象描述。

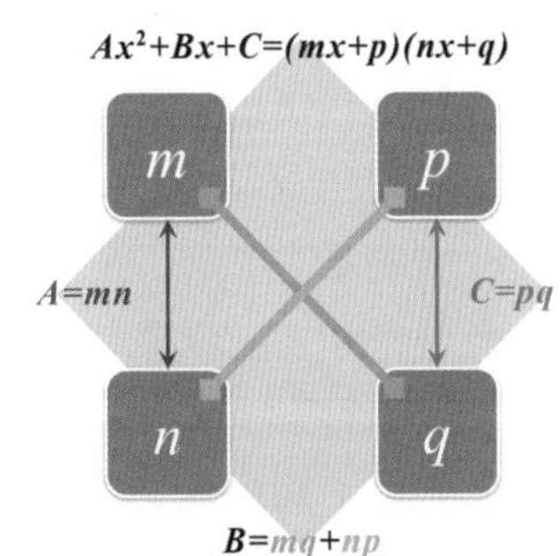

图 6-1　图解因式分解的十字相乘法

在讲解应用开发的过程时，我们需要使用一些名词，用来指代某些特殊的对象，因此，在正式开始描述应用的功能之前，有必要先搞清楚这些名词的含义，否则“名不正”，必然导致“言不顺”。

6.1.2 名词解释

(1) 题目、题目表达式及题目系数：题目的一般表达式为 Ax^2+Bx+C，其中 A、B、C 称为题目系数；将题目系数替换成具体数值，就得到题目，如 $6x^2+5x+1$。

(2) 答案、答案表达式及答案系数：答案的一般表达式为 $(mx+p)(nx+q)$，其中 m、n、p、q 称为答案系数；将答案系数替换成具体数值，就得到了答案，如 $(2x+1)(3x+1)$。

(3) 试卷：指定题目数量的一套完整的题目，本应用可选择题目数量为：10、20 及 30。

(4) 题目的限定条件

a) A、B、C 及 m、n、p、q 均为整数

b) m、n、p、q 的取值范围：从 –10 到 10，不包含 0

c) $B \neq 0$

d) A、B、C 不能全部为负数

e) A、B、C 互质，即 A、B、C 的最大公约数为 1

6.1.3 功能描述

这是一款多页面的应用，其中包含两个页面，每个页面具有不同的功能。由于应用的功能比较复杂，因此，为了避免一开始就陷入对细节的纠缠，此处的功能描述采用了抽象的叙述方法，突出即将实现的目标，而将具体的实现方法放在后面讲述。

(1) 首页（包含两项功能）

a) 选择题目数量：有 10、20、30 三个选项，选择完成后进入答题页。

b) 退出应用。

(2) 答题页

a) 出题并显示题目：随机生成答案系数（m、n、p、q），并由答案系数求出题目系数（A、B、C）。

b) 答题：应用显示答案的一般表达式，并单独显示 4 个答案系数（m、n、p、q），用户点击任意一个系数，即可输入数字，并用数字替换一般表达式中的系数字母。

c) 答题状态提示：在页面上显示题目总量、已答题量，如“第 2 题 / 共 10 题”。

d) 草纸功能：应用中提供了一张可擦写的草纸，方便用户做计算。

e) 提交答案：用户输入答案系数后，可以提交答案。

f) 判题：用户提交答案后，应用对答案进行判断，并通知用户判断结果，此时用户可以返回题目修改答案，或进入下一题。

g) 修改答案：当用户得知答案错误时，可以返回题目，修改并重新提交答案。

h) 重复以上步骤，直到完成全部题目，此时，显示用户得分，并提供两个选项：

  i. 再来一次

  ii. 返回首页

i) 计分规则：按照百分制计分，每道题的分数 = 100 / 题量。

j) 返回首页：用户可以随时返回首页。

6.2 用户界面

本应用包含了两个页面，需要两个屏幕，其中默认的 Screen1 充当首页，另外创建一个屏幕 TEST 来实现答题页功能，下面分别予以说明。

6.2.1 首页

创建一个新项目，命名为“因式分解之十字相乘”，向 Screen1 中添加组件。如图 6-2 所示，组件的命名及属性设置见表 6-1。

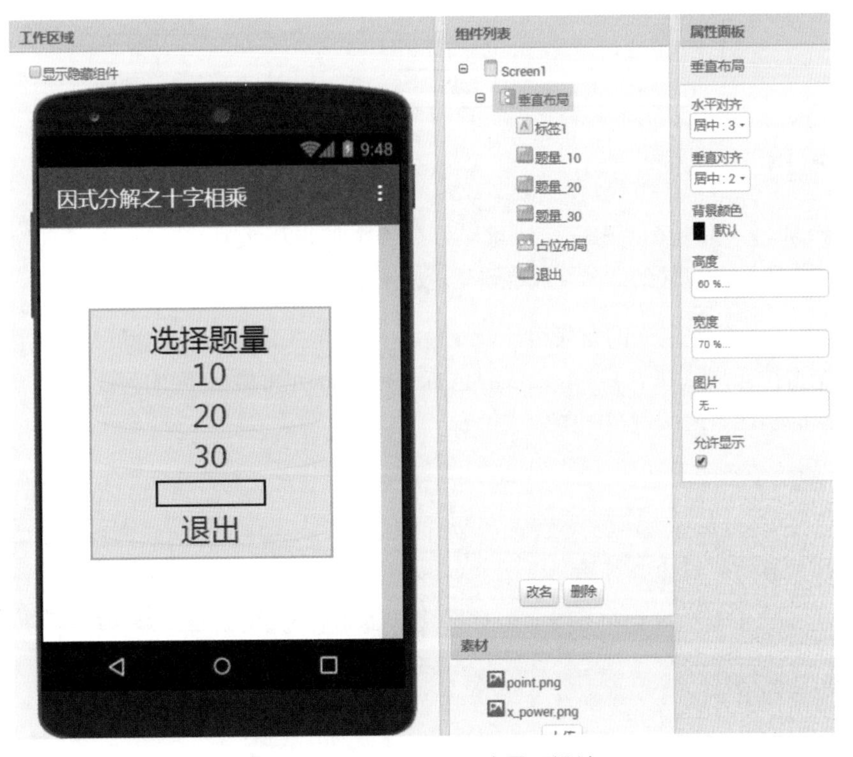

图 6-2 Screen1 的用户界面设计

表 6-1 首页组件命名及属性设置

组件类型	组件命名	属 性	属 性 值
屏幕	Screen1	水平对齐 | 垂直对齐	居中
		标题	因式分解之十字相乘
		主题	默认
垂直布局	垂直布局	宽度 | 高度	70% | 60%
		水平对齐	居中
标签	标签 1	显示文本	选择题量
		高度	充满
		字号	32
		文本对齐	居中
按钮	{ 全部按钮 }	背景颜色	透明
		形状	椭圆
		字号	32
		高度 | 宽度	充满
	题量 _10	显示文本	10
	题量 _20	显示文本	20
	题量 _30	显示文本	30
	退出	显示文本	退出
水平布局	占位布局	高度	20（像素）

6.2.2 答题页

新建一个屏幕，命名为 TEST，注意屏幕名称全部采用大写字母。向 TEST 屏幕中添加组件，如图 6-3 所示。组件的命名及属性设置见表 6-2。

图 6-3 中有 2 个折叠起来的布局组件，红色箭头所指的正是它们充分展开后的内容；另外，图中共有 4 个占位布局（在表 6-2 中以浅绿色背景标注），它们的高度均为 5 像素，用于在屏幕顶部以及不同的功能区之间制造间隙。

注意

关于屏幕要用大写字母命名，这不是一种硬性的规定，只是因为屏幕是一个特殊的组件，它是其他所有组件的最外层容器，也称作**根容器**，为了表明它的地位，特用大写字母为其命名。此外，一定要在创建屏幕时为其命名，切忌使用默认的 Screen2，因为屏幕一旦创建，其名称便不可更改，等到你辛辛苦苦地完成了组件的添加及设置，再想去修改屏幕名称，则为时晚矣！

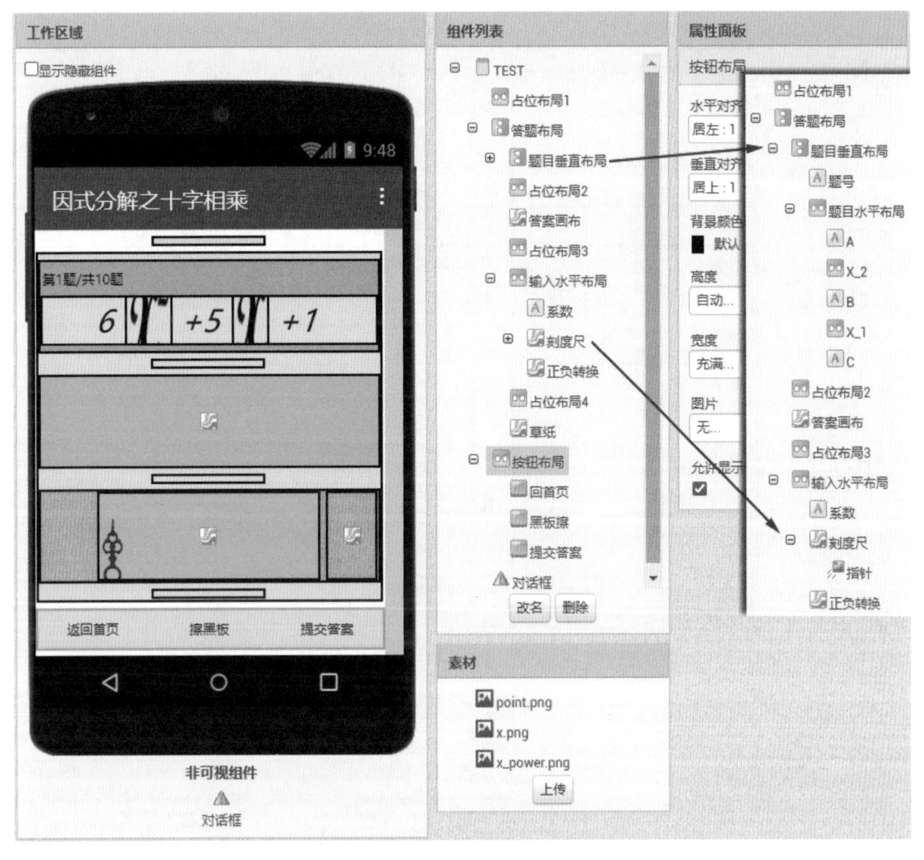

图 6-3 TEST 屏幕的用户界面设计

表 6-2 答题页（TEST 屏幕）组件的命名及属性设置

组件类型	组件命名	属 性	属 性 值
屏幕	TEST	水平对齐	居中
		标题	因式分解之十字相乘
水平布局	占位布局 1	高度	5（像素）
垂直布局	答题布局	高度 | 宽度	充满 | 98%
		水平对齐	居中
		背景颜色	透明
垂直布局	题目垂直布局	高度 | 宽度	80（像素）| 充满
		背景颜色	#9fff0032
标签	题号	显示文本（临时）	第 1 题 / 共 10 题
水平布局	题目水平布局	水平对齐 | 垂直对齐	居中
		高度 | 宽度	充满

（续）

组件类型	组件命名	属性	属性值
标签	{以下三个标签}	斜体	选中
		字号	30
	A	显示文本（临时）	6
	B	显示文本（临时）	+5
	C	显示文本（临时）	+1
水平布局	x_2	宽度	40（像素）
		图片	x_power.png
	x_1	宽度	30（像素）
		图片	x.png
水平布局	占位布局2	高度	5（像素）
画布	答案画布	背景颜色	#00fff927
		高度 | 宽度	80（像素）| 充满
		画笔线宽	20（像素）
水平布局	占位布局3	高度	5（像素）
水平布局	输入水平布局	垂直对齐	居中
		背景颜色	橙色
		高度 | 宽度	80（像素）| 充满
标签	系数	字号	32
		宽度	充满
		显示文本	空
		文本对齐	居中
画布	刻度尺	背景颜色	青色
		高度 | 宽度	充满 | 200（像素）
精灵	数字指针	高度 | 宽度	68 | 20（像素）
		图片	point.png
		x坐标 | y坐标	0 | 20
画布	正负转换	背景颜色	透明
		字号	28
		高度 | 宽度	充满
		画笔颜色	红色
水平布局	占位布局4	高度	5（像素）
画布	草纸	高度 | 宽度	充满
		背景颜色	#0c271679
		画笔颜色	白色

（续）

组件类型	组件命名	属　性	属 性 值
水平布局	按钮布局	宽度	充满
按钮	{ 以下三个按钮 }	宽度	充满
		背景颜色	透明
	回首页	显示文本	回首页
	黑板擦	显示文本	擦黑板
	提交答案	显示文本	提交答案
对话框	对话框	全部属性	默认

6.2.3 素材

在图 6-4 的素材区中，有 3 个图片文件，它们均为 png 格式，其规格如下。

- point：宽 50 像素，高 170 像素。
- x：宽 30 像素，高 48 像素。
- x_power：宽 40 像素，高 48 像素。

图 6-4　项目中的素材文件

6.3 页面操作流程

操作流程是除“功能说明”外的另一种开发文档，通常功能说明更靠近软件的使用者，而操作流程则更靠近软件的开发者。“流程”一词中隐含了时间的成分，它描述了软件运行过程中，不同时间点之间，用户界面变化的前因后果，因此，用来描述流程的文档会包含若干张图，以及图与图之间的关联关系。

这是本书首次提出操作流程的概念。与前面几章的案例相比，因式分解之十字相乘是一款创新型的应用。创新意味着要在以往常规方法的基础上有所突破。例如，在这个案例中，我们要利用画布和精灵制作一个带有指针的刻度尺，它的功能类似于数字滑动条，刻度尺上不仅有刻度，还有与刻度对应的标注数字，用户移动指针就可以选定所需的数字。为了让读者在跟随学习过程中摆脱盲目性，这里有必要先介绍一下我们要达成的目标，即页面上每个元素的功能，以及实现这些功能的次序。

以下按照应用运行的时间顺序，来分别描述两个页面的操作流程。

6.3.1 屏幕切换与选择系数

如图6-5所示，图中从左向右的顺序，也是应用运行的顺序。左一图中显示了Screen1的用户界面，上面3个数字按钮为题量按钮，点击其中任意一个按钮，都可进入答题页，如左二图所示。左一图中还有一个退出按钮，点击该按钮可以退出应用。

左二图显示了答题页的用户界面，在描述操作流程之前，先来认识一下页面上的关键元素，以及它们的功能。按照自上而下的顺序，页面由5个部分组成。

(1) 题目垂直布局：布局的左上角显示了题量及当前题目序号，布局中央是题目。题目垂直布局仅用于显示信息，不具备交互功能，即只有输出功能，没有输入功能。
(2) 答案画布：画布的右上部有4个标有系数字母的灰色方块，点击这些方块可以选择要设定的系数；画布的正下方是答案表达式，其中的系数暂时由 m、n、p、q 代替，稍后可以为它们设置具体的数值。答案画布既具有输入功能（选择字母），又具有输出功能（显示答案）。
(3) 输入水平布局：该布局由3部分组成，按照从左向右的顺序分别为以下几项。
    a) 系数标签：仅具有输出功能——显示当前选定的系数字母。
    b) 刻度尺与指针：刻度尺具有输出功能——显示刻度与数值；指针具有输入功能——选取数值。
    c) 正负转换画布：兼具输入功能与输出功能——既可显示正负号，又可被点击以改变正负号。
(4) 草纸画布：可以在上面写字，用来演算。
(5) 按钮布局：包含3个按钮，分别为返回首页、擦黑板及提交答案。

在以上5个部分中，最重要也最复杂的部分是答案画布及输入水平布局，它们是整款应用的核心。在认识了这些页面元素之后，我们来描述TEST屏幕的操作流程。

TEST屏幕的操作流程从选择系数开始：点击左二图中的某个灰色方块（红线包围的区域），即可选中要设定的系数，系数选择的结果体现在系数标签上，如右二图所示的“m”。一旦选定了系数，就可以移动指针，为选定的系数设定具体的数值，如右一图答案表达式中的“7”，此时指针位于刻度尺上“7”的位置。

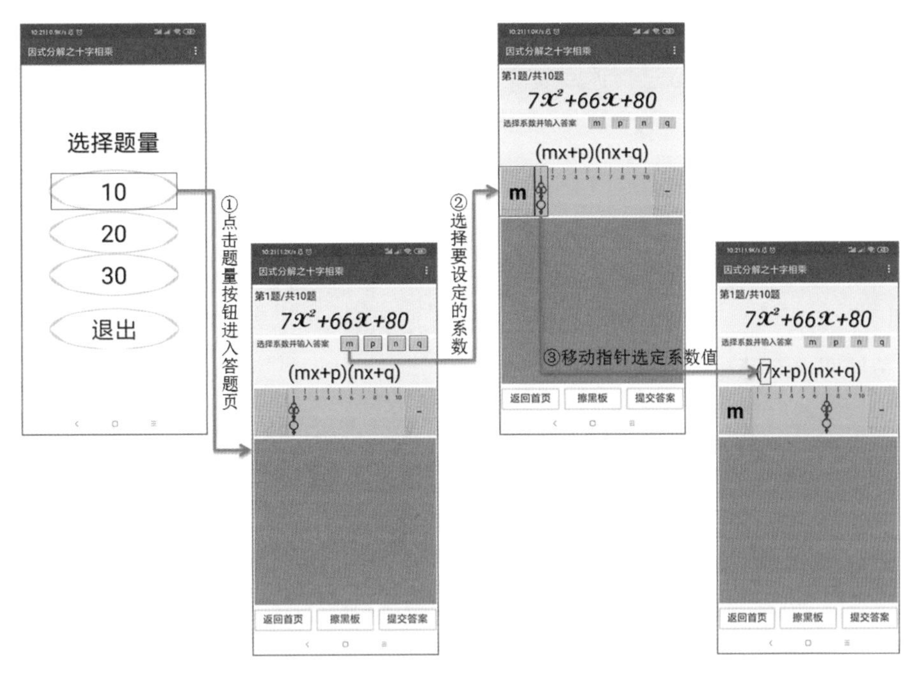

图 6-5　屏幕切换与选择系数流程

6.3.2　提交答案

当 4 个答案系数 m、n、p、q 均被替换为具体的数值后，就可以点击**提交答案**按钮，此时程序进入提交答案流程，如图 6-6 所示。

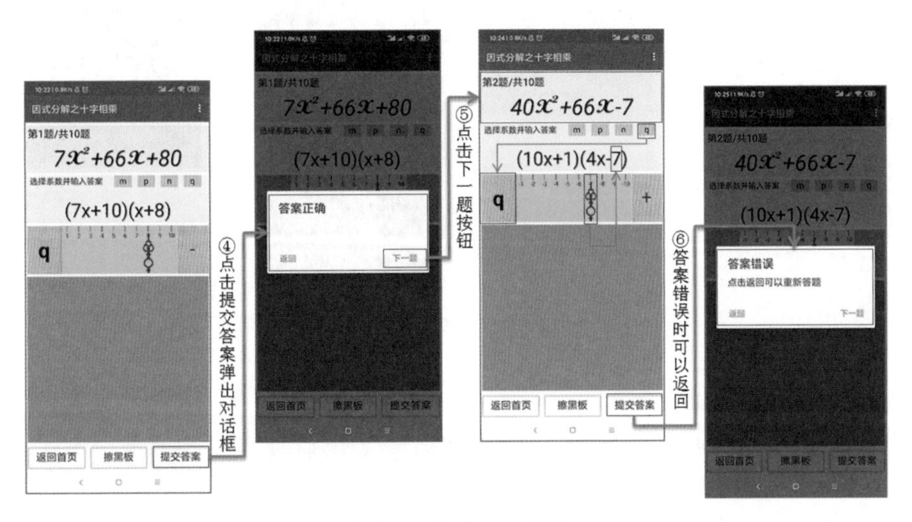

图 6-6　提交答案流程

提交答案后，应用弹出对话框，提示用户**答案正确**（左二图）或**答案错误**（右一图）。无论答案是否正确，用户都可以选择**返回**或**下一题**：当选择**返回**时，用户可以重新设置**答案系数**，并再次提交答案；当用户选择**下一题**时，应用将显示新题目（右二图）。

6.3.3 正负号切换与交卷

正负号切换与交卷是两个独立的流程，前者用于实现负数的输入，后者用来处理用户交卷之后的操作。

1. 正负号切换流程

由于答案系数的取值范围为 –10 到 10，因此，要允许用户输入负数，**正负转换**画布可以实现这一功能，如图 6-7 左侧的两个图所示。在左一图中，**刻度尺**上标注了正数，此时，**正负转换**画布上显示负号"–"，目的是提醒读者：如果需要负数，可以点击这里。左一图中系数 q 的值被设为"8"。当用户点击**正负转换**画布后，**刻度尺**上标注了负数，同时**正负转换**画布上显示正号"+"，此时将指针移动到"–7"的位置，则系数 q 被修改为"–7"，如左二图所示。

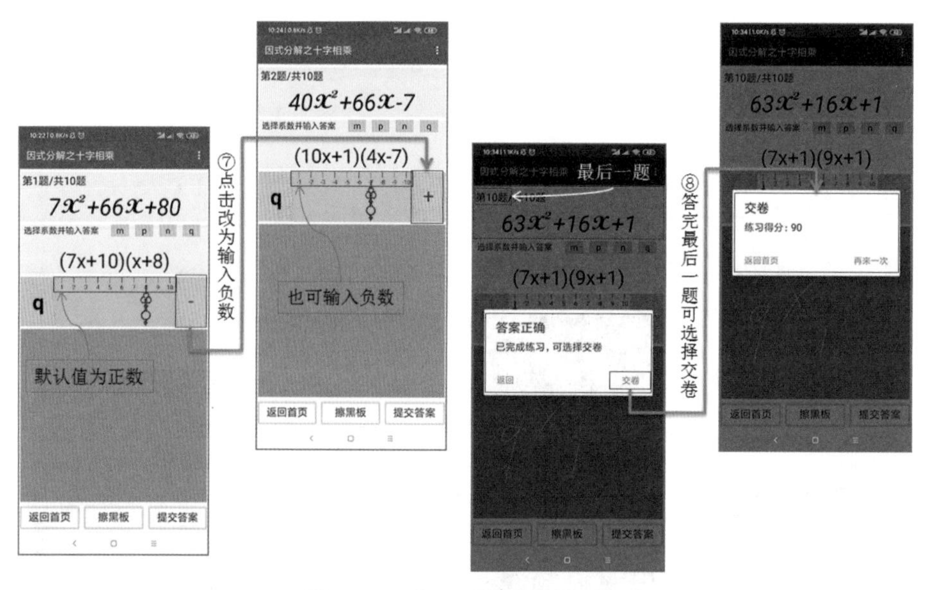

图 6-7 正负号切换及交卷流程

2. 交卷流程

当用户做完最后一题，并点击**提交答案**按钮后，应用弹出的对话框将有所不同，如图 6-7 右侧的两个小图所示。在右二图中，对话框提示用户答案正确，并提供了两个选择按钮：**返回**及**交卷**。当用户选择**返回**时，可以重新设置最后一题的答案，并再次提交答案；当用户选择**交**

卷时，应用会弹出另一个对话框，显示本次练习得分，如右一图所示，此时，用户可以选择**再来一次**，进行新一轮的练习，也可以选择**返回首页**。

6.3.4 其他辅助流程

辅助流程包括草纸使用流程及返回首页流程，如图 6-8 所示。

草纸使用流程包括写字和擦除两项功能。当用户手指在草纸画布上拖动时，可以画出拖动的轨迹，也就是说，用户可以在画布上写字，借此可以实现演算功能。在按钮布局中，中间是**擦黑板**按钮，点击该按钮可以清除画布上的字迹，以便再次书写。

最后，用户可以随时点击**返回首页**按钮，此项操作将废弃当前练习，关闭答题页，返回到首页。

以上描述了本应用的操作流程。现在，想象自己站在一座高山脚下，望着远处清晰可见的顶峰，你是否已经准备好了呢？

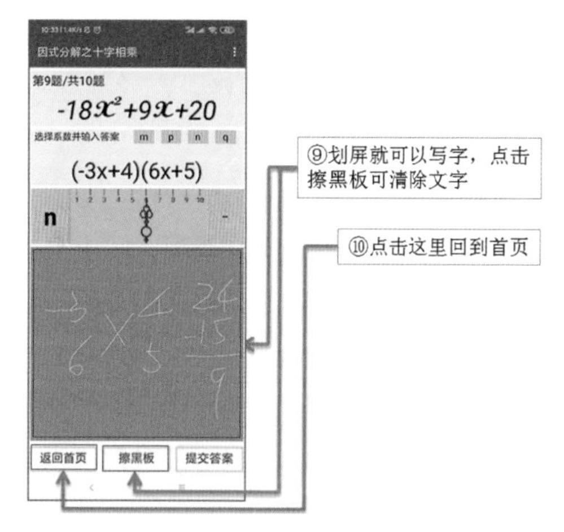

图 6-8 其他辅助流程

6.4 技术准备

在开始讲解具体内容之前，先给出两个词：结构与查询，希望大家能牢记这两个词。如果你阅读过前几章，就会知道每一章的结尾处都有一张要素关系图。在讨论这些关系图时，我们提到过“程序结构”的概念：结构让程序变得健壮，软件的规模越大、功能越复杂、更新的可能性越大，对结构的需要就越迫切。不过，在软件技术中，不仅程序具有结构，数据也同样具有结构，尤其是当数据之间的关系较为复杂时。列表就是数据结构化的具体体现。

在前面几章的游戏案例中，无一例外地使用了列表。从《水果配对》中的按钮列表、《打地鼠》中的精灵列表、《九格拼图》中的随机列表、空格邻居列表，到《贪吃蛇》中的蛇列表，等等。在这些列表中，列表项的顺序是至关重要的，如《九格拼图》中的随机列表，当随机列表中列表项的顺序与自然数的顺序一致时，拼图成功。本节即将介绍的是另一类列表——**键值对列表**，在键值对列表中，列表项的顺序变得不再重要，而重要的是列表的**结构**。

什么是键值对列表呢？顾名思义，键值对列表就是由键值对组成的列表。那么，什么又是键值对呢？我们来举例说明。这里有一张课堂测验成绩单，里面记录了各位同学的名字和得分，如表 6-3 所示，我们可以将成绩单保存为键值对列表，如图 6-9 所示。

表 6-3 一份模拟的课堂测验成绩单

姓　名	得　分
张三	97
李四	88
王五	90
赵六	85

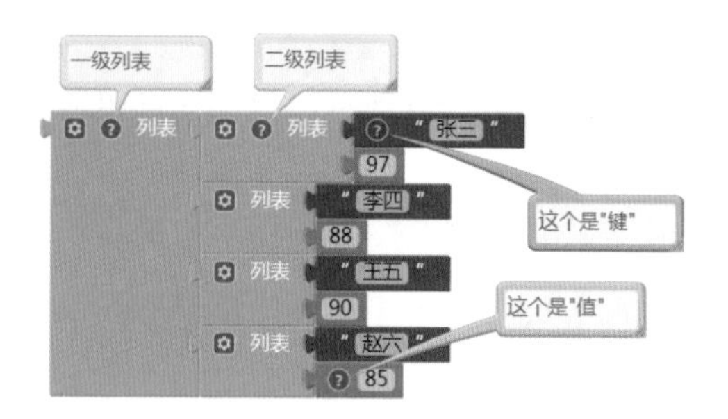

图 6-9 键值对列表举例

图 6-9 中的列表是一个多级列表，具体来说是二级列表，其中外层列表也称作一级列表，在一级列表中共有 4 个列表项，每个列表项都是一个子列表，也称作二级列表。这 4 个二级列表具有相同的数据结构，即它们都包含两个列表项，其中第一项为学生的姓名，第二项为学生的成绩。像这样由姓名和成绩组成的列表就称作**键值对**，其中姓名是“键”，而成绩是“值”，而由若干个键值对组成的列表就称作**键值对列表**。

前面我们说过，对于键值对列表而言，重要的不是列表项的顺序，而是列表的结构，现在我们来加以说明，这与前面提到的第二个词“查询”有关：键值对列表存在的意义是便于查询。现在假设我们要查询王五的成绩，程序的写法如图 6-10 所示。

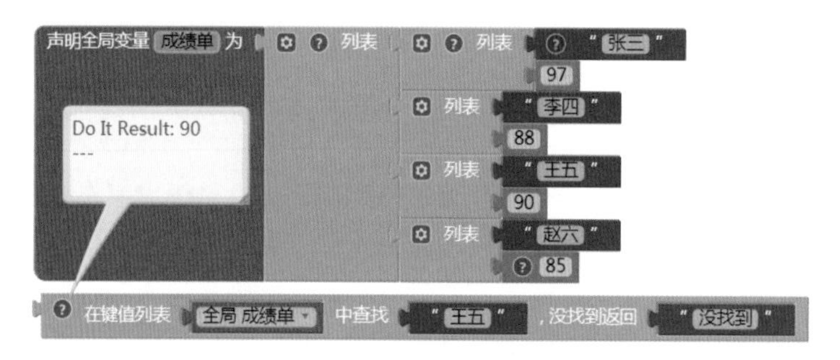

图 6-10 查询键值对列表中的数据

在图 6-10 中，为了便于程序的编写，将列表保存为全局变量**成绩单**，然后利用键值对列表的查询语句，在成绩单中查找键为**王五**的值，从图中可以看到，查询结果是 90，这恰好是王五的成绩。有兴趣的读者不妨试验一下，将成绩单中的第一个键值对（张三 -97）与第三个键值对（王五 -90）调换位置，看查询结果是否有变化。试验的结果将证明：查询结果与列表项的位置无关。注意：上述单步执行的测试结果必须在连接 AI 伴侣的前提下才能得到。

上面例子中的键值对列表相对简单——只有一科成绩，假如我们把课堂测验成绩单改为期末考试成绩单，结果会怎样呢？假设期末考试成绩单的内容如表 6-4 所示，它所对应的键值对列表如图 6-11 所示。

表 6-4 一份模拟的期末考试成绩单

姓　名	语　文	数　学	英　语
张三	97	100	80
李四	88	90	95
王五	90	92	99
赵六	85	98	89

图 6-11 与期末成绩单对应的键值对列表

复杂的数据可以支持多样性的查询需求，现在我们要查询所有人的总成绩，代码如图 6-12 所示。

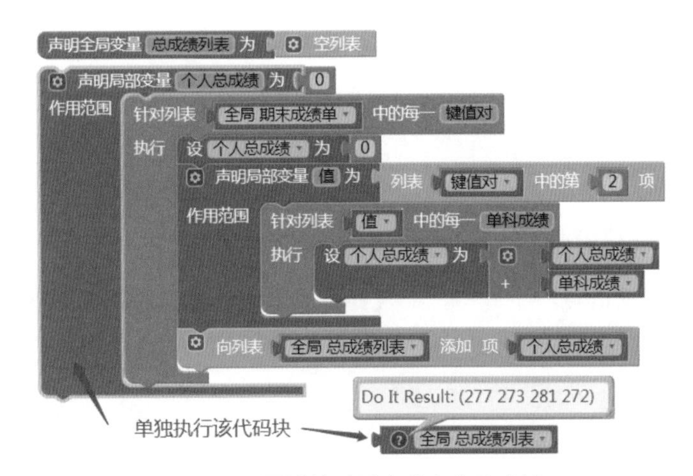

图 6-12 用键值对列表求个人总成绩

还可以查询总成绩在 280 分以上的学生姓名，代码及执行结果如图 6-13 所示：在 4 名学生中，只有王五的成绩满足查询条件。

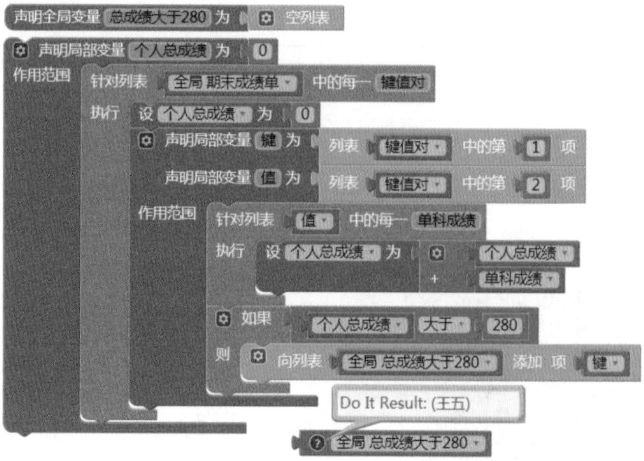

图 6-13　查询总成绩在 280 分以上的学生姓名

以上介绍了键值对列表以及使用方法，是不是很神奇呢？其实，它与普通列表并没有严格的区别，对普通列表的操作方法（增删改查）也同样适用于键值对列表，唯一需要注意的是键值对列表的结构，因为结构决定了操作方法。

6.5　编写程序：屏幕切换及参数传递

本节内容涉及两个屏幕：Screen1 及 TEST。

6.5.1　为首页编程

在 Screen1 中，无须编写屏幕初始化程序，只需对按钮编程。

(1) 在 3 个题量按钮的点击事件中，实现屏幕 Screen1 到 TEST 的转换，并将题量参数传递到 TEST 屏幕。

(2) 在退出按钮的点击事件中，退出程序。

实际上并不需要分别编写 4 个按钮的点击事件处理程序，由于有组件类事件块的存在，只需用一个事件块就可以处理 4 个按钮的点击事件，而且程序写起来非常简单，代码如图 6-14 所示。

> **注意**
>
> 在上面的代码中，当按钮上的文本为数字时，打开 TEST 屏幕，并将按钮文本（题量）传递给 TEST 屏幕；当按钮上的文本不是数字时，则退出程序。

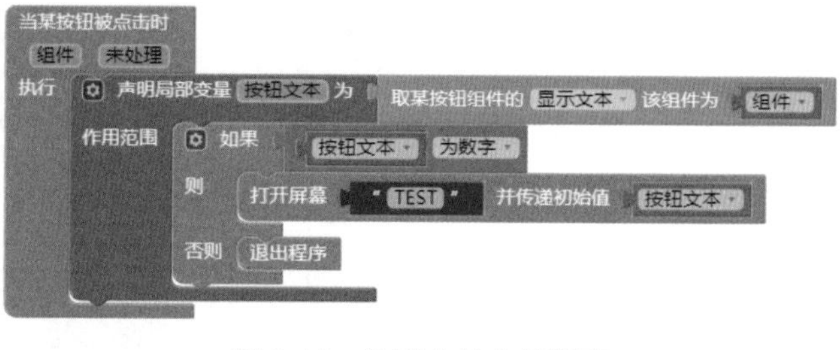

图 6-14 首页中的全部程序

6.5.2 在 TEST 屏幕中提取初始值

在图 6-14 中，当执行**打开 TEST** 指令后，应用将隐藏 Screen1，并打开 TEST 屏幕。在 TEST 屏幕中，可以使用控制类代码块中的**屏幕初始值**块提取 Screen1 传递过来的值。细心的读者会发现，在控制类代码块中有两个类似的块：**屏幕初始值**及**屏幕初始文本值**，那么两者之间有什么区别呢？让我们来做一个试验：在 Screen1 中点击**题量 _10** 按钮进入 TEST 屏幕，然后在 TEST 屏幕中编写下列代码，如图 6-15 所示。注意要在连接 AI 伴侣的情况下，依次对 4 个代码块使用右键菜单中的“执行改代码块”选项。

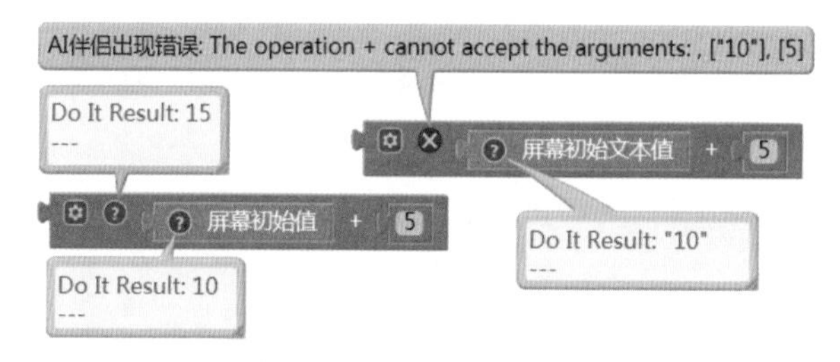

图 6-15 比较屏幕初始值与屏幕初始文本值之间的异同

从图 6-15 中可以看出，两个初始值块中都包含了值，而且这个值的存在并不依赖于屏幕初始化事件，这意味着这两个块具有全局变量的功能。不同的是，**屏幕初始值**为数字，而**屏幕初始文本值**为文本，在使用这两个块做加法运算时，**屏幕初始值**块可以得出正确的结果，但**屏幕初始文本值**则给出错误提示：加法运算不能接受参数 `"10"`、`5`，其中的 `10` 带有引号，意味着它的值为文本，不能进行数学运算。这就是两者的差别，而我们需要的是数字值。

6.5.3 设置题号

设置题号就是让**题号**标签显示诸如“第 1 题 / 共 10 题”这样的文本，其中“第 1 题”中的“1”称作题目序号，而“共 10 题”中的“10”称作题量。题量可以从屏幕初始值中获得，而题目序号则需要一个全局变量来保存它。声明全局变量**题目序号**，设其初始值为 1，再创建一个有返回值的过程——**题号**，拼写出完成的题号文本，并在 TEST 的屏幕初始化程序中，将**题号**标签的显示文本设置为**题号**过程的返回值，代码如图 6-16 所示。从**题号**过程里可以看到，**屏幕初始值**块可以当全局变量来用。

这里暂时不对本节内容进行测试，测试任务合并到 6.6 节中。

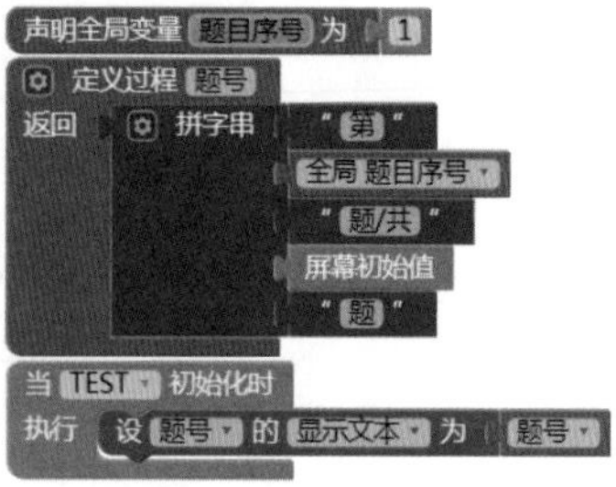

图 6-16　在 TEST 屏幕中提取 Screen1 传递过来的值

6.6　编写程序：出题

在答题页中，题目将显示在屏幕的顶部，题目的书写形式为 Ax^2+Bx+C，出题的目标是找到合适的 A、B、C，使得题目可以分解为两个因式的积：$(mx+p)(nx+q)$。由于 A、B、C 与 m、n、p、q 之间满足下列公式：

- ❑ $A=m\times n$
- ❑ $C=p\times q$
- ❑ $B=m\times q+n\times p$

因此，A、B、C 的值可以从 m、n、p、q 求得，也就是说，出题要从答案系数出发：随机生成 4 个答案系数，再根据答案系数计算出题目系数。这里需要再次强调一下题目的限定条件。

(1) A、B、C 及 m、n、p、q 均为整数。

(2) m、n、p、q 的取值范围：从 –10 到 10，不包含 0。

(3) $B\neq 0$

(4) A、B、C 不能全部为负数。

(5) A、B、C 互质，即 A、B、C 的最大公约数为 1。

基于以上分析，下面我们来逐步实现出题功能，实现过程包括以下步骤：

(1) 备选答案系数

(2) 选择题目系数

(3) 题目系数的书写格式

(4) 显示题目

6.6.1　备选答案系数

答案系数 m、n、p、q 的取值范围为 –10 ～ 10，不包含 0。我们希望用列表来保存这些符合条件的数值，并利用“列表中的任意项”来随机选取系数。创建一个有返回值的过程——**备选答案系数**，利用循环语句来生成系数列表，代码如图 6-17 所示。

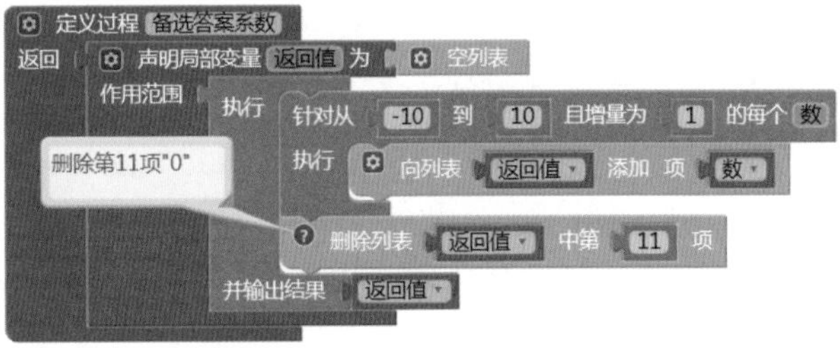

图 6-17 创建过程：备选答案系数

6.6.2 选择题目系数

对题目系数的要求有 3 点：一是不全为负，二是 B 不为零，三是系数互质，其中第三条需要费些周折。所谓互质，就是它们的最大公约数为 1，那么用程序如何实现这样的判断呢？

先要找到系数 A、B、C 的子因数。已知 m、n、p、q 的最大值为 10，由于 $A=m\times n$，$C=p\times q$，因此 A、C 的最大值不超过 100；同样，由于 $B=m\times q+n\times p$，因此 B 的最大值不超过 200，由此判断 A、B、C 的共同子因数是小于 10 的质数，即 2、3、5、7。

分别将 A、B、C 的子因数放入 3 个列表，然后依次进行比较，看 3 个列表中是否存在相同的项：如果存在，则废除当前的这组系数，重新生成答案系数，并求出新的一组题目系数，再进行互质判断，直到找到一组互质的题目系数。

1. 求子因数

首先创建一个有返回值的过程——**质数列表**，将 2、3、5、7 保存到列表中，然后创建另一个有返回值的过程——**子因数列表**，在该过程里，用参数**数**依次除以**质数列表**中的**质数**，如果**余数**为零（可以被整除），则将该**质数**放入**子因数列表**中，代码如图 6-18 所示。

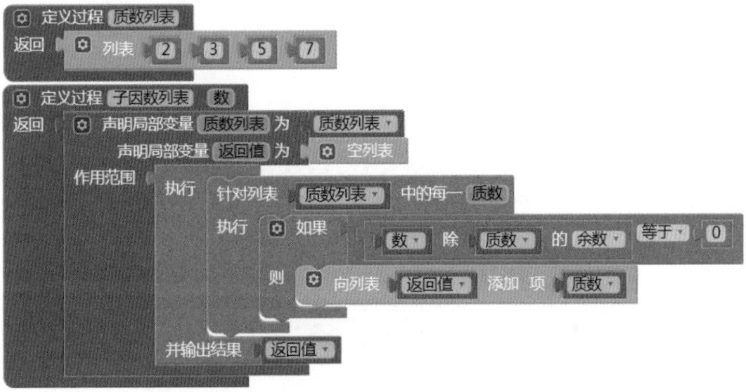

图 6-18 创建有返回值的过程：子因数列表

2. 系数互质

创建一个有返回值的过程——**系数互质**,代码如图 6-19 所示。这里首先设**系数互质**为“真”,然后分别求出 3 个系数的**子因数列表**,并对 A 的子因数列表进行遍历,看 B、C 中是否同时包含相同的子因数,如果包含,则返回“假”。此处读者可以思考一下,如果用 B 或 C 的子因数列表替代 A 的子因数列表进行遍历,是否会得到相同的结果。

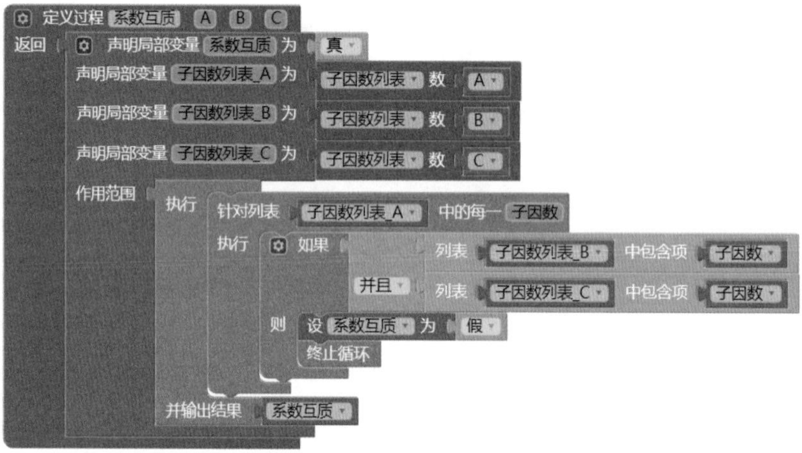

图 6-19 创建有返回值的过程:系数互质

3. 选择题目系数

首先需要声明 3 个全局变量——A、B、C,用来存放题目系数,然后创建一个过程——**选择题目系数**,它的作用是找到一组符合限定条件的题目系数。在该过程内,首先随机生成 4 个答案系数,并由此求出一组题目系数,然后依照题目系数的限定条件,对题目系数进行检验。如果不符合限定条件,则再次调用**选择题目系数**过程,直到筛选出一组合格的系数。代码如图 6-20 所示,这里用到了递归调用:一个过程,在它的内部调用了这个过程本身。

6.6.3 题目系数的书写格式

有了符合条件的题目系数,下面该考虑如何将系数显示在屏幕上。这里有一些小麻烦需要事先加以处理。在 TEST 屏幕中,题目水平布局中共有 5 个组件,其中 3 个标签用来显示系数,另外两个水平布局组件则以图片的方式显示 x^2 及 x。麻烦来自于某些系数的显示方式,例如,当 $A = 1$ 时,标签 A 必须显示空字符,因为 $1x^2$ 的书写方式不符合数学的书写规范;又比如,当 $B = 1$ 时,标签 B 必须显示为“+”,等等。下面创建 3 个有返回值的过程,分别对题目表达式中 3 个系数的书写方式加以规范,代码如图 6-21 所示。

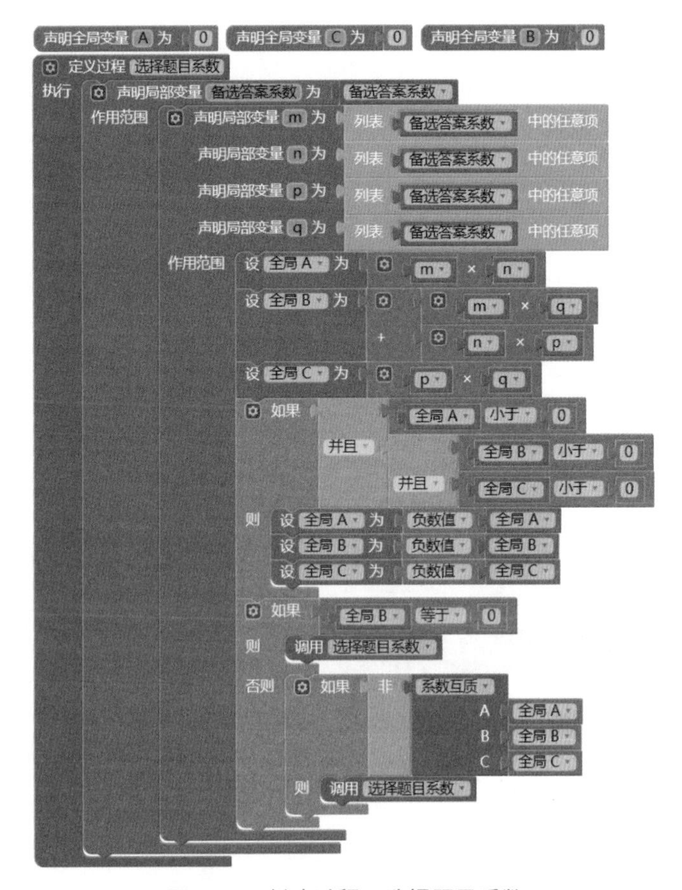

图 6-20 创建过程：选择题目系数

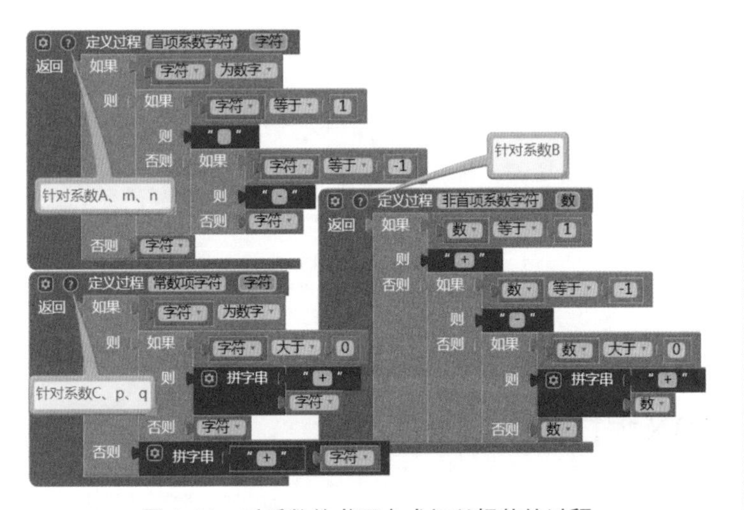

图 6-21 对系数的书写方式加以规范的过程

> **注意**
>
> 对首项系数及常数项书写方式的设定，同样也适用于答案系数 m、n、p、q。不过，在用户开始输入答案之前，答案表达式中的系数要用 m、n、p、q 来代替。

6.6.4 显示题目

创建**显示题目**过程，并在 TEST 屏幕的初始化事件中，依次调用**选择题目系数**及**显示题目**过程，代码如图 6-22 所示。

现在对现有程序进行测试，测试结果如图 6-23 所示。

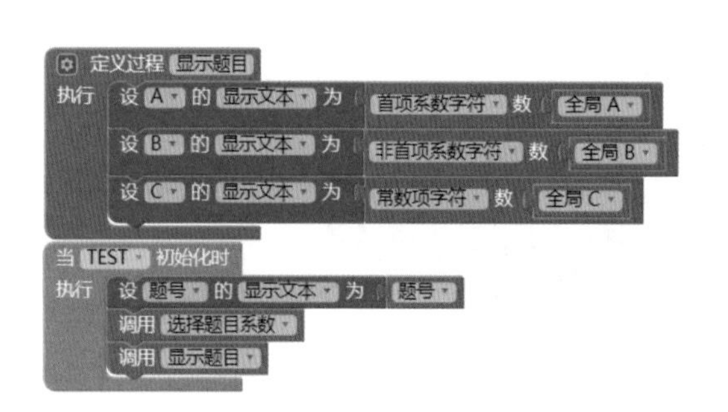

图 6-22 在屏幕初始化程序中调用两个过程

图 6-23 测试：出题

6.7 编写程序：可选答案系数与答案表达式

答案画布上最重要的内容是答案表达式，以及供用户选择的 4 个答案系数。在正式动手编写程序之前，需要对**答案画布**上内容的布局作出规划，规划的结果如图 6-24 所示。**答案画布**的高度为 80 像素，宽度约 300 像素，图中的黑色文本为画布上即将显示的内容，蓝色文本及线条是对文本位置的标定，数字的单位为像素。

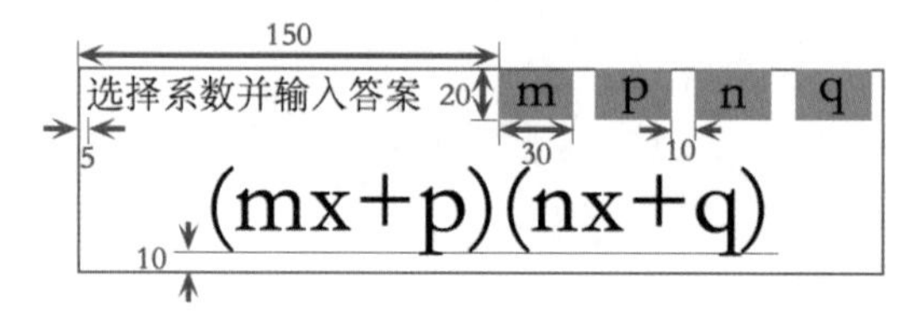

图 6-24 答案画布上文本位置的规划

画布上的内容可以划分为 4 部分，注意，每个部分都有其特有的名称。

(1) 提示文本：特指画布左上方的文字“选择系数并输入答案”。

(2) 可选答案系数：特指画布右上方的 4 个字母 m、n、p、q。

(3) 系数背景：特指 4 个系数字母背后的灰色方块。

(4) 答案：特指画布正下方的答案表达式 $(mx+p)(nx+q)$ 。

为什么要给每个部分起一个名字呢？因为这涉及下面对过程的命名。有了上面的布局规划及命名，下面来创建几个有返回值的过程，将与写字及绘图有关的坐标值保存在过程里，代码如图 6-25 所示。注意，图中的**系数背景 X 坐标范围**是一个键值对列表，其中的键是系数（字母），值是系数背景 x 坐标的最小值和最大值。稍后你将看到键值对列表的威力。

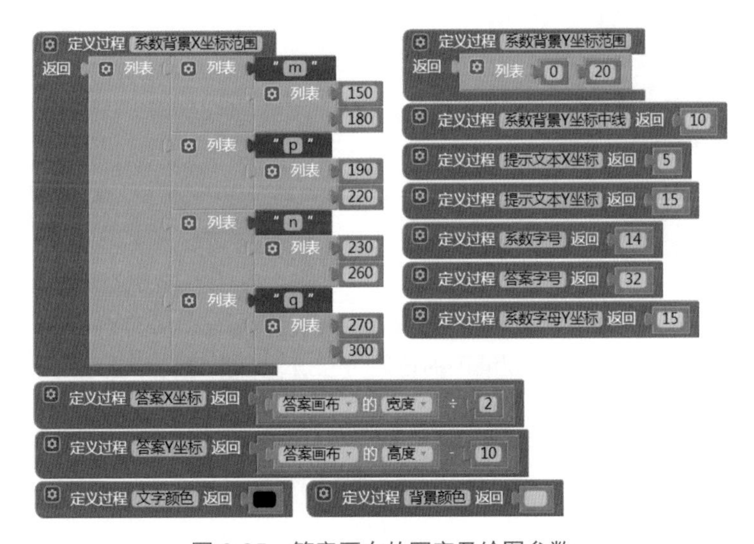

图 6-25　答案画布的写字及绘图参数

在继续阅读之前，要仔细查看这些过程的内容，并理解这些过程名称的含义。这些过程的名称虽然显得有些烦琐，但是可以帮助我们轻松地理解后面的程序。

有了以上的诸多准备，现在可以在画布上写字和绘图了，其中包含两项任务：写系数及写答案表达式。

6.7.1 写系数

写系数包含 3 项内容：画系数背景、写系数字母以及写提示文本，要注意画系数背景与写系数字母的顺序，如果先写系数字母，后画系数背景，那么系数背景会覆盖之前写好的系数。创建一个**写系数**过程，代码如图 6-26 所示。

```
定义过程 写系数
执行 设 答案画布 的 文本对齐 为 1
     针对列表 系数背景X坐标范围 中的每一 键值对
     执行 声明局部变量 系数 为 列表 键值对 中的第 1 项
          声明局部变量 坐标 为 列表 键值对 中的第 2 项
          作用范围 声明局部变量 x1 为 列表 坐标 中的第 1 项
                   声明局部变量 x2 为 列表 坐标 中的第 2 项
                   作用范围 设 答案画布 的 画笔颜色 为 背景颜色
                            让 答案画布 画线
                                第一点x坐标 x1
                                第一点y坐标 系数背景Y坐标中线
                                第二点x坐标 x2
                                第二点y坐标 系数背景Y坐标中线
                            设 答案画布 的 画笔颜色 为 文字颜色
                            设 答案画布 的 字号 为 系数字号
                            让 答案画布 写字
                                文本 系数
                                x坐标 ( x1 + x2 ) ÷ 2
                                y坐标 系数字母Y坐标
     设 答案画布 的 文本对齐 为 0
     让 答案画布 写字
         文本 " 选择系数并输入答案 "
         x坐标 提示文本X坐标
         y坐标 提示文本Y坐标
```

图 6-26 写系数过程

> **注意**
>
> 这是键值对列表的第一次应用，写系数和画系数背景共用了键值对列表中的数据。

在上述过程里，基本上避免了硬编码的使用，在设置**答案画布**的**文本对齐**属性时，使用了数字 0 和 1，其中 0 表示左对齐，1 表示居中对齐。

6.7.2 写答案表达式

如前所述，在答案表达式中，4 个系数字母是可变的：在用户输入答案之前，它们是字母，随着用户逐一输入答案，这些字母会变成数字。为了记录这些系数的变化，我们需要 4 个全局变量，即 *m*、*n*、*p*、*q*，它们的初始值为字母常量 m、n、p、q。为此，声明 4 个全局变量，并创建 4 个有返回值的过程，代码如图 6-27 所示。

然后创建一个**答案系数初始化**过程，并在 TEST 屏幕初始化事件中调用该过程，代码如图 6-28 所示。注意，顺便将**写系数**过程添加到屏幕初始化程序中。

```
声明全局变量 m 为 0      定义过程 M 返回 " m "
声明全局变量 n 为 0      定义过程 N 返回 " n "
声明全局变量 p 为 0      定义过程 P 返回 " p "
声明全局变量 q 为 0      定义过程 Q 返回 " q "
```

图 6-27 用于存储答案系数的变量与过程

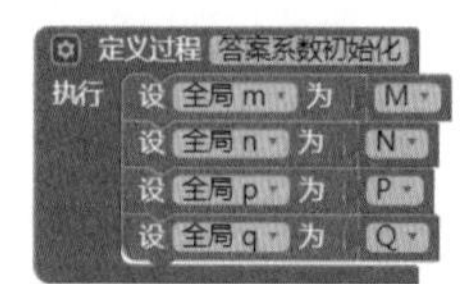


```
当 TEST 初始化时
执行 设 题号 的 显示文本 为 题号
     调用 选择题目系数
     调用 显示题目
     调用 写系数
     调用 答案系数初始化
```

图 6-28 在屏幕初始化时调用答案系数初始化过程

下面编写一个有返回值的过程——**答案表达式**，用拼写字串的方式，将字符和变量拼接起来，组成一个符合数学书写规范的表达式，代码如图 6-29 所示。

最后创建一个**写答案**过程，并在屏幕初始化程序中调用该过程，代码如图 6-30 所示。

现在，我们已经完成了**答案画布**内容的书写与绘制，下面进行测试，测试结果如图 6-31 所示。

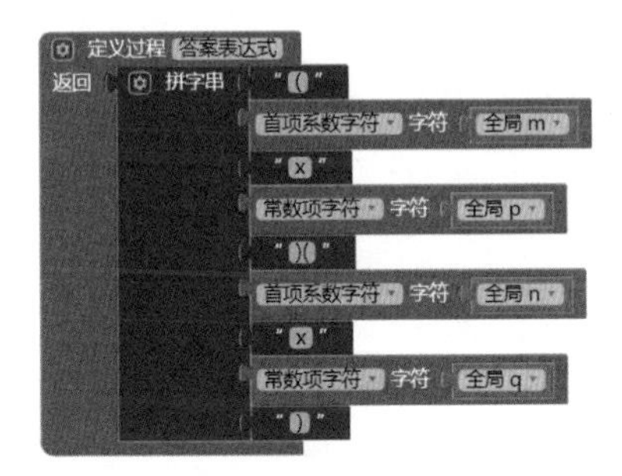

图 6-29 创建有返回值的过程：答案表达式

定义过程 写答案
执行 设 答案画布 的 文本对齐 为 1
设 答案画布 的 字号 为 答案字号
设 答案画布 的 画笔颜色 为 文字颜色
让 答案画布 写字 文本 答案表达式 x坐标 答案X坐标 y坐标 答案Y坐标

当 TEST 初始化时
执行 设 题号 的 显示文本 为 题号
调用 选择题目系数
调用 显示题目
调用 写系数
调用 答案系数初始化
调用 写答案

图 6-30 在屏幕初始化事件中调用写答案过程

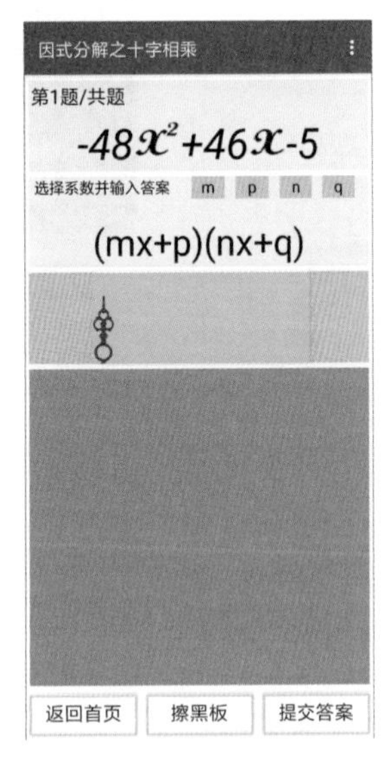

图 6-31 测试：在画布上写系数及题目表达式

6.8 编写程序：刻度与指针

在输入水平布局中，有两块画布，其中的**刻度尺**画布用于绘制 10 条刻度线，刻度线下方标有 1 ~ 10 的数字。**刻度尺**画布中有一个精灵组件，命名为指针。用户可以在水平方向上拖动指针，指针指向的数字，就是用户选中的答案系数。本节的任务是绘制刻度线（包括标注数字），并让指针可以受控移动。

6.8.1 绘制刻度线

从表 6-2 中可以看到，刻度线画布的宽度为 200 像素，我们即将绘制的刻度线共有 10 条，这 10 条刻度线之间共有 9 个间隔。假设刻度线之间的间隔为 20 像素，那么 10 条刻度线的总宽度就是 180 像素，与画布宽度相比，余出来的 20 像素刚好可以均分到画布的两边。创建两个有返回值的过程：**刻度线长度**及**刻度值 Y 坐标**，设它们的返回值分别为 10 及 20，然后创建**画刻度线**过程，利用循环语句绘制 10 条刻度线及 10 个标注数字。代码如图 6-32 所示。

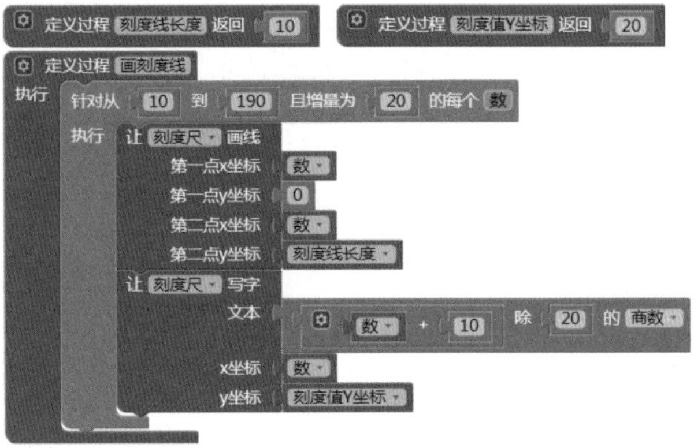

图 6-32 画刻度线并注定刻度

6.8.2 指针的受控移动

指针的受控移动指的是用户可以拖动指针到指定位置，这里限定指针只能在水平方向上移动。指针移动有两个作用：一是告诉用户当前指针所指的数字，以便用户可以在适当的位置抬起手指，选定系数值；二是当用户抬起手指时，通知程序用户选定的系数值。这两个作用需要在不同的事件中完成，下面我们分别加以实现。

1. 移动指针

在精灵的拖动事件中实现指针的移动，代码如图 6-33 所示。

图 6-33 在精灵的拖动事件中实现指针的移动

2. 获取选中值

在精灵的释放事件中获取用户选中的系数值，代码如图 6-34 所示。

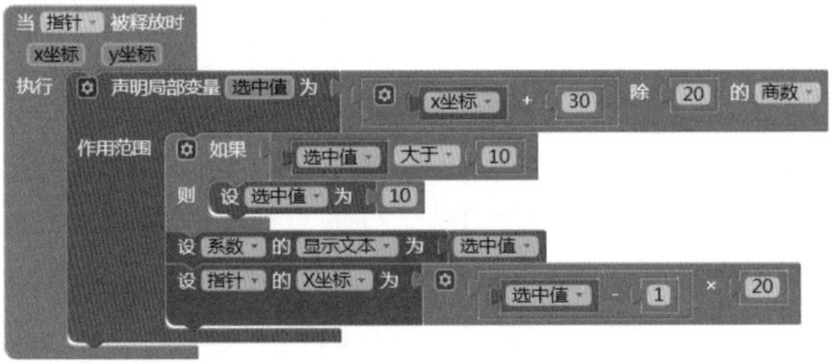

图 6-34 获取用户选择的系数值

关于上述代码，有几点需要解释。

- **选中值的计算方法**

我们希望**选中值**是整数，但是当用户松开手指的瞬间，指针难免偏离刻度线，因此，我们约定，当指针针尖位于刻度线左侧10像素、右侧9像素这个区间时，都视为选中了刻度线对应的整数。如图6-35所示，当指针位于位置1（左侧指针）及位置2（右侧指针）之间时，我们希望获得**选中值**2。表6-5中给出了**选中值**计算方法的例子。

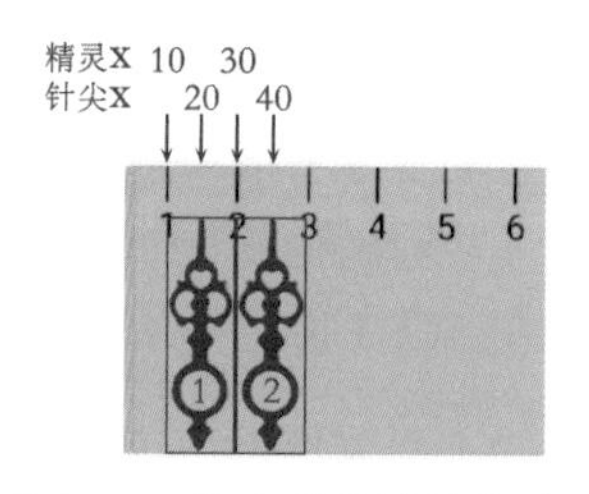

图6-35　选中值的计算方法

表6-5　选中值的计算方法举例

	指针可能停留的位置（自左向右）			
	位置1	刻度2	位置2偏左1像素	位置2
针尖 x 坐标	20	30	39	40
指针 x 坐标	10	20	29	30
指针 x 坐标 + 30	40	50	59	60
选中值 = (指针 x 坐标 + 30) / 20	2	2	2	3
程序设定的指针位置 指针 x 坐标 = (选中值 –1) × 20	20			

注：表中选中值公式中的“/”为整除号，即所得小数向下取整。

- **选中值大于10**

画布是精灵的容器，因此，精灵无论怎样移动，都不会移动到画布之外，但是手指可以。当手指在画布以外，尤其是右侧以外抬起时，所得到的**选中值**将大于10，为此利用条件语句对这种情况加以排除。

- **选中值的显示**

程序中将**选中值**临时性地显示在系数标签中，是为了方便测试，稍后会将**选中值**赋给某个选中的系数（全局变量 m、n、p、q 之一）。

- **重新设定指针的 x 坐标**

程序在最后重新设置了指针的 x 坐标，其值为（选中值 –1）×20，这刚好是**选中值**所对应的刻度线的位置。这样做的好处是，当用户在偏离刻度线的位置松开手指时，指针会自动跳到正对刻度线的位置。

6.8.3　正负转换

答案系数的取值范围是 –10 到 10，不包括 0，因此，还需要考虑负数的输入。**刻度尺**画布的右侧是**正负转换**画布，它的作用相当于按钮。应用启动时，它会显示一个负号“–”，而此时

刻度尺的标注数字是正数，当用户点击**正负转换**画布后，画布上会显示正号，同时**刻度尺**的标注数字变为负数。这时，如果用户移动指针，将获得负数值。

与按钮不同的是，画布没有显示文本属性，没有办法得知画布上的字符内容，因此，只能用全局变量来记录当前的正负号状态。先声明一个全局变量**正数**，并设其初始值为“真”，再创建一个有返回值的过程——**正负号下边距**，并设其返回值为 30；然后创建一个**写正负号**过程，并在 TEST 屏幕初始化事件中调用该过程，代码如图 6-36 所示。

下面编写**正负转换**画布的触摸事件处理程序，代码如图 6-37 所示。

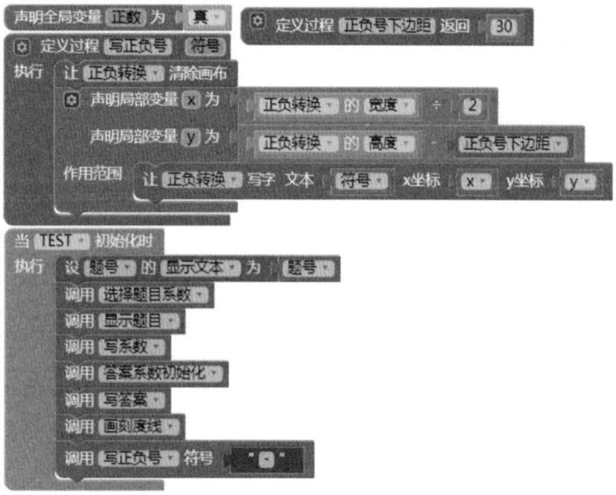

图 6-36 在屏幕初始化事件中写“负号”

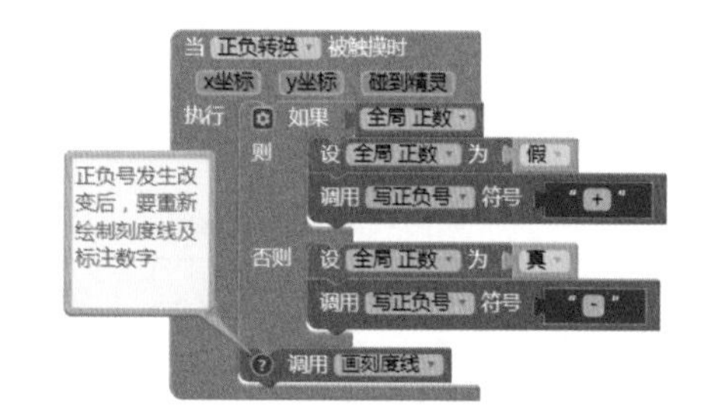

图 6-37 正负转换画布的触摸事件处理程序

注意，当正负号发生改变时，要改写**刻度尺**上的标注数字。在画布上改写文字，意味着首先要清空画布，然后重新绘制刻度线，并重写标注数字。下面修改**画刻度线**过程，以便适应标注负数的情况，修改后的过程代码如图 6-38 所示。

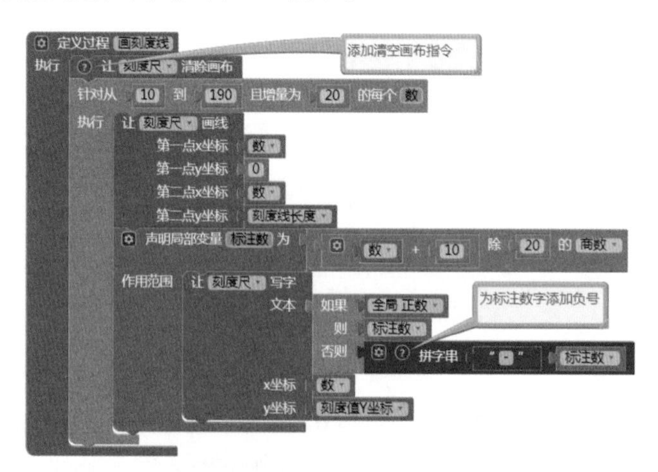

图 6-38 修改后的画刻度线过程

正负号状态的改变，除了会改变**刻度尺**上的标注数字，还会影响指针移动时系数的**选中值**。因此需要修改**指针**精灵的释放事件处理程序，修改后的代码如图 6-39 所示。

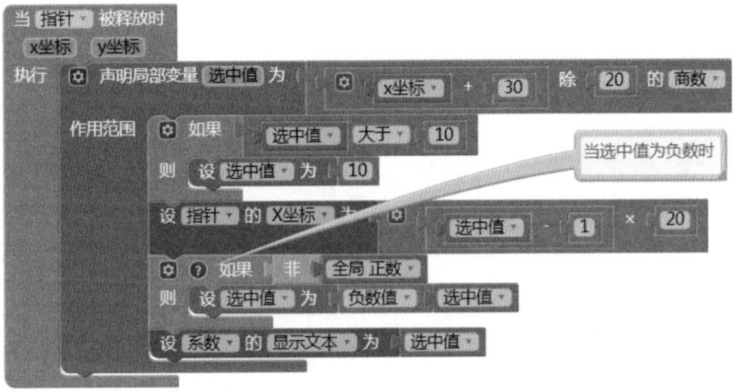

图 6-39 修改指针精灵的释放事件处理程序

这里要提醒大家，在指针的释放事件中，对**选中值**的修改要放在设指针 x **坐标**之后，否则，当全局变量**正数**为假时，指针会自动回到 1 的位置。

最后来解释一下为什么不使用按钮来实现正负号的转换。如果按钮组件摆放在**刻度尺**画布的右侧，无论怎样设置它的宽、高属性，都无法使它紧密地充满布局组件，加之它有一个带投影效果的轮廓线，破坏了整个画面的简洁性，因此，不得不以画布来替代它。虽然这付出了增加一个全局变量的代价，但也是值得的。

6.9 编写程序：答题

到目前为止，用户可以看到题目和答案的表达式，应用也具备了选择系数及系数值的功能，现在该实现答题功能了。答题功能包含以下 3 个步骤：

(1) 预选答案系数
(2) 设答案系数值
(3) 显示答案

下面我们逐一加以实现，先来看如何实现选择系数功能。

6.9.1 选择答案系数

在**答案画布**的右上方有 4 个灰色方块，方块中有代表系数的字母。当用户的手指触摸**答案画布**时，应用会判断触点是否在灰色方块内，如果是，应用会把选中的系数字母显示在系数标签上。对触点位置进行判断的依据有以下 3 条。

(1) 画布触摸事件中携带的参数：x 坐标、y 坐标。

(2) 有返回值的过程：系数背景 X 坐标范围（见图 6-25）。

(3) 有返回值的过程：系数背景 Y 坐标范围（见图 6-25）。

当触点坐标分别落入系数背景的 x、y 坐标范围时，则选中系数。

为了便于坐标值的比较，下面创建一个有返回值的过程——**介于之间**，代码如图 6-40 所示，当参数**数**介于**最小值**与**最大值**之间时，过程的返回值为真，否则为假。

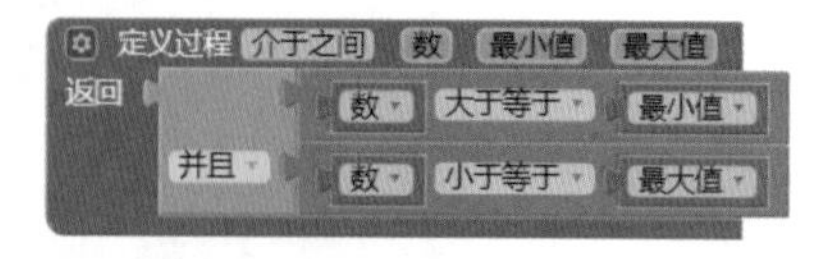

图 6-40 创建有返回值的过程：介于之间

下面编写**答案画布**的触摸事件处理程序，代码如图 6-41 所示。先判断触点 **y 坐标**是否落入预设的 y 坐标范围内，如果是，则利用针对列表的循环，逐一判断触点 **x 坐标**是否落在某个灰色方块内。如果触点 **x 坐标**恰好落入某个灰色方块，则在**系数**标签上显示选中的系数字母。注意，此时必须立即终止循环，想想看为什么？如果不立即终止循环，结果会怎样？

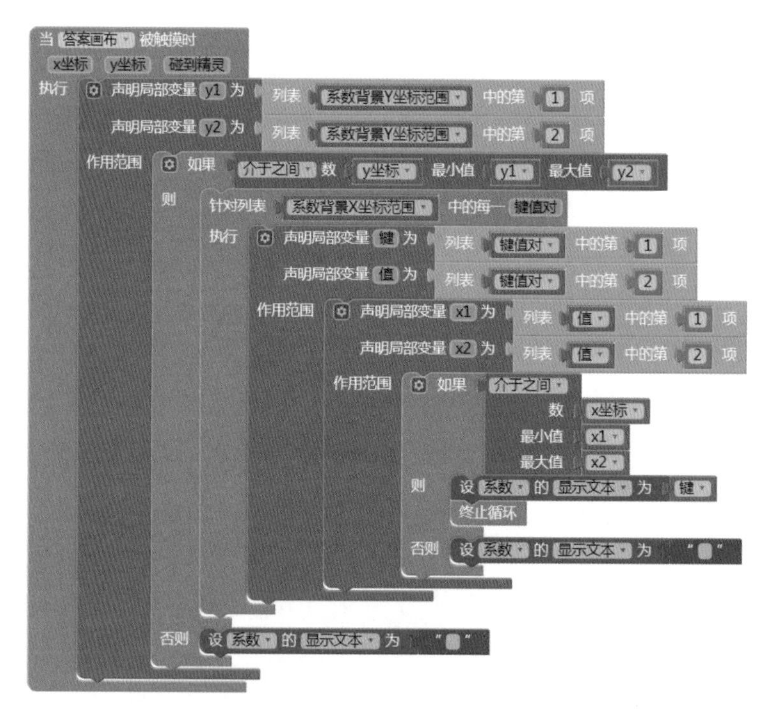

图 6-41 在答案画布的触摸事件中实现系数的选择

这是键值对列表的第二次应用：在针对**系数背景 X 坐标范围**列表的循环语句中，利用键值对列表的“值”来检查触点的 **x 坐标**，如果触点落入系数背景之内，则将与“值”对应的“键”显示在**系数**标签上。

6.9.2 设答案系数值

此前我们编写了指针释放事件的处理程序，并借用**系数**标签显示了选中的数值，现在我们可以将**选中值**直接赋给全局变量 *m*、*n*、*p*、*q* 了。创建一个过程——**设答案系数值**，代码如图 6-42 所示，根据**系数**标签上的文本，决定为哪个变量赋值。

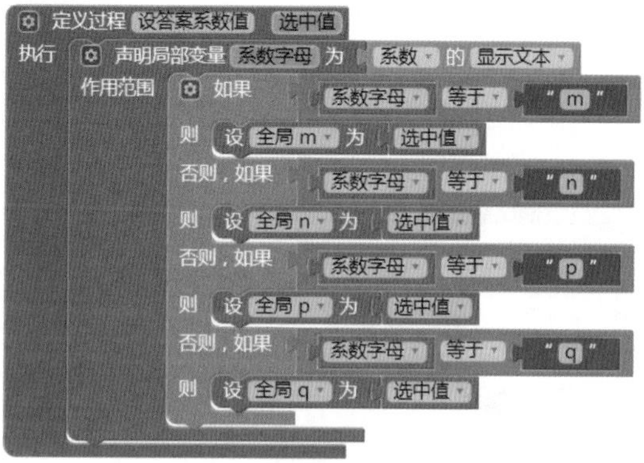

图 6-42 创建过程：设答案系数值

6.9.3 显示答案

下面来修改指针的释放事件，在该事件中调用**设答案系数值**过程，并根据修改后的系数值，改写**答案画布**上的答案表达式，即调用**写答案**过程。如前所述，改写画布上的部分内容，相当于改写全部内容，由于改写前必须清空画布，因此在调用**写答案**过程的同时，还必须调用**写系数**过程。为此，创建**显示答案**过程，将**答案画布**、**写系数**、**写答案**过程纳入其中，并在指针释放事件中调用该过程。代码如图 6-43 所示，此时可以删除最后一行测试代码了。

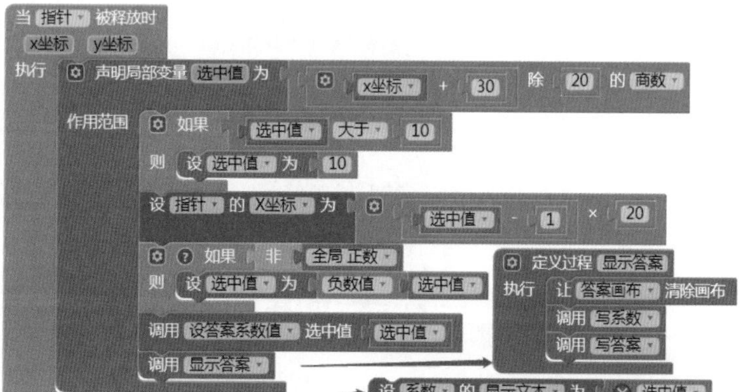

图 6-43 修改后的指针释放事件处理程序

由于有了**显示答案**过程，因此 TEST 屏幕初始化事件中的**写系数**及**写答案**过程也可以被替换掉了，代码如图 6-44 所示。

至此，我们完成了答题功能，下面进行测试，测试结果如图 6-45 所示。

```
当 TEST 初始化时
执行 设 题号 的 显示文本 为 题号
     调用 选择题目系数
     调用 显示题目
     调用 答案系数初始化
     调用 显示答案          ← 调用 写系数
     调用 画刻度线             调用 写答案
     调用 写正负号 符号 " - "
```

图 6-44 用显示答案过程替代原有的写系数及写答案过程

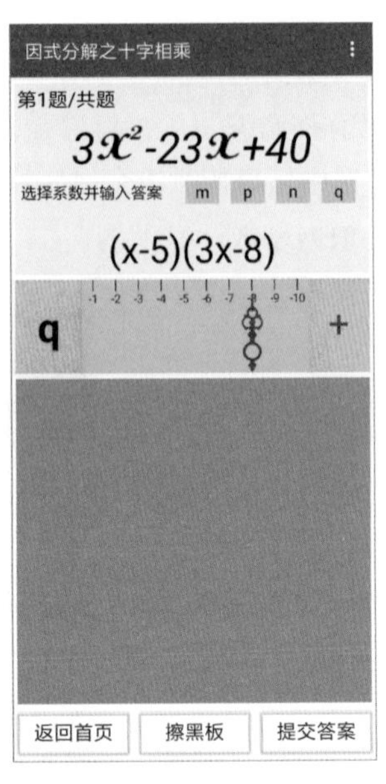

图 6-45 答题功能的测试结果

6.10 编写程序：判题与交卷

在用户输入了全部系数后，可以点击屏幕下方的**提交答案**按钮，此时，应用将弹出对话框，告知用户答案是否正确，并提供两个选择按钮：**返回**及**下一题**，如果用户选择**返回**，则对话框关闭，用户可以继续解答当前的题目，如果用户选择**下一题**，则统计答对的题目数，并关闭对话框，同时出下一题。

先来创建一个有返回值的过程——**答案正确**，代码如图 6-46 所示。

读者可能会有疑问，为什么不记录下随机生成的 4 个答案系数，然后将它们与用户输入的答案系数作比较，来判断答案是否正确呢？原因是这样的：十字相乘法解因式分解问题时，答案并不具有唯一性。比如 $6x^2+5x+1$，它的答案既可以写作 $(3x+1)(2x+1)$，也可以写作 $(2x+1)(3x+1)$。因此，如果一对一地比较系数，有可能造成误判，也就是将正确的答案判断为错误。

```
定义过程 答案正确
返回 声明局部变量 答案A 为 全局 m × 全局 n
     声明局部变量 答案B 为 (全局 m × 全局 q) + (全局 n × 全局 p)
     声明局部变量 答案C 为 全局 p × 全局 q
     作用范围 (答案A 等于 全局 A) 并且 ((答案B 等于 全局 B) 并且 (答案C 等于 全局 C))
```

图 6-46 创建有返回值的过程：答案正确

下面编写**提交答案**按钮的点击事件处理程序，在该程序中，将弹出对话框，并根据答案是否正确，决定对话框中显示的内容，代码如图 6-47 所示。

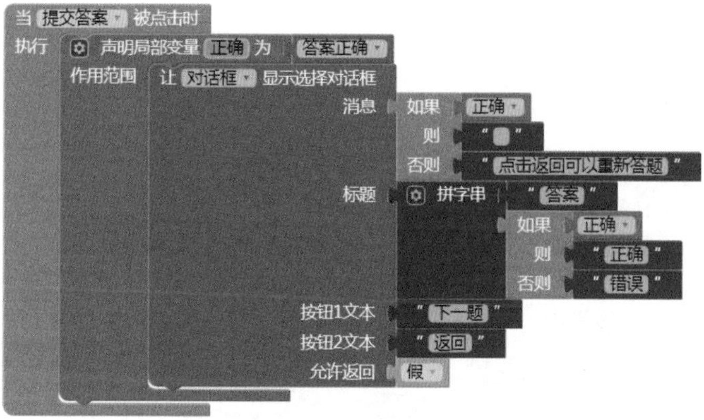

图 6-47 当提交答案时弹出对话框

最后来处理对话框的完成选择事件：如果用户选择**返回**，则不执行任何操作，否则，统计正确题目数，让**题目序号**递增 1，并出下一题。为了记录答对题目的数量，需要声明一个全局变量**正确题数**，此外，为了提高代码复用性，需要创建一个**出题**过程，将 TEST 屏幕初始化程序中的全部代码转移到**出题**中，并增加对变量**正数**的初始化，以及对**系数**标签和**指针**精灵的初始化。这些准备工作完成之后，来编写对话框的完成选择事件，代码如图 6-48 所示，图中还包括了对屏幕初始化程序的修改。

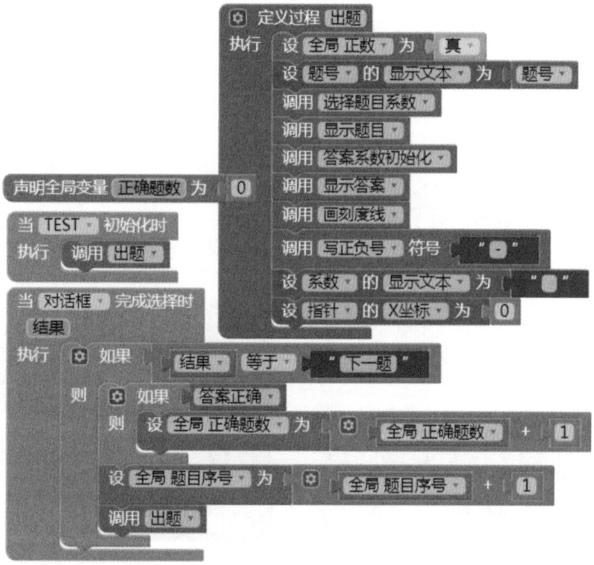

图 6-48 对话框完成选择事件处理程序

以上程序完成了对每一道题目的判题功能，但是，还需要考虑一种情况，就是当**题目序号**与题量相等时，这时，整个练习已经全部完成，对话框的显示内容应该有所不同：一方面提示答案是否正确，另一方面要将**下一题**按钮改为**交卷**按钮。此时，如果用户选择**交卷**，应用将弹出另一个选择对话框，显示此次练习的得分，并提供**返回首页**及**再来一次**两个选项。

为了实现上述功能，首先需要修改**提交答案**按钮的点击事件处理程序，代码如图 6-49 所示。

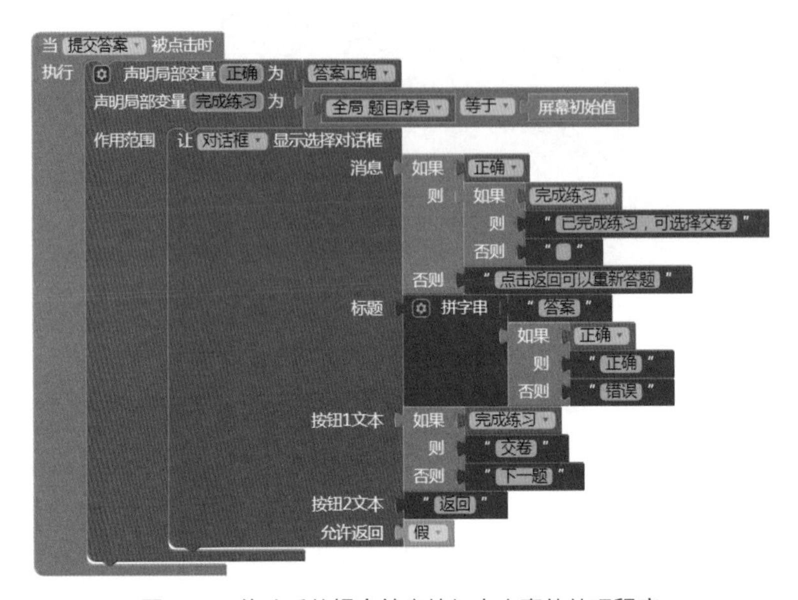

图 6-49 修改后的提交答案按钮点击事件处理程序

在对话框完成选择事件中，需要处理更多的用户选择。

(1) 返回：不做任何处理。
(2) 下一题：出题。
(3) 交卷：弹出下一个选择对话框，显示得分，以及下面两个选项。
  a) 返回首页：关闭当前屏幕。
  b) 再来一次：练习初始化，除出题外，还有将题目序号及正确题数清零。

为了实现上述功能，需要先创建两个过程：**练习得分**及**练习初始化**，代码如图 6-50 所示。

然后来修改对话框的完成选择事件处理程序，代码如图 6-51 所示。注意，当用户选择**交卷**时，不要忘记统计答对题数。

定义过程 练习得分
返回 声明局部变量 单题分数 为 100 ÷ 屏幕初始值
作用范围 单题分数 × 全局 正确题数
定义过程 练习初始化
执行 设 全局 题目序号 为 0
设 全局 正确题数 为 0
调用 出题

图 6-50 创建过程：练习得分及练习初始化

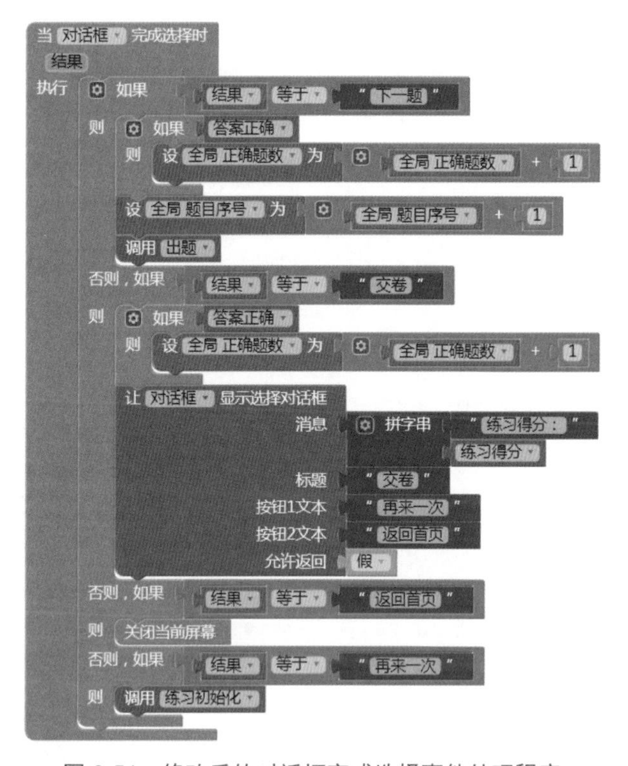

图 6-51 修改后的对话框完成选择事件处理程序

至此，我们完成了整款应用的核心功能，下面进行测试，测试结果如图 6-52 所示。

图 6-52 对出题、答题、交卷功能的完整测试

6.11　编写程序：其他辅助功能

在整个答题页的下半部分，是一个画布和三个按钮，除**提交答案**按钮外，其他组件用来实现以下辅助功能。

(1) 草纸画布：用来演算。

(2) 擦黑板按钮：用来将草纸清空。

(3) 返回首页按钮：用来关闭当前页，并返回首页。

以上三项功能的代码分别由 3 个事件处理程序来实现，代码如图 6-53 所示。

其中，草纸画布拖动事件的测试结果如图 6-54 所示。

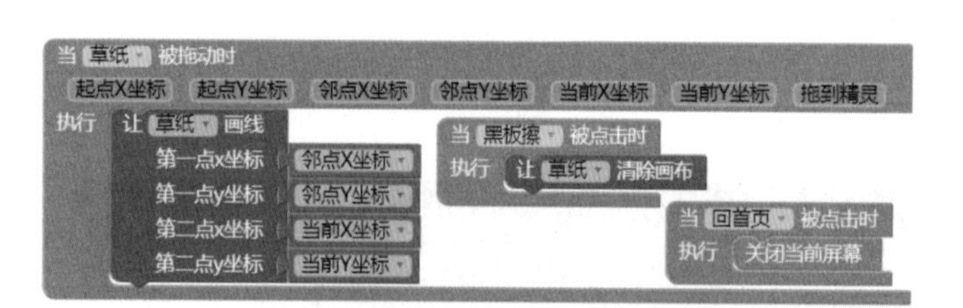

图 6-53　实现辅助功能的事件处理程序

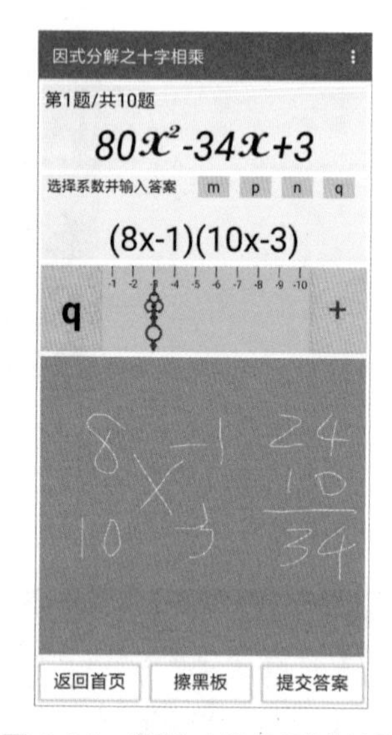

图 6-54　草纸功能的测试结果

以上是本应用的全部功能，作为一个编程的教学案例，这款应用已经足够复杂，不过，作为一款实用的产品，它的功能还有待进一步完善，例如查看整个试卷、查看错题答案、保存成绩、成绩排行榜，等等。关于保存成绩、排行榜等功能，可参考前面几章的案例，其他功能有待在后面的案例中加以实现。

6.12　整理与优化

在一本以案例为主的编程书中，各章之间的排列顺序，通常也是案例的难度顺序，或复杂度顺序。在本书的第 1 版中，本章是最后一章，可见它的难度与复杂程度。因此，在完成本章的代码编写任务之后，对代码进行一番梳理，就显得尤为重要。

6.12.1 代码整理

由于 Screen1 屏幕中的代码过于简单，因此这里只考虑对 TEST 屏幕中代码进行整理与优化。首先来看变量与常量。从第 5 章开始，我们改用有返回值的过程来保存常量，如图 6-55 所示，其中的紫色代码块就是常量，图中的全局变量是真正的变量。

图 6-55 项目中的变量与常量

在本应用中，试卷和题目是两个具有周期性的主体，其中试卷的周期性与题量有关，当**题目序号**与题量相等时，一个试卷周期结束。此时，如果要开始一个新的试卷，则要初始化所有的全局变量。对于题目而言，它的周期很短，每次提交答案，并在对话框中选择**下一题**时，将结束一个题目周期，并进入下一个题目周期（假设题目序号 < 题量），此时要对题目系数、答案系数及**正数**进行初始化，而**正确题数**及**题目序号**则不需要初始化。这里有必要重申利用过程保存常量的好处，它可以让真正变量的变化规律一目了然。

然后整理过程与事件处理程序，如图 6-56 所示。在编程视图中用右键点击工作区的空白处，可以打开一个右键菜单，选择其中的“开启网格”功能，可以将代码块排列整齐，且间距相等。

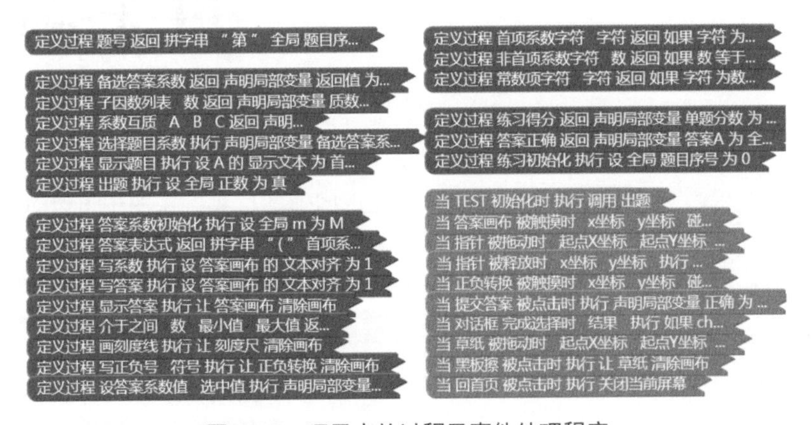

图 6-56 项目中的过程及事件处理程序

图 6-56 中将过程分为 5 组，左边第一行属于试卷信息，它下方是与出题有关的过程，再往下是与答题有关的过程，右侧上边的一组过程与题目及答案的显示方式有关，再往下的一组与判题及试卷初始化有关。用心阅读这些过程的名字，你的大脑中是否会生出一些线索，并回忆起刚刚经历过的种种困难，以及为应对这些困难所采取的计策？

6.12.2　要素关系图

下面我们给出本应用 TEST 屏幕中程序的要素关系图，如图 6-57 所示。

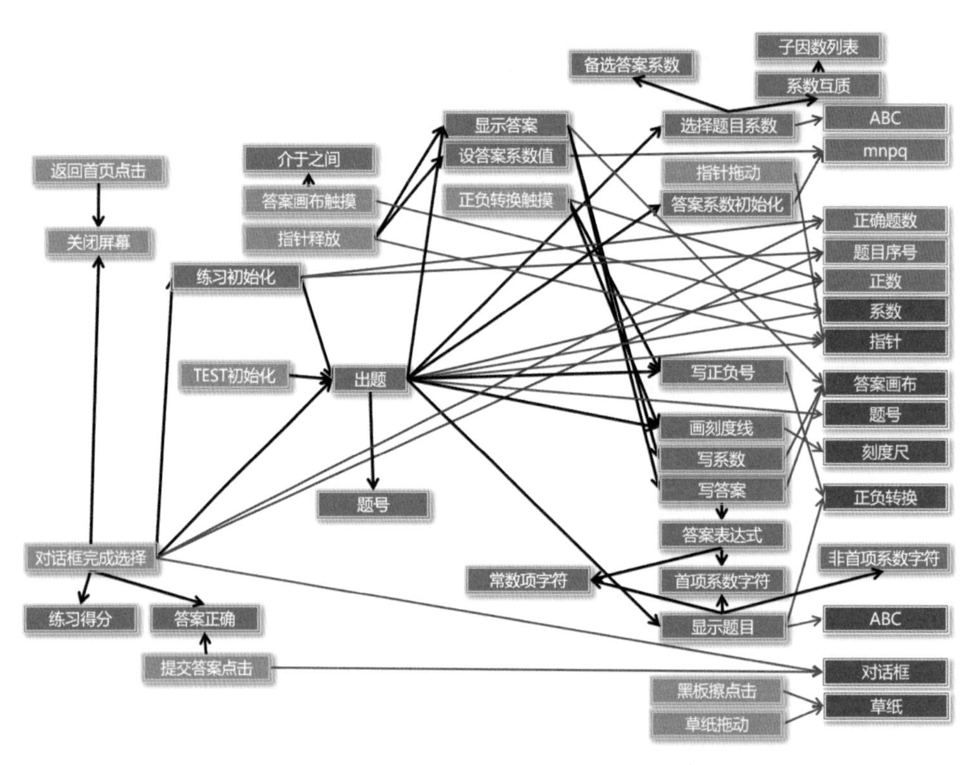

图 6-57　要素关系图

你可能已经发现，与以往的要素关系图相比，本章的要素关系图中多了一种蓝色的块，它们是有返回值的过程，而图中所有紫色的块都是无返回值的过程。从图中可以看出，绝大多数有返回值的过程处于关系连线的末梢，即它不再调用其他过程，也不修改变量和组件，只有一个例外，那就是**答案表达式**过程，它调用了另外两个有返回值的过程——**首项系数字符**及**常数项字符**。

从要素关系图中**显示答案**过程块出发，有两条黑线分别指向**写系数**及**写答案**两个过程，这两个过程最终都指向**答案画布**。另外，**显示答案**过程也有一条绿线指向**答案画布**，这是可以优化的部分：将**显示答案**过程发出的绿线（清空**答案画布**）转移到**写系数**过程里，这样，这条绿线就可以省去了。注意，在**显示答案**过程里，首先调用的是**写系数**过程，因此需要将清空画布的代码放在**写系数**过程里。

以上优化操作体现在要素关系图中，是删除由**显示答案**发出的绿线，这里不再重新绘制要素关系图。

注意

这是本书最后一次绘制要素关系图了，但是，希望大家在阅读此后各章时，模仿前面几章的绘图方法，自行绘制要素关系图，以便更好地理解并优化程序的结构。

第 7 章 单选题（教师端）

单选题是一款基于互联网的应用，包括出题和答题两个相对独立的部分，两个部分都运行在智能手机上，其中教师端的主要功能是出题，兼具查看成绩功能，学生端的主要功能是答题，也可在交卷后查看自己的成绩。我们把**单选题（教师端）**简称为**教师端**，**单选题（学生端）**简称为**学生端**。本章目标是实现教师端的功能，学生端留到第 8 章来完成。

与前面几章不同的是，本章不会事先给出应用的功能说明，而是把如何定义功能作为一个问题来讨论。

人们在学习一项新技能时，总是从模仿开始。显然，模仿不是目的，而是途径，总有一天你的心中会生出一个愿望，开始创作自己的作品。或许这个愿望早已埋在心底，只是等待一个发芽的时机。那么，创作是怎么一回事儿呢？从哪里开始呢？

创作不同于制造和生产，对于软件开发而言，创作的目的是解决问题，而且是在没有先例的情况下，独自面对问题，寻找解决问题的方法。因此，创作从提出问题开始。

7.1 提出问题

对于学生而言，考试是最熟悉不过的事情了，因此，对于身经百战的你来说，单选题并不陌生。不过，你考虑过在现实世界里与单选题相关联的事物吗？单选题是什么样子的，它从哪里来，又到哪里去？是的，当我们思考一个概念时，离不开与之密切相关的概念，对于单选题来说，与之密切相关的概念可能包括：教师、学生、考试、试卷、发卷、答题、题目、问题、备选答案、选中答案、标准答案、交卷、判分、查看标准答案、查看成绩，等等。

有一种叫作“头脑风暴”（brainstorming）的创意工具，这个词是舶来品，用中文说叫作“集思广益”，就是在开始一项开创性的行动之前，相关人员要坐下来讨论，讨论不必设定目标或边界，大家可以异想天开地贡献自己思路或创意，这些思路或创意不一定是现实的或合理的，也可能仅仅是一个词。有人会记录下这些词，并在讨论结束之后对讨论内容进行归纳整理，其结果将作为后续任务的出发点。上一段中列出的与单选题密切相关的概念，就可以看作头脑风暴的结果。

那么，接下来要对这些相关的概念进行整理，整理的方法是分类。现在你可以停下来，考虑一下如何对这些概念进行分类。

(1) 按词性分类（最简单的分类方式）
  a) 名词：教师、学生、考试、试卷、题目、问题、备选答案、选中答案、标准答案
  b) 动词或动宾词组：发卷、答题、交卷、判分、查看标准答案、查看成绩
(2) 按事物的特征分类
  a) 人：教师、学生
  b) 事：考试、试卷、题目、问题、备选答案、选中答案、标准答案
  c) 行为：发卷、答题、交卷、判分、查看标准答案、查看成绩
(3) 按概念之间的包含关系分类，以题目为分界线
  a) 题目外围的概念：教师、学生、考试、试卷、发卷、交卷、判分、查看成绩
  b) 题目以内的概念：问题、备选答案、选中答案、标准答案、答题、查看标准答案
(4) 按角色的职责分类
  a) 教师：考试（组织）、试卷（创建）、发卷、题目、问题、备选答案、标准答案、查看成绩（全体）
  b) 学生：考试（参加）、试卷（作答）、题目、答题、选中答案、查看标准答案、判分、查看成绩（个人）

不同的分类方法，提供了看问题的不同视角，用于回答不同的问题。在我们思考应用的功能时，最后一种分类方法（按职责分类）会提供很大的帮助。简单地说，在考试这项活动中，参与者只有两个群体：教师与学生，其中教师负责出题（题目从哪里来），学生负责答题（题目到哪里去），如职责分类中所述，两者共有的部分是考试、试卷、题目及查看成绩，其中题目包括问题、备选答案、标准答案及选中答案（题目什么样子）。

其实，从直觉上讲，很容易想到要创建两款独立的应用：提供给教师使用的教师端，以及提供给学生使用的学生端，两款应用有各自的功能，并通过试卷、题目及成绩连接起来。不过，直觉就像灵感一样，是难以捕捉和难以描述的，分类法虽然看起来有些笨拙，但是它是可以依靠的，通过反复实践这样的思考方法，可以帮助我们培养一种稳定的思考问题、解决问题的能力。

再有，前面四种分类方法可以帮助我们思考与数据有关的问题，包括数据的结构、存储方式及呈现方式，等等。例如，题目这个概念，它是数据的一种组织形式，题目组成了试卷，同时题目本身又由问题、备选答案、选中答案及标准答案组成，这是我们下一步设计数据模型的基础。

以上我们回答了“从哪里来？到哪里去？什么样子？”的问题，下面需要利用得到的答案，对应用的功能进行定义和挖掘。

7.2 功能定义与数据模型

本章及下一章的复杂程度，均超过了前面各章，因此，无法用简单的功能描述来为后续的开发制定路线图[1]。首先，我们要做的是搭建应用的概念模型[2]；然后，在概念模型的基础上搭建应用的数据模型[3]。有了具体的数据模型，应用的开发才有了落脚点。

本节只讨论教师端的功能与数据模型，与学生端相关的内容留到第 8 章讨论。

7.2.1 功能定义

7.1 节中讨论了与单选题密切相关的概念，并对概念进行了分类，在其中的职责分类中，已经给出了一些关于功能的提示，现在需要把它们条理化、明确化。教师端的功能定义源自以下名词，它们在描绘功能的句子中充当主语或宾语：

- 学生
- 试卷
- 题目——问题、备选答案、标准答案
- 成绩

有趣的是，“学生”成为教师端的关联概念，它具体指的是学生的名册。名册两个作用：一是只有列入名册的学生才允许参加考试，二是以名册为基础记录学生的考试成绩。虽然本章不讨论学生端的功能，但是，毕竟这是两款功能密切相关的应用，因此，不可避免地要涉及学生端的部分功能。

关于试卷和题目，这里需要明确它们的含义：试卷由教师创建，其中包含了若干道题；每道题由 3 个部分组成，即问题、备选答案及标准答案，其中每道题的备选答案中包含 4 个可选项。

关于成绩，指的是教师在学生交卷后，可以查看学生的考试成绩。

由上面列举的词汇，我们整理出以下 6 项功能。

(1) 建立学生名册：将学生名单加载到应用中，并保存到网络服务器上。
(2) 创建试卷：将试卷内容加载到应用中，并保存到网络服务器上。
(3) 查看试卷：检查创建试卷的结果，如果检查通过，即可发布试卷。
(4) 发布试卷：让试卷处于发布状态，以便参加考试的学生获得试题，同时生成空成绩单。

---

① 路线图（roadmap）是一种能使读者快速达成目标的说明性图片或文档，用来指引人们实现某个既定的目标。

② 概念模型（conceptual model）是用一组概念来描述一个系统，以便能言之有物地说明该系统的结构、功能及运作原理。

③ 数据模型（data model）是数据特征的抽象描述，它包括数据的静态特征（格式与结构）、动态行为（输入与输出）和约束条件（正确性与一致性）。

(5) 关闭试卷：让试卷处于关闭状态，此时学生无法访问试卷。

(6) 查看成绩：如果成绩单中有分数记录，那么教师就可以打开成绩单查看成绩。

以上所列功能的排列顺序，也是应用运行的顺序，其中的每一项功能都涉及一系列的操作流程，以及流程背后对数据的处理。关于数据与流程的关系，有点像水和渠的关系，水到渠成。因此，在功能确定之后，应该思考与数据有关的问题，包括数据的结构、存储、呈现，等等，这就是数据模型。

7.2.2 数据模型

从功能定义的相关词汇中可以提取出若干个名词：学生、试卷、题目、成绩，等等。这些名词的背后都需要数据的支持。对于数据的思考，同样需要回答下面的问题：数据是什么样子的（结构）？数据从哪里来（存储）？数据到哪里去（呈现）？

1. 数据的结构

我们用普通的表格来描述数据的结构。教师端所涉及的数据包括学生名册、试卷（题目的集合）及成绩单，其中学生名册是一维表格（多行单列），如表 7-1 所示；成绩单是二维表格（多行两列），如表 7-2 所示；最复杂的是试卷，因此这里重点加以讨论。

表 7-1 学生名册

学生名册
张三
李四
王五
……

表 7-2 成绩单

姓　名	分　数
张三	87
李四	90
王五	75
……	……

试卷由若干道题组成，每道题包括 3 个部分：问题、备选答案及标准答案。为了方便编写程序，这里将试卷拆分为 3 个独立的部分：所有的问题组成一个一维表格（多行单列），如表 7-3 所示；所有备选答案组成一个二维表格（多行四列），如表 7-4 所示；所有标准答案组成一个一维表格（多行单列），如表 7-5 所示。

表 7-3 试卷：问题表

问　题
下列哪种程序调试方法是 AI2 不具备的？
单步调试程序时，下列哪个描述是错误的？
在 AI2 的编程视图中，下列哪个代码块单独存在时会增加左下角的警告信息？
……

表 7-4 试卷：备选答案表

备选答案			
禁用代码块代码块	单步执行	启用代码块	设置程序断点
必须连接 AI 伴侣	代码块必须在事件处理程序中	调试结果显示在注释信息中	在右键菜单中选择“执行该代码块”
全局变量	自定义过程	事件处理程序	局部变量
……			

除了这些数据表格，项目中还要记录试卷的发布状态。当试卷已经上传但尚未发布时，试卷状态值为空；当试卷已经发布时，试卷状态值为“真”；当试卷关闭时，试卷状态值为“假”。状态值是单一的值，无须考虑结构问题。

表 7-5 试卷：标准答案表

标准答案
4
2
4
……

2. 数据的来龙去脉

以上表格类型的数据很容易与 App Inventor 中的列表对应起来，这些数据最终将以列表的方式保存到互联网上。但是，这些数据从何而来呢？对于成绩单而言，数据由应用自动生成，并保存在互联网上，而学生名册和试卷相关的数据，则来自于存储在手机上的文本文件。

教师是使用教师端的用户，在进行一场考试之前，教师需要完成数据的准备工作，这些数据包括学生名册及试卷。具体来说，就是将上述表格类型的数据编辑成文本文件，并将这些文件复制到运行教师端的手机中，放在指定的文件夹下，这些文件就是学生名册及试卷的数据来源。具体的文件格式如图 7-1 所示。

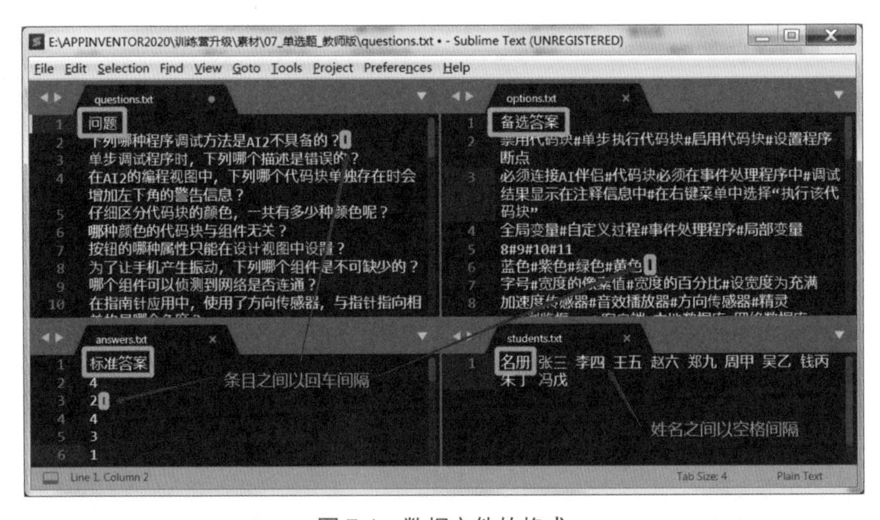

图 7-1 数据文件的格式

说明

图 7-1 中的文本编辑工具叫作 Sublime Text，这是一款深受程序员青睐的编辑工具，值得推荐[1]。注意，图中每行文字前面都有一个数字，这是编辑工具自带的序号，并非编辑者添加的。图 7-1 中显示的数据，是学生名册和试卷，对于应用的用户来说，他们关注的是数据的内容，但是，对于应用的开发者来说，这些数据是编写程序的依据。开发者并不关心数据的内容，而只关心数据的格式，或者说数据的结构。请大家仔细观察图中文件的格式。在 4 个文件中，被黄框包围的首行或首项文字是数据的名称，这些文字稍后会体现在程序中。在“问题”（questions.txt）文件中，问题之间以回车为分隔符，同样，在备选答案（options.txt）和标准答案（answers.txt）文件中，题目之间也以回车为分隔符，在名册（students.txt）文件中，姓名之间以空格为分隔符。此外，在备选答案中，每道题的 4 个备选答案之间以“#”为分隔符。这些稍后都会在程序中出现。

还有一点要提醒各位，在保存上述文件时，要选择“Save with Encoding → UTF-8”，如图 7-2 所示，以便文件中的中文字符能够被 App Inventor 正确识别（避免出现乱码）。

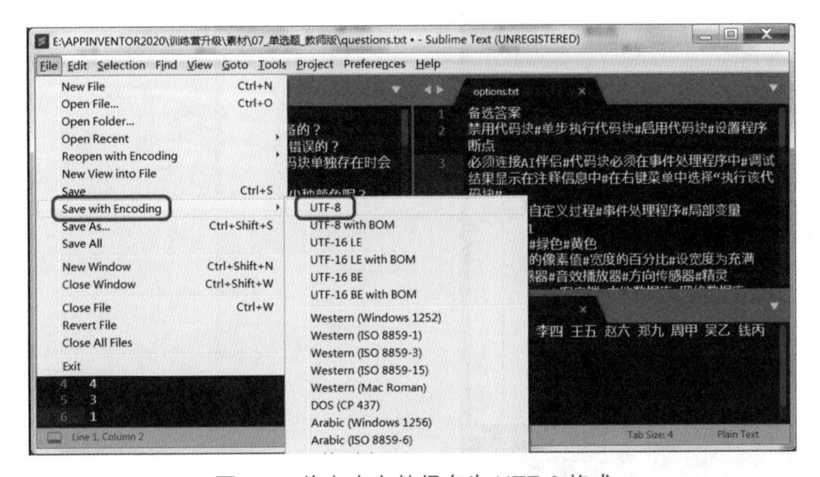

图 7-2 将文本文件保存为 UTF-8 格式

3. 数据的呈现

从功能定义来看，与数据呈现有关的功能包括**查看名册**、**查看试卷**及**查看成绩**，与这些功能相关的数据都是列表类型的数据，在项目中将采用拼接字串的方法，利用标签组件来显示这些数据。

① Windows 中的记事本也可以编辑文本文件，但是保存之后文件头处会自动添加额外的控制字符，这会为后续的数据处理带来麻烦。例如，在将文本分解为列表时，会神不知鬼不觉地产生多余的不可见的列表项。

现在，应用的功能定义及数据模型都已经确定下来，那么，是否可以开始讨论操作流程了呢？答案是否定的，因为我们还缺少用户界面设计这个环节。在描述流程的句子中，用户界面上的组件是句子的主语或宾语，没有它们，流程无从谈起。

7.3 用户界面设计

从技术角度看，单选题这款应用处理的是文本类型的数据。无论是学生名册还是试卷或成绩单，都由文本组成。因此，在教师端项目中，用**文本输入框**和**标签**来处理文本的输入与输出，用**对话框**来显示一些简短的系统反馈信息，用**文件管理器**及**网络数据库**来实现信息的存储。此外，还有若干个布局组件，来实现组件在页面上的部署。最后，用**计时器**来实现某些动作的延迟。设计完成的用户界面如图 7-3 所示，组件的命名及属性设置见表 7-6。

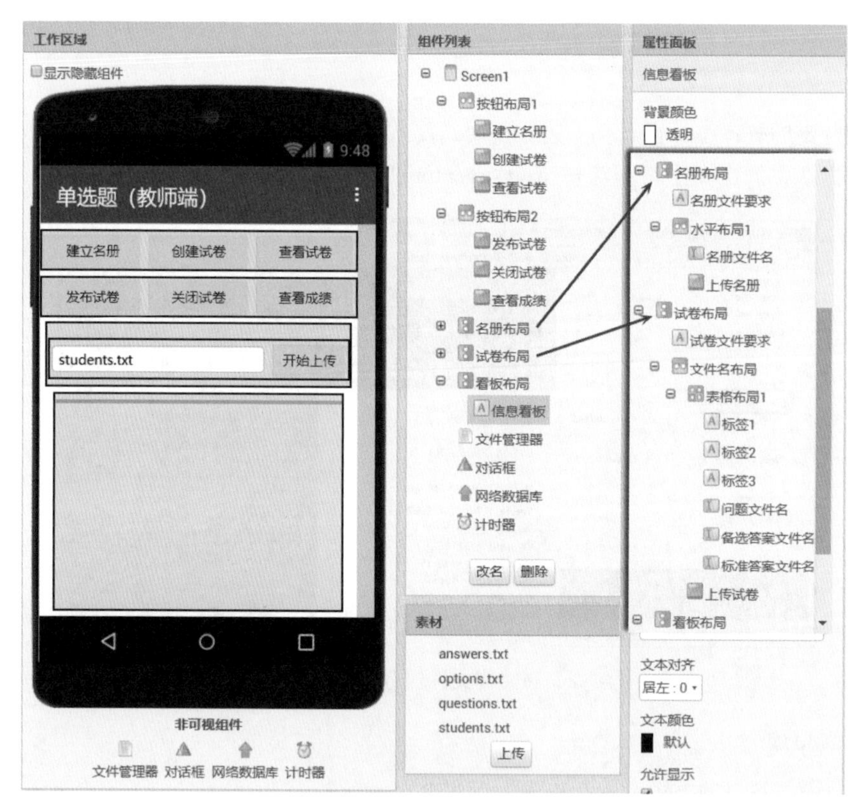

图 7-3 用户界面设计

在图 7-3 的素材区中有 4 个素材文件，它们正是图 7-1 中编辑的文件，这些素材文件上传成功后，存放在 App Inventor 的开发服务器上。当用手机进行开发测试时，即 App Inventor 与手机上的 AI 伴侣连接成功后，这些文件就被复制到手机上，保存在 AppInventor/assets 文件夹下，可以通过**文件管理器**组件读取这些文件的内容。需要提醒大家的是，将数据文件上传到项目中，是为了方便开发过程的讲解，在真实的使用场景下，作为用户的教师不可能通过项目上传文件，他们必须用其他方式将数据文件复制到手机的 AppInventor/assets 文件夹下。另外，文件的存放位置并非一定是 AppInventor/assets，也可以放在其他文件夹下，但是，为方便讲解，同时也避免用户在手机上输入路径信息，这里强制用户将文件复制到 AppInventor/assets 下。

表 7-6 组件的命名及属性设置

组件类型	组件命名	属 性	属 性 值
屏幕	Screen1	水平对齐 | 垂直对齐	居中
		标题	单选题（教师端）
		主题	默认
水平布局	按钮布局 1	宽度	充满
按钮	{ 以下三个按钮 }	宽度	充满
		背景颜色	黄色
	建立名册	显示文本	建立名册
	创建试卷	显示文本	创建试卷
	查看试卷	显示文本	查看试卷
水平布局	按钮布局 2	宽度	充满
按钮	{ 以下三个按钮 }	宽度	充满
		背景颜色	黄色
	发布试卷	显示文本	发布试卷
	关闭试卷	显示文本	关闭试卷
	查看成绩	显示文本	查看成绩
垂直布局	名册布局	宽度	95%
标签	名册文件要求	显示文本	空
水平布局	水平布局 1	宽度	充满
		垂直对齐	居中
文本输入框	名册文件名	宽度	充满
		提示	学生名册文件名
		显示文本	students.txt
按钮	上传名册	背景颜色	黄色
		显示文本	开始上传
垂直布局	试卷布局	宽度	95%
标签	试卷文件要求	显示文本	空
水平布局	文件名布局	宽度	充满
		垂直对齐	居中

（续）

组件类型			组件命名	属　性	属 性 值
	表格布局		表格布局 1	列数 | 行数	2 | 3
		标签	标签 1	显示文本	问题
			标签 2	显示文本	备选答案
			标签 3	显示文本	标准答案
		文本输入框	问题文件名	提示	问题文件名
				显示文本	questions.txt
			备选答案文件名	提示	备选答案文件名
				显示文本	options.txt
			标准答案文件名	提示	标准答案文件名
				显示文本	answers.txt
	按钮		上传试卷	背景颜色	黄色
				显示文本	上传
垂直滚动布局			看板布局	高度 | 宽度	充满 | 90%
	标签		信息看板	宽度	充满
文件管理器			文件管理器	—	—
对话框			对话框	全部属性	默认
网络数据库			网络数据库	服务器地址	http://tinywebdb.17coding.net
计时器			计时器	一直计时 | 启用计时	取消勾选

7.4 操作流程

数据和流程是应用开发的两个维度，两者一静一动，编织出完整的应用。

按照应用运行的时间顺序，教师端应用包含了以下流程：

(1) 启动流程
(2) 名册流程
(3) 试卷流程
(4) 成绩流程

7.4.1 启动流程

应用启动时的主要任务有以下 4 项。

(1) 隐藏名册布局、试卷布局及看板布局。
(2) 设置两个信息提示标签的显示文本：名册文件要求及试卷文件要求。

(3) 从网络数据库读取数据。
(4) 设置屏幕顶端按钮的初始状态。

在 4 项任务中，前面两项实现起来非常简单，因此这里重点讨论后面两项。

1. 从网络数据库读取数据

在应用的数据模型中，共有 6 项数据，其中 5 项为列表类型，另一项为空值或逻辑值。在列表类型的数据中，学生名册与成绩单为独立存储的数据，另外三项——问题、备选答案与标准答案，虽然它们的数据是单独存储的，但它们都是试卷的组成部分，因此在处理数据时，被视作同一组数据，这样 6 项数据就整合为 4 项数据：

- ❑ 学生名册
- ❑ 试卷
- ❑ 试卷状态
- ❑ 成绩单

以上 4 项数据的排列顺序，也是启动流程中读取数据的顺序，后一项数据的读取依赖于前一项数据的状态。例如，如果学生名册不存在，则无须读取试卷数据；同样，如果试卷不存在，也就无须读取试卷状态，以此类推。

2. 按钮的初始状态及状态改变

屏幕顶端有 6 个按钮，为了叙述方便，按照从左到右、自上而下的顺序给按钮编号，分别为 1 到 6。以下是 6 个按钮的属性设置原则，包括启用属性及显示文本属性。

(1) 1 一直处于启用状态。
(2) 当学生名册尚未建立，禁用 2、3、4、5、6。
(3) 如果名册已经建立成功，则 1 显示“查看名册”，启用 2。
(4) 当 1 被点击时，交替显示“查看名册”及“隐藏名册”。
(5) 当试卷已经创建成功时，启用 3，且 3 显示“查看试卷”。
(6) 当 3 被点击时，3 交替显示“查看试卷”及“隐藏试卷”。
(7) 当试卷已经创建成功，但尚未设置试卷状态或试卷已关闭时，启用 4。
(8) 当试卷已经创建成功，且试卷已发布时，禁用 4、启用 5。
(9) 当成绩单中已经记录成绩时，启用 6。
(10) 当 6 被点击时，交替显示“显示成绩”及“隐藏成绩”。

在以上条目中，有些不属于启动流程，但也在此一并加以说明，如第 (4)(6) 及 (10) 条。

图 7-4 中显示数据沿时间轴的改变，以及 6 个按钮在不同时间点上启用状态的改变。

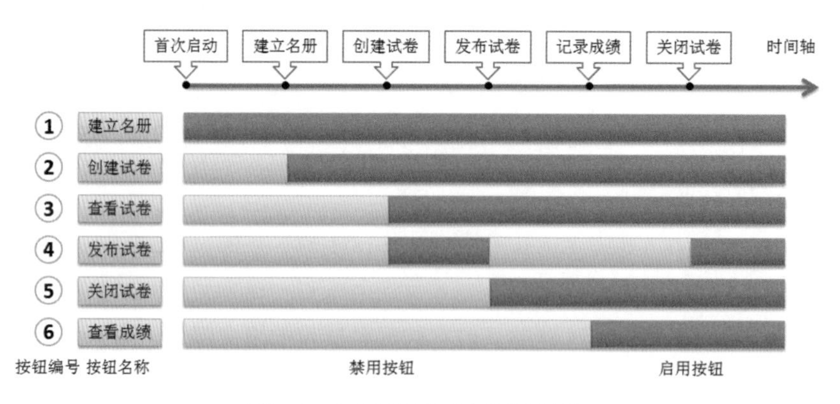

图 7-4 6 个按钮的启用属性设置

3. 流程图

根据上面的讨论结果，我们绘制了启动流程的流程图，如图 7-5 所示，图中流程的起点是右上角的空心圆，第一项操作为“读取名册”，此后，共有 5 个条件判断框，有些判断框的肯定分支（绿线）中有“记住 **”的操作，有些肯定分支中还要读取后续的数据，或设置按钮的状态；在每个判断的否定分支（红线）中，都要设置按钮的状态，有些还要给出相应的提示信息，如当名册不存在时，要提示用户建立名册。这张流程图是我们后面实现启动流程的“蓝图”，据此我们可以循序渐进地完成程序的编写。

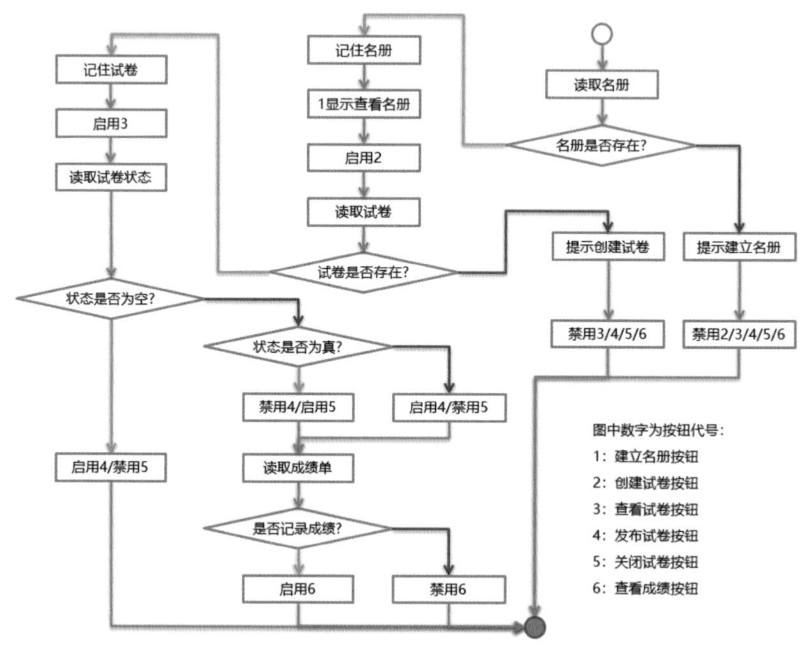

图 7-5 应用启动流程

7.4.2 名册流程

在启动流程中，如果名册不存在，则提示用户建立名册，并禁用 2 ～ 6 五个按钮。此时，用户可以点击**建立名册**按钮，显示**名册布局**。**名册布局**由 3 部分组成。

- 名册文件要求标签：用来显示文件的格式要求、存放位置等信息。
- 名册文件名输入框：用来输入名册文件名，默认值为 students.txt。
- 上传名册按钮：用来触发上传操作。

在开始上传文件之前，用户必须将名册文件上传到手机存储卡中的 AppInventor/assets 文件夹下，并在文件名输入框中输入正确的文件名。当用户点击**上传名册**按钮时，应用会检查文件名是否为空，如果不为空，则读取文件，将文件中的数据转为列表，并保存到**网络数据库**中。如果文件名为空，则提示用户输入文件名。

在名册数据保存成功后，需要完成两项任务。

- 显示通知：通知用户名册上传成功。
- 数据再请求：从网络数据库读取刚刚保存成功的名册数据。

如果在启动流程中名册已经存在，则**建立名册**按钮上显示**查看名册**，当用户点击**查看名册**时，要完成 3 项操作。

(1) **建立名册**按钮上显示**隐藏名册**。

(2) 在**看板布局**显示名册信息。

(3) 显示**名册布局**，此时用户可以建立新名册，当用户点击**上传名册**按钮准备上传新名册时，程序执行以下操作。

  a) 应用弹出对话框，提醒用户此次操作将删除原有名册。

  b) 如果用户选择**创建新名册**，则新名册被保存到**网络数据库**中，同时，看板信息也更新为新名册。

  c) 如果用户选择**返回**，则不执行任何操作。

当用户点击**隐藏名册**时，隐藏**名册布局**及**看板布局**。

7.4.3 试卷流程

在启动流程中，在成功获得名册信息后，会启用**创建试卷**按钮，并继续向**网络数据库**请求试卷信息，如果**网络数据库**返回的信息为空，则提醒用户“请创建试卷”，此时**查看试卷**按钮及第二行的按钮均为禁用状态，用户只能查看名册，或创建试卷。

1. 创建试卷

用户点击**创建试卷**按钮后，将打开**试卷布局**。**试卷布局**与**名册布局**具有相同的结构，不同的是，这里有 3 个文件名输入框，输入框中显示默认的文件名：questions.txt、options.txt 以及 answers.txt。在开始上传文件之前，用户必须将编辑好的文件复制到手机存储卡的指定位置（AppInventor/assets），并在 3 个文件名输入框中输入正确的文件名。当用户点击**上传试卷**按钮时，检查文件名是否为空，如果文件名为空，提示用户输入文件名；如果不为空，则检查全局变量**问题列表**是否为空。如果**问题列表**为空，则读取数据文件，将文件内容转成列表，并保存到**网络数据库**中；如果**问题列表**不为空，则弹出**对话框**，提醒用户此次操作将删除现有试卷，并提供两个选项：**创建新试卷**或**返回**。此时，如果用户选择**创建新试卷**，则创建新试卷，否则不做任何操作。

在试卷信息保存成功后，即 3 个文件均已上传成功后，还要完成以下 3 项任务。

- 显示通知：通知用户试卷上传成功。
- 数据再请求：向网络数据库请求刚刚保存成功的 3 项数据。当收到请求的数据时，程序并入启动流程——记住试卷、读取试卷状态，并启用查看试卷按钮。
- 存储关联数据：将试卷的状态设置为空字符。

通过与名册流程的比较可知，这里增加了存储关联数据任务。

2. 查看试卷

与名册流程不同的是，在名册流程中，一个按钮分饰 3 个角色：**建立名册**、**查看名册**及**隐藏名册**。在试卷流程中，按钮的职责相对简单，下面是与**查看试卷**按钮有关的流程。

(1) 当用户点击**查看试卷**按钮时，检查按钮上的显示文本，如果显示文本为**查看试卷**，则执行以下操作。
 a) 设**按钮显示文本**为**隐藏试卷**。
 b) 关闭**名册布局**（无论该布局是否打开）。
 c) 关闭**试卷布局**（无论该布局是否打开）。
 d) 打开**看板布局**，并显示试卷内容。

(2) 如果**按钮显示文本**为**隐藏试卷**，则执行以下操作。
 a) 设按钮的显示文本为**显示试卷**。
 b) 关闭**看板布局**。

3. 发布试卷与关闭试卷

先来说明发布试卷流程。**发布试卷**按钮在以下两种情况下处于启用状态：

- ❑ 试卷已经上传；
- ❑ 试卷状态为空（尚未发布）或假（已经关闭）。

当用户点击**发布试卷**按钮时，无须再作任何检查，直接将**网络数据库**中的试卷状态信息更新为“真”即可。试卷发布成功后，需要完成以下 3 项任务。

- ❑ 显示通知：告知用户试卷发布成功。
- ❑ 数据再请求：向网络数据库请求刚刚更新过的试卷状态，此后的流程并入启动流程。当状态值“真”返回时，禁用发布试卷按钮，启用关闭试卷按钮，并读取成绩单。
- ❑ 存储关联数据：创建一个空的成绩单，其中姓名来自于学生名册，分数设为空文本，将成绩单保存到网络数据库。

顺便说一句，当试卷状态为“真”时，作为学生端的用户，学生就可以开始考试了。学生必须在试卷关闭之前完成考试并交卷，此时学生的得分将被保存到成绩单中。

最后，当**关闭试卷**按钮被启用时，用户可以点击按钮关闭试卷，也就是将**网络数据库**中的状态值修改为“假”。当关闭试卷后，需要完成以下两项任务。

- ❑ 显示通知：告知用户试卷已经关闭。
- ❑ 数据再请求：向网络数据库请求刚刚保存过的试卷状态，此后的流程并入启动流程。当状态值“假”返回时，启用发布试卷按钮，禁用关闭试卷按钮，并读取成绩单。

试卷关闭后，学生将无法打开试卷参加考试，正在参加考试的学生也无法再交卷并获得成绩。

7.4.4 成绩流程

这一流程依赖于学生端的操作，当学生完成考试并交卷后，应用将计算出学生的考试成绩，并将成绩保存到**网络数据库**中，也就是将**成绩单**中的**空字符**替换为数字。此时，如果启动教师端，可以看到**查看成绩**按钮已被启用，点击按钮就可以从**网络数据库**中提取最新成绩，并显示在**信息看板**中。

7.5 技术准备

在教师端应用中，我们要处理的数据大多属于文本类型。我们知道，计算机对于不同类型的数据有不同的处理方法，数值型的数据要用数学的方法来处理，如四则运算、三角函数等，那么，文本型的数据如何处理呢？图 7-6 中将列表的操作方法与文本型数据的处理方法加以比较，如果你熟悉列表的操作，那么也就很容易理解这些文本的处理方法了。

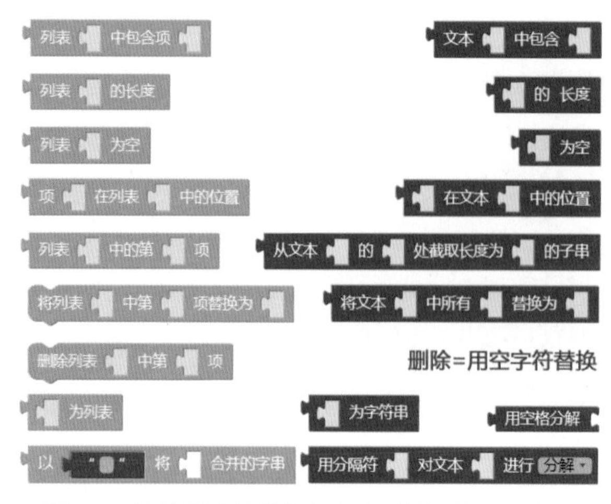

图 7-6 比较列表的操作与文本型数据的处理方法

图中的前面的四项几乎完全相同，其余各项也都分别具有对照关系：

(1) 包含判断
- a) 列表中是否包含某一项
- b) 文本中是否包含某一串（或某一个）字符

(2) 求长度
- a) 求列表的长度
- b) 求文本的长度

(3) 判断是否为空
- a) 列表是否为空
- b) 文本是否为空

(4) 求索引值
- a) 求某列表项在列表中的位置
- b) 求某一串（或某一个）字符在文本中的位置

(5) 求项或求子串
- a) 求列表中指定位置的列表项
- b) 求文本中指定位置且指定长度的子串

(6) 替换
- a) 替换列表中指定位置的项（针对位置）
- b) 替换文本中指定的字符（针对字符）

(7) 删除
- a) 删除列表中指定位置的项（针对位置）

b) 将文本中指定的字符替换为空字符（针对字符）

(8) 类型判断

a) 是否为列表

b) 是否为字串

(9) 合并与分解

a) 将列表中的项用指定字符连接成字串

b) 用指定的分隔符（包含空格）对文本进行分解，分解的结果为列表

通过上面的逐条比较，相信你已经对文本类型数据的操作有了比较直观的了解。在诸多操作方法中，最后一条“合并与分解”中的“分解”才是本章的重点，下面用代码给出更为具体的使用方法，如图 7-7 所示。

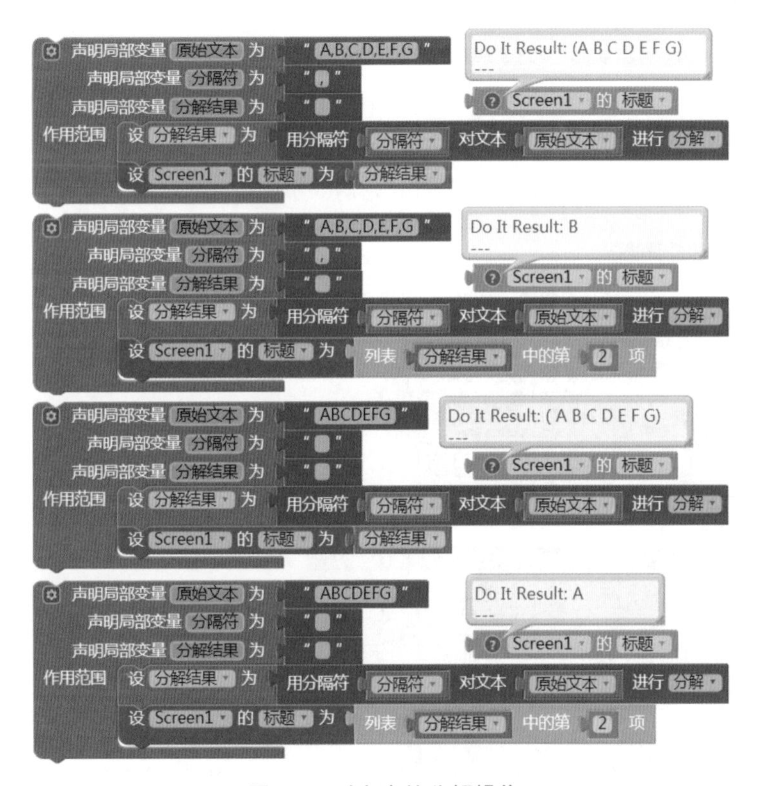

图 7-7　对字串的分解操作

图 7-7 中给出了 4 组实验结果，前面两组中原始文本的分隔符是“,”，第一个图中显示了分解的结果：(A B C D E F G)。这是 App Inventor 中列表的文本表示法：用括号包围列表项，列表项之间用空格分隔。从第二个图中可以看出，分解结果列表中的第二项是 B。后面两组的实验结果有些出人意料，在第三个图中，分解结果列表中的第 2 项竟然是 A，为什么不是 B 呢？

在后面两组实验中，原始文本中没有分隔符，于是我们就用空文本作为分隔符对原始文本进行分解，分解的结果如第四个图所示。仔细观察比较第一个图与第四个图中的测试结果，你会发现，在第四个图中，左括号与 A 之间有一个空格，这意味着在列表项 A 之前还有一项，它是一个空字符！

以上用程序解释了文本数据的分解操作，希望大家能够记住这些结果，尤其要关注后面的两个实验的结果：当你决定用空字符作分隔符时，记住删掉分解结果中的第一项。

7.6 编写程序：启动流程

在之前的几章中，我们基本上是以事件为线索，逐步实现应用的功能，其中最先完成的是屏幕初始化程序。然而，在教师端这个例子中，我们将放弃一贯的做法，改用以流程为线索，逐一实现应用的功能。

在启动流程中（如图 7-5 所示），涉及两个事件：屏幕初始化事件及**网络数据库**收到数据事件。按照程序运行的时间顺序，先来处理屏幕初始化事件。在开始编写程序之前，有一些常量需要事先设置好，代码如图 7-8 所示，稍后你会看到它们的用途。

图 7-8 项目中使用的常量

> **注意**
>
> 在 2021 版的 App Inventor 中，用两个斜杠"//"表示项目资源文件夹 AppInventor/assets。

在屏幕初始化事件中，首先隐藏**名册布局**、**试卷布局**及**看板布局**，然后设置**名册文件要求**标签及**试卷文件要求**标签的显示文本，最后向**网络数据库**请求学生名册信息，代码如图 7-9 所示。

向**网络数据库**请求数据的指令发出之后，可能会有触发**网络数据库**组件的两类事件：一是通信失败事件（手机没有连网），二是收到数据事件。当通信失败时，用**对话框**的消息通知功能提醒用户，代码如图 7-10 所示。

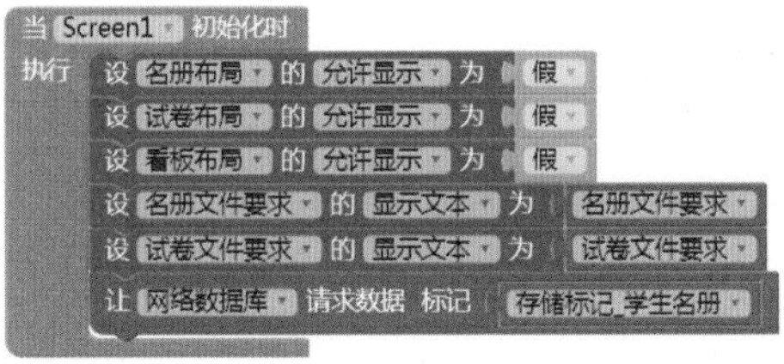

图 7-9　屏幕初始化事件的处理程序

图 7-10　当通信失败时向用户发出通知

当**网络数据库**收到数据时，需要“记住”收到的数据，因此需要声明几个全局变量，来保存收到的数据。除此之外，应用在向**网络数据库**保存数据时，也需要记录一些必要的信息，因此这里一并加以声明。代码如图 7-11 所示，左侧的 4 个变量用于“记住”返回数据，右侧的 3 个变量用于“记住”存储操作时的数据。

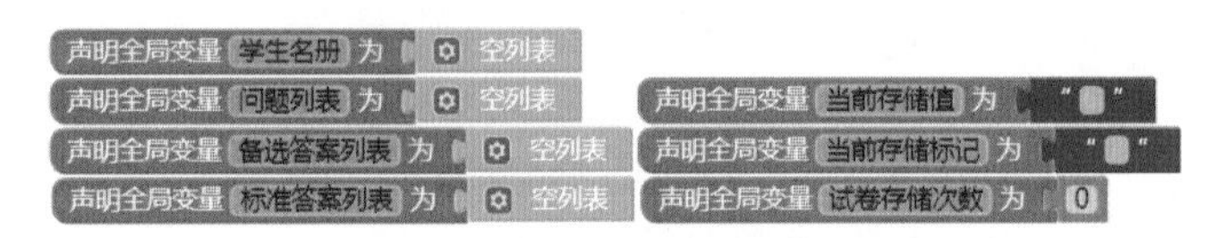

图 7-11　用全局变量保存收到的网络数据

从图 7-5 的流程图中得知，当收到**学生名册**时，如果名册尚未建立，则禁用 5 个按钮；在收到试卷数据时，如果试卷尚未创建，则禁用 4 个按钮，为了保持代码的简洁，先创建两个过程：**禁用五个按钮**及**禁用四个按钮**，代码如图 7-12 所示。

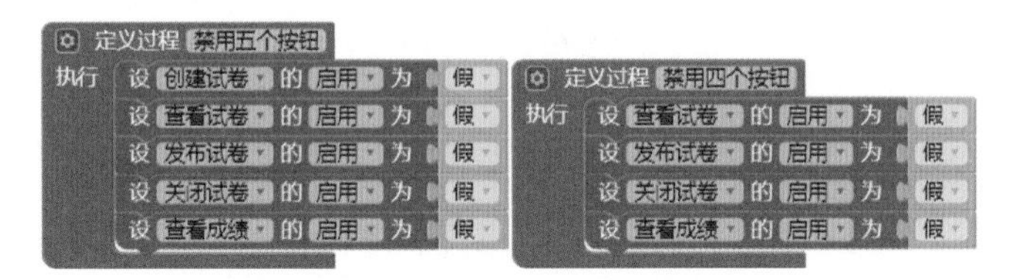

图 7-12　创建过程：禁用五个按钮及禁用四个按钮

在图 7-8 中共有 6 个用于请求数据的存储标记，这意味**网络数据库**组件会发出 6 类数据请求，每一种请求成功后都会触发收到数据事件。因此，在收到数据事件中，必须先判断返回的数据来自于哪一个请求。在收到数据事件块中有两个参数：**标记**及**数值**。这个**标记**正是请求数据时使用的标记，我们将依据**标记**的内容，决定下一步程序的走向。图 7-13 中给出了不完整的收到数据事件的处理程序，程序中只处理了**标记**为**学生名册**时的情况：当名册为空时，通知用户建立名册，并禁用 5 个按钮；当名册不为空时，用全局变量记录名册数据，设置**建立名册**按钮的显示文本为**查看名册**，并继续请求试卷数据。

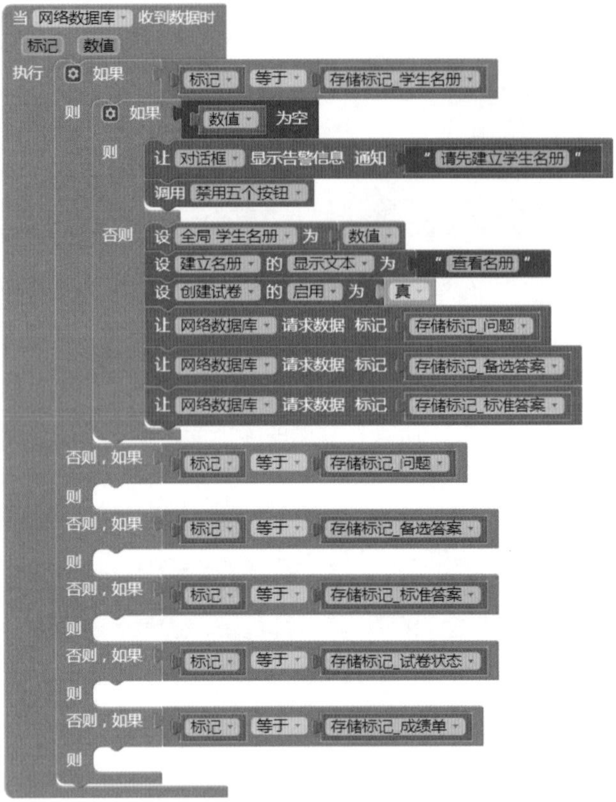

图 7-13 不完整的收到数据事件处理程序

在**学生名册**不为空的情况下，**网络数据库**组件连续发送 3 次数据请求，这些请求的结果同样需要在上面的收到数据事件中予以处理。在编写程序之前，我们需要有个约定：只有在收到完整的试卷信息时，即 3 个请求都已返回数据时，才能决定下一步的操作。为了判断试卷信息的完整性，需要创建一个有返回值的过程——**试卷完整**，代码如图 7-14 所示。

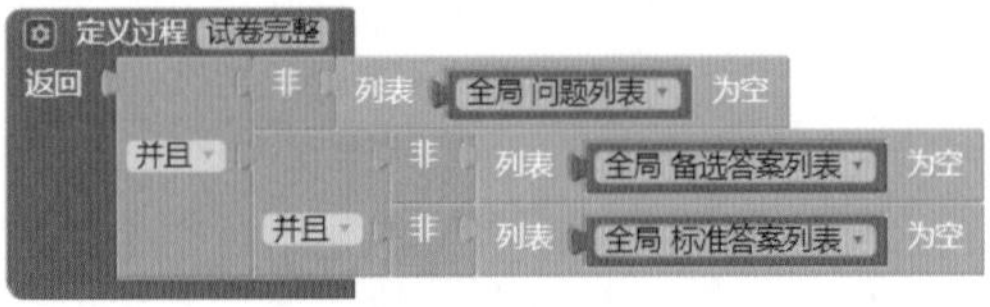

图 7-14 创建有返回值的过程：试卷完整

考虑到收到数据事件要处理 6 种不同的情况，这势必使得事件处理程序变得过于臃肿，为了让程序简洁易读，需要创建几个过程，分别来处理这些收到的数据。首先将图 7-13 中第一个分支中的代码转移到**处理返回数据 _ 名册**过程里，代码如图 7-15 所示。

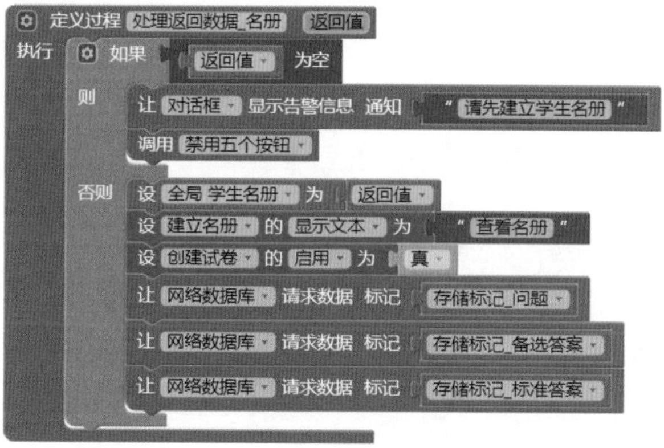

图 7-15 创建过程：处理返回数据 _ 名册

然后创建一个**处理返回数据 _ 试卷**过程，代码如图 7-16 所示。

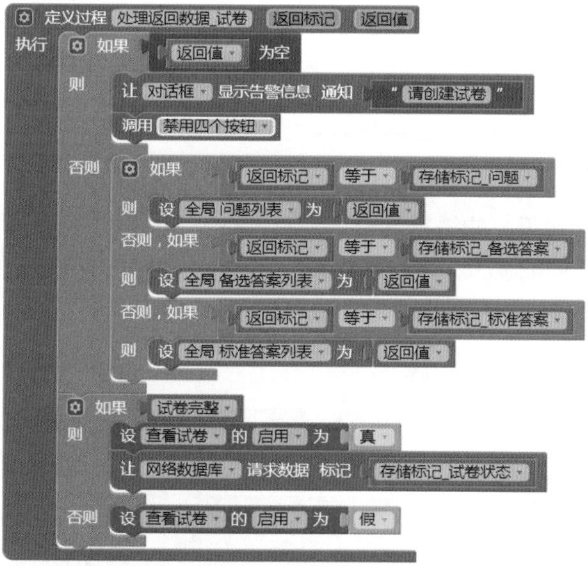

图 7-16 创建过程：处理返回数据 _ 试卷

由于**处理返回数据 _ 试卷**过程使用了两个参数：**返回标记**及**返回值**，因此，无论返回的数据是**问题**、**备选答案**，还是**标准答案**，都可以用它来处理。这样，收到数据事件中的 3 个条件分支就可以合并为一个分支，只要判断**标记**是它们三者之一即可。创建一个有返回值的过程——**是试卷标记**，代码如图 7-17 所示。

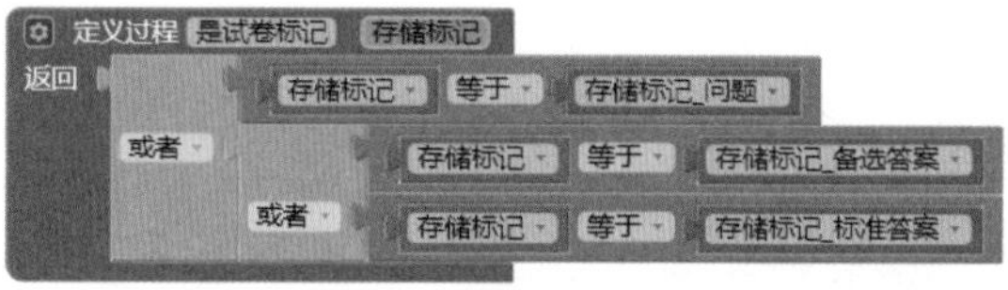

图 7-17 创建有返回值的过程：是试卷标记

最后，在收到数据事件中调用以上 3 个过程，代码如图 7-18 所示。

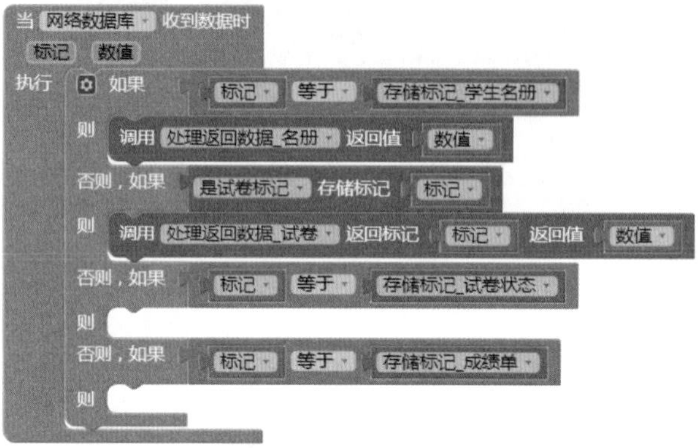

图 7-18 完善后的收到数据事件处理程序

下面来编写过程**处理返回数据 _ 试卷状态**，按照流程图 7-5 的设计，只要按图索骥就可以很容易地写出代码，如图 7-19 所示。

再来编写**处理返回数据 _ 成绩单**过程。按照前面名册流程中的设计，当试卷发布成功后，会根据名册创建一个空的**成绩单**，用空字符来代替分数，因此，只要试卷已经发布，就会有成绩单数据返回。这时需要判断**成绩单**中是否已经记录了分数，如果已经记录了分数，则启用**查看成绩**按钮，否则，禁用**查看成绩**按钮，代码如图 7-20 所示。

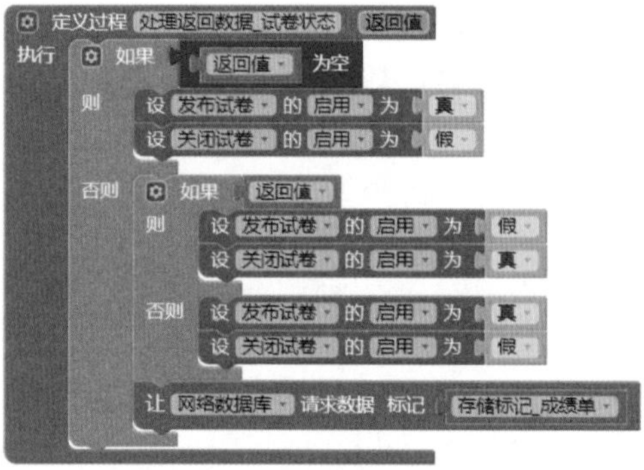

图 7-19 创建过程：处理返回数据 _ 试卷状态

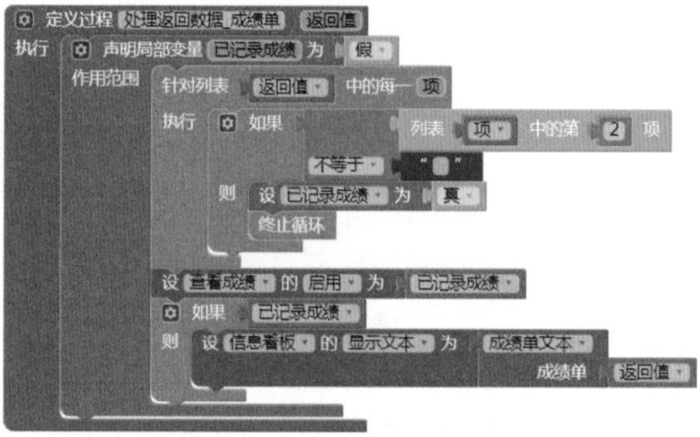

图 7-20 创建过程：处理返回数据 _ 成绩单

最后，在**网络数据库**收到数据事件中调用上述两个过程，代码如图 7-21 所示。

至此，应用的启动流程基本上已经实现。因为**网络数据库**中还没有数据，所以测试只能得到图 7-22 中的结果。之所以能够在没有数据的情况下编写程序，是因为我们事先已经设计了完整的数据模型，包括数据的结构、存储方式及呈现方式。有了数据模型，编写程序才能“言之有物”，这正是设计数据模型的意义所在。

图 7-21 完整的收到数据事件处理程序

图 7-22 启动流程的测试结果

7.7 编写程序：名册流程

与启动流程相似的是，名册流程中不止涉及一个事件，与名册流程有关的事件包括：

(1) 建立名册按钮的点击事件
(2) 上传名册按钮的点击事件
(3) 文件管理器的收到文本事件
(4) 网络数据库的完成存储事件
(5) 对话框完成选择事件
(6) 计时器的计时事件

以上列举的事件顺序，也正是程序编写的顺序，下面从**建立名册**按钮的点击事件开始。

7.7.1 建立名册按钮的点击事件

当名册尚未建立时，**建立名册**按钮上显示**建立名册**；当名册已经建立但没有处于显示状态时，按钮上显示**显示名册**；当名册处于显示状态时，按钮上显示**隐藏名册**。当用户点击**建立名**

册按钮时，需要根据按钮上的文本来判断当前的名册状态，并根据判断结果执行不同的程序。在编写点击事件处理程序之前，先要创建一个**显示名册**过程，将**学生名册**列表中的内容拼接成字串，并显示在**信息看板**中。代码如图 7-23 所示，过程中使用了将列表项拼成字串的语句，这样就免去了写循环语句的麻烦。

图 7-23 创建过程：显示名册

下面编写**建立名册**按钮的点击事件处理程序，代码如图 7-24 所示。在这段代码中，先将按钮的显示文本保存在局部变量中，然后在条件语句中用局部变量与固定文本进行比较，并根据比较结果执行不同的操作。

注意

大家也许会有疑问：局部变量**按钮显示文本**看起来是多余的，直接使用按钮的属性值，代码看起来会更简单。这样做的理由是，程序读取变量的效率要高于读取组件属性的效率，效率高的结果是节省程序的运行时间。如果程序中需要多次读取组件的属性，建议将属性值保存到局部变量中，然后从变量中获取属性值。当然，就这段程序来说，节省的时间完全可以忽略不计，这里只是想提醒各位，要树立程序运行效率的观念，当程序够大、够复杂时，好的编程习惯有助于提高软件的性能。

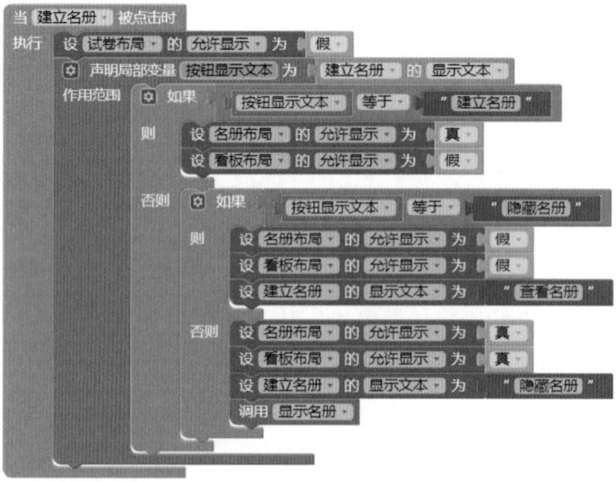

图 7-24 建立名册按钮的点击事件处理程序

7.7.2 上传名册按钮的点击事件

在**上传名册**按钮的点击事件中，需要检查文件名是否为空。如果为空，则提醒用户输入文件名，如果不为空，则检查全局变量**学生名册**是否为空。如果**学生名册**为空，则开始读取文件，否则，弹出选择对话框，提醒用户名册已经存在，并提供两个选择按钮：**创建新名册**及**返回**，代码如图 7-25 所示。

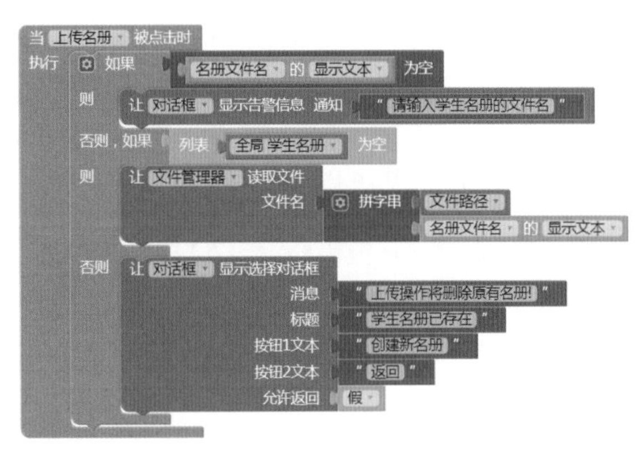

图 7-25 上传名册按钮的点击事件处理程序

7.7.3 文件管理器的收到文本事件

在图 7-25 的“否则，如果”分支中，让**文件管理器**读取手机中指定位置的名册文件，当读取成功时，会触发**文件管理器**的收到文本事件，在该事件中，首先判断文本中是否包含某些特征字符，如“名册”“问题”等（见图 7-1 中 4 个黄框围住的文件头），然后根据判断结果决定程序的走向。当文本中包含“名册”时，以空格为分隔符将读到的文本转化为列表，再将列表保存到**网络数据库**中。图 7-26 中给出了不完整的收到文本事件处理程序。注意在保存数据的同时为全局变量**当前存储标记**赋值，它的值正是**学生名册**的存储标记，稍后在 7.7.4 节中，你会看到它的作用。

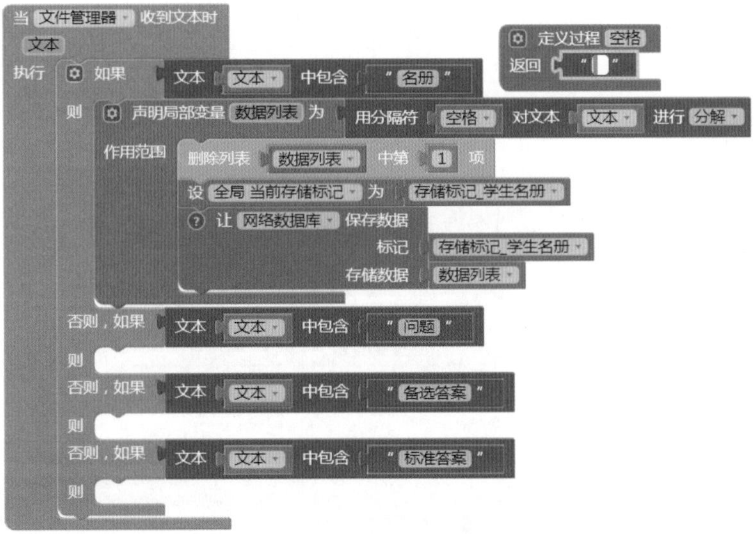

图 7-26 不完整的收到文本事件处理程序

图 7-26 还创建了一个有返回值的过程——**空格**，这是为了区分空格与空字符，这两个块在外观上是无法区分的。

7.7.4 网络数据库的完成存储事件

按照前面对名册流程的设计，当名册数据保存成功后，接下来要做的是下面两件事。

- 显示通知：通知用户数据上传成功。
- 数据再请求：从网络数据库中读取刚刚保存的数据。

从图 7-21 中可知，**网络数据库**的收到数据事件中携带了两个参数——**标记**及**数值**，我们可以根据**标记**来区分返回的数据。然而，**网络数据库**的完成存储事件中没有携带任何参数，因此，我们无法区分某一次完成存储事件来自哪一项数据的存储操作，这正是全局变量**当前存储标记**的作用。具体来说，**当前存储标记**的作用有两个：

- 确定存储成功后的通知内容；
- 从网络数据库中读取刚刚存储成功的数据。

针对不同的数据，存储成功后要显示不同的通知内容，这意味着要使用多分支的条件语句，根据**当前存储标记**的值，来决定要显示的内容。但是这种多分支的条件语句写起来总是让人有一丝无奈，有没有更为简单的方法呢？答案是肯定的，那就是**键值对列表**。图 7-27 所示，创建一个有返回值的过程——**通知文本**。在一个包含 6 项的键值对列表中，键为存储标记，值为通知的内容。过程有一个参数——**发布试卷**，它仅与试卷的发布与关闭有关：当发布试卷时，其值为真；当关闭试卷时，其值为假。另外，图中创建了另一个有返回值的过程——**空字符**，以便与**空格**加以区分。当用鼠标点击**空格**块时，会显示一条蓝色竖线，如图 7-27 所示，而点击**空字符**块时，则不会出现蓝色竖线。

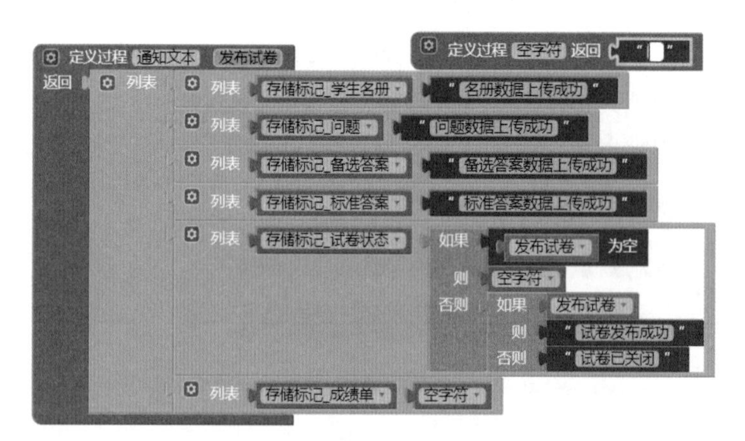

图 7-27 创建有返回值的过程：存储数据名称

你可能会注意到，在**通知文本**过程里，与**成绩单**相对应的通知内容为**空字符**，这是因为保存**成绩单**不是由用户发起的，它是应用内部的行为，因此没有必要将保存结果通知用户。

下面编写完成存储事件的处理程序，在处理程序中，根据**当前存储标记**获取将要显示的**通知文本**，如果**通知文本**不为空，则用**对话框**显示该文本，然后向**网络数据库**请求刚刚保存成功的数据，最后将**当前存储标记**设为**空字符**，代码如图 7-28 所示。注意，请求数据的操作稍后将触发**网络数据库**的收到数据事件，此后程序将并入启动流程中——记住名册，并将**建立名册**按钮的显示文本修改为**查看名册**，见图 7-5、图 7-15 及图 7-18。

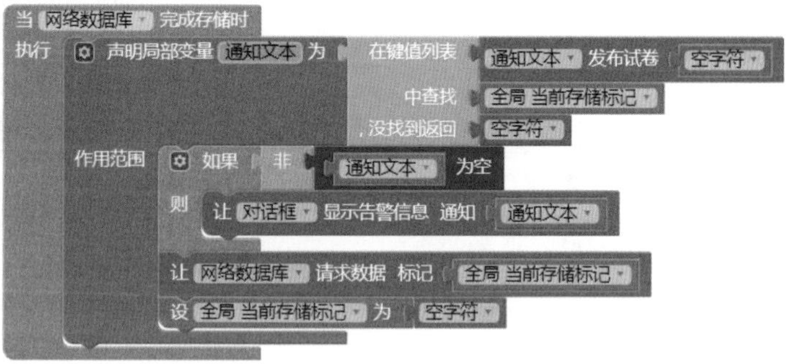

图 7-28 完成存储事件的处理程序

7.7.5 对话框完成选择事件

在图 7-25 中，如果**名册文件名**不为空，且名册列表也不为空，则弹出**对话框**，提示用户此次操作将删除原有名册，并提供了两个选项：**创建新名册**和**返回**。当用户选择前者时，则上传名册文件，代码如图 7-29 所示。

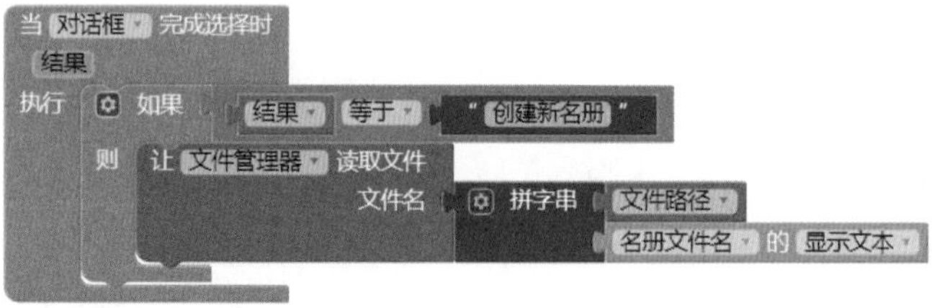

图 7-29 处理用户的选择：创建新名册

以上我们实现了与名册有关的功能，下面进行测试，测试结果如图 7-30 所示。注意，在测试结果中，**建立名册**按钮的显示文本发生了变化，在左一图中为**建立名册**，在左二图中为**查看名册**，在右一及右二图中为**隐藏名册**。

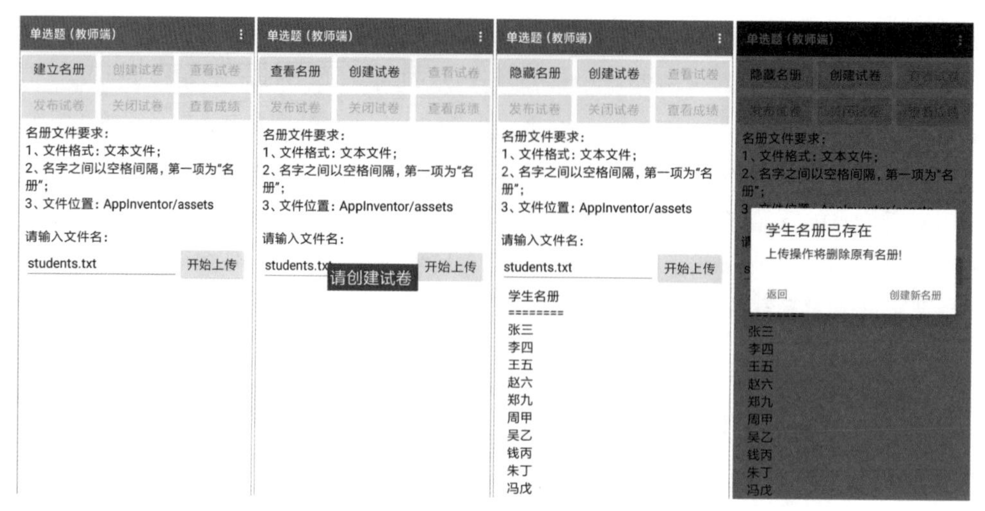

图 7-30 名册功能的测试结果

如果你跟随前面的程序，并自行完成了测试，你会发现，在名册创建成功后，几乎看不到“名册数据上传成功”的通知，只能看到“请创建试卷”的通知，如图 7-30 中的左二图所示。这是因为名册数据保存成功后，会立即向**网络数据库**请求刚刚保存成功的数据，当请求的数据返回时，程序并入启动流程。在启动流程中，读取名册成功后会继续读取试卷信息，当返回的试卷信息为空时，就会弹出上述“请创建试卷”的通知，见图 7-16。无法看到“名册数据上传成功”的提示，一方面说明**网络数据库**的存储效率很高，另一方面，也提示我们程序需要改进——要在两次通知之间增加一个时间间隔，这正是**计时器**组件的功能。

7.7.6 计时器的计时事件

我们的目标是在两次通知之间增加 1 秒的间隔：在第一次通知结束后，启动**计时器**，1 秒后，发生计时事件，在计时事件中，显示第二次通知。不过这样的盘算并不能奏效，因为第二次通知是由**网络数据库**的收到数据事件引发的，我们无法控制通知的显示时机。但回顾图 7-28 中的代码，我们可以找到解决问题的办法：在第一次通知之后，启动**计时器**，将请求试卷数据的指令转移到**计时器**的计时事件中。这样就可以延迟执行请求数据指令，也就间接地延迟了第二次通知的显示。修改后的代码如图 7-31 所示。再次测试时，可以先后看到两次通知。

不过，这里需要提醒各位，原本在完成存储事件中连续执行的指令，现在被拆分成两部分，这不仅是部分代码的转移，还是程序职责的重新划分。原来的完成存储事件具有两项职责：显示通知及数据再请求。现在，它只承担显示通知的职责，数据再请求的职责则转移到了计时事件。此外，还有一点需要特别留心，就是全局变量的赋值时机：在计时事件中，要等到数据再请求的指令执行完成后，才能将**当前存储标记**重置为**空字符**。

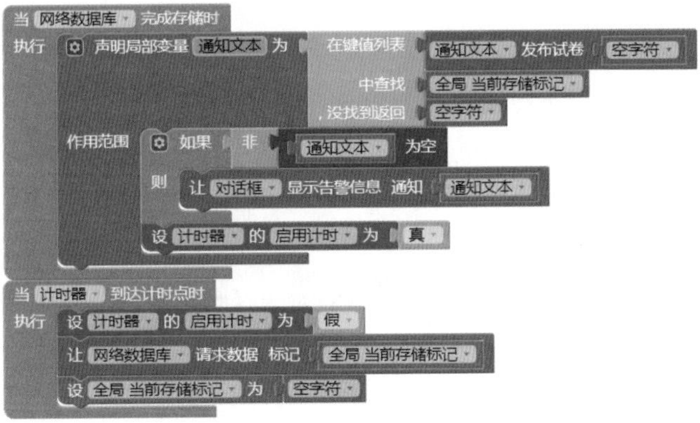

```
当 网络数据库 完成存储时
执行 声明局部变量 通知文本 为 在键值列表 通知文本 发布试卷 空字符
                              中查找 全局 当前存储标记
                              ，没找到返回 空字符
     作用范围 如果 非 通知文本 为空
              则 让 对话框 显示告警信息 通知 通知文本
              设 计时器 的 启用计时 为 真
当 计时器 到达计时点时
执行 设 计时器 的 启用计时 为 假
     让 网络数据库 请求数据 标记 全局 当前存储标记
     设 全局 当前存储标记 为 空字符
```

图 7-31 利用计时器延迟请求数据指令的执行

> **注意**
>
> 程序的拆分本质上是职责的重新划分，理解了这一点，才不会在后面更为复杂的任务中迷失方向。

7.8 编写程序：试卷流程

试卷流程包括 4 个步骤：

(1) 创建试卷
(2) 查看试卷
(3) 发布试卷
(4) 关闭试卷

7.8.1 创建试卷

与建立名册流程类似，创建试卷功能涉及下列事件：

(1) 创建试卷按钮点击事件
(2) 上传试卷按钮点击事件
(3) 文件管理器收到文本事件
(4) 网络数据库完成存储事件
(5) 计时器的计时事件
(6) 对话框完成选择事件

在上述事件中，只有前两个事件需要从头开始编写事件处理程序，其余几个事件已经在实现名册流程时，给出了不完整的事件处理程序，这里只需加以完善即可。另外，**计时器**的计时事件穿插在几个事件之间。

1. 创建试卷按钮点击事件

当用户点击**创建试卷**按钮时，显示**试卷布局**，同时隐藏其他布局，代码如图 7-32 所示。

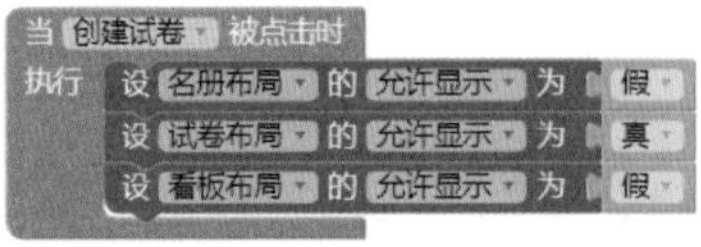

图 7-32 创建试卷按钮的点击事件处理程序

2. 上传试卷按钮点击事件

当用户点击**上传试卷**按钮时，需要检查 3 个文件名输入框。如果为空，则提醒用户输入文件名；如果不为空，则检查**问题列表**是否为空（检查三个中的任何一个即可）。如果**问题列表**为空，则开始读取问题文件，如果不为空，弹出**对话框**，询问是否要创建新试卷。上传试卷按钮点击事件的代码如图 7-33 所示。

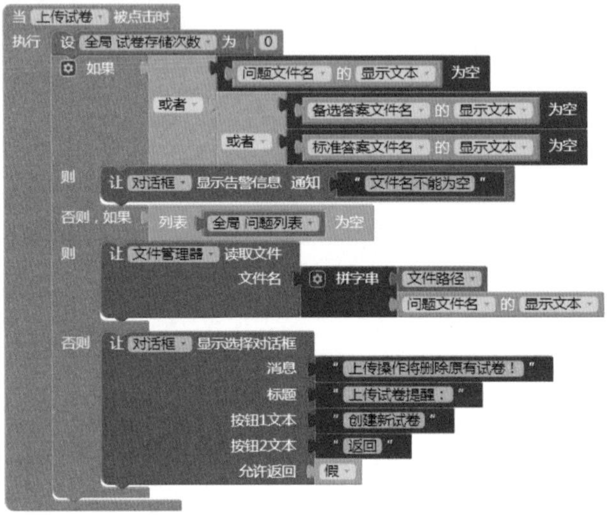

图 7-33 上传试卷按钮的点击事件处理程序

为什么单单读取一个问题文件呢？如何处理备选答案及标准答案文件呢？很高兴你能提出这样的问题。如前所述，3 个试卷文件都要经过处理并上传到**网络数据库**中，在上传成功后，都会显示上传成功的通知，为了在这些通知之间制造 1 秒的间隔，这里特别将另外两个文件的读取操作放到**计时器**的计时事件中，稍后你会看到对另外两个文件的读取操作。

3. 文件管理器收到文本事件

当用户点击**上传试卷**按钮后，**文件管理器**组件开始从手机的指定位置读取文件，文件读取成功后，将触发**文件管理器**的收到文本事件。在该事件中，需要处理 4 类数据：**学生名册**、**问题**、**备选答案**及**标准答案**。这 4 类数据的处理方式有很大的相似性：

(1) 为全局变量**当前存储标记**赋值；

(2) 用分隔符（空格或 \n）对文本内容进行分解，得到一个单级列表；
(3) 删除单级列表中的第一项（数据名称）；
(4) 如果数据是**备选答案**，还要用分隔符“#”对单级列表中的每一项进行分解，得到一个多级列表；
(5) 将所得的单级列表或多级列表保存到**网络数据库**中。

为了减少对代码的复制、粘贴操作，这里创建一个**上传数据**过程，将上述操作封装在过程里，代码如图 7-34 所示。注意，这里用参数**分隔符 2** 来区分备选答案数据，当**分隔符 2** 为空时，将**单级列表**保存到**网络数据库**中；当**分隔符 2** 不为空时，对**单级列表**进行逐项分解，并将分解结果添加到**多级列表**中，最终将**多级列表**保存到**网络数据库**中。

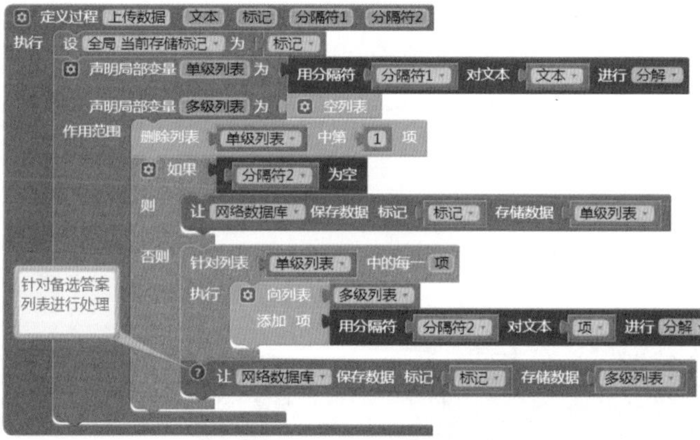

图 7-34 上传数据过程

然后，在**文件管理器**的收到文本事件中，调用上述过程。注意分隔符的设置：在**名册**分支中，**分隔符 1** 是一个**空格**，**分隔符 2** 为**空字符**；在后面几个分支中，**分隔符 1** 均为**回车**符，在**备选答案**分支中，**分隔符 2** 为“**#**”，其余分支中**分隔符 2** 为**空字符**，代码如图 7-35 所示。

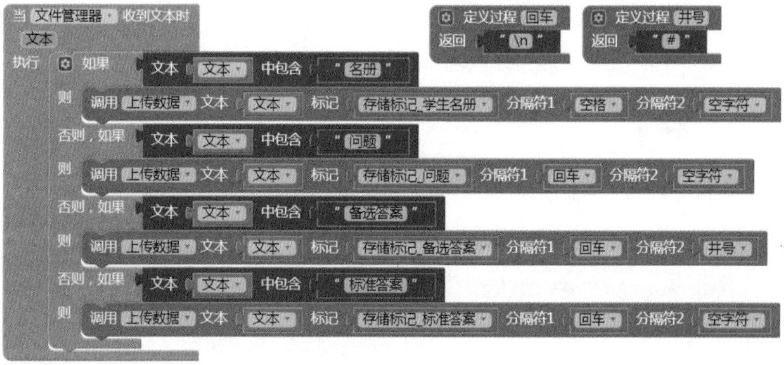

图 7-35 文件管理器的收到文本事件处理程序

4. 网络数据库完成存储事件

我们先来回顾一下图 7-31，当**学生名册**保存成功后，有以下两项任务需要完成。

(1) 显示通知：通知用户名册数据上传成功。
(2) 数据再请求：请求刚刚上传成功的数据。

其中第一项任务是完成存储事件的职责，而第二项任务是计时事件的职责，即在第一项任务完成之后，启动**计时器**，在**计时器**的计时事件中完成第二项任务。

然后来看试卷的存储，当试卷对应的 3 个列表成功地保存到**网络数据库**后，有以下 3 项后续任务需要完成。

(1) 显示通知：通知用户试卷上传成功。
(2) 数据再请求：向网络数据库请求刚刚保存成功的 3 项数据。
(3) 存储关联数据：设试卷状态为空字符。

通过比较发现，图 7-31 中的完成存储事件处理程序对于试卷存储也同样适用，为了稍后在**计时器**的计时事件中区分要读取的试卷文件，这里要用到前面声明的全局变量**试卷存储次数**，每存储完成一次，变量值加 1。修改后的完成存储事件处理程序如图 7-36 所示。

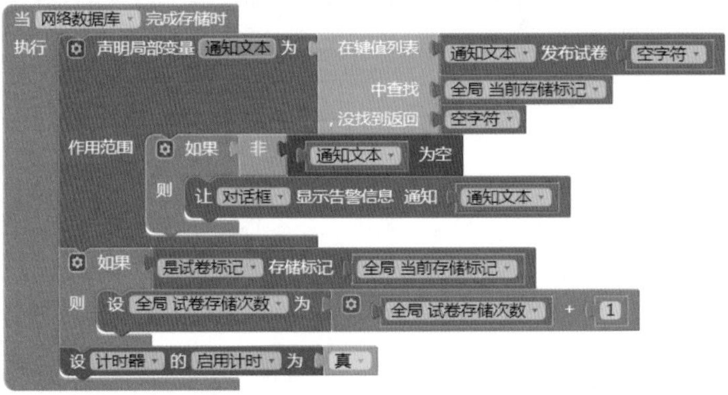

图 7-36　修改后的完成存储事件处理程序

5. 计时器的计时事件

下面来修改**计时器**的计时事件处理程序，代码如图 7-37 所示。

在修改后的计时事件中，除了要完成数据再请求任务，还要依次执行读取文件任务及存储关联数据任务。当读取备选答案文件成功后，程序会触发**文件管理器**的收到文本事件。在收到文本事件中，程序会执行上传数据操作，并再次触发**网络数据库**的完成存储事件。在完成存储事件中，首先显示通知，然后将**试卷存储次数**加 1，并再次启动**计时器**。直到**试卷存储次数**为 3

时，试卷上传完成，此时将试卷状态设为**空字符**，并保存到**网络数据库**。当试卷状态保存成功后，程序将再次触发完成存储事件。此时，没有后续任务需要执行，因此，程序将不再执行**计时器**的**启动计时**指令。现在返回到完成存储事件的处理程序，为**计时器**的启动添加一个条件语句，代码如图 7-38 所示。新增的条件语句也可以反过来理解：当试卷状态更新时，无论状态值是“真”还是“假”，都要启动**计时器**，只有状态值为**空字符**时，不启动**计时器**。

```
当 计时器 到达计时点时
执行 设 计时器 的 启用计时 为 假
     让 网络数据库 请求数据 标记 全局 当前存储标记
     设 全局 当前存储标记 为 空字符
     如果 全局 试卷存储次数 等于 1
     则 让 文件管理器 读取文件
            文件名 拼字串 文件路径
                          备选答案文件名 的 显示文本
     否则，如果 全局 试卷存储次数 等于 2
     则 让 文件管理器 读取文件
            文件名 拼字串 文件路径
                          标准答案文件名 的 显示文本
     否则，如果 全局 试卷存储次数 等于 3
     则 设 全局 当前存储标记 为 存储标记_试卷状态
        设 全局 当前存储值 为 空字符
        让 网络数据库 保存数据
            标记 全局 当前存储标记
            存储数据 全局 当前存储值
```

图 7-37　在计时事件中依次读取后两个试卷文件

图 7-38　为启动计时器命令添加条件语句

6. 对话框完成选择事件

为图 7-29 中的条件语句添加一个“否则，如果”分支，来处理**创建新试卷**的请求。与**上传试卷**按钮的点击事件处理程序具有相同的策略，在**对话框**的完成选择事件中，只读取问题文件，后面两个文件的读取交给**计时器**的计时事件。注意要设置**试卷存储次数**为零，修改后的程序如图 7-39 所示。

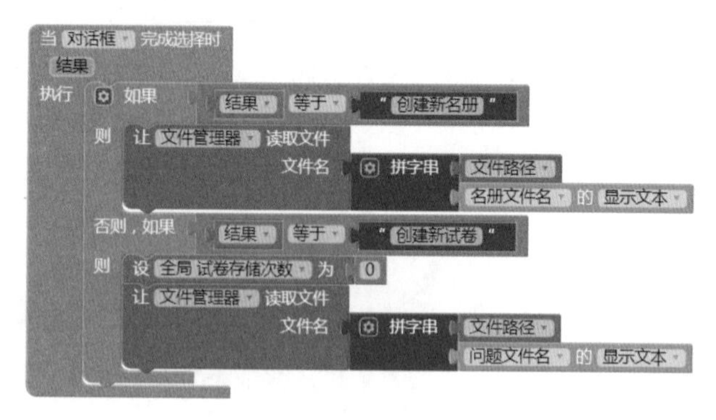

图 7-39 修改后的对话框完成选择事件处理程序

7.8.2 查看试卷

试卷创建完成后，应用会从**网络数据库**中读取刚刚保存过的试卷数据——3 个列表，当数据返回时，程序会将 3 个列表的内容分别保存在 3 个全局变量，即**问题列表**、**备选答案列表**及**标准答案列表**中，并自动激活**查看试卷**按钮及**发布试卷**按钮。当用户点击**查看试卷**按钮时，会将 3 个列表的内容加以整合并显示在**信息看板**中。整合的意思是将 3 个列表中索引值相同的项拼成一个**题目字串**，分别显示**序号**、**问题**、**备选答案**及**标准答案**，然后将所有的**题目字串**连缀起来，组成完整的试卷。

首先创建一个有返回值的过程——**题目字串**，拼写每一道题的字串，代码如图 7-40 所示。

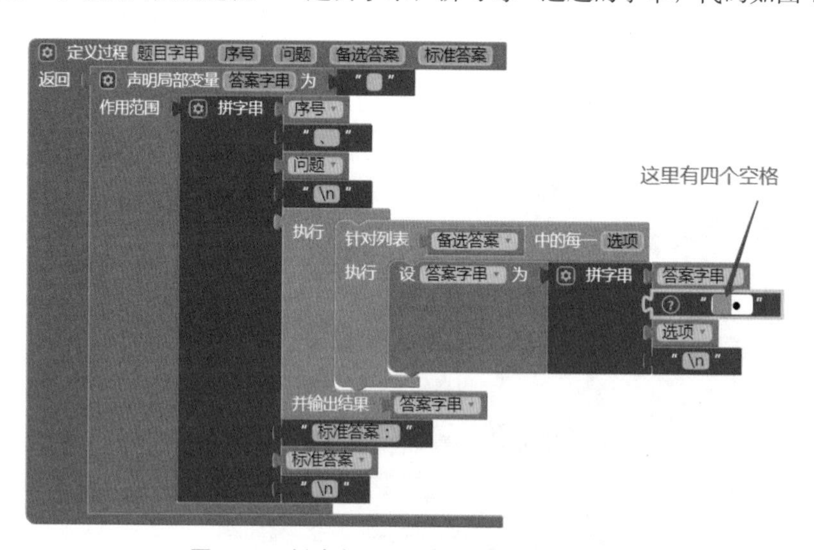

图 7-40 创建有返回值的过程：题目字串

然后创建一个有返回值的过程——**试卷文本**，利用循环语句将**题目字串**拼成试卷字串，代码如图 7-41 所示。

```
定义过程 试卷文本 问题表 备选答案表 标准答案表
返回  声明局部变量 题数 为 列表 问题表 的长度
      声明局部变量 问题 为 " "
      声明局部变量 备选答案 为 空列表
      声明局部变量 标准答案 为 " "
      声明局部变量 返回字串 为 " "
      作用范围 执行 针对从 1 到 题数 且增量为 1 的每个 数
                  执行 设 问题 为 列表 问题表 中的第 数 项
                       设 备选答案 为 列表 备选答案表 中的第 数 项
                       设 标准答案 为 列表 标准答案表 中的第 数 项
                       设 返回字串 为 拼字串 返回字串
                                            题目字串
                                              序号 数
                                              问题 问题
                                              备选答案 备选答案
                                              标准答案 标准答案
                                            "\n"
               并输出结果 返回字串
```

图 7-41 创建有返回值的过程：试卷文本

最后，在**查看试卷**按钮的点击事件中，将**试卷文本**的返回值显示在**信息看板**中，代码如图 7-42 所示。从代码中可见，**查看试卷**按钮具有双重功能：**查看试卷**及**隐藏试卷**。

```
当 查看试卷 被点击时
执行 如果 查看试卷 的 显示文本 等于 "查看试卷"
     则 设 查看试卷 的 显示文本 为 "隐藏试卷"
        设 名册布局 的 允许显示 为 假
        设 试卷布局 的 允许显示 为 假
        设 看板布局 的 允许显示 为 真
        设 信息看板 的 显示文本 为 试卷文本
                                   问题表 全局 问题列表
                                   备选答案表 全局 备选答案列表
                                   标准答案表 全局 标准答案列表
     否则 设 查看试卷 的 显示文本 为 "查看试卷"
          设 看板布局 的 允许显示 为 假
          设 信息看板 的 显示文本 为 " "
```

图 7-42 查看试卷按钮的点击事件处理程序

下面进行测试，测试的结果如图 7-43 所示。

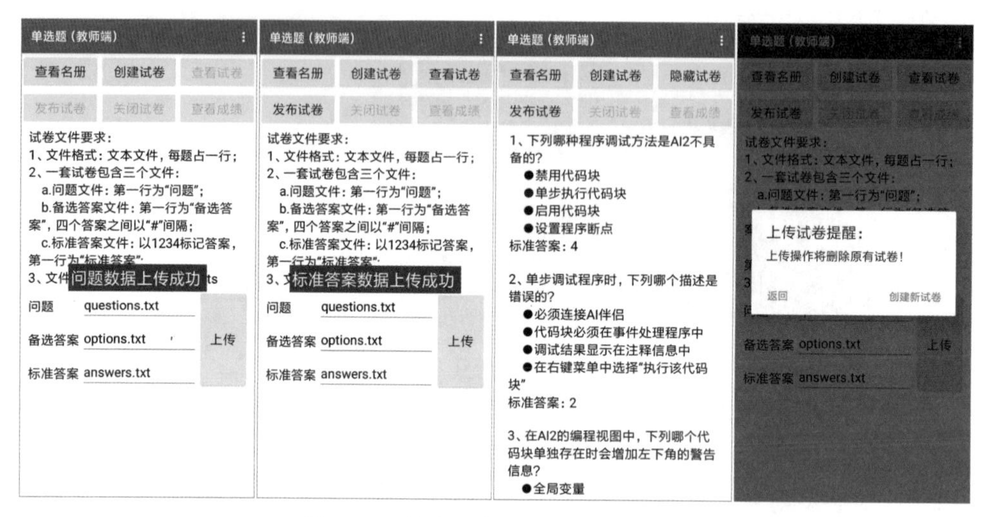

图 7-43　创建及查看试卷的测试结果

7.8.3　发布试卷

当试卷创建完成后，与**查看试卷**按钮同时被启用的还有**发布试卷**按钮，当用户点击**发布试卷**按钮时，将试卷状态更改为“真”，并保存到**网络数据库**中。在试卷状态保存成功的同时，要创建一个空的**成绩单**，以便记录本次考试的成绩。

首先在**发布试卷**按钮的点击事件中实现试卷状态的更新。为了在状态保存成功后显示对应的通知，要利用此前声明的全局变量**当前存储标记**来保存状态存储标记，同时要用全局变量**当前存储值**来保存试卷的状态值“真”，代码如图 7-44 所示。

然后当状态值“真”保存成功后，意味着学生端的用户可以参加考试了，此时必须准备好一个空的**成绩单**，以便学生交卷后可以保存得分。创建一个有返回值的过程——**空成绩单**，代码如图 7-45 所示。

```
当 发布试卷 被点击时
执行 设 全局 当前存储标记 为 存储标记_试卷状态
     设 全局 当前存储值 为 真
     让 网络数据库 保存数据
                 标记 全局 当前存储标记
             存储数据 全局 当前存储值
```

图 7-44　发布试卷按钮的点击事件处理程序

```
定义过程 空成绩单
返回 声明局部变量 成绩单 为 空列表
     作用范围 执行 针对列表 全局 学生名册 中的每一 名字
                   执行 向列表 成绩单
                        添加 项 列表 名字
                                     空字符
              并输出结果 成绩单
```

图 7-45　创建有返回值的过程：空成绩单

接下来，检查一下**网络数据库**的完成存储事件处理程序，如图 7-38 所示，它在显示“试卷发布成功”的通知之后，会启动**计时器**，这正是它的职责所在。后续的数据再请求及存储关联数据任务，留在计时事件中完成。在计时事件中，需要增加一个条件语句，当满足条件时，将**空成绩单**保存到**网络数据库**中，代码如图 7-46 所示。

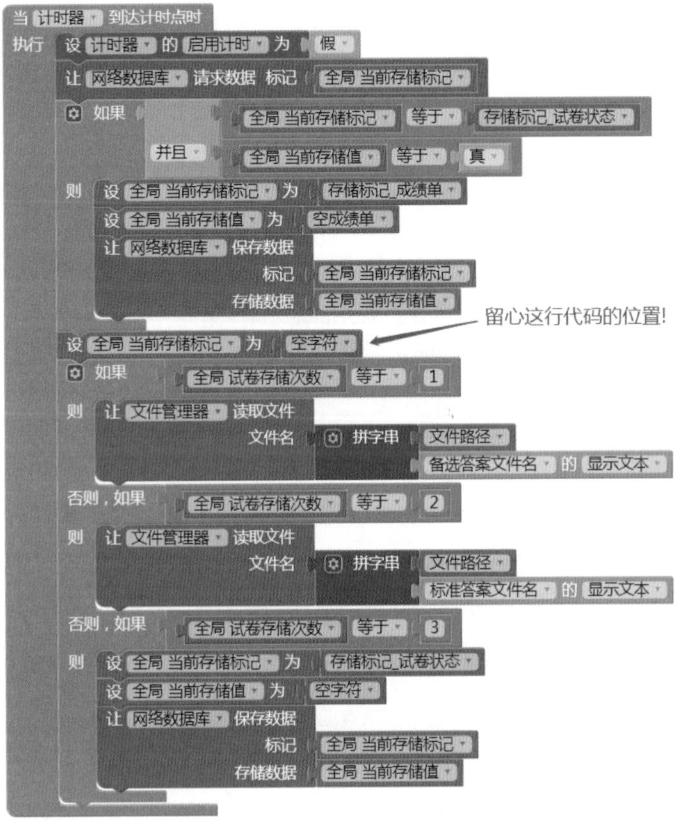

图 7-46 在试卷发布成功后向网络数据库保存空成绩单

当**成绩单**保存成功后，程序会再次触发完成存储事件，此时不会显示任何通知信息（想想看为什么），但**计时器**会再次启动。在计时事件中，程序将执行数据再请求任务。至此，程序并入启动流程：在**网络数据库**的收到数据事件中，由于**成绩单**中没有分数，因此**查看成绩**按钮不会被启用。

7.8.4 关闭试卷

当试卷发布成功后，程序将自动启用**关闭试卷**按钮，当用户点击该按钮时，可以将试卷状态修改为“假”。与**发布试卷**的实现方式相似，只是状态值改为“假”，代码如图 7-47 所示。

这里无须修改**网络数据库**的完成存储事件处理程序。无论是**发布试卷**，还是**关闭试卷**，都会在完成存储事件中重新向**网络数据库**请求刚刚保存过的试卷状态值，当请求的数据返回时，应用会自动修改相关按钮的启用状态。

下面对本节的程序进行测试，测试结果如图 7-48 所示。

图 7-47　关闭试卷按钮的点击事件处理程序

图 7-48　试卷发布与关闭的测试结果

7.9　编写程序：成绩流程

每次应用启动时，都会有一连串的请求数据操作，这些操作之间存在着一些递进关系。例如，只有名册数据不为空时，才会请求试卷数据；只有试卷状态不为空时，才会请求成绩单数据，等等。当成绩单数据请求成功时，程序将检查**成绩单**中的得分，如果得分数据均为空文本，说明**成绩单**中尚未记录成绩，此时不会启用**查看成绩**按钮。相反，假如得分的数据中有数字，哪怕只有一个数字，都会启用**查看成绩**按钮。此时，如果用户点击**查看成绩**按钮，**信息看板**中将会显示**成绩单**内容。

不过，成绩的内容不取决于教师端，而取决于学生端，也就是说，在试卷状态为真期间，成绩的内容可能会随时更新。因此，在**查看成绩**按钮的点击事件中，首先要向**网络数据库**请求最新的成绩数据，然后将返回后的数据显示在**信息看板**中。

首先创建一个有返回值的过程——**成绩单文本**，将列表数据转换为文本，代码如图 7-49 所示。

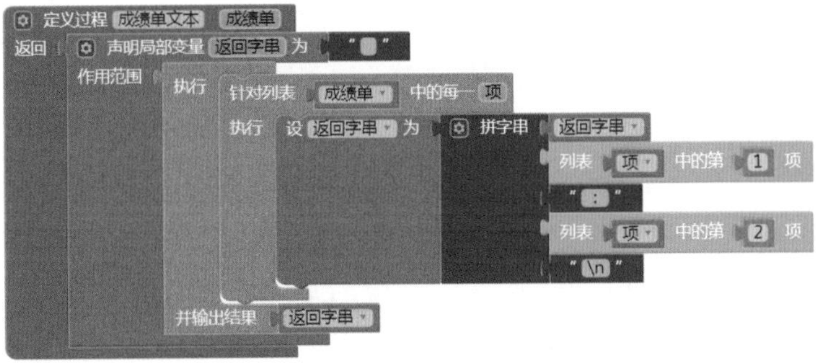

定义过程 成绩单文本 成绩单
返回 声明局部变量 返回字串 为 " "
作用范围 执行 针对列表 成绩单 中的每一 项
执行 设 返回字串 为 拼字串 返回字串
列表 项 中的第 1 项
" : "
列表 项 中的第 2 项
" \n "
并输出结果 返回字串

图 7-49 创建有返回值的过程：成绩单文本

然后编写**查看成绩**按钮的点击事件处理程序，与**查看试卷**按钮相同，**查看成绩**按钮也具有双重功能：**查看成绩**及**隐藏成绩**，代码如图 7-50 所示。

为了对成绩单流程进行测试，我们需要编造一组成绩数据，复制**空成绩单**过程并重新命名为**测试成绩单**，将其中的**空字符**改为 60 到 100 之间的随机整数，代码如图 7-51 所示。在连接 AI 伴侣的情况下，单步执行图中右上方的保存数据块，此时，重新启动应用，会在测试手机中看到**查看成绩**按钮变为启用状态。点击**查看成绩**按钮，有**成绩单**显示出来，如图 7-52 所示。此时再次运行图 7-51 中右上角的代码，并重新点击**查看成绩**按钮，会发现**成绩单**的数字发生了变化。

当 查看成绩 被点击时
执行 如果 查看成绩 的 显示文本 等于 " 查看成绩 "
则 设 查看成绩 的 显示文本 为 " 隐藏成绩 "
设 看板布局 的 允许显示 为 真
让 网络数据库 请求数据
标记 存储标记_成绩单
否则 设 查看成绩 的 显示文本 为 " 查看成绩 "
设 看板布局 的 允许显示 为 假

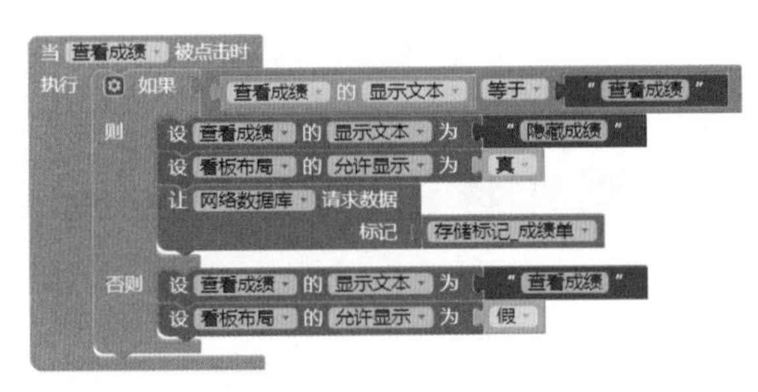

图 7-50 查看成绩按钮的点击事件处理程序

让 网络数据库 保存数据
标记 存储标记_成绩单
存储数据 测试成绩单
定义过程 测试成绩单
返回 声明局部变量 成绩单 为 空列表
作用范围 执行 针对列表 全局 学生名册 中的每一 名字
执行 向列表 成绩单
添加 项 列表 名字
60 到 100 之间的随机整数
并输出结果 成绩单

图 7-51 生成测试成绩

单选题（教师端）
查看名册
创建试卷
查看试卷
发布试卷
关闭试卷
隐藏成绩
成绩单

张三: 84
李四: 98
王五: 100
赵六: 85
郑九: 68
周甲: 95
吴乙: 82
钱丙: 72
朱丁: 69
冯戊: 81

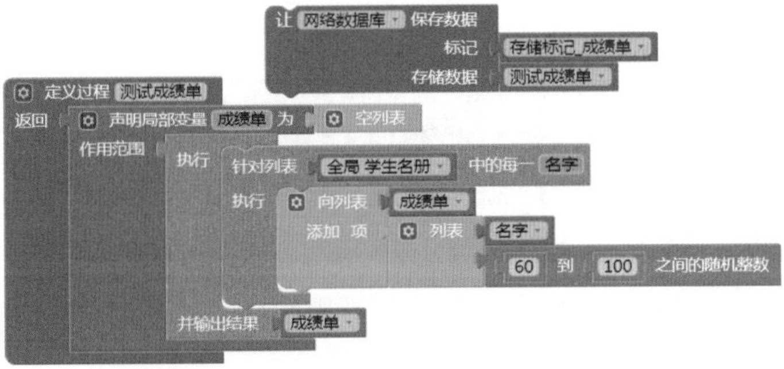

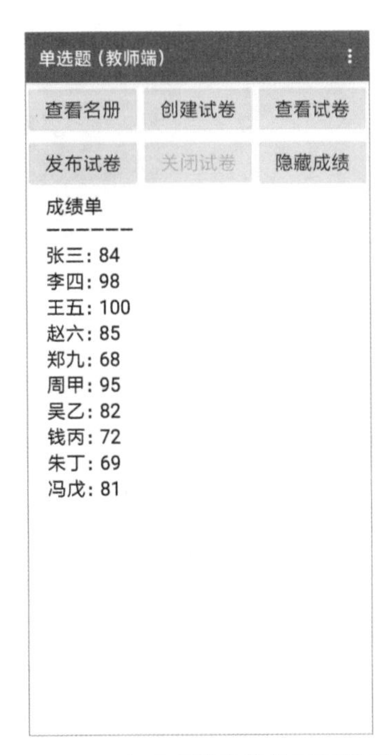

图 7-52 查看成绩流程的测试结果

至此我们完成了单选题（教师端）的全部功能，下面对代码进行整理，并对开发过程中的遗留问题给出补充说明。

7.10 代码整理

开发的过程容易让人陷入细节，有设计的细节，也有程序的细节。当你身陷其中时，感觉自己被许多条线索包围着，你小心地看护这些线索，生怕丢失了其中的一二。在项目完成之后，把散乱的代码按照生成的顺序排列起来，你会发现，那些所谓的千头万绪，实际上只有一条，那就是时间！

项目中的代码被划分为 4 个部分——常量、变量、过程及事件处理程序，将变量与常量排列在一起，如图 7-53 所示。

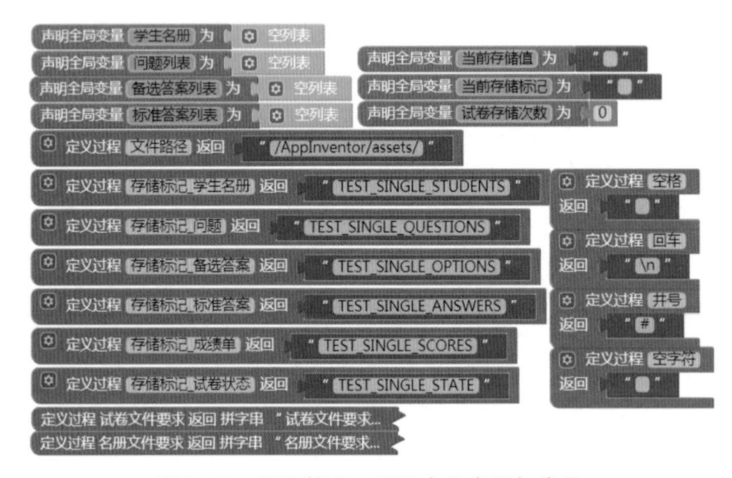

图 7-53 代码整理：项目中的变量与常量

接下来是项目中的过程，如图 7-54 所示，其中右侧是有返回值的过程，右下角的**测试成绩单**用于测试，不是项目中必需的。

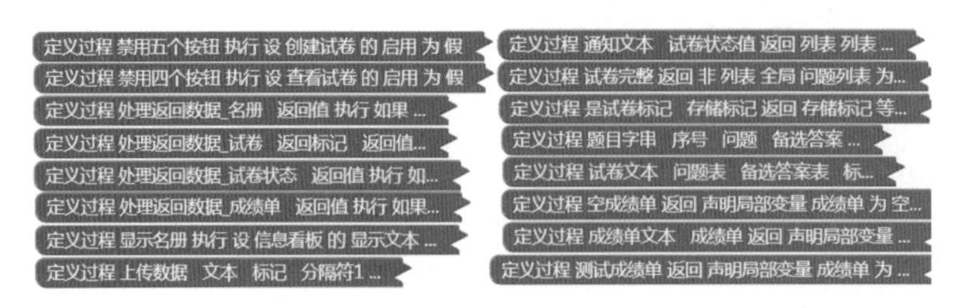

图 7-54 代码整理：项目中的过程

最后是事件处理程序，如图 7-55 所示，其中右侧为按钮的点击事件。

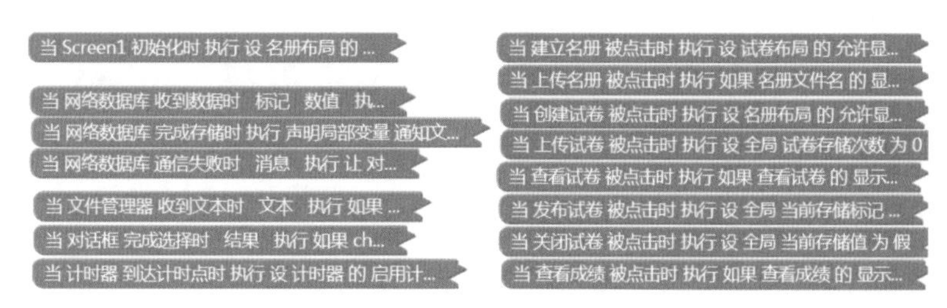

图 7-55 代码整理：项目中的事件处理程序

以上是项目中的全部代码，希望那些常量、变量及过程的命名能够帮助大家回忆起开发过程中的点点滴滴。

7.11 补充说明

7.11.1 关于数据存储的后续任务

项目中共有 6 个存储标记，对应 12 种数据存取操作，即“6 种保存数据操作 +6 种请求数据操作”。每一次保存或请求成功后，都需要对操作结果加以处理，这就是 12 项任务，但是，任务还不止于此。在发布试卷成功后，还要创建一个空的**成绩单**，这些操作构成了一个复杂的任务链，这也是本项目中最难厘清的问题。

在设计应用的流程时，为了厘清这些任务之间的关系，笔者绘制了一个表格，针对**网络数据库**的完成存储事件，来解析事件中的任务细节，如表 7-7 所示。

表 7-7 网络数据库完成存储事件中的后续任务

存储数据内容		存储成功通知		请求刚刚存储的新数据	存储关联数据	
		是否通知	通知内容		数据种类	数据值
①学生名册		✓	数据上传成功	✓	×	—
试卷	②问题	✓		✓	试卷状态	空字符
	③备选答案	✓		✓		
	④标准答案	✓		✓		
⑤试卷状态	值 = 空字符	×	—	✓	×	—
	值 = 真	✓	试卷发布成功	✓	成绩单	分数 = 空字符
	值 = 假	✓	试卷已关闭	✓	×	—
⑥成绩单		×	—	×	×	—

注：表格中的✓表示执行某项操作，而 × 表示不执行某项操作。当不存在某项操作时，也就不存在与操作有关的数据值，因此 × 右侧的列中均为“—”。

从表中可以得知，在完成存储事件中，任务可以分为 3 类：通知、请求及存储关联数据。可以从纵横两个方向观察上面的表格。从横向上看，可以得出以下两条结论：

- ❑ 凡是用户主动发出的存储请求，在存储完成后都需要给出通知；
- ❑ 试卷发布成功后，除了通知及请求任务外，还有保存空成绩单任务。

从纵向来看，有以下结论：

- ❑ 在“是否通知”一列中，对号明显多于叉号；
- ❑ 在请求新数据一列中，仅有一个叉号；
- ❑ 在存储关联数据一列中，只有试卷发布成功后，有后续任务，即存储关联数据。

将任务以表格的方式列举出来，可以帮助我们看到任务的全貌，以避免人为的疏漏；从纵横两个方向上来观察这些任务，可以让我们明确这些任务之间的关系，并以此为依据，制定一套程序的编写策略，最终找到最简单的判断条件，从而最大程度地减少条件语句的分支，优化程序的结构。

7.11.2 数据存储后的重新读取

在应用的流程设计中，存在着一个显而易见的模式：在一项数据被保存到**网络数据库**之后，要重新读取刚刚保存成功的数据。为什么要进行这样的操作呢？这是出于对流程优化的考虑。

在启动流程中，核心的任务是从**网络数据库**读取数据，并根据返回的数据设置6个按钮的状态，并将某些数据保存在全局变量中（名册及试卷）。当一项新的数据保存成功后，数据的状态已经发生了变化，此时需要对按钮的状态进行更新，如果是名册或试卷保存成功，还要设置全局变量的值。这两项操作完全可以在**网络数据库**的完成存储事件中完成，但是这需要再创建几个过程，来分别处理不同数据保存成功后的任务，而这些任务与收到数据事件中的任务雷同，因此，为了简化流程，这里采用重新请求数据的方法，将后续任务合并到启动流程中，实现了程序的复用。

第 8 章　单选题（学生端）

在第 7 章中，我们完成了单选题（教师端）的开发，本章将完成单选题（学生端）的开发，以实现一款完整的单选题应用。本章的讲解以第 7 章为基础，在学习本章之前请先学习第 7 章。

8.1　功能说明

在讨论单选题（学生端）（以下简称学生端）的功能时，我们沿用了教师端使用的概念及数据模型，在此基础上，来定义学生端的功能。学生端包含以下功能。

(1) 考生登录：考生输入自己的姓名，如果姓名在学生名册中，则登录成功，开始考试，否则要求重新登录。

(2) 题目浏览：考生可以从头至尾地浏览全部题目。

(3) 答题：针对每一个考题，考生可以在备选答案中选择一项。

(4) 交卷：当考生回答完全部题目后，可以交卷。

(5) 保存试卷：考生交卷后，可以将试卷以文本文件的方式保存到手机上。

以上是学生端的全部功能。

8.2　用户界面设计

屏幕自上而下被划分为 3 个区域。

- 顶端的信息提示区：显示考生姓名、得分信息。
- 中部的答题区：显示题号、总题目数、问题及备选答案，考生可以选择答案。
- 底部的按钮操作区：4 个按钮分别为导出、交卷、上一题及下一题。

用户界面的设计结果如图 8-1 所示。为了说明图中组件的用途，这里特别为相关组件设置了显示内容，其中只有按钮上的显示文本是按照需要设置的，其他组件上的文本均应设为空文本。另外，项目中有 3 个非可视组件：**对话框**、**网络数据库**以及**文件管理器**（命名为“导出文件”），所有组件的命名及属性设置见表 8-1。

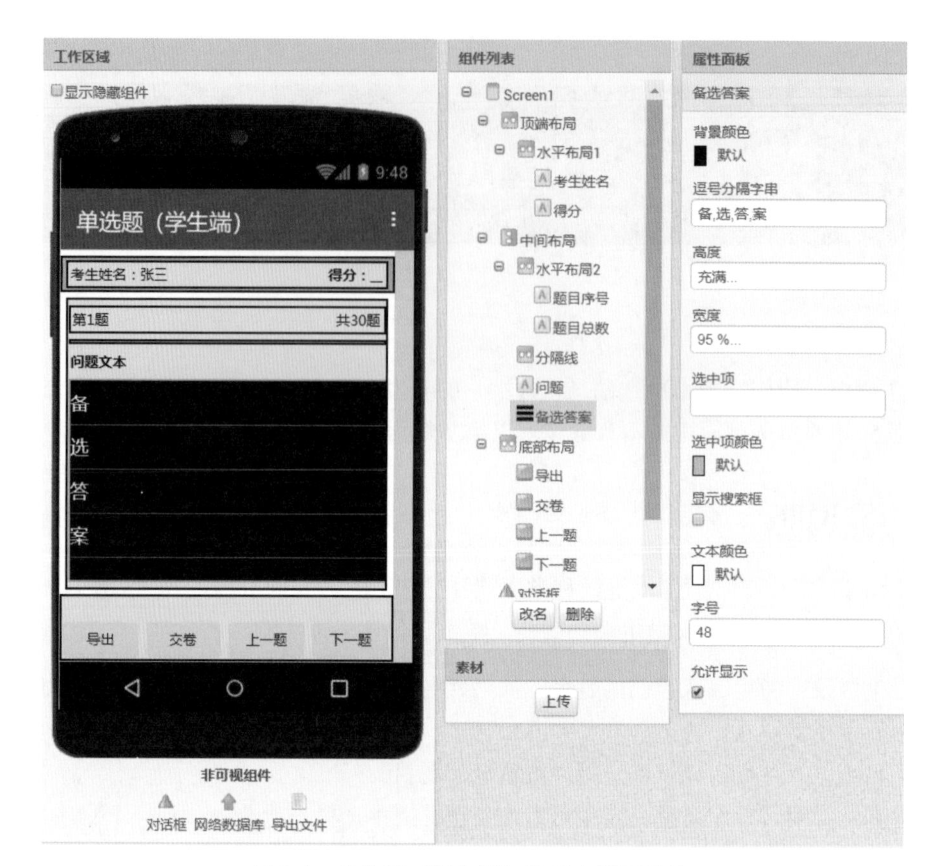

图 8-1 单选题（学生端）的用户界面设计

注意

水平布局2的下方有一个叫作**分隔线**的水平布局，它用于在**题目序号**、**题目总数**下方画一条浅浅的细线，将上下两部分内容分隔开来。

表 8-1 组件的命名及属性设置

组件类型	组件命名	属　性	属　性　值
屏幕	Screen1	水平对齐	居中
		标题	单选题（学生端）
		主题	默认
水平布局	顶端布局	高度 | 宽度	8% | 充满
		水平对齐 | 垂直对齐	居中
		背景颜色	橙色

（续）

组件类型			组件命名	属 性	属 性 值
	水平布局		水平布局 1	宽度	95%
		标签	考生姓名	宽度	充满
				显示文本	空
			得分	宽度	充满
				文本对齐	居右
				显示文本	空
垂直布局			中间布局	高度 | 宽度	70% | 95%
	水平布局		水平布局 2	高度 | 宽度	6% | 充满
				垂直对齐	居下
		标签	题目序号	宽度	充满
				显示文本	空
			题目总数	宽度	充满
				显示文本	空
				文本对齐	居右
	水平布局		分隔线	高度 | 宽度	1（像素）| 充满
				背景颜色	浅灰
	标签		问题	粗体	选中
				显示文本	空
	列表显示框		备选答案	高度 | 宽度	充满
				字号	48
水平布局			底部布局	高度 | 宽度	15% | 充满
				垂直对齐	居下
	按钮		{ 全部按钮 }	宽度	充满
				背景颜色	黄色
			导出	显示文本	导出
			交卷	显示文本	交卷
			上一题	显示文本	上一题
			下一题	显示文本	下一题
对话框			对话框	全部属性	默认
网络数据库			网络数据库	服务器地址	http://tinywebdb.17coding.net
文件管理器			导出文件	—	—

8.3 开发流程

学生端应用的开发流程包含以下几个步骤：

(1) 启动应用
(2) 浏览题目
(3) 答题
(4) 交卷
(5) 保存试卷

与 8.1 节的功能描述进行比对，你会发现，除了启动应用流程，其余 4 个步骤与应用的功能一一对应，此外，流程的排列顺序既是程序运行的顺序，也是程序编写的顺序，前面流程的实现为后续流程打下了基础。

8.3.1 启动应用

与教师端相似，学生端在启动时，主要任务是读取数据，并根据数据的返回结果，显示必要的提示信息，同时设置按钮的启用状态。在设计启动流程之前，必须对教师端的功能，尤其是数据可能存在的状态，有个完整的了解。教师端所提供的数据可能处于下面的任何一种状态：

(1) 名册尚未建立
(2) 试卷尚未创建
(3) 试卷尚未发布
(4) 试卷已经发布
(5) 试卷已经关闭

如果简单地假设教师端处于试卷已发布状态，那么以此为前提编写出来的程序会极不稳定，因为实际情况是，在学生端被启动时，教师端的数据状态有以上 5 种可能性。因此，作为开发者，你必须对所有可能性进行处理，只有这样，才能使应用运行顺畅，并让使用者有良好的体验。

图 8-2 是启动流程的流程图，流程从右上角开始，第一步是读取名册，这一点与教师端完全相同。注意，当名册已经存在时，并不是马上要求用户登录，而是继续读取试卷及试卷状态，直到确认试卷已经发布时，才显示登录窗口。当用户在登录窗口中输入姓名后，检查该姓名是否已被列入学生名册，如果没有，则要求用户再次输入，直到输入正确的姓名；如果用户登录成功，则显示考生姓名、第 1 题及总的题数，这时，启用**上一题**、**下一题**按钮，禁用**导出**及**交卷**按钮。此时，考生可以浏览题目，并可以开始答题了。当试卷未处于发布状态时，即试卷处于上面列举的另外 4 种状态时，应用所给出的反馈是相同的：提醒用户稍后再试，将**导出**按钮的显示文本设为**退出**，并禁用其余 3 个按钮。

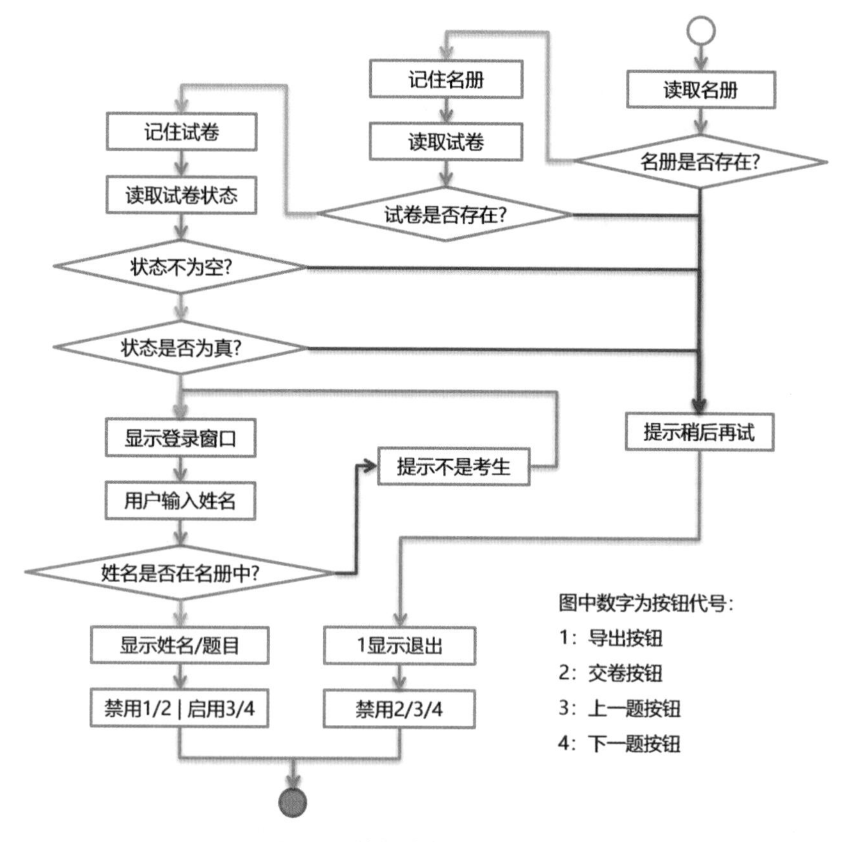

图 8-2 学生端应用的启动流程

8.3.2 浏览题目

用户点击**上一题**或**下一题**按钮时，屏幕上会显示上一题（第 1 题除外）或下一题（最后一题除外），用户可以从任何一处开始答题。

8.3.3 答题

用户可以选择 4 个备选答案中的任何一个作为题目的答案，选中后，答案文本的前面会添加一个星号（★）。如果此时用户又选择了另一个答案，则星号也会随之转移。星号会一直伴随着被选中的答案，直到交卷。当用户回答完全部题目后，启用**交卷**按钮。

8.3.4 交卷

当用户点击**交卷**按钮后，应用会弹出一个窗口，提示“一旦交卷就无法再更改答案”，并提供**交卷**及**返回**两个选项。如果用户选择**交卷**，应用将弹出窗口，提示用户本次考试得分；如果用户选择**返回**，则不作任何操作。

交卷后用户可以继续浏览题目，此时，备选答案中，除了用户选中的答案前面有星号，标准答案前面也会标有对号（✓）。交卷后不再允许用户修改答案，也不允许再次交卷。

交卷后学生的得分将被保存到成绩单中，此时，如果教师端用户打开应用，会发现**查看成绩**按钮处于启用状态。

8.3.5 保存试卷

用户完成交卷后，将启用**导出**按钮，此时，用户可以点击**导出**按钮，将试卷以文本文件的形式下载到手机中，试卷中包括题号、问题、备选答案、选中答案（星号）及标准答案（对号）。

8.4 编写程序：启动应用

在开始编写程序之前，需要做一些准备工作，将教师端应用中的部分变量、常量及过程代码放到代码块背包中，然后在学生端项目中取出这些代码块，如图8-3所示。复制代码的好处，一方面是可以减少工作量，另一方面是能够避免输入错误，后者更为重要。像**存储标记**这样的常量，必须保证学生端与教师端完全一致，否则学生端将无法访问教师端保存的数据。

以下5个事件与启动流程有关：

(1) 屏幕初始化事件
(2) 网络数据库的通信失败事件
(3) 网络数据库的收到数据事件
(4) 对话框完成输入事件
(5) 导出按钮的点击事件

下面来依次编写上述事件的处理程序。

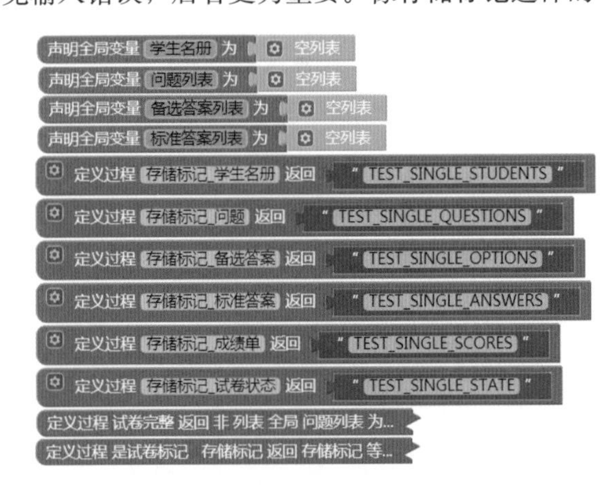

图8-3　从教师端项目中复制过来的代码

8.4.1 屏幕初始化事件

参照启动流程图8-2，流程的起点是从**网络数据库**读取名册信息，这也是屏幕初始化事件中唯一的任务，后续的大部分任务将在**网络数据库**的收到数据事件中完成。屏幕初始化事件的处理程序如图8-4所示。

图8-4　屏幕初始化事件的处理程序

8.4.2 网络数据库的通信失败事件

与教师端的代码完全相同，如图 8-5 所示，这段程序与应用的功能无关，它是一种保障性的程序，避免在网络通信失败时，弹出系统级的错误提示，如 Error 1000 之类，这一类的提示会给用户造成不必要的困扰，让用户不知所措。

图 8-5 通信失败事件的处理程序

8.4.3 网络数据库的收到数据事件

你还记得在教师端应用中，收到数据事件的处理程序是什么模样吗？完整的事件处理程序见图 7-21，在这段程序中，针对不同的存储标记，调用了 4 个处理返回数据的过程，在学生端应用中，我们依然沿用这样的思路。

在正式开始编写处理返回数据过程之前，我们先来讨论两个概念：分子级过程及原子级过程。如果你读过前六章的内容，你会记得每章结尾处的要素关系图，这些图中包含了应用中的全部过程，其中有些过程直接接受事件处理程序的调用，同时，它们也可能会调用其他过程，我们把这样的过程称为**分子级过程**，它们通常可以实现一项比较完整的功能。要素关系图中还有一些过程，它们只接受其他过程的调用，而不再调用其他过程，我们称这样的过程为**原子级过程**，它们通常用来实现一些简单的功能。在教师端应用中，处理返回数据的 4 个过程就是分子级过程，而像**试卷完整**、**是试卷标记**这一类的过程就是原子级过程。

当然，分子级过程与原子级过程之间并不存在一个明确的界限，我们做这样的分类，目的是要说明编写程序的顺序。通常我们会直接编写分子级过程，甚至直接编写事件处理程序，当发现程序中有需要复用的部分，或者当程序变得非常庞大时，再将功能相对独立的部分代码分离出来组成另一个过程，这个过程可能是分子级的，也可能是原子级的，这样的开发顺序正是我们在教师端开发时所采用的。但是，当我们对即将完成的任务有所了解时，我们可以采用另一种编写顺序：首先编写原子级过程，然后编写分子级过程，最后编写事件处理程序。

与教师端的收到数据事件一样，在学生端的收到数据事件中，也需要处理 6 种数据请求的返回结果，这需要 4 个处理返回数据的分子级过程，还需要另一些原子级过程，我们先来编写这些原子级过程，它们是：

(1) 提示稍后再试
(2) 登录考试
(3) 显示题目

3 个过程的代码分别如图 8-6、图 8-7 及图 8-8 所示，其中图 8-6 中的**退出**过程我们称其为常量。

提示稍后再试过程适用于所有试卷状态不为真的情形，其中包括：学生名册尚未建立、试卷尚未创建、试卷已创建但试卷状态为空或为假。注意，在这些状态之下，允许用户退出应用，为此，设**导出**按钮的显示文本为**退出**，如果此时用户点击该按钮，就会退出应用。

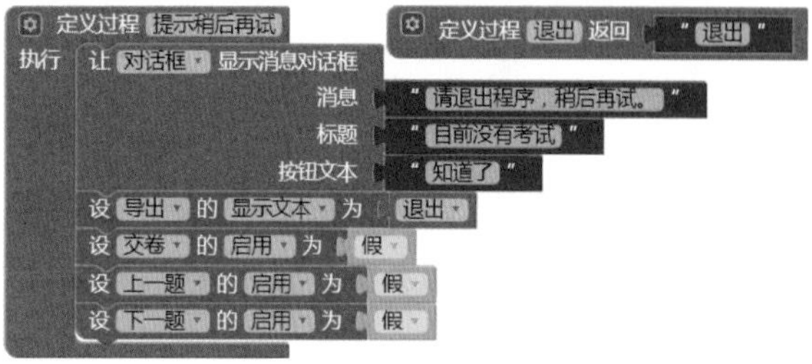

图 8-6 创建过程：提示稍后再试

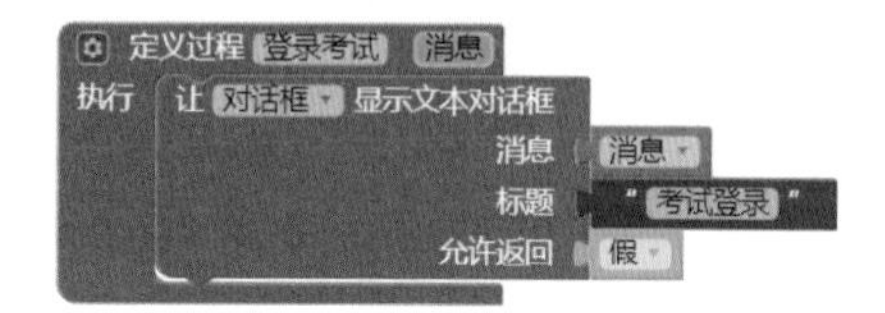

图 8-7 创建过程：登录考试

如图 8-7 所示，在**登录考试**过程里，将弹出文本对话框，要求用户输入姓名。注意其中的允许返回参数为假，也就是说，对话框中只有一个**确定**按钮，用户只能输入姓名并点击**确定**按钮。

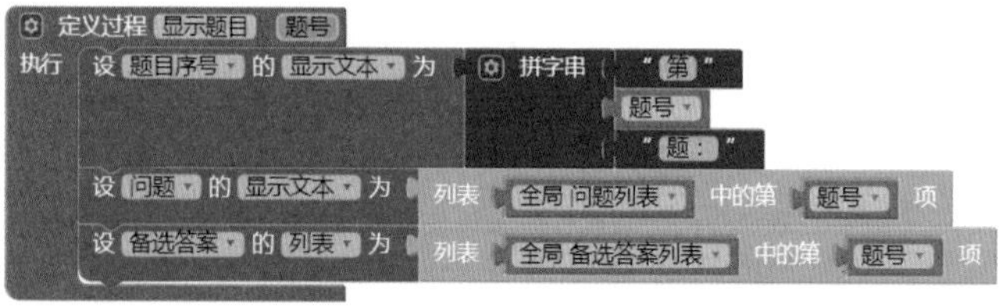

图 8-8 创建过程：显示题目

如图 8-8 所示，**显示题目**过程主要显示了 3 项信息：**题目序号**、**问题**及**备选答案**，三者都与参数**题号**有关。

有了上面 3 个原子级过程，下面来编写 3 个分子级过程，它们是：

(1) 处理返回数据 _ 学生名册

(2) 处理返回数据 _ 试卷

(3) 处理返回数据 _ 试卷状态

3 个分子级过程的代码如图 8-9、图 8-10 及图 8-11 所示。

如图 8-9 所示，在**处理返回数据 _ 学生名册**过程里，如果**返回值**（**学生名册**）为列表，则继续向**网络数据库**请求试卷信息，否则，提示稍后再试。

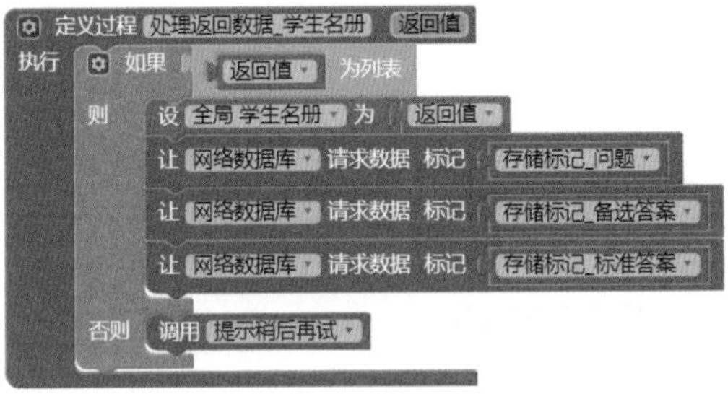

图 8-9 创建过程：处理返回数据 _ 学生名册

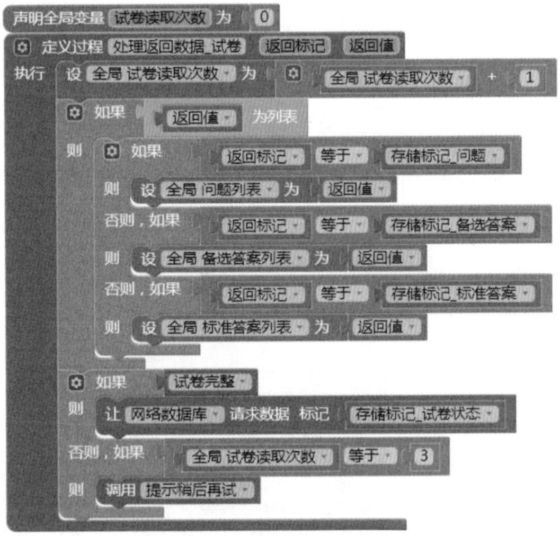

图 8-10 创建过程：处理返回数据 _ 试卷

如图 8-10 所示，在**处理返回数据 _ 试卷**过程里，先累计试卷读取次数，再判断**返回值**是否为列表。如果**返回值**为列表，则记住**返回值**。最后，当试卷完整时，继续请求试卷状态数据，否则，如果试卷读取次数等于 3，则提示用户稍后再试。之所以要在**试卷完整**的条件语句中使用“否则，如果”分支，并设置“试卷读取次数 = 3”的条件，是为了避免连续 3 次提示用户稍后再试。

如图 8-11 所示，在**处理返回数据 _ 试卷状态**过程里，无论**返回值**为空或为假，都将提示用户稍后再试，如果**返回值**为真，则调用**登录考试**过程。

有了上面的这些过程，现在可以编写收到数据事件的处理程序了，代码如图 8-12 所示。这是一个不完整的处理程序，最后一个处理成绩单的条件分支要在**交卷**流程里加以实现。

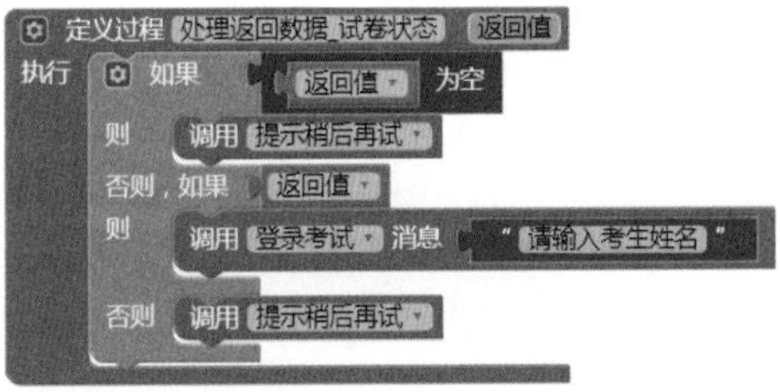

图 8-11 创建过程：处理返回数据 _ 试卷状态

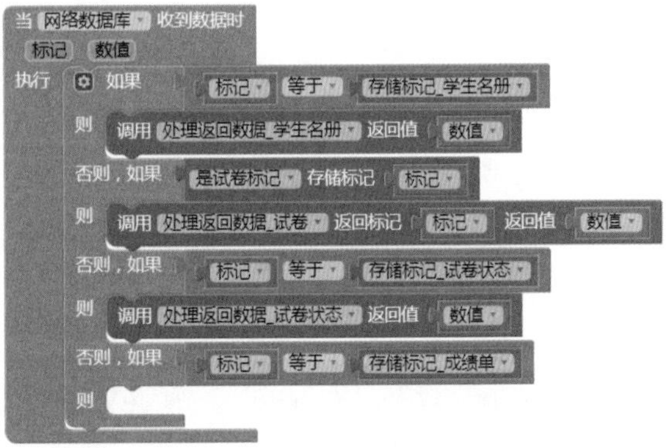

图 8-12 收到数据事件的处理程序

8.4.4 对话框完成输入事件

在**处理返回数据_试卷状态**过程里，当返回的试卷状态为真时，将调用**登录考试**过程，即弹出文本对话框，要求用户输入自己的姓名。当用户输入了姓名，并点击了唯一的**确定**按钮后，程序将判断输入的姓名是否在学生名册中。如果在，则关闭**对话框**，显示考生姓名及题目总数，并调用**显示题目**过程，否则，再次调用**登录考试**过程。如图 8-13 所示，这一次文本对话框显示的消息不同于图 8-11 中的内容，请读者加以比较，这也是创建**登录考试**过程的原因：提高代码的复用性。

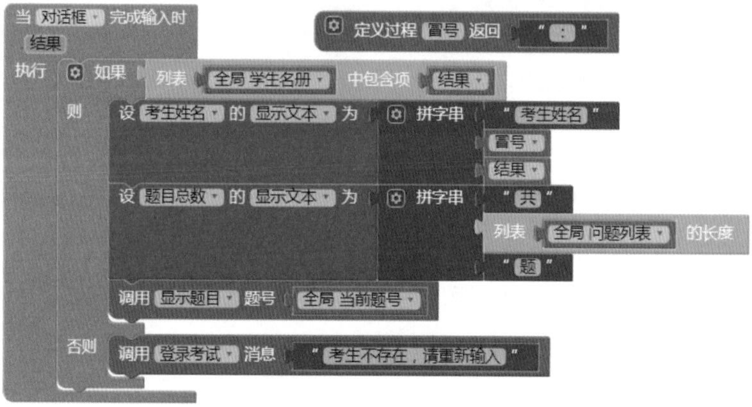

图 8-13 对话框完成输入事件处理程序

8.4.5 导出按钮的点击事件

如图 8-14 所示，现在只能给出一个不完整的**导出**按钮点击事件处理程序，即实现退出应用功能，该按钮的导出功能要在保存试卷流程中加以实现。

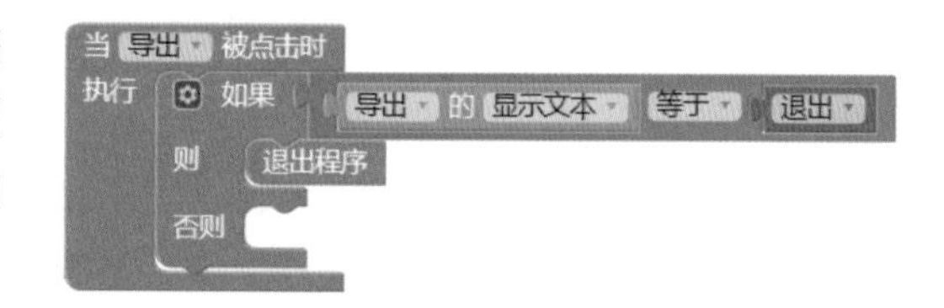

图 8-14 导出按钮点击事件处理程序

以上我们实现了应用的启动流程，在开始测试之前，我们需要将开发工具切换到教师端项目。在连接 AI 伴侣的情况下，单步执行测试过程**清除数据**，如图 8-15 所示，并依次创建名册尚未建立、试卷尚未创建、试卷状态（为空、为真及为假）的不同数据状态。然后，在这些状态下分别对学生端进行测试。在此期间，项目要在教师端及学生端之间反复切换。

执行完清除数据的操作后，教师端仅有**建立名册**按钮处于启用状态，此时，切换到学生端项目中，看看程序会有怎样的运行效果，测试结果如图 8-16 所示。

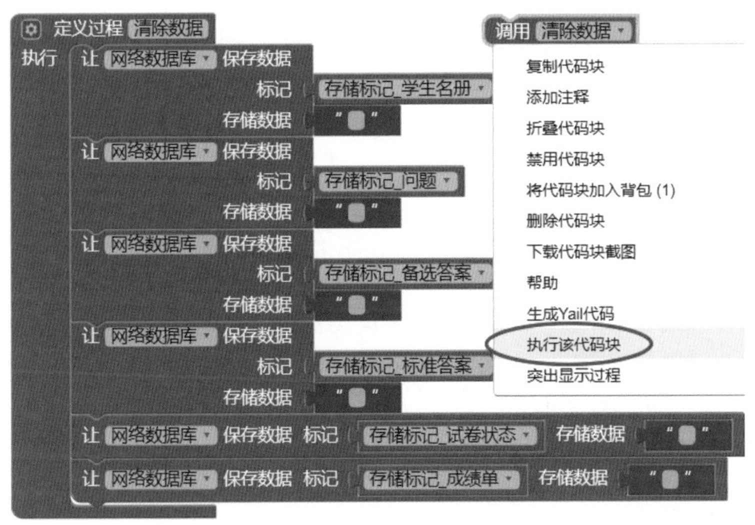

图 8-15 在教师端应用中清除全部数据

图 8-16 教师端清除全部数据后学生端启用流程的测试结果

下面依次在教师端建立名册、创建试卷，再转回到学生端进行测试，测试结果与图 8-16 中的结果完全一致。直到试卷发布成功后，学生端的测试结果才有所改变，测试结果如图 8-17 所示。注意，当用户登录成功后，如图 8-18 所示，屏幕上方显示了考生姓名，屏幕下方的**上一题**及**下一题**按钮处于启用状态，屏幕中部显示了题号、题目总数、第 1 题的问题及备选答案。以上是启动流程的测试结果，当教师端试卷成功发布后，学生端的用户就可以登录考试、浏览题目并开始答题了，这正是下一节的任务。

图 8-17 教师端试卷发布成功后学生端的测试结果

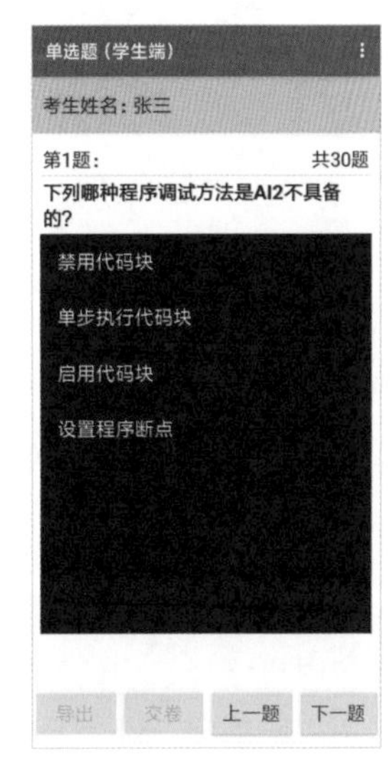

图 8-18 登录成功后的学生端界面

8.5 编写程序：浏览与答题

题目浏览与答题是两个独立的流程，实现这两项任务的工作量并不大，而且二者在功能上密切相关，因此这里将它们合二为一，放在一节中讲解，先来看一下浏览功能的实现。

8.5.1 题目浏览

当用户登录考试成功后，应用将显示第 1 题，此时用户可以点击**下一题**按钮，逐一查看后面的题，然后点击**上一题**按钮直至返回到第 1 题。实现这一功能的关键要素是全局变量**当前题号**，如图 8-19 所示。**当前题号**的初始值为 1，当用户点击**下一题**按钮时，让**当前题号**加 1，直到浏览到最后一题。此时，**当前题号**等于**问题列表**的长度；反过来，如果用户点击**上一题**按钮，则让**当前题号**减 1，直到返回到第 1 题，此时，**当前题号**等于 1。

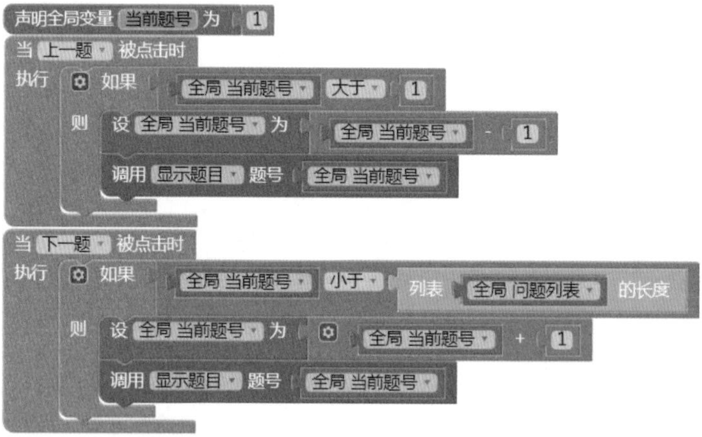

```
声明全局变量 当前题号 为 1
当 上一题 被点击时
执行 如果 全局 当前题号 大于 1
     则 设 全局 当前题号 为 全局 当前题号 - 1
        调用 显示题目 题号 全局 当前题号
当 下一题 被点击时
执行 如果 全局 当前题号 小于 列表 全局 问题列表 的长度
     则 设 全局 当前题号 为 全局 当前题号 + 1
        调用 显示题目 题号 全局 当前题号
```

图 8-19　实现题目浏览功能的全部代码

以上是实现题目浏览功能的全部代码，题目浏览是答题的基础，下面来讲解本应用中最核心的功能——答题。

8.5.2 答题

答题功能可以进一步分解为以下子功能：

(1) 为用户选中的答案添加标记；

(2) 允许用户修改答案，当用户修改答案时，选中标记会随之而转移；

(3) 记住用户已经选中的答案，确保用户在浏览其他题目时，已经选中的答案不会丢失；

(4) 当用户回答完全部题目时，启用交卷按钮，等待用户交卷。

实现以上功能的关键点，是要记住用户的选项，而记住一件事需要一个全局变量，这个任务就落到了**备选答案列表**之上。在本应用中，我们给出的数据中包含 30 个题目。因此，**备选答案列表**中包含 30 个列表项，其中每个列表项又是一个子列表，子列表中包含 4 个列表项。与全局变量**当前题号**相对应的子列表的 4 个列表项，就显示在列表选择框**备选答案**中。当用户从列表选择框中选择了某一项时，我们要同时更新两个列表：当前正在显示的子列表，以及全局变量**备选答案列表**。必须首先更新子列表，然后更新全局变量**备选答案列表**。当用户回答完全部题目时，**备选答案列表**的每一组**备选答案**中，都会有一个带有星号的**备选项**。通过遍历**备选答案列表**，可以检查用户是否已经答完了全部题目。为此创建一个有返回值的过程——**完成答题**，代码如图 8-20 所示。

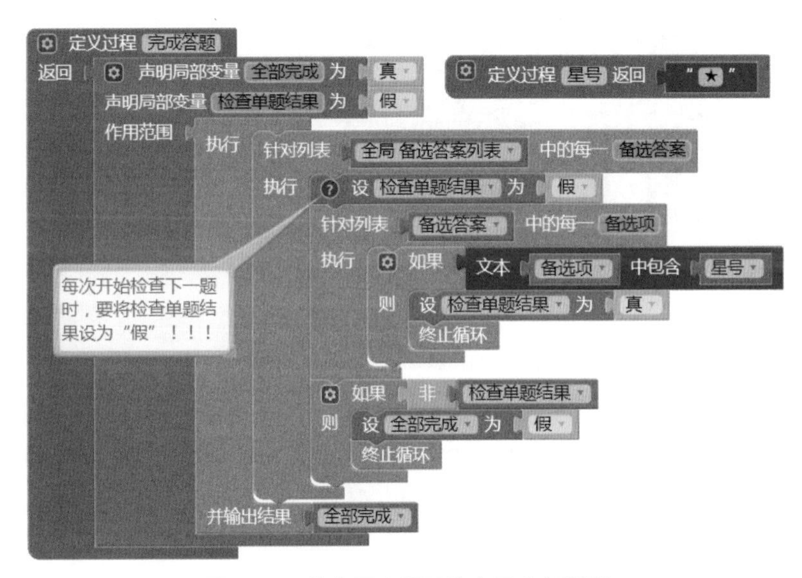

图 8-20　检查用户是否答完了全部题目

注意，在**完成答题**过程里，有两个局部变量，它们的初始值有所不同，其中**检查单题结果**的初始值为假，在遍历某一道题的**备选答案**时，一旦发现某个**备选项**中包含星号，则令**检查单题结果**为真，并终止循环，继续检查下一题的**备选答案**。相反的是，局部变量**全部完成**的初始值为真，在遍历**备选答案列表**过程中，一旦发现有一道题尚未作答（**检查单题结果**为假），则令**全部完成**为假，并终止循环，将“假”返回给调用者。

下面来编写列表选择框**备选答案**的完成选择事件处理程序，我们先给出最终的代码，如图 8-21 所示，再解释其中的具体思路。

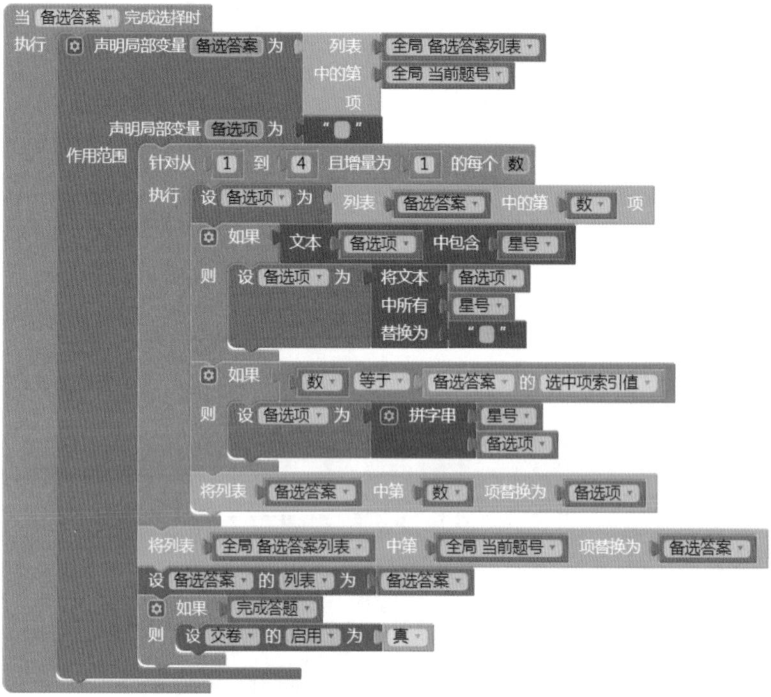

图 8-21 实现答题功能的全部代码

我们把焦点集中在局部变量**备选答案**上，它是全局变量**备选答案列表**中的第**当前题号**项，它包含了 4 个**备选项**，这 4 个**备选项**显示在列表选择框**备选答案**中。当用户在列表选择框中选中一个**备选项**时，会触发列表选择框的完成选择事件。在该事件中，主要的任务是利用循环语句对**备选答案**中的**备选项**进行遍历，在遍历过程中要完成 3 项任务：

(1) 检查**备选项**中是否包含星号，如果包含，则去掉星号；

(2) 检查**备选项**是否为选中项，如果是，则在**备选项**前添加星号；

(3) 用修改过的**备选项**替换局部变量**备选答案**中原有的**备选项**。

注意，在第三项任务中，用来替换的项与原有**备选项**有 50% ~ 75% 的可能性是相同的，也就是说，对于那些既不包含星号，又没有被选中的**备选项**，列表项的替换操作是多余的。如果你想省去不必要的替换操作，就必须在前面的两个条件语句中分别执行列表项的替换操作。这是一种选择，要么为了减少机器的运算次数而多写一行代码（浪费人工），要么为了减少代码量而增加机器的运算次数。虽然在单选题项目中，不同的选择并不会导致运行结果的差异，但作为开发者要意识到差异的存在。

当循环结束后，还要完成 3 项任务。

(1) 更新全局变量**备选答案列表**：用更新后的**备选答案**替换原来的项。

(2) 重新设置列表选择框**备选答案**的列表属性，如果缺少这项操作，选中项的标记不会显现出来。

(3) 检查是否已经答完全部题目，如果是，则启用**交卷**按钮。

以上我们实现了题目浏览及答案功能，下面进行测试：对全部问题进行作答。测试结果如图 8-22 所示。图中显示了第 1 题、第 10 题及第 30 题的答题画面，其中第 30 题有两个测试画面，在选择答案之前，如第三个图所示，**交卷**按钮处于禁用状态，而当选中答案后，如最后一个图所示，**交卷**按钮处于启用状态。

图 8-22　题目浏览及答题功能的测试结果

一旦**交卷**按钮被启用，用户就可以点击该按钮，于是程序转入**交卷**流程。

8.6 编写程序：交卷

交卷流程包含以下 4 项任务：

(1) 计算并显示得分

(2) 给出标准答案

(3) 禁用交卷按钮、禁止修改答案

(4) 向网络数据库保存成绩

与这 4 项任务有关的事件处理程序包括：

(1) 交卷按钮点击事件

(2) 对话框完成选择事件
(3) 网络数据库收到数据事件
(4) 备选答案选择框的完成选择事件

我们以事件处理程序为线索实现以上 4 项功能。

8.6.1 交卷按钮点击事件

当用户点击**交卷**按钮时，应用将弹出**对话框**，提醒用户一旦交卷将无法修改答案，并提供两个按钮供用户选择：**交卷**及**返回**。点击事件处理程序如图 8-23 所示。

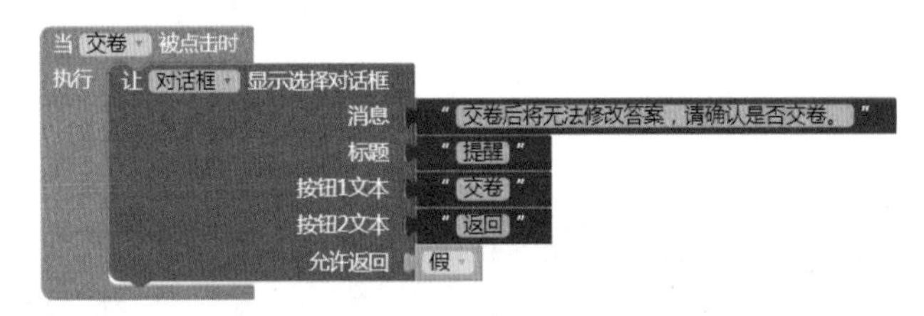

图 8-23 交卷按钮点击事件处理程序

8.6.2 对话框完成选择事件

在选择对话框中，如果用户选择**返回**，则不执行任何操作，如果用户选择**交卷**，则执行以下操作。

(1) 计算并显示得分：分别在**得分**标签及**对话框**中显示分数。
(2) 给出标准答案：在**备选答案**选择框中，在**标准答案**选项前添加对勾（✓）。
(3) 向**网络数据库**请求成绩单数据。

这里的分数按照百分制计算，先创建一个有返回值的过程——**单题分数**，代码如图 8-24 所示。

图 8-24 创建过程：单题分数

再创建一个**判卷**过程，计算得分并给出标准答案，代码如图 8-25 所示。由于全局变量**备选答案列表**中保存着用户的选择，因此**判卷**的基本思路是利用循环语句对**备选答案列表**进行遍历，逐项对比，看用户的选择是否与**标准答案**相符。注意，局部变量**标准答案**是一个数字，即一个序号，它表示**标准答案**在 4 项**备选答案**中的位置。因此，在每一次循环中，利用**标准答案**来选择被检查项，在被检查项前面添加对勾，并检查该项中是否包含星号，如果包含，则执行计分操作。最后用标记了对勾的被检查项替换局部变量**备选答案**中原有的项，并用更新后的**备选答案**替换**备选答案列表**中的第**题号**项。在循环结束后，不要忘记对分数做四舍五入运算，以避免分数中出现小数。

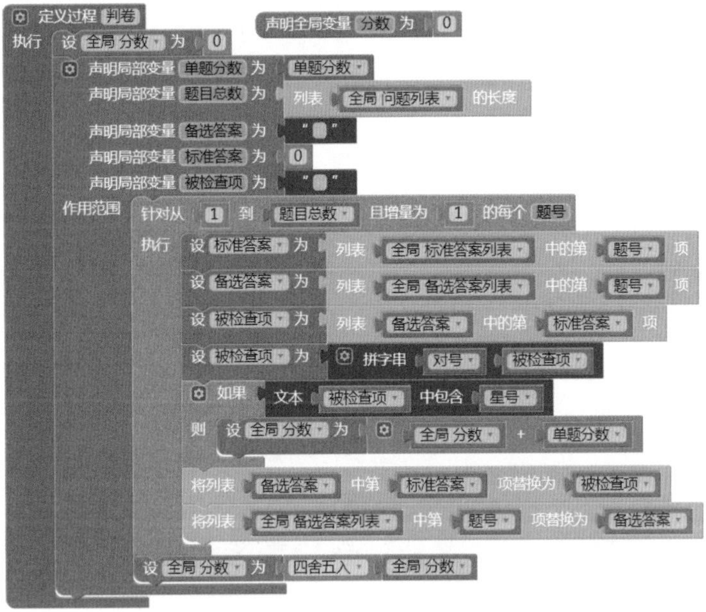

图 8-25 创建过程：判卷

有了**判卷**过程，就可以在**对话框**完成选择事件中调用该过程，从而为全局变量**分数**赋值，并更新**备选答案列表**。为了记住交卷状态，需要声明一个全局变量**交卷**，设其初始值为假，交卷后设其值为真。此外，还要禁用**交卷**按钮、显示**得分**，并请求成绩单数据，代码如图 8-26 所示。图中使用的消息对话框中只有一个按钮**知道了**，当用户点击该按钮时，**对话框**关闭，这一操作不会触发**对话框**的完成选择事件。

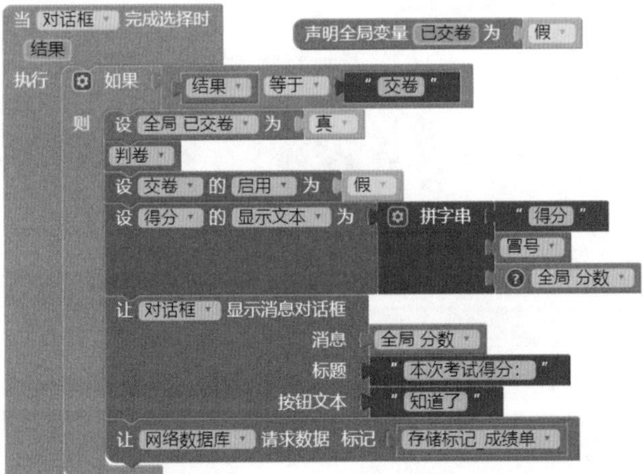

图 8-26 对话框完成选择事件处理程序

8.6.3 网络数据库收到数据事件

在**对话框**完成选择事件中，向**网络数据库**发出了成绩单的请求，当成绩单数据返回时，将触发**网络数据库**的收到数据事件，在该事件中，需要完成以下任务：

- ❑ 更新成绩单；
- ❑ 将更新后的成绩单保存到网络数据库中；
- ❑ 启用导出按钮。

从教师端应用中得知，成绩单数据是一个键值对列表，其中的键为考生姓名，值为考生得分。因此在更新成绩单之前，必须先得到考生姓名，考生姓名保存在屏幕顶端的标签中（见图 8-13），我们需要将它提取出来。创建一个有返回值的过程——**考生姓名**，代码如图 8-27 所示。

图 8-27 创建过程：考生姓名

下面创建过程**处理返回数据 _ 成绩单**，代码如图 8-28 所示。这里利用**考生姓名**对**返回值**（成绩单）进行查询：通过循环语句遍历成绩单中的每一个键值对，当键值对中的第 1 项等于**考生姓名**时，用新的键值对替换成绩单中原有的键值对。最后，将更新后的成绩单保存到**网络数据库**，并启用**导出**按钮。

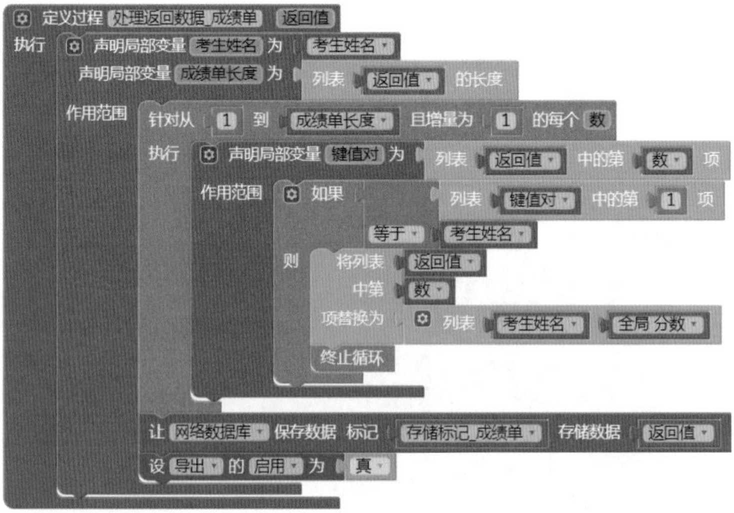

图 8-28 创建过程：处理返回数据 _ 成绩单

最后，在**网络数据库**的收到数据事件中调用上述过程，代码如图 8-29 所示。

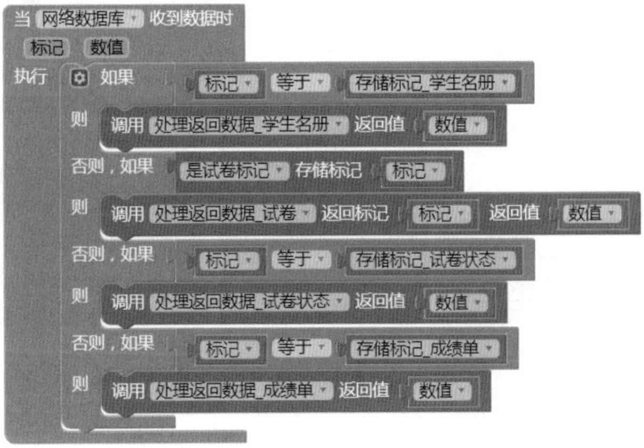

图 8-29 完整的收到数据事件处理程序

8.6.4 备选答案选择框的完成选择事件

当用户选择交卷后，为了防止其修改答案，需要对备选答案选择框的完成选择事件进行修改，根据全局变量**已交卷**的值，来决定将要执行的程序，代码如图 8-30 所示。

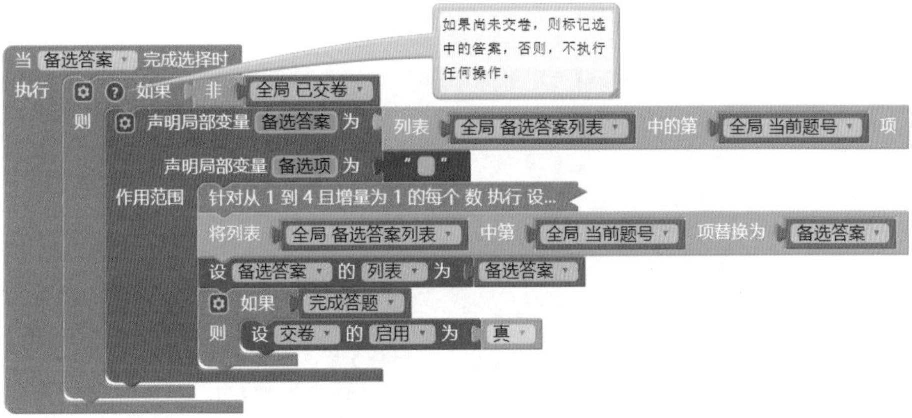

图 8-30 修改后的完成选择事件处理程序

至此我们实现了学生端的交卷功能，下面进行测试：回答所有问题，并点击**交卷**按钮。测试结果如图 8-31 所示，这次考试丢了 13 分，应该是错了四道题。当用户点击左图中的**知道了**按钮后，可以浏览题目查看**标准答案**，中间的图展示的是选择了错误答案，而右边的图展示的则是选择了正确答案。

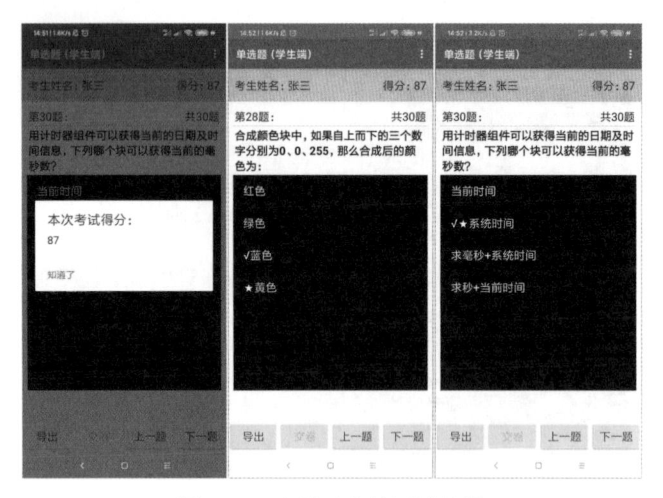

图 8-31 交卷功能的测试结果

在上面的测试结果中，可以看到**导出**按钮已被启用，接下来是实现应用的保存试卷功能。

8.7 编写程序：保存试卷

保存试卷功能由**文件管理器**组件来实现，当用户点击**导出**按钮后，程序将**问题列表**及**备选答案列表**中的内容拼成字串，并导出成文本文件。首先创建一个有返回值的过程——**导出试卷文本**，代码如图 8-32 所示。

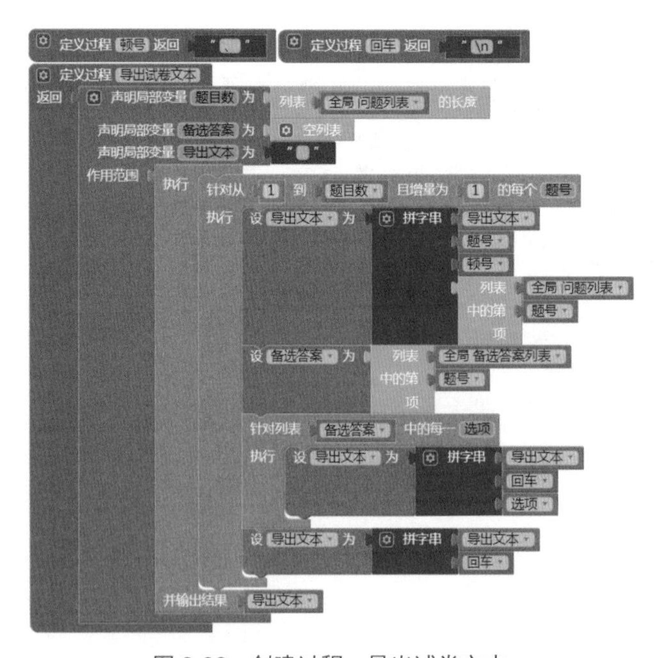

图 8-32 创建过程：导出试卷文本

此前我们已经编写了不完整的**导出**按钮点击事件处理程序，来实现退出应用的功能，现在，要在原有条件语句的否则分支中实现文件的保存，代码如图 8-33 所示。

当文件保存成功时，将触发完成文件保存事件。在该事件中，弹出**对话框**，通知用户文件保存成功，并告知用户文件保存的位置，代码如图 8-34 所示。

```
定义过程 导出文件名 返回 "test.txt"
当 导出 被点击时
执行 如果 导出 的 显示文本 等于 退出
     则 退出程序
     否则 让 导出文件 保存文件
              文本 导出试卷文本
              文件名 导出文件名
```

图 8-33　完整的导出按钮点击事件处理程序

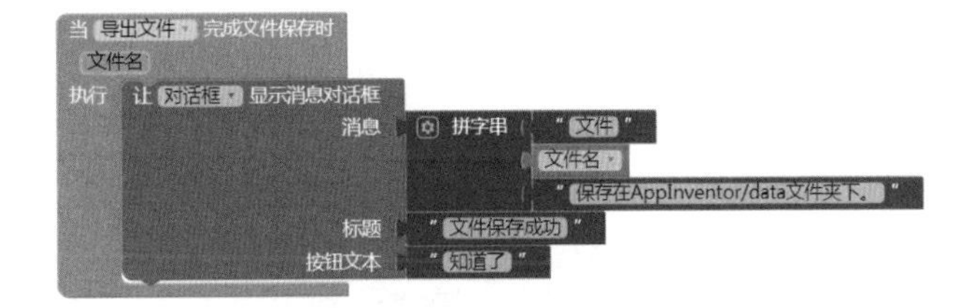

图 8-34　完成文件保存事件处理程序

以上是实现保存试卷功能的全部代码，下面进行测试：点击**导出**按钮。测试结果如图 8-35 所示。测试结果的左、中两个图中特别保留了手机的状态栏，其中有系统时间。在中图的文件管理界面中，文件 test.txt 位于内部存储设备的 AppInventor/data 文件夹下，文件下方显示了文件保存的时间，这个时间与左图的系统时间相符。右图为文本文件预览时文件结尾处的内容，显然，导出的试卷中还包含了用户选择的答案及标准答案。

图 8-35　导出功能的测试结果

8.8 代码整理与讨论

又到了整理与回顾的环节，通常在这个时候，无论是作者，还是读者，都有一种想松懈下来的倾向，不过，这恰恰是让我们有所收获的环节，坚持一下，必然有所长进。

8.8.1 代码整理

按照应用开发的顺序，将代码整理为两组，一组是变量与常量，另一组是过程与事件处理程序，整理后的清单如图 8-36 及图 8-37 所示。

声明全局变量 学生名册 为 空列表
声明全局变量 问题列表 为 空列表
声明全局变量 备选答案列表 为 空列表
声明全局变量 标准答案列表 为 空列表
声明全局变量 试卷读取次数 为 0
声明全局变量 当前题号 为 1
声明全局变量 分数 为 0
声明全局变量 已交卷 为 假
定义过程 存储标记_学生名册 返回 " TEST_SINGLE_STUDENTS "
定义过程 存储标记_问题 返回 " TEST_SINGLE_QUESTIONS "
定义过程 存储标记_备选答案 返回 " TEST_SINGLE_OPTIONS "
定义过程 存储标记_标准答案 返回 " TEST_SINGLE_ANSWERS "
定义过程 存储标记_成绩单 返回 " TEST_SINGLE_SCORES "
定义过程 存储标记_试卷状态 返回 " TEST_SINGLE_STATE "
定义过程 导出文件名 返回 " test.txt "
定义过程 退出 返回 " 退出 "
定义过程 回车 返回 " \n "
定义过程 星号 返回 " ★ "
定义过程 对号 返回 " √ "
定义过程 冒号 返回 " : "
定义过程 顿号 返回 " 、 "

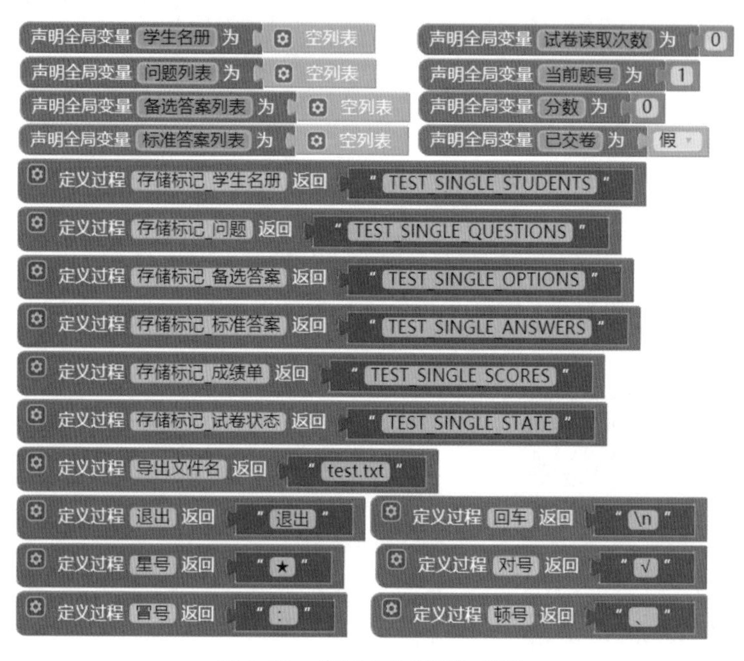

图 8-36 应用中的变量与常量

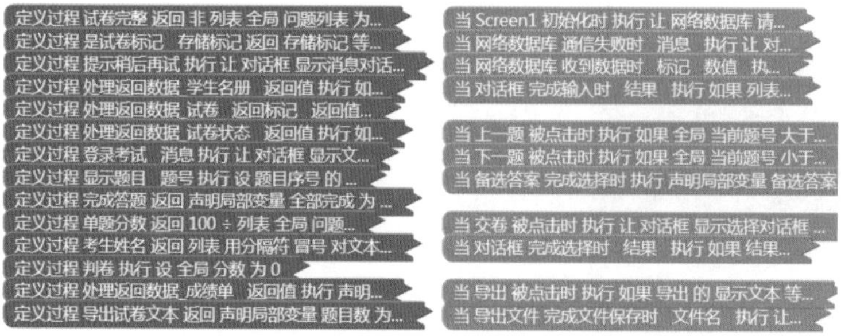

定义过程 试卷完整 返回 非 列表 全局 问题列表 为...
定义过程 是试卷标记 存储标记 返回 存储标记 等...
定义过程 提示稍后再试 执行 让 对话框 显示消息对话...
定义过程 处理返回数据 学生名册 返回值 执行 如...
定义过程 处理返回数据 试卷 返回标记 返回值...
定义过程 处理返回数据 试卷状态 返回值 执行 如...
定义过程 登录考试 消息 执行 让 对话框 显示文...
定义过程 显示题目 题号 执行 设 题目序号 的...
定义过程 完成答题 返回 声明局部变量 全部完成 为...
定义过程 单题分数 返回 100 ÷ 列表 全局 问题...
定义过程 考生姓名 返回 列表 用分隔符 冒号 对文本...
定义过程 判卷 执行 设 全局 分数 为 0
定义过程 处理返回数据 成绩单 返回值 执行 声明...
定义过程 导出试卷文本 返回 声明局部变量 题目数 为...
当 Screen1 初始化时 执行 让 网络数据库 请...
当 网络数据库 通信失败时 消息 执行 让 对...
当 网络数据库 收到数据时 标记 数值 执...
当 对话框 完成输入时 结果 执行 如果 列表...
当 上一题 被点击时 执行 如果 全局 当前题号 大于...
当 下一题 被点击时 执行 如果 全局 当前题号 小于...
当 备选答案 完成选择时 执行 声明局部变量 备选答案
当 交卷 被点击时 执行 让 对话框 显示选择对话框...
当 对话框 完成选择时 结果 执行 如果 结果...
当 导出 被点击时 执行 如果 导出 的 显示文本 等...
当 导出文件 完成文件保存时 文件名 执行 让...

图 8-37 应用中的过程及事件处理程序

由于有了第 7 章教师端的铺垫，本章的任务量少了许多，这主要归功于教师端对数据模型的设计以及对数据的准备，使得学生端可以使用现成的数据来编写程序。这两部分功能的实现过程，让我们对数据模型有了一定的认识。所谓**数据模型**指的是数据的结构、存储及呈现方式，而数据模型决定了界面设计及编写程序的方法。

8.8.2 讨论

这里我们要讨论的是关于**网络数据库**存储数据的问题。**网络数据库**组件是一个依赖于互联网的存储组件,它的数据保存在一台网络服务器上,读取数据的方式是“以键取值”,这里的“键”指的是存取数据时使用的标记，而值指的是与标记对应的返回值。经过单选题两章的学习，我们已经掌握的这种数据存取方式。在这两个项目中，共同的部分是 6 个存储标记，教师端对这 6 项数据都执行了“写”操作，即教师端将 6 项数据分别保存到**网络数据库**，其中成绩单数据的**分数**为空字符；在学生端，只对成绩单数据执行了“写”操作，即每个学生分别更新成绩单中自己的分数。我们要讨论的问题就出在学生端的“写”操作上。

描述这个问题需要借助于时间这个坐标轴。如图 8-38 所示，想象一下，张三和李四两位同学最先完成了答卷，这时，其他同学尚未完成答卷，假设他们几乎同时点击了**交卷**按钮，前后只差 1 毫秒。他们分别从**网络数据库**读取了一份空的成绩单，随后，张三的学生端将更新后的成绩单保存到**网络数据库**，紧接着李四的学生端也将更新后的成绩单保存到**网络数据库**，我们来思考一下，最后，**网络数据库**的成绩单中是否同时保存了张三和李四的分数？为什么？

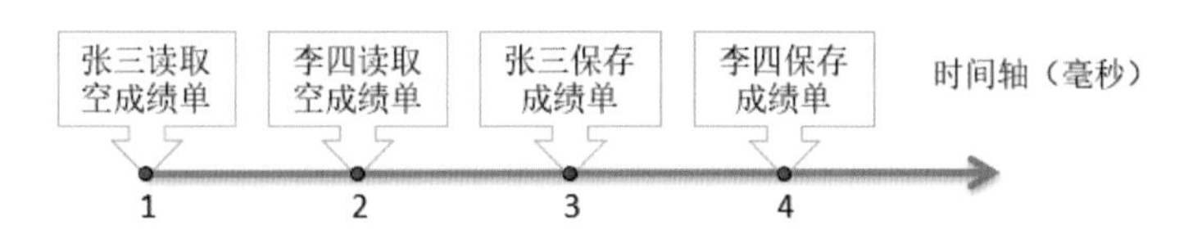

图 8-38 读写成绩单的时间顺序

想必读者已经猜到了结果，最后成绩单中只有李四的分数，张三之前保存的成绩单被后来李四的成绩单覆盖了。当然，我们设想的是一种极端的情况，也许张三和李四交卷的时间差足够大，这样李四读取的成绩单中已经记录了张三的分数，两个人的成绩就都能得以保存。不过，作为程序员的我们，必须对这样的小概率事件给予足够的重视。想象一下，假如我们在开发银行的存取款系统，如果允许这样的小概率事件发生，那么储户的资金安全就难以保障了。

这个问题产生的原因要归结到**网络数据库**本身。我们在项目中所使用的**网络数据库**，它只能执行简单的读写操作。以成绩单为例，考生如果要保存成绩，必须先将整个成绩单读取到客户端，在客户端完成对成绩的更新后，再将整个成绩单保存到服务器。对于学生端这样的多用户应用来说，极有可能发生两个客户端读取了相同的成绩单，但是因为保存操作存在时间差，致使后面保存的结果覆盖了前面保存的结果。这样的问题同样也存在于第 3 章《九格拼图》的游戏排行榜中。

解决问题的方法是：在学生端，每个考生只保存自己的分数；而在教师端，逐个读取每个学生的分数，在完成全部分数读取后，再将**分数**显示出来。这样做的前提是，要为每一次考试设定一个不一样的**考试标记**，考试标记与考生姓名共同组成一个存储分数的组合标记，教师端与学生端都凭借这个组合标记进行数据的存取，只有这样，才能保证数据的一致性。这样的设计对于学生端来说，修改起来并不麻烦，但是对于教师端来说，涉及试卷的管理，整个数据的结构多出一个层次，因此开发的复杂程度也将成倍增加。受篇幅所限，这里只给出改进的建议，不再展开具体的实现过程。

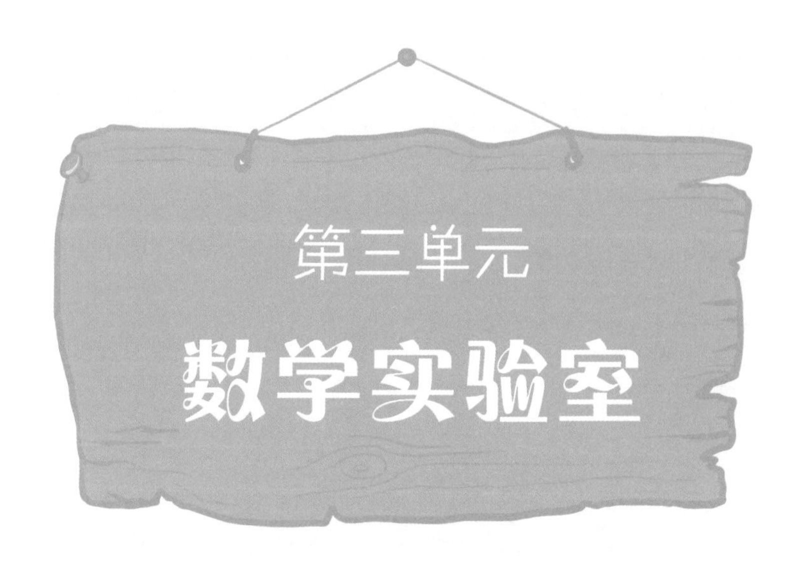

第三单元

数学实验室

如果已经学习了前面的两个单元（趣味游戏及辅助教学），你会发现，在接下来的数学实验室单元中，程序的逻辑变得简单了，代码量也减少了许多。此时，你可以轻轻地松一口气，暂时从那些冗长而又层层缠绕的代码中解脱出来，尽情地享受数学与编程的乐趣。

数学实验室？这个说法听起来有点奇怪，学校里有物理实验室、化学实验室、生物实验室等，但从来没听说过有数学实验室，它在哪里？里面有什么？如何去做一个数学实验？这正是本单元想要展示的内容。

先来思考一个问题：学校里为什么要设立实验室？或者说，实验室的作用是什么？我们知道，学校是学习知识的地方，而承载知识的主要载体是语言和文字，它们书写在课本上，也流淌在教师的课堂讲解中。随着年级的升高，知识的深度和广度都有所提升。所谓知识的深度，更准确地说是知识的抽象度。以物理学为例，“力”是一个人造的概念，表示物体之间的相互作用，这是何等抽象的概念，仅从字面上理解，你无法确切地掌握它的含义。然而，当我们在物理实验室中，用弹簧秤测量物体所受重力的时候，如图所示，我们对力就有了直观的感受：它是一种可感知的、真实的存在，它有大小、方向和作用点。由此可见，实验室的作用是把抽象的知识转化为直观的

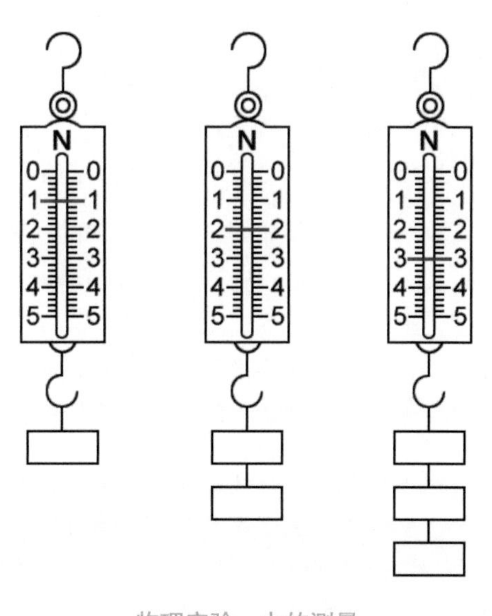

物理实验：力的测量

感受，从而加深对知识的理解。越是抽象的知识，就越需要借助于实验。那么，在我们学习过的科目中，还有什么比数学更抽象吗？

也许你会说，哲学比数学更抽象，好吧，我承认！不过哲学的实验室是整个宇宙——无限大的空间与无限长的时间，这个实验就留给每一位读者吧，我们这里关心的是数学！

本单元包含 5 个数学类应用案例，分 5 章加以讲解，它们是：

- ❑ 鸡兔同笼
- ❑ 素数
- ❑ 公约数与公倍数
- ❑ 农夫过河
- ❑ 函数曲线

在笔者的学生时代，数学虽然是一门必修课，但一旦离开学校，它就被束之高阁，不再被提起。直到几年前搬家，因为担心书柜太高，进不了电梯，才想起从前学过平面几何，于是笔者测量了电梯和书柜的尺寸，又经过一番计算，得出结论：书柜无法通过电梯运下楼，只能从楼梯搬下去，为此还额外支付了搬运工人的工钱。

到现在我还记得为解决问题绘制的图形，这是一道活生生的平面几何应用题，而且就发生在笔者的日常生活之中——自己出题，自己解题，并从中受益。从此以后，我对数学产生了一种“亲近感”：在我心中，它不再只是一门功课，而是一种解决问题的工具，同时也是一种力量、一种美。

工具要在使用过程中才能展现出它的力量，数学亦然。计算机与数学有着天然的联系，编写程序离不开数学，同时，编写程序可以帮助我们解决一些对人类来说异常困难的问题。在本单元中，我们通过**鸡兔同笼**的例子介绍了用程序解决数学问题的基本思路和方法，并在**素数**、**公约数与公倍数**的例子中，使用这些方法解决了几个知名的数学问题。

数学的作用并非用于解决已知的问题，它更重要的使命是解决现实世界中的真实问题。在解决真实问题的过程中，最困难的部分不是解决问题，而是发现问题，并用数学的语言把问题描述出来。例如，本单元中**农夫过河**的例子，解题过程中仅仅使用了加法运算，以及比较两个数字是否相等，这些都是极其简单的数学运算。但是，难的是如何把一个搬运策略问题转化为数学问题，这需要动用我们的智慧和想象力，以及我们对数学的“亲近感”。

数学是抽象的。让数学展现其力量和美的一种途径，是数量的可视化——我们的大脑更容易对视觉信息产生印象和联想。在本单元的**函数曲线**一章，我们绘制了二次函数及三角函数的曲线，将抽象的函数关系（x、y 之间的数量关系）展示在二维平面中。这种可见的图形展示让函数这个抽象的概念变得鲜活起来，也为我们日后使用这个概念解决问题提供了思考的线索。

第 9 章　鸡兔同笼

数学是抽象的，理解抽象的概念需要借助于具体的实例。还记得小学一年级的数学课本吗？为了帮助同学们理解 1 + 1 = 2，课本上绘制了两个苹果。我们的童年时代也都有过掰着手指算数的经历，这些都是把抽象问题具体化的例子。但是，当问题变得越来越复杂，例如要解决本章的鸡兔同笼问题，我们就无法用真实的鸡和兔子来做实验。而且，如果鸡和兔的数量足够多，我们也很难在纸上将它们一一地画出来。即便是使用符号来代替鸡和兔，这也不是一件容易的事。但是，程序可以！本单元中给出的几个例子，将要展开一幅图景，告诉你如何把数学问题转变为程序问题，并借助于程序，加深对数学概念的理解。同时，大家也可以更深入地了解用程序来解决问题的基本方法，这正是数学实验室存在的意义。

那么，如何才能做好数学实验呢？在我们的学生生涯中，没有哪门课像数学一样长久地陪伴着我们——从小学、初中、高中，直到大学，甚至到工作中。因此，你的脑海中一定有许多关于数学的记忆，还记得班里那些数学拔尖的同学吗？当你还没有读懂题目的时候，他们就已经把题目解出来了，这让你的自信心备受打击！在数学这门课中，解题思路之独特（或者说怪异）、解题速度之迅捷，一直备受推崇。然而，凡事都有两面性，当我们试图将数学问题转化为程序问题时，这种独特和迅捷却可能成为一种障碍。相反，我们需要让自己的思路“慢”下来，再“慢”下来；同时，还要让自己“笨”一点，再“笨”一点。

所谓“慢”下来，从另一种角度理解，就是把时间放大，好像把“时间”放在一台显微镜下。假设我们平时以秒为单位来观察事物的变化，现在有一台可以放大 1000 倍的时间显微镜，那么我们将以毫秒为单位来观察事物的变化。这是一种探索“微观”世界的方法，也恰恰是数学实验所采用的方法。

所谓“笨”一点，就是让我们退回到蒙昧状态，退回到学龄前，忘记自己学过的数学知识、解题方法与技巧，以最本初的心去寻找问题的答案。

总的来说，“慢”下来，“笨”一点，这是我们做好数学实验的秘诀。下面我们将以鸡兔同笼问题为例，来具体说明如何将数学问题转化为程序问题，并理解“慢”与“笨”对于我们解决类似问题的意义。

9.1 问题与解法

鸡兔同笼问题是一道人尽皆知的经典数学题，题目来自南北朝时期的数学著作《孙子算经》，内容如下：

> 今有雉兔同笼，
> 上有三十五头，
> 下有九十四足，
> 问雉兔各几何？

“雉”读作 zhì，是一种野生的鸟，长着漂亮的羽毛和长长的尾羽，能短距离飞行，俗称野鸡，在北方的冬天，是人们捕猎的目标之一。不过，在鸡兔同笼问题中，我们称之为鸡！

这是一道小学数学应用题，说的是鸡和兔混放在一个笼子中，其中明确给定的已知条件是：

(1) 鸡和兔的头数之和为 35；
(2) 鸡和兔的脚数之和为 94。

除此之外，题目中还有两个暗含的已知条件：

(1) 每只鸡有一个头、两只脚；
(2) 每只兔有一个头、四只脚。

题目求笼子里有几只兔、几只鸡，这也是本章数学实验的目的。我们有多种方法可以解决这一问题。首先是算术法，通过列出算式来求解；其次是代数法，通过列方程来求解。不过，这些方法更适用于人类；对于计算机来说，最常用的是枚举法。

所谓**枚举法**，也称穷举法，就是对问题所有可能的解进行逐一检查，最终找出正确的解。本章将采用枚举法来实现实验目的，具体方法有两种：一是手动枚举法，即在确保鸡、兔总头数不变的前提下，手动改变鸡或兔的数量，并观察总脚数的变化，直到找出总脚数为 94 时鸡和兔的数量；二是程序枚举法，即利用循环语句，让鸡或兔的数量从最小值 0 增加至最大值 35，并找出总脚数为 94 时鸡和兔的数量。

9.2 实验设计

在明确了实验目的和实验方法之后，还要给出简单的实验设计，并根据实验设计进行必要的准备——搭建一个实验台，提供必要的实验手段，以便实现实验目的——求出问题的解。这里的实验台对应于应用的用户界面。实验设计包括以下内容：

(1) 组件设置

(2) 界面布局与设计
(3) 素材规格
(4) 操作流程

下面我们逐一加以叙述。

9.2.1 组件设置

按照组件的功能来划分，实验中需要以下两类组件。

(1) 输入组件
  a) 两个按钮：用于手动枚举法，用来改变鸡和兔的头数
  b) 加速度传感器：用于程序枚举法，触发程序的执行
(2) 输出组件
  a) 显示题目的图片
  b) 显示头数之和算式的标签
  c) 显示脚数之和算式的标签
  d) 显示鸡兔数量比例的数字滑动条
  e) 显示脚数之和的标签
  f) 显示操作方法的提示标签

9.2.2 界面布局与设计

图 9-1 中给出了用户界面的外观，用户界面采用垂直布局，屏幕被划分为上中下三个部分。

(1) 屏幕上部为题目显示区，显示题目内容。
(2) 屏幕中部为实验操作区，分为左中右三个部分。
  a) 左边为按钮，显示兔的图片，点击按钮可以增加兔的数量。
  b) 中间为演算结果显示区。上部显示头数之和的算式，中部显示鸡兔比例，下部显示脚数之和的算式，再下方是脚数之和的计算结果。
  c) 右边为按钮，显示鸡的图片，点击按钮可以增加鸡的数量。
(3) 屏幕底部显示提示信息：“点击鸡或兔的图片，看看有什么变化！”

图 9-1 鸡兔同笼项目的用户界面

根据以上对布局的描述，来设计应用的用户界面。创建一个 App Inventor 项目，名称为“鸡兔同笼”，向项目中添加组件，完成后的组件设置如图 9-2 所示。在屏幕上方用一个图片组件来显示题目内容；在屏幕中部的操作区，用按钮来显示鸡或兔的图片，用标签来显示头、脚之和的算式及计算结果，用**数字滑动条**的滑块位置来显示鸡、兔的数量比例。界面组件的命名及属性设置见表 9-1。

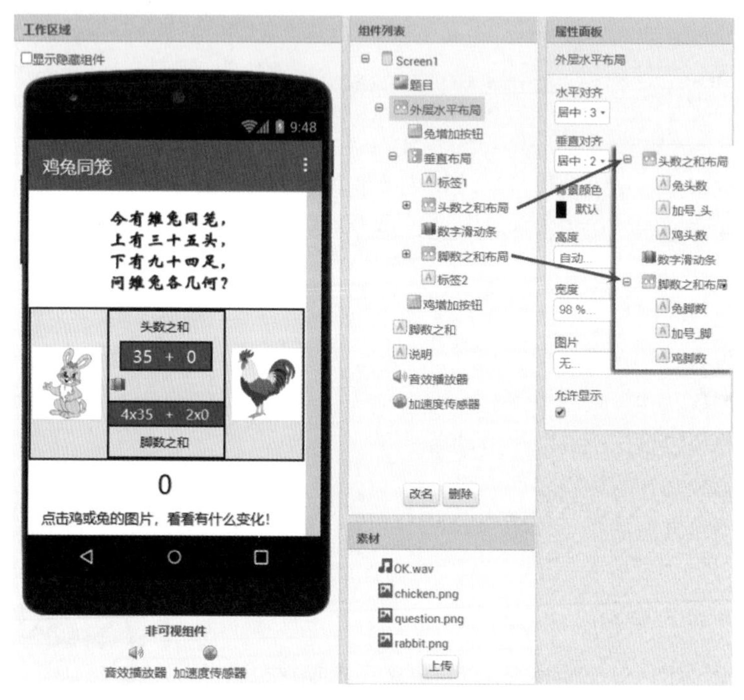

图 9-2 用户界面设计

表 9-1 组件的命名及属性设置

组件类型	组件命名	属　性	属　性　值
屏幕	Screen1	水平对齐 | 垂直对齐	居中
		主题	默认
		标题	鸡兔同笼
图片	题目	宽度	充满
		图片	question.png
水平布局	外层水平布局	宽度	98%
		水平对齐 | 垂直对齐	居中
按钮	兔增加按钮	图片	rabbit.png
	鸡增加按钮	图片	chicken.png
垂直布局	垂直布局	宽度	充满
		水平对齐	居中

（续）

组件类型	组件命名	属　性	属 性 值
标签	标签 1	显示文本	头数之和
水平布局	头数之和布局	宽度	32%
		水平对齐	居中
		背景颜色	蓝色
标签	{ 以下三个标签 }	字号	22
		文本颜色	白色
	兔头数	显示文本	35
	加号 _ 头	显示文本	+
	鸡头数	显示文本	0
数字滑动条	数字滑动条	左侧颜色 | 右侧颜色	品红 | 黑色
		宽度	充满
		最大值 | 最小值 | 滑块位置	35 | 0 | 35
水平布局	脚数之和布局	宽度	42%
		水平对齐	居中
		背景颜色	蓝色
标签	{ 以下三个标签 }	字号	18
		文本颜色	白色
	兔脚数	显示文本	4×35
	加号 _ 脚	显示文本	+
	鸡脚数	显示文本	2×0
标签	标签 2	显示文本	脚数之和
标签	脚数之和	字号	32
	说明	宽度	90%
		字号	18
音效播放器	音效播放器	源文件	OK.wav
加速度传感器	加速度传感器	全部属性	默认

9.2.3 素材规格

如图 9-3 所示，准备好素材文件。注意，文件名必须由英文字母、数字及下划线组成，且以英文字母开头。然后将文件上传到项目中，并设置相关组件的属性（见表 9-1）。

图 9-3　素材文件的规格

9.2.4 操作流程

以下分别描述手动枚举法及程序枚举法的操作流程。

1. 手动枚举法

(1) 当应用启动时，应满足下列情况。
  a) 兔数为 35，禁用**兔增加按钮**。
  b) 鸡数为 0，启用鸡增加按钮。
  c) 显示算式：头数之和算式及脚数之和算式。
  d) 显示脚数之和。
  e) 显示操作提示。

(2) 每点击鸡增加按钮一次，兔的数量减少 1，鸡的数量增加 1，同时启用**兔增加按钮**。当鸡数增加到 35 时，禁用鸡增加按钮。

(3) 每点击**兔增加按钮**一次，兔的数量增加 1，鸡的数量减少 1，同时启用鸡增加按钮。当兔数增加到 35 时，禁用**兔增加按钮**。

(4) 每次点击**兔增加按钮**或鸡增加按钮时，计算并显示头数之和算式、脚数之和算式及脚数之和的计算结果。

(5) 当“脚数之和 = 94”时，提示用户找到答案，并启动音效播放器播放音效。

2. 程序枚举法

摇晃手机时，开始执行枚举程序，求出问题的解，并显示解所对应的算式和数值。

9.3 编写程序：手动枚举法

与手动枚举法有关的程序分布在以下两类事件中：

- 屏幕初始化事件
- 按钮点击事件

下面将依次实现两类事件的处理程序。

9.3.1 屏幕初始化

在屏幕初始化时，初始的鸡、兔头数分别为 0 及 35，程序需要根据这两个数值，写出头数之和算式、脚数之和算式及脚数之和的计算结果，同时显示题目及操作提示。

首先创建 5 个有返回值的过程：**已知头数之和**、**已知脚数之和**、**脚数之和**、**找到答案**及**操作方法**，代码如图 9-4 所示。

然后创建一个过程：**显示脚数**，代码如图 9-5 所示，该过程分别显示了**脚数之和**的算式以及计算结果。

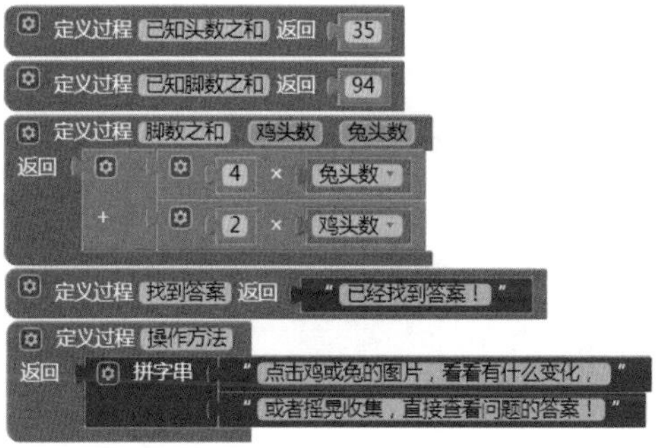

图 9-4 项目中有返回值的过程

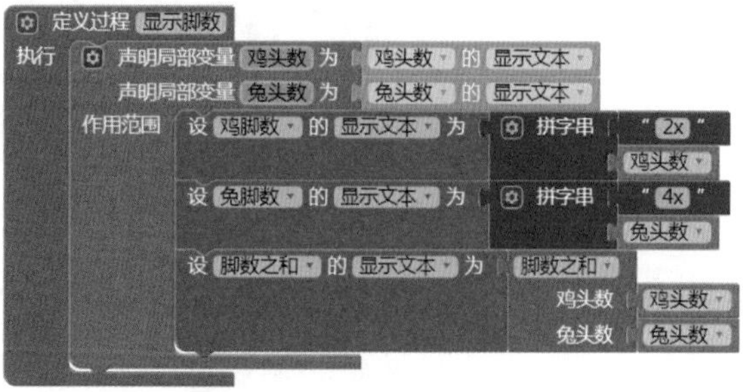

图 9-5 创建过程：显示脚数

最后编写屏幕初始化事件的处理程序，代码如图 9-6 所示。

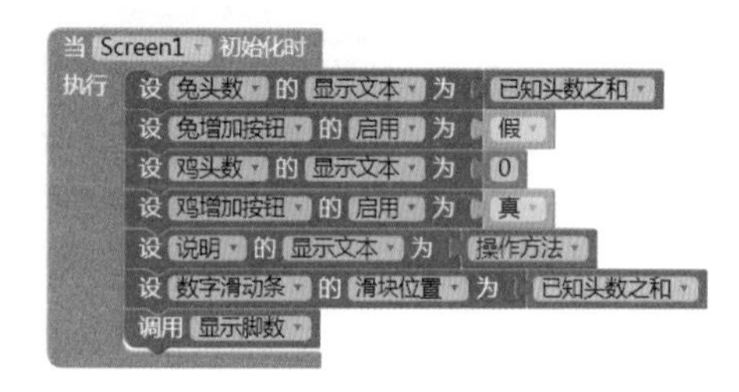

图 9-6 屏幕初始化程序

项目中有许多标签，有些标签的显示内容是固定不变的，而另一些标签的内容则是可变的。为了便于读者了解这些可变标签的作用，我们在项目的设计视图中设置了它们的显示内容。不过，在通常的项目开发中，要避免对设计视图的依赖，也就是说，要尽可能地用程序来设置这些可变内容标签的显示文本。同样，**数字滑动条**的滑块位置、两个按钮的启用属性也要用程序来设置。

9.3.2 按钮点击事件

先来编写**鸡增加按钮**的点击事件处理程序。每当**鸡增加按钮**被点击时，程序将实现以下操作：

(1) 让鸡数增加 1，兔数减少 1；

(2) 更新**鸡头数**、**兔头数**标签；

(3) 更新**数字滑动条**的滑块位置；

(4) 显示鸡和兔的**脚数之和**；

(5) 判断**脚数之和**是否等于**已知脚数之和**，如果等于，则通知用户已经找到答案，并让**音效播放器**播放声音；

(6) 判断**鸡头数**是否等于**已知头数之和**，如果等于，则禁用**鸡增加按钮**；

(7) 启用**兔增加按钮**。

实现上述操作的代码如图 9-7 所示。

```
当 鸡增加按钮 被点击时
执行 声明局部变量 鸡头数 为 鸡头数 的 显示文本
     声明局部变量 兔头数 为 兔头数 的 显示文本
作用范围 设 鸡头数 的 显示文本 为 鸡头数 + 1
         设 兔头数 的 显示文本 为 兔头数 - 1
         设 数字滑动条 的 滑块位置 为 兔头数
         调用 显示脚数
         如果 脚数之和 鸡头数 鸡头数 兔头数 兔头数 等于 已知脚数之和
         则 设 说明 的 显示文本 为 找到答案
            让 音效播放器 播放
         否则 设 说明 的 显示文本 为 操作方法
         如果 鸡头数 等于 已知头数之和
         则 设 鸡增加按钮 的 启用 为 假
         设 兔增加按钮 的 启用 为 真
```

图 9-7 鸡增加按钮的点击事件处理程序

用同样的思路编写**兔增加按钮**的点击事件处理程序，代码如图 9-8 所示。

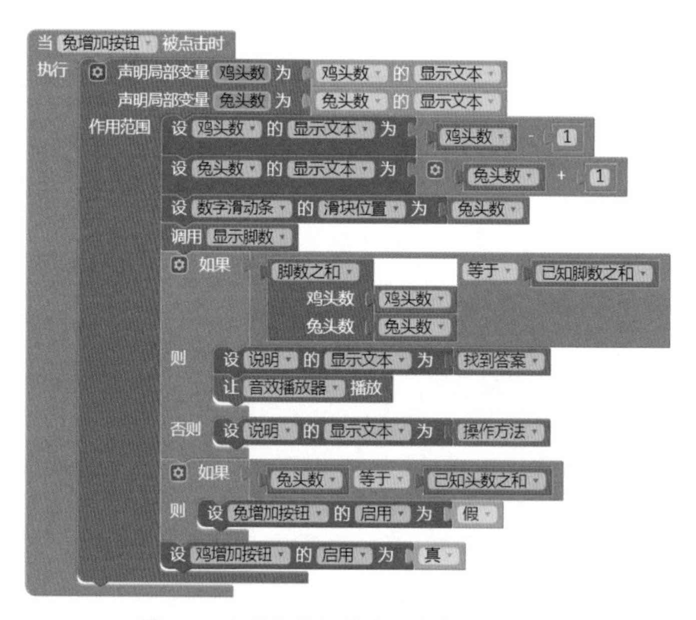

图 9-8 兔增加按钮的点击事件处理程序

9.3.3 测试

如图 9-9 所示，左一图是屏幕初始化时的数量设置，此时**兔增加按钮**不可用；每点击一次**鸡增加按钮**，**兔头数**减少 1，**鸡头数**增加 1，**脚数之和**也随之改变，如左二图所示；当**鸡头数**为 23 时，屏幕下方显示“已经找到答案！”，并且系统播放音效，此时**脚数之和**等于**已知脚数之和** 94，如右二图所示；继续点击**鸡增加按钮**，直到**鸡头数**为 35，此时**鸡增加按钮**被禁用。

图 9-9 测试结果

9.3.4 讨论

以上我们实现了手动枚举法，通过手动改变鸡或兔的数量，遍历所有可能的鸡数与兔数，并求出每一种数量下鸡兔的**脚数之和**，从而找到**脚数之和**为 94 时的鸡兔数量。这是不是一种很“笨”而且很“慢”的方法呢？坦白地讲，这是我第一次遇到这个问题时的想法，但我羞于在课堂上把这个想法讲出来，因为这有点“笨”。多年之后，当我试图在讲台上用鸡兔同笼这个例子讲解编程方法时，当初这个“笨”的想法却帮助我顺利地找到了答案。

之所以这种“笨”办法能够奏效，是因为计算机本身恰好也足够“笨”。计算机的优势在于做简单的事情，并不断重复。而且，它的运算速度非常快，对于 1 GHz 的 CPU 来说，每秒的运算次数为 10^9 次。因此，鸡兔同笼这样的问题对于计算机来说就太简单了——每改变一次鸡或兔的数量，计算一次脚数之和，最多只有 35 次运算。相对于计算机巨大的运算能力来说，这点小小的运算量简直不值一提。

在手动枚举法中，我们通过点击按钮逐步增加鸡或兔的数量，每次的增量为 1，同时计算鸡兔脚数之和，这恰好是编程语言中循环语句的功能。因此，不妨将这个单调重复的任务交给机器去完成，这正是我们下一节的目标。

9.4 编写程序：程序枚举法

在**加速度传感器**的晃动事件处理程序中，利用循环语句为问题求解，代码如图 9-10 所示。

在上面程序的循环语句中，对**鸡头数**进行遍历，从 0 到 35。由**鸡头数**可得**兔头数**，继而可得鸡兔**脚数之和**，当**脚数之和**与**已知脚数之和**相等时，就得到了问题的解。此时，需要设置相关标签的显示文本及**数字滑动条**的滑块位置，并播放音效，最后终止循环。测试结果如图 9-11 所示，其中左图为应用启动后的样子，右图为晃动手机后应用呈现的样子。

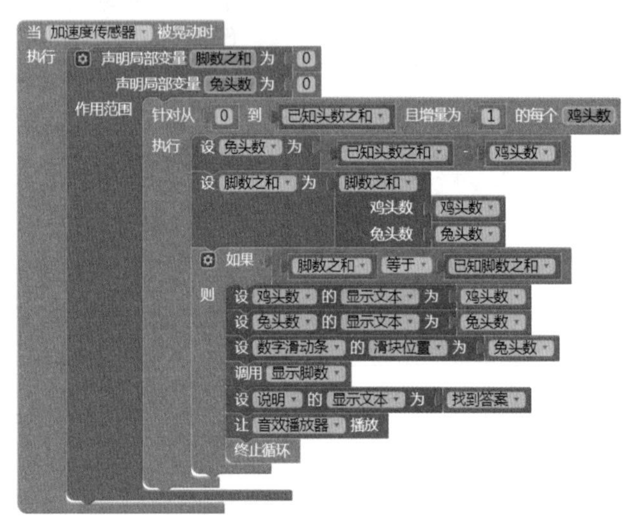

图 9-10 用循环语句自动改变鸡头数

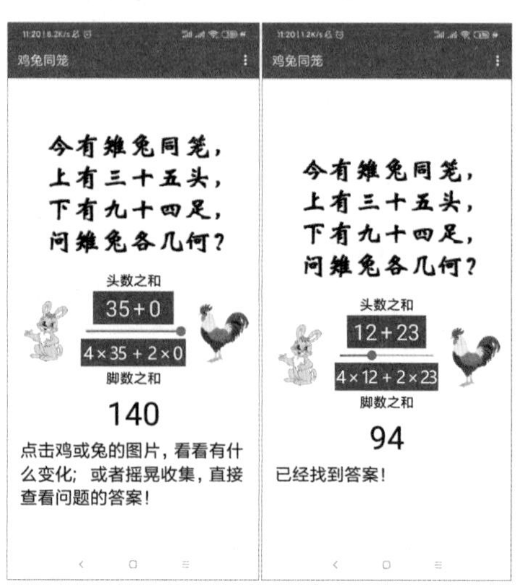

图 9-11 测试结果：用循环语句求解

以上我们展示了手动枚举法及程序枚举法的解题过程，两者得出了一致的结果。这里想再次强调，枚举法是计算机程序中最常用的求解方法。虽然在人类看来，这种方法耗时费力，但是别忘了，这是计算机最擅长的——重复执行简单的操作。

9.5 应用功能的拓展

就鸡兔同笼问题而言，本章给出的两种解题方法，目的在于向读者展示用程序解决问题的惯常思路，应用本身不具备任何实际的功能，但是，只要稍加改进，这个例子就可以转变为一款出题的应用，具体思路如下。

首先要限定鸡、兔头数之和的上限及下限，例如上限为 100，下限为 30，然后在 30 与 100 之间生成一个随机数 n 作为鸡兔的头数之和。接着，在 0 和 n 之间生成一个随机数 k 作为题目的答案，假设 k 为鸡的头数。由 n 和 k 可以计算出**脚数之和** m，这样题目的已知条件就具备了：**头数之和** n 及**脚数之和** m。题目的答案也有了：鸡数 k 与兔数 $(n - k)$。此时，需要为用户准备两个仅限输入数字的文本输入框，分别用来输入鸡数与兔数，还需要一个用来提交答案的按钮，最后就是编写程序判断对错了。这样，一款简单的“鸡兔同笼出题机”就齐备了。

除此之外，还可以任意给定**头数之和**与**脚数之和**，来判断问题是否可解。读者也可以找来其他类型的应用题，生成不同类型的出题机。

第 10 章　素数问题

在讨论素数问题时，不得不提到自然数。我们对自然数的认识多半开始于学龄前，一个两三岁的孩子就能熟练地从 1 数到 10，因此我们数学教育的起点还要往前推。与“自然”相对的概念是“人为”或“人造”，在“数”的世界里，除了自然数，其他数都是人造数，如小数、分数、负数、无理数、虚数，等等。自然数是人类认识和使用“数”的起点，它是一个由小到大按顺序排列的数的队列。它的存在就像空气一样，让我们几乎意识不到，却又须臾无法离开。就在我们对自然数的存在熟视无睹时，这个世界上却有另一类人将其视为珍宝，他们把自然数当作一种精致且有趣的玩具，终日沉浸其中，而且还发明了许多匪夷所思的玩法，这类人就是数学家！

常见的与自然数有关的数学问题大致可以分为两类。一类是数列问题，如等差数列、等比数列、三角形数、正方形数、斐波那契数列，等等。一个数列由多个[①]自然数组成，这些自然数之间存在某种特定的关系。例如，在斐波那契数列中，某一项的值等于相邻的前面两项之和。与自然数有关的另一类数学问题是素数问题。素数也称质数，是一些只能被 1 及其自身整除的自然数。那些不是素数的自然数称为合数。素数是一群很有趣的数，相对于自然数的乘法运算而言，它们是最基本的单元，不可再分，所有的合数都是某些素数的乘积。对于学习过化学的读者来说，素数可以理解为原子。在化学研究领域，原子不可再分，原子通过特定的组合构成分子。所有的素数组成了一个数列，素数有无穷多个，早在两千多年以前，欧几里得《几何原本》中已经给出了证明。历史上有许多关于素数的定理和猜想，例如，黎曼猜想、哥德巴赫猜想，等等。这些猜想大多是一些悬而未决的命题，然而对于数学家而言，它们就像世界之巅的珠峰一般神秘而令人向往。“江山如此多娇，引无数英雄竞折腰！”素数问题让无数数学家穷尽毕生精力却未能达成目标，可见素数问题之“险峻”！

然而，计算机的发明为解决素数问题带来了希望，让数学家摆脱了成吨成吨的演算草纸，也摆脱了单调而重复的计算，并且大大地缩短了计算时间。以最大的素数为例，1876 年人类能

① 多个，可能是有限多个，也可能是无穷多个。

够求得的最大素数为 ($2^{127}-1$)，这是一个 39 位数；75 年之后，即 1951 年，人类借助计算机得到了长达 79 位的素数；而到了 2018 年，最大素数的位数已经达到 24 862 048。可以说，计算机为数学家插上了一双翅膀。借助这双翅膀，数学家可以轻松地飞越沙漠，飞越群山和海洋，往日的那些难题也变得触手可及，甚至迎刃而解。

作为本书的作者和读者，我们虽然无法做到像数学家一样去拆解历史上的难题，但是，凭借计算机这个工具，我们可以把身边常见的问题拿到数学实验室中，将抽象的解题过程以程序的方式明白地展现出来。这些简单的训练，或许可以帮助我们在未来解决更为复杂而艰深的问题。

本章主要解决两个问题，首先判断一个自然数 N 是否为素数，然后再求 N 以内的素数。这是两个最基本的素数问题，是解决其他素数问题的基础。

10.1 N 是否为素数

对于一个给定的自然数 N，如何判断它是不是素数呢？在上一章中，为了解决鸡兔同笼问题，我们使用了一个“笨”办法——枚举法，那么枚举法是否同样适用于解决素数判断问题呢？答案是肯定的。

10.1.1 最“笨”的算法

笨办法似乎与循环语句有着不解之缘。对于一个给定的自然数 N，我们的判断办法是让 N 除以 n，这里的 n 是一串连续的自然数：$n \geqslant 2$ 且 $n \leqslant N-1$。如果对于某一个 n，使得 N/n 的余数为零，那么可知 N 是合数；如果对于所有的 n，N/n 的余数都不为零，那么可知 N 是素数。这样的思路很容易在循环语句中实现，下面我们来搭建实验台，用程序来实现以上思路。

1. 搭建实验台

我们的实验台非常简单，只需要最基本的输入输出组件。创建一个新项目，命名为“素数问题”。向屏幕中添加组件，结果如图 10-1 所示。

图 10-1 素数问题项目的用户界面设计

图 10-1 中组件的命名及属性设置见表 10-1。

表 10-1 组件的命名及属性设置

组件类型	组件命名	属　　性	属 性 值
屏幕	Screen1	标题	素数问题
		主题	默认
文本输入框	任意自然数 N	提示	输入一个自然数
		仅限数字	勾选
按钮	是否为素数	显示文本	是否为素数
标签	结论	全部属性	默认

2. 编写程序

当用户输入了一个数字 N，并点击**是否为素数**按钮时，判断 N 是否为素数，并将判断结果显示在**结论**标签中。代码如图 10-2 所示。

```
当 是否为素数 被点击时
执行 声明局部变量 N 为 任意自然数N 的 显示文本
       声明局部变量 余数 为 0
     声明局部变量 N是素数 为 真
     作用范围 针对从 2 到 N - 1 且增量为 1 的每个 除数
              执行 设 余数 为 N 除 除数 的 余数
                   如果 余数 等于 0
                   则 设 N是素数 为 假
                      终止循环
              设 结论 的 显示文本 为 拼字串 N
                                          如果 N是素数
                                          则 "是"
                                          否则 "不是"
                                          "素数"
```

图 10-2　判断一个数是否为素数

现在进行测试，选择 4 个测试数字：101、10 007、1 000 003 及 10 000 033，测试结果如图 10-3 所示。

图 10-3　测试：判断输入的自然数是否为素数

如果你按照上面的步骤编写了代码并完成了测试，你会发现，在测试第三个数字时，隔了很长时间结果才显示出来，而在测试另外 3 个数字时，结果很快就出来了。从图 10-2 中的代码可知，对于素数而言，循环语句的执行次数为 $(N-2)$。前两个数字虽然是素数，但是由于数字的位数少，因此循环语句的执行次数也相对较少。而第三个数字是一个 7 位数，测试过程中循环的次数为 1 000 001 次，是第二个数的近 100 倍。最后一个数字是合数，因此当循环语句遇到它的第一个质因数时，循环就终止了。可见，当 N 为素数时，程序的运行时间随 N 的增大而增加。

10.1.2　算法的改进

如前所述，当 N 为素数时，随着 N 的增大，程序的运行时间也会增加，而运行时间与循环次数有关。循环语句内部包含了两条指令，一个是求余数的运算，另一个是判断余数是否为零。因此，对于数字 1 000 003 来说，需要执行约 $2 \times 1000\ 003 \approx 2\ 000\ 000$ 次运算。实验证明，这样的运算耗时已经达到了我们可以感知的程度。

是否可以通过改进算法，来减小运算量呢？答案是肯定的。我们知道，在解决复杂问题时，人类的智慧可以起到“四两拨千斤”的效果。

前面我们提到过，任何一个合数都可以分解为若干个素数的乘积，这些素数被称为这个合数的**质因数**（素因数）。我们来观察一下 60 以内的合数，看看它们的质因数有什么特点，如表 10-2 所示。

表 10-2　60 以内的合数以及它们的质因数

合数	质因数	合数	质因数	合数	质因数	合数	质因数	合数	质因数	合数	质因数
4	2^2	15	3、5	25	5^2	34	2、17	44	2^2、11	52	2^2、13
6	2、3	16	2^4	26	2、13	35	5、7	45	3^2、5	54	2、3^3
8	2^3	18	2、3^2	27	3^3	36	2^2、3^2	46	2、23	55	5、11
9	3^2	20	2^2、5	28	2^2、7	38	2、19	48	2^4、3	56	2^3、7
10	2、5	21	3、7	30	2、3、5	39	3、13	49	7^2	57	3、19
12	2^2、3	22	2、11	32	2^5	40	2^3、5	50	2、5^2	58	2、29
14	2、7	24	2^3、3	33	3、11	42	2、3、7	51	3、17	60	2^2、3、5

这里我们关心的是合数的**最小质因数**。具体地说，是某个合数 N 的**最小质因数**与 N 的平方根 $\sqrt{N}$ 之间的关系[1]。观察表格中合数的最小质因数，可以发现，所有合数的最小质因数均小于或等于它的平方根。这条结论也可以换一种说法：**对于任意给定的合数 K，设 m 是 K 的最小质因数，则有 $m \leqslant \sqrt{K}$**。这一结论的证明非常简单，我们将在 10.3.3 节中给出。

上述结论提示我们：如果 N 为合数，那么一定存在一个小于或等于 $\sqrt{N}$ 的质因数。现在将这个结论反过来理解：如果一个数 N 在 2 到 $\sqrt{N}$ 之间没有质因数，那么 N 一定不是合数，而是素数。

将上述结论运用到程序中，那么在判断一个数是否为素数时，循环变量的上限就可以用 $\sqrt{N}$ 来代替 $(N-1)$，这样就可以减少循环次数。以 $N = 1\ 000\ 003$ 为例，$\sqrt{N} = 1000$（就低取整），按照上述结论，循环变量的最大值为 1000，循环次数将减少 $1\ 000\ 001 - 1000 = 999\ 001$ 次，这将大大缩短程序的运行时间。下面改造图 10-2 中的程序，创建一个有返回值的过程——**N 是素数**，并在按钮点击事件的处理程序中调用该过程。修改后的代码如图 10-4 所示。

① 平方根：N 的平方根写作 $\sqrt{N}$，即 $N = \sqrt{N} \times \sqrt{N}$。举例来说，25 的平方根为 5，写作 $\sqrt{25} = 25$。

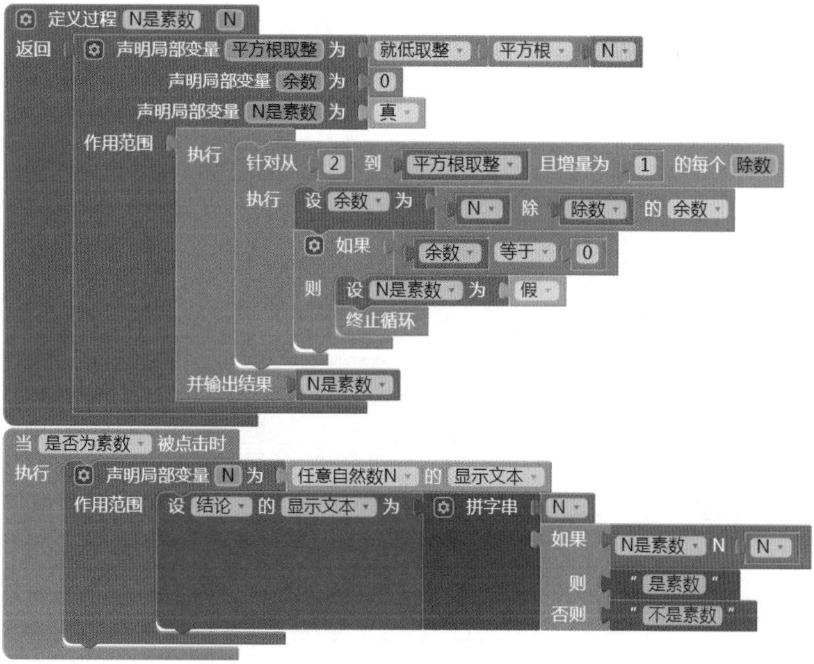

图 10-4 将循环变量上限替换为 *N* 的平方根取整

前面提到过“四两拨千斤”，如果用比例表示千斤与四两之间的关系，这个比例是 1000/0.4 = 2500。如果把判断一个数字是否为素数时的循环变量上限数和数字本身比作“四两与千斤”，则 1 000 001/1000 ≈ 1000，显然这个比例还不够大，不过这个比例会随着 N 的增大而增大。例如，当 N = 10 000 019 时，你算一算这个比例是多少？实际上，这个比例约等于 $\sqrt{N}$ 。

用新程序再次测试 1 000 003 这个数时，运行结果很快就显示出来，相信你也有所体会。

10.1.3 程序耗时统计

以上我们通过改进算法，减少循环语句的执行次数，提高了程序的运行效率。那么，能否精确地测量出两种算法的程序运行耗时呢？答案是肯定的，利用计时器组件可以实现这个测量。

在设计视图中，向项目中添加一个计时器组件，然后在编程视图中打开计时器组件的代码块抽屉。抽屉里有一列长长的代码块，我们需要的是**系统时间**块。在连接 AI 伴侣的前提下，单独运行**系统时间**块，会得到如图 10-5 所示的结果，其中长达 13 位的数字就是**系统时间**，它的单位为毫秒，是自 1970 年 1 月 1 日零时起到此刻的毫秒数。

图 10-5 计时器组件的系统时间块

利用**系统时间**，我们可以测量程序运行所消耗的毫秒数。首先声明一个全局变量**程序耗时**，然后修改 **N 是素数**过程，代码如图 10-6 所示。为了比较不同算法下的**程序耗时**，需要将循环语句的最大值分别设为 $\sqrt{N}$ 及 $(N-1)$。

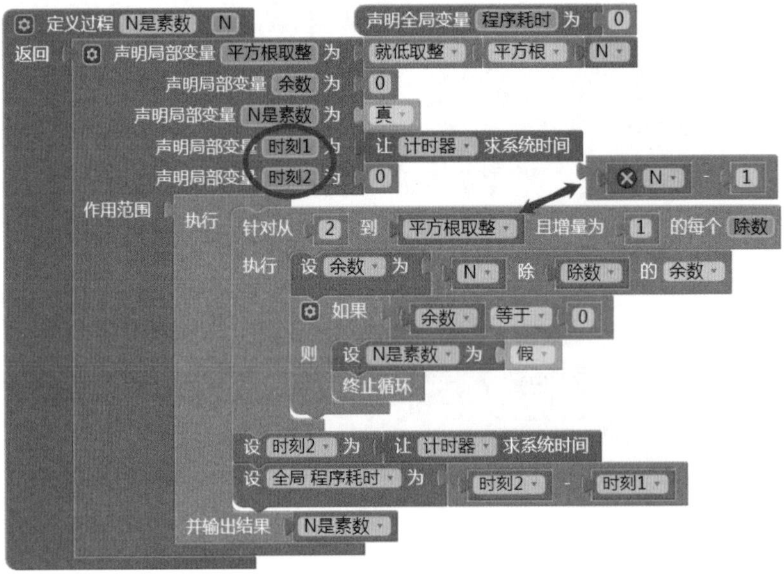

图 10-6 测量程序耗时：修改 N 是素数过程

然后修改**是否为素数**按钮的点击事件处理程序，以便显示测量结果，代码如图 10-7 所示。

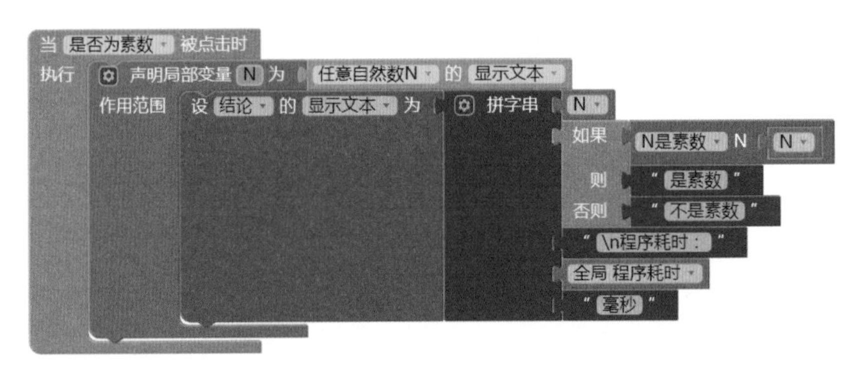

图 10-7 修改按钮的点击事件处理程序

下面进行测试，以数字 1 000 003 为测试数，测试结果如图 10-8 所示。图中给出了两种结果，左图是 $\sqrt{N}$ 次循环的**程序耗时**，为 53 毫秒，右图是 $(N-2)$ 次循环的**程序耗时**，为 25 222 毫秒，约为 25 秒！一个是不足 1 秒，另一个是 25 余秒，相信这个实验的结果会让你印象深刻。

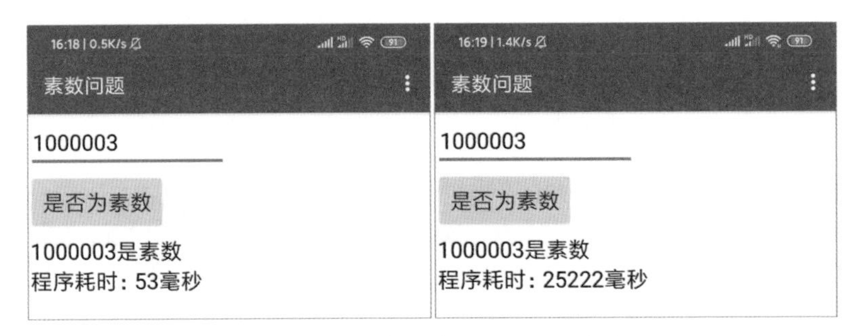

图 10-8　程序耗时的测试结果比较

10.2　*N* 以内的素数

素数是一群很特别的数，它们像散落在自然数中的宝石，光彩夺目；而数学家就像一群贪玩的孩子，被宝石的光彩所诱惑，乐此不疲地在漫无边际的自然数中寻找它们。然而，他们的目标永无止境，那就是发现更大的素数！寻找更大的素数，需要借助已经发现的素数，于是我们回到了问题的起点：*N* 以内有多少个素数。

10.2.1　最“笨”的算法

利用上一节的项目，在设计视图中为项目添加一个按钮，命名为 **N 以内素数**；在编程视图中创建一个有返回值的过程——**N 以内素数**，并在按钮的点击事件中调用该过程，代码如图 10-9 所示。

```
定义过程 N以内素数 N
返回  声明局部变量 素数列表 为 列表 2
      作用范围  执行  针对从 3 到 N 且增量为 1 的每个 数
                      执行  如果 N是素数 N 数
                            则 向列表 素数列表 添加 项 数
                并输出结果 素数列表

当 N以内素数 被点击时
执行  声明局部变量 素数列表 为 N以内素数 N 任意自然数N 的 显示文本
      作用范围  设 结论 的 显示文本 为  拼字串  素数列表
                                              “ \n素数个数：”
                                              列表 素数列表 的长度
```

图 10-9　求 *N* 以内的全部素数

下面进行测试，测试结果如图 10-10 所示。在测试时，我们输入了 3 个数：100、1000 及 10 000，这 3 个数之间是 10 倍的关系，但它们两两之间含有素数的比例为：25:168=1:6.7，168:1229= 1:7.3。由此可见，随着 N 的增大，素数的分布越来越稀疏。

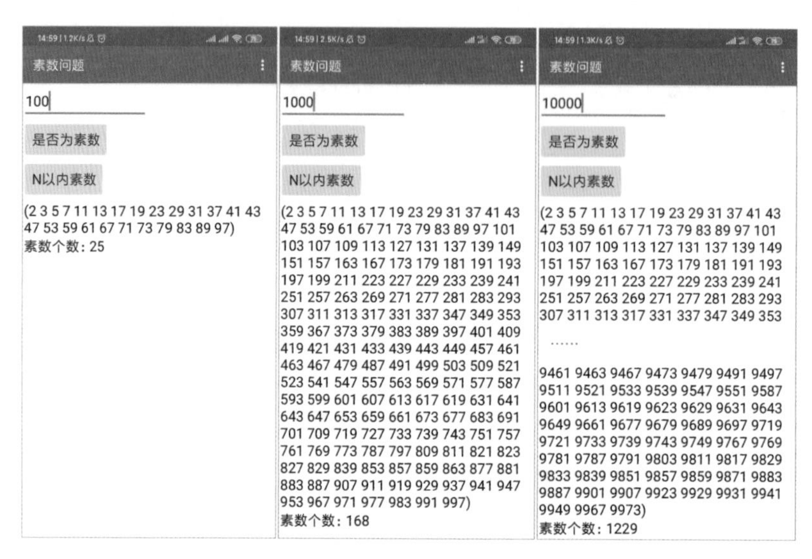

图 10-10 求 N 以内的全部素数的测试结果

10.2.2 算法的改进

注意，算法的改进并非针对图 10-9 中的代码，而是针对图 10-6 中的 **N 是素数**过程。图 10-11 中列出了 **N 是素数**过程里的核心代码，其中被测试数 N 依次除以连续的自然数 2、3、4……这其中有许多重复的运算。试想，如果一个数 N 不能被 2 整除，那么它一定是奇数，这个结论在第一次循环中就可以获得。一旦得知 N 是奇数，那么在后续的检查中，就应该排除那些偶数类型的除数，这样可以大大地减少运算次数，进而提高程序的执行效率。

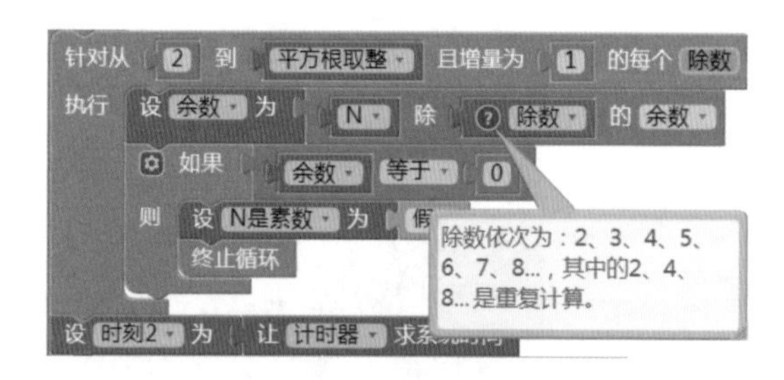

图 10-11 N是素数过程里的核心代码

前面我们曾经讨论过，对于一个合数 N，它的最小质因数不会超过 $\sqrt{N}$，因此我们在图 10-6 中用 $\sqrt{N}$ 替代了原来的循环变量最大值 $(N-1)$，这大大地提高了程序的执行效率。实际上，程序的执行效率还可以进一步提高：要判断 N 是否为素数，不必检查 2 到 $\sqrt{N}$ 之间的每一个自然数，而只要检查 2 到 $\sqrt{N}$ 之间的每一个素数即可。仅以 $N = 1\ 000\ 003$ 为例，$\sqrt{N} \approx 1000$，从图 10-10 的测试结果中得知，1000 以内共有 168 个素数，而 2 到 1000 之间（不包括 1000）共有 998 个数，这意味着两种算法之间相差 830 次循环。

仍然以大数以 N = 1 000 003 为例，我们希望在判断它是否为素数之前，先求出 1000 以内的所有素数，为此，声明一个全局变量**素数列表**，并在屏幕初始化程序中为变量赋值，代码如图 10-12 所示。

```
声明全局变量 素数列表 为 空列表
当 Screen1 初始化时
执行 设 全局 素数列表 为 N以内素数 N 1000
```

图 10-12 在屏幕初始化时求 1000 以内的素数

再创建一个有返回值的过程——**优化版 N 是素数**，代码如图 10-13 所示。这里不再使用针对数字的循环语句，而是针对列表的循环语句，通过遍历**素数列表**，检查 N 是否能被列表中的素数整除。对于以 N = 1 000 003 这个数而言，循环语句的执行次数为 168 次。

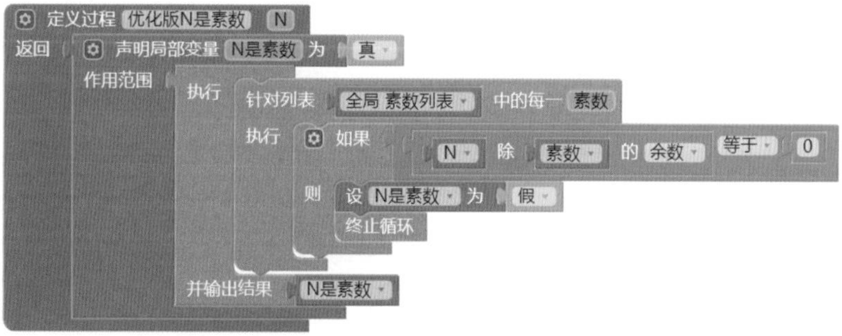

```
定义过程 优化版N是素数 N
返回 声明局部变量 N是素数 为 真
    作用范围 执行 针对列表 全局 素数列表 中的每一 素数
                执行 如果 N 除 素数 的 余数 等于 0
                     则 设 N是素数 为 假
                        终止循环
             并输出结果 N是素数
```

图 10-13 创建有返回值的过程：优化版 N 是素数

最后，修改**是否为素数**按钮的点击事件处理程序，用**优化版 N 是素数**过程替代原有的 **N 是素数**过程，代码如图 10-14 所示。

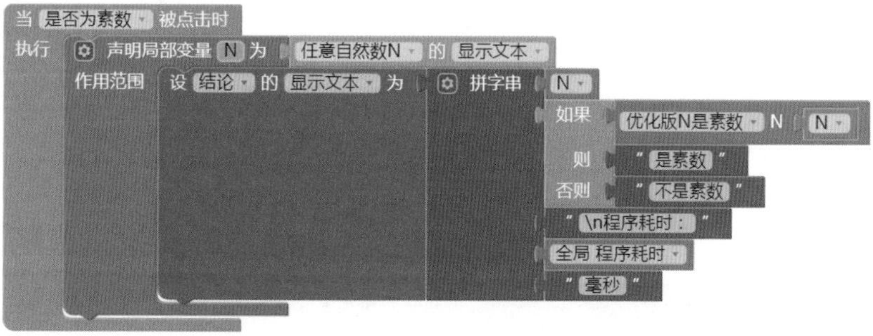

```
当 是否为素数 被点击时
执行 声明局部变量 N 为 任意自然数N 的 显示文本
     作用范围 设 结论 的 显示文本 为 拼字串 N
                                        如果 优化版N是素数 N N
                                        则 "是素数"
                                        否则 "不是素数"
                                        "\n程序耗时："
                                        全局 程序耗时
                                        "毫秒"
```

图 10-14 用优化版 N 是素数过程替代原有过程

下面进行测试，让以 $N = 1\ 000\ 003$，测试结果如图 10-15 所示。

对比图 10-8 中的测试结果，这里的**程序耗时**是 13 毫秒，比 53 毫秒减少了 40 毫秒，程序运行效率有了显著的提高。

实验做到这里，读者可能会有疑问：图 10-15 中的结果利用了 1000 以内的**素数列表**，那么是否应该将求 1000 以内素数的**程序耗时**计算在内呢？这是一个非常好的问题，本书把解决这一问题的机会留给读者，希望各位能从中体会到解决问题的快乐。

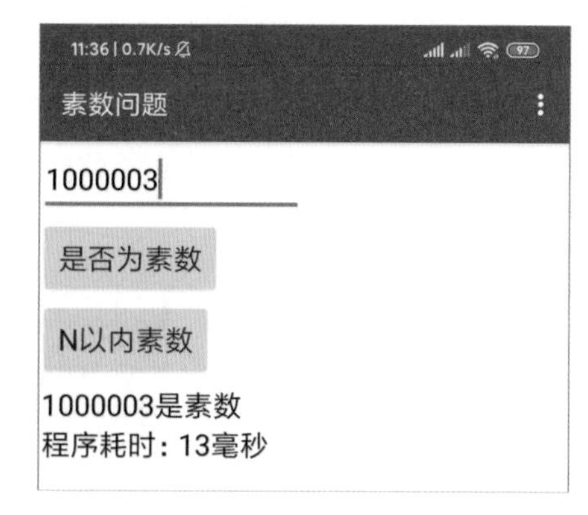

图 10-15 优化版 N 是素数的测试结果

10.3 讨论

以下将要讨论 3 个问题：

(1) 程序中的漏洞
(2) 枚举法的优化
(3) 最小质因数问题的证明

下面逐一加以讨论。

10.3.1 程序中的漏洞

在图 10-12 中，我们求出了 1000 以内的所有素数，这个结果应用在图 10-14 的程序中，存在严重的漏洞。严格说来，它只适用于 $N \leqslant 1\ 000\ 000$ 的情况，而我们测试的数为 $N = 1\ 000\ 003$，它大于 1 000 000，虽然测试的结果没有错误，但这个漏洞不能被忽略。

前面我们讨论了两个问题：判断 N 是否为素数，以及求 N 以内的素数，程序中与这两个问题密切相关的是以下 3 个过程：

- ❑ N 是素数
- ❑ N 以内素数
- ❑ 优化版 N 是素数

这 3 个过程之间存在着相互依赖的关系。回忆一下程序的执行顺序：

(1) 屏幕初始化时，调用 **N 以内素数**过程，目的是为**素数列表**赋值，求 1000 以内的素数，见图 10-12；

(2) 为了筛选出 1000 以内的素数，**N 以内素数**过程又调用了 **N 是素数**过程，见图 10-9；

(3) 有了 1000 以内的**素数列表**，才能利用**优化版 N 是素数**快速地判断某个小于 1 000 000 的数是否为素数，见图 10-14。

三者之间的关系散发出一种熟悉的味道，那就是“先有鸡，还是先有蛋”？为了快速判断 *N* 是否是素数，需要一个**素数列表**；为了求出**素数列表**，需要求 *N* 以内的素数；为了求 *N* 以内的素数，需要判断 *N* 是否为素数，它们之间的关系可以用图 10-16 来形象地表示。从程序的运行顺序上看，最初对 *N* 是否为素数的判断发生在屏幕初始化事件中，此时只能调用 **N 是素数**过程，而不能调用**优化版 N 是素数**过程。这是因为**优化版 N 是素数**过程需要**素数列表**的支持，而这时**素数列表**还是空的。

如果想竭尽所能地压榨算法，以便获得更高的程序运行效率，那么可以采用递进的策略，具体思路如图 10-17 所示。

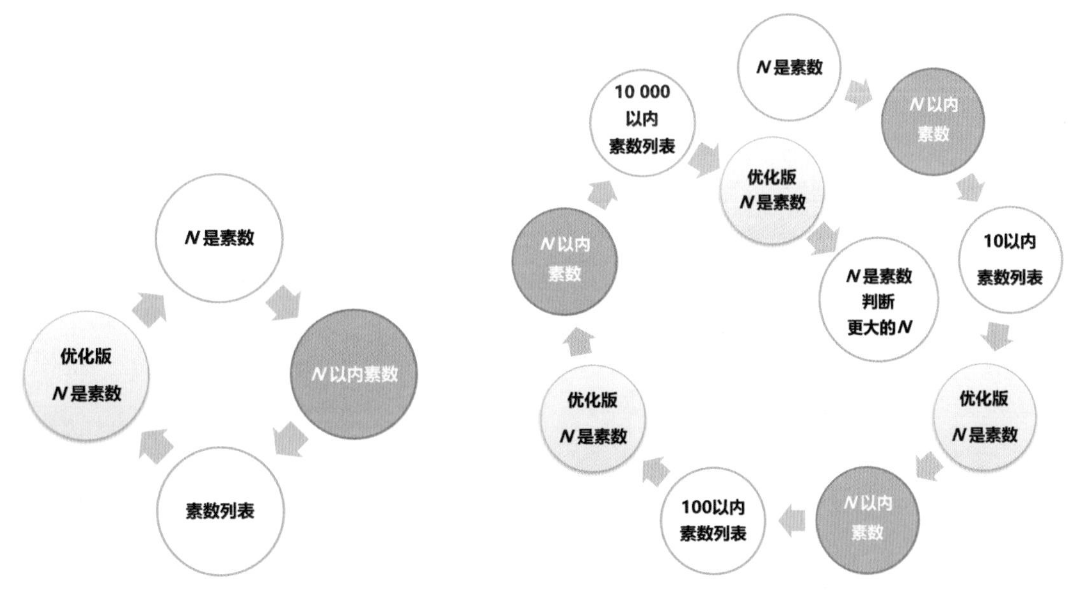

图 10-16 过程、变量之间的关系

图 10-17 提高运行效率的递进策略

如果你要判断的数 *N* 非常大，你可以按照上述方法，预先求出一个更大的**素数列表**，甚至可以将已经求出的**素数列表**保存到**本地数据库**中，供程序直接调用。

10.3.2 枚举法的优化

在第 9 章中，我们利用枚举法，解决了鸡兔同笼问题，本章又利用枚举法解决了两个最基本的素数问题：判断 *N* 是否为素数，并求 *N* 以内的所有素数。虽然枚举法看起有些“笨”，但它是利用计算机解决现实问题最常使用的方法。

对于鸡兔同笼问题而言，由于问题中鸡和兔的数量较少，程序中循环语句的执行次数有限，因此，我们几乎察觉不到程序运行过程中对时间的消耗。不过，在解决素数问题时，我们面对的不再是有限的数，当 N 变得越来越大，程序的耗时问题也越发凸显。例如，当 $N = 1\,000\,003$ 时，如果用最笨的办法判断 N 是否为素数，耗时竟然达 25 秒之多（见图 10-8）。此时，如果仍然不假思索地沿用笨办法，不但浪费时间，浪费计算资源，而且，更为严重的是，这会让我们的数学实验陷入困境。记住，当一项任务遭遇了瓶颈，进展缓慢时，不要一味地使用蛮力，而要动用人类的智慧。在本章的例子中，为了判断 N（1 000 003）是素数，我们先后作了两次改进的尝试：一是将循环变量的最大值由 $(N-1)$ 减小到 $\sqrt{N}$，此次改进将计算耗时减少到 53 毫秒；二是预先求出 1000 以内的全部素数，并利用**优化版 N 是素数**过程对 N 进行判断，这一次将计算耗时减少到 13 毫秒。通过这两次改进，我们看到了人类智慧在解决困难问题时的关键作用，还是那句话：四两拨千斤！

在对程序所作的两次改进中，我们动用了人类的智慧，然而这些智慧并不是我们的大脑中凭空产生的，它们全部来源于数学，来源于我们对素数的理解，我们对素数的理解越是透彻，就越可能找到更高效方法。因此，数学才是实现“四两拨千斤”的秘密武器。

10.3.3 关于最小质因数的证明

命题：假设合数 $K = m * n$，其中 m 为 K 的最小质因数，即 $m \leqslant n$，求证 $m \leqslant \sqrt{K}$。

证明：

$\because K = m * n$

$\therefore m = K / n$ ①

$\because m \leqslant n$ 且 m、$n \geqslant 2$ ②

$\therefore$ ① * ②可得：$m^2 \leqslant K * n$ ③

$\therefore$ 对③两端开方可得：$m \leqslant \sqrt{K}$

注意：由于这里讨论的是素数问题，因此 K、m、n 均为大于零的整数，这是默认的已知条件，故在证明过程中，当等式两端同时除以 n 或不等式两端同时开平方时，没有强调这一条件。

以上我们讨论了素数的基本问题：素数的判断，以及求 N 以内的素数，第 11 章将在此基础上讨论素数的应用——如何求两个自然数的最大公约数及最小公倍数。

第 11 章　公约数与公倍数

本章在第 10 章的基础上继续讨论与素数相关的问题：求两个或多个整数的最大公约数与最小公倍数。

11.1　求 *M* 与 *N* 的最大公约数

先来了解与公约数相关的概念，以及这些概念的数学表示方法，进而找到这些概念的程序表示方法，最后给出解决问题的编程方法。注意，本文讨论的是与自然数有关的问题，因此，下面的陈述中所提到的整数、合数、约数等概念，均指自然数。

11.1.1　概念陈述

(1) **约数**：有整数 *P*、*N*，如果 *N* 能被 *P* 整除，则称 *P* 是 *N* 的约数。例如 100 能被 25 整除，则 25 是 100 的约数；100 的约数包括 2、4、5、10、20、25 及 50，共 7 个。约数也称作因数。

(2) **公约数**：有整数 *P*、*M*、*N*，如果 *M*、*N* 都能被 *P* 整除，则称 *P* 是 *M*、*N* 的公约数。例如，75 的约数为：3、5、15 及 25，则 100 与 75 的公约数为 5 及 25。

(3) **最大公约数**：在整数 *M*、*N* 的所有公约数中，数值最大的被称为最大公约数。例如，75 与 100 的最大公约数为 25。

11.1.2　概念的数学表示

(1) 整数的分解式：针对整数 *N*，如果仅能被 1 及其自身整除，则 *N* 为素数，否则，*N* 为合数。将一个合数 *N* 表示为约数的乘积，叫作整数的分解。一个合数可以有许多种分解方法，例如，100 = 2 * 50，100 = 4 * 25，或 100 = 10 * 10，等等。这些表示分解结果的式子叫作整数的分解式。

(2) 整数的标准分解式：如果将合数 N 分解为若干个质因数的乘积，那么这种分解方法具有唯一性（不考虑质因数的排列顺序）[①]，例如：

a) $100 = 2 \times 2 * 5 \times 5$

b) $150 = 2 * 3 * 5 \times 5$

c) $300 = 2 \times 2 * 3 * 5 \times 5$

以上 3 个分解式叫作整数的标准分解式。注意，标准分解式中有两个表示乘法的符号“×”与“*”，其中“×”表示相同质因数之间的乘法，“*”表示不同质因数之间的乘法，这两种表示方法只是符号不同，它们的作用完全相同。

(3) 标准分解式的指数表示法：整数的标准分解式可以表示为指数形式，简称为指数分解式。例如：

a) $100 = 2^2 * 5^2$ ①

b) $150 = 2^1 * 3^1 * 5^2$ ②

c) $300 = 2^2 * 3^1 * 5^2$ ③

注意，在常规的数学表达式中，1 次方的指数是必须省略的，但这里特别标出了这些指数，是为了统一标准分解式的格式，以便从中提取出有意义的要素：幂、底数及指数。

(4) 指数分解式的 3 要素：整数的指数分解式中包含了 3 个基本要素，即幂、底数及指数。分解式由若干个幂组成，不同的幂之间以“*”分隔。如 100 的分解式中包含两个幂：2^2 及 5^2。每个幂又由底数及指数组成，如在 5^2 中，5 为底数，2 为指数。幂、底数及指数这 3 个要素是将数学问题转化为程序问题的关键要素。

(5) 公约数的组成成分：一旦将两个整数 M、N 表示为指数分解式，就可以轻而易举地从两个分解式中提取出公约数的组成成分。下面以 100 与 150 为例，具体说明组成成分的提取过程。

a) 在分解式①、②中查找同底的幂：2^2 与 2^1 是同底的幂，两个 5^2 也是同底的幂。

b) 如果同底的幂指数相等，则直接将其列为公约数的组成成分，如 5^2。

c) 如果同底的幂指数不相等，则将指数较小的幂列为公约数的组成成分。如在 2^2 与 2^1 中，将 2^1 列为组成成分，这里将 2^1 与 5^2 称为原始的组成成分。

d) 对于指数大于 1 的组成成分，如 5^2，可以继续派生出一系列的组成成分。设组成成分为 P^m，P 为素数，m 为正整数，且 $m > 1$，则由 P^m 可派生出新的组成成分：P^1、$P^2 \cdots P^{m-1}$。这些称为派生的组成成分，如 5^2 可以派生出 5^1，5^1 则是派生的组成成分。

e) 列出原始的及派生的组成成分：对于 100 及 150 来说，组成成分包括 2^1、5^1 及 5^2。

① 这个结论来自于欧几里得的算术基本定理，定理可表述为：任何一个大于 1 的自然数 N，如果 N 不为质数，那么 N 可以唯一分解成有限个质数的乘积 $N = P_1^{a_1} P_2^{a_2} P_3^{a_3} \cdots P_n^{a_n}$，这里的底数 $P_1 < P_2 < P_3 \cdots P_n$，且均为质数，其中的指数 a_n 是正整数。

f) 混合的组成成分：将上述不同底的组成成分相乘，就得到混合的组成成分，如用 2^1 分别乘以 5^1 及 5^2，得到两个混合的组成成分：$2^1 * 5^1$ 及 $2^1 * 5^2$。

g) 至此，已经获得了全部的组成成分，即全部的公约数，对于 100 及 150 来说，这些公约数为：2^1、5^1、5^2、$2^1 * 5^1$、$2^1 * 5^2$，即 2、5、25、10、50。

(6) 最大公约数：在整数 *M*、*N* 的所有公约数中，数值最大的就是它们的最大公约数。最大公约数也可以表示成标准的指数分解式，如下所示。

a) 100 与 150 的最大公约数为 $2^1 * 5^2$，即 50。

b) 100 与 300 的最大公约数为 $2^2 * 5^2$，即 100。

c) 150 与 300 的最大公约数为 $2^1 * 3^1 * 5^2$，即 150。

有了最大公约数的指数分解式，以及幂、底数、指数以及公约数组成成分等概念，我们就可以很方便地用代码来表示两个整数的指数表达式，并求出其最大公约数的指数表达式，进而求出最大公约数。

11.1.3 概念的程序表示

为了解释概念的程序表示方法，需要创建一个新项目，命名为“公约数与公倍数”，暂时不添加任何组件，并将开发工具切换到编程视图。

1. 质因数列表

如前所述，整数 *N* 可以表示为标准的指数分解式，分解式中有 3 个基本要素：幂、底数及指数，它们可以转化为列表类型的数据，我们称之为**质因数列表**。3 个要素与列表项之间的对应关系如图 11-1 所示，图中给出了 150 与 300 的质因数列表（参见分解式②、③）。

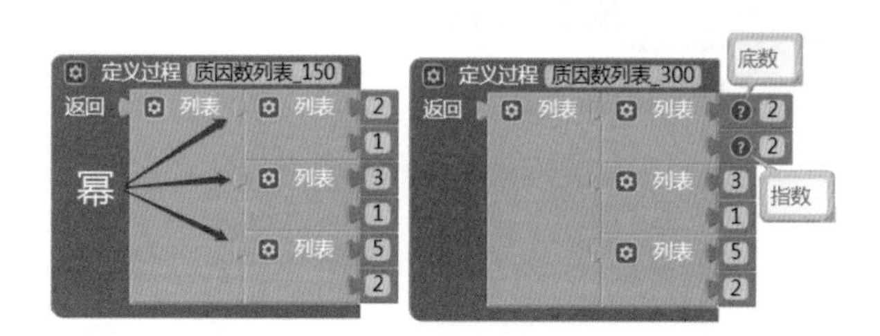

图 11-1 150 与 300 的质因数列表

图 11-1 中的两个列表均为二级列表，第一级列表中的列表项对应指数分解式中的幂，列表的长度等于幂的个数；第二级列表的长度为 2，其中第一项为幂的底数，第二项为幂的指数。注意，可以把质因数列表看作键值对列表，其中的每一项都是一个键值对：底数为键，指数为值，而且这里的每一个键都是独一无二的。我们在第 6 章中讲解过键值对列表的查询方式：用键（key）来查找值（value），稍后我们将会使用这种查询方式。

2. 求最大公约数

先来编写一个有返回值的过程——**最大公约数**，暂时不考虑过程的通用性，就以图 11-1 中的数据为例，来求 150 与 300 的最大公约数，代码如图 11-2 所示。

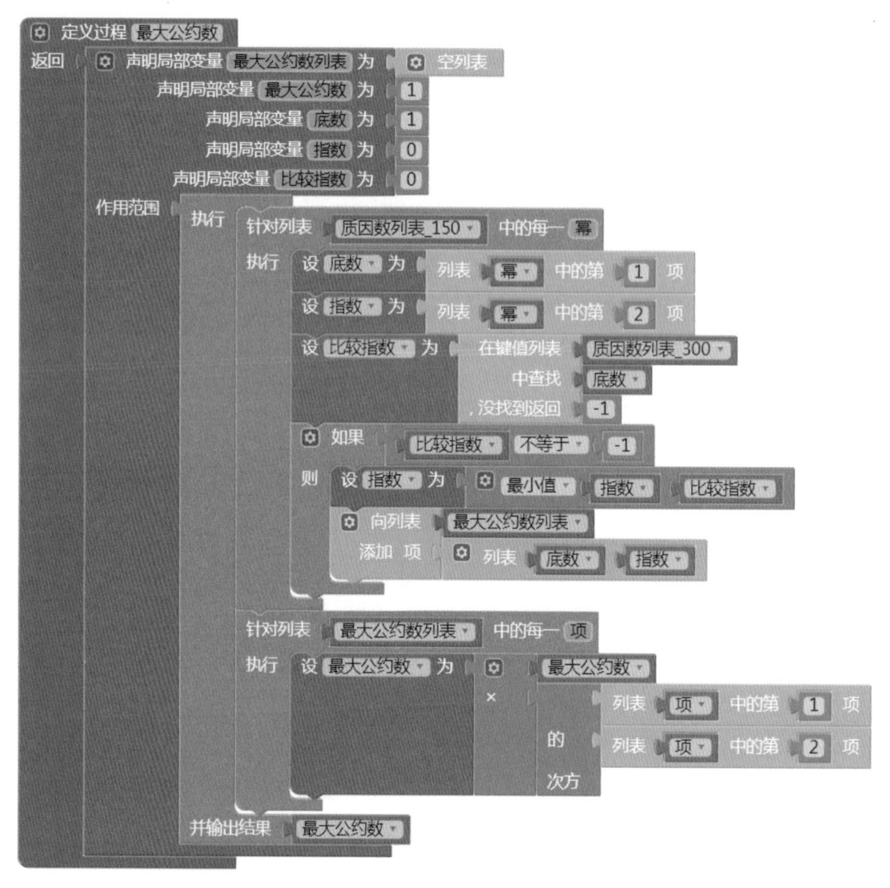

图 11-2 创建有返回值的过程：最大公约数

代码中包含两个针对列表的循环语句，第一个循环语句对**质因数列表 _150** 进行遍历，其中的循环变量**幂**对应指数分解式中的幂，**幂**中的 2 个列表项分别对应幂的底数及指数。在循环语句中，对于**质因数列表 _150** 中的每一个**幂**，求它的**底数**及**指数**，并以**底数**作为“键”，在**质因数列表 _300** 中查找同底的**幂**。如果**质因数列表 _300** 中包含同底的幂，则返回同底幂的指数值，否则，返回“–1”，返回值保存在局部变量**比较指数**中。如果**比较指数**不等于 –1，则取**指数**与**比较指数**中较小的值，设定为最终的**指数**，并将这一组**底数**与**指数**添加到局部变量**最大公约数列表**中。注意，这里的**最大公约数列表**与两个已知的质因数列表结构相同，也是键值对列表，且**底数**为键，**指数**为值。

当完成对**质因数列表 _150** 的遍历后，执行第二个针对列表的循环语句——计算**最大公约数**的值，最后将**最大公约数**的值返回给过程的调用者。

为了测试上述代码的运行结果，我们在屏幕初始化程序中，调用**最大公约数**过程，并利用屏幕的**标题**属性来显示程序的运行结果，代码如图 11-3 所示，测试结果如图 11-4 所示。

图 11-3 利用屏幕的标题来显示程序的运行结果

图 11-4 求最大公约数的测试结果

以上我们仅以 150 及 300 两个数字为例，演示了用程序求最大公约数的方法。现在我们对上述具体方法给出简单的总结，以便后面将这种方法扩展至任意两个自然数。

(1) 将两个数的指数分解式转化为键值对列表。
(2) 利用针对列表的循环语句，查找两个列表中同底的幂，并取同底幂中指数较小的幂，将其添加到**最大公约数列表**中。
(3) 根据**最大公约数列表**计算**最大公约数**的值。

11.1.4 用户界面设计

图 11-2 中的程序只是针对两个具体的数字求解，而且在求解之前已经手动编写了质因数列表，所讨论的内容并没有涉及如何获得整数的指数分解式，以及如何将指数分解式保存成列表。下面我们将完善刚刚创建的项目“公约数与公倍数”，添加简单的组件，来实现完整的功能——求两个任意整数的最大公约数。

对于数学类的应用，我们强调的是解决问题的思路，以及将数学问题转化为程序问题的方法。因此，对于用户界面设计，只求能够输入必要的数据，并显示运算结果即可。如图 11-5 所示，在项目中添加两个文本输入框，分别命名为 M 及 N，勾选其**仅限数字**属性，设置其提示属性分别为 M、N；添加一个水平布局组件，将两个按钮添加到水平布局组件中，分别命名为**公约数按钮**及**公倍数按钮**，两个按钮的显示文本如图 11-5 所示；添加一个标签，命名为**结果**，用于显示程序的运行结果。

图 11-5 用户界面设计

11.1.5 编写程序

求**最大公约数**的任务可以分为以下 3 个步骤。

(1) 借用代码：求素数列表。
(2) 分解整数：求任意整数的质因数列表。
(3) 求任意两个整数的最大公约数。

1. 借用代码：求素数列表

在第 10 章中有两个过程——**N 是素数**及 **N 以内素数**，本章需要借用这两个过程来分解整数，求任意整数的指数分解式。在开发工具中，打开“素数问题”项目，将上述两个过程以及全局变量**素数列表**一同添加到代码块背包中。然后回到“公约数与公倍数”项目，从代码背包中取出上述 3 组代码，去掉 **N 是素数**过程里测量程序耗时的代码，修改后的代码如图 11-6 所示。

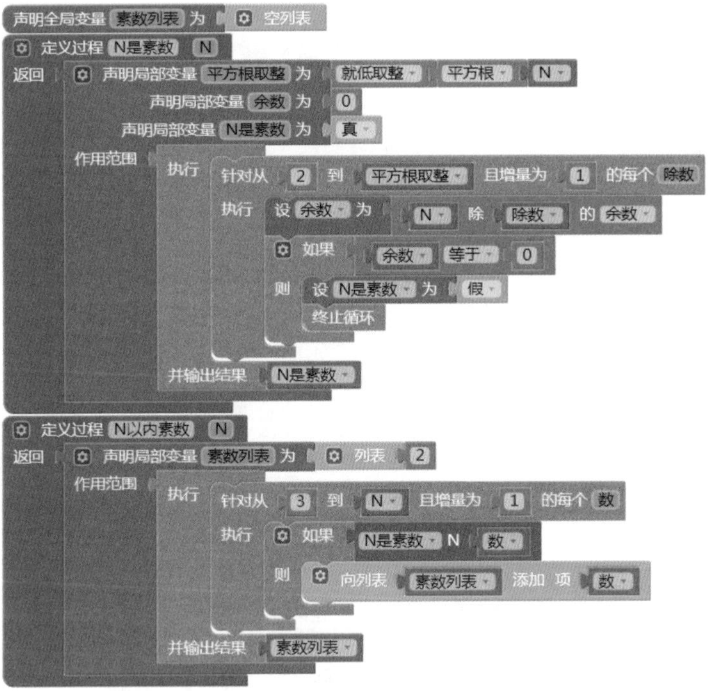

图 11-6　整合并改进图 10-9、图 10-11 中的代码

在第 10 章中，求素数是我们的目标，而在本章，求素数只是我们用来分解整数的工具。因此，我们将在屏幕初始化时，一次性地求出 10 000 以内的素数，并保存到全局变量**素数列表**中，代码如图 11-7 所示。在后续的程序中，将直接使用**素数列表**，而避免重复地执行求素数的运算。

上述代码的测试结果如图 11-8 所示，注意，一次性求出 10 000 以内的素数，程序的运行时间稍长。如果读者希望测试更大的素数，或者希望缩短程序的运行时间，可参考第 10 章的内容，对程序加以改进。

图 11-7　在屏幕初始化时求 10 000 以内的素数

图 11-8　屏幕初始化程序的测试结果

2. 分解整数：求任意整数的质因数列表

用程序来实现整数 N 的分解，要经历以下过程。

(1) 求**素数适用集**：求 $\sqrt{N}$ 以内的素数列表。

(2) 求**幂**：用 N 除以**素数适用集**中的**素数** P，并累计 N 被整除的次数 m，如果 $m > 0$，则**幂**为 P^m。

(3) 求**质因数列表**：将 P^m 添加到**质因数列表**中，当 N 除以**素数适用集**中的全部素数后，就得到了完整的 N 的**质因数列表**。

- *求素数适用集*

创建一个有返回值的过程——**素数适用集**。对于任意整数 N，它的最大质因数不大于 N，因此，在求 N 的指数分解式时，只需要针对那些不大于 N 的素数进行筛选。为此，我们对全局变量**素数列表**进行遍历，以便获得满足需要的最小素数集合，即素数适用集，具体代码如图 11-9 所示。

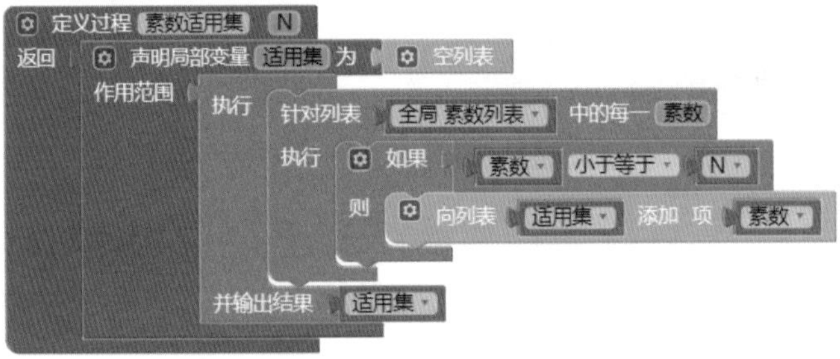

图 11-9 创建有返回值的过程：素数适用集

- *求幂*

创建一个有返回值的过程——**幂**，过程的代码如图 11-10 所示。过程带有两个参数：N 为任意整数，**素数**为不大于 $\sqrt{N}$ 的素数。这里使用了条件循环语句：当 N 能被**素数**整除时，则累加**整除次数**，并用 N 除以**素数**所得的商替代 N 继续执行循环语句，直到 N 不能再被**素数**整除。此时，给出返回值：如果**整除次数**为零，则返回空列表；否则，返回幂，幂的底数为**素数**，幂的指数为**整除次数**。

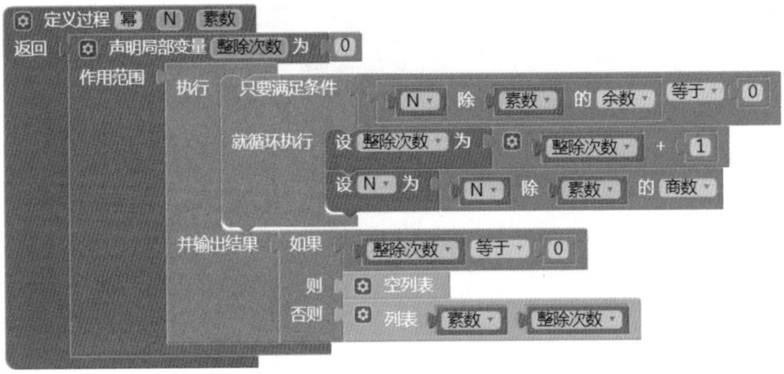

图 11-10 创建有返回值的过程：幂

- *求质因数列表*

创建一个有返回值的过程——**质因数列表**。对于任意给定的整数 N，遍历它的**素数适用集**列表，通过调用**幂**过程，可以筛选出它的全部幂。该过程的返回值为二级列表，列表结构与图 11-1 中的两个质因数列表相同，具体代码如图 11-11 所示。

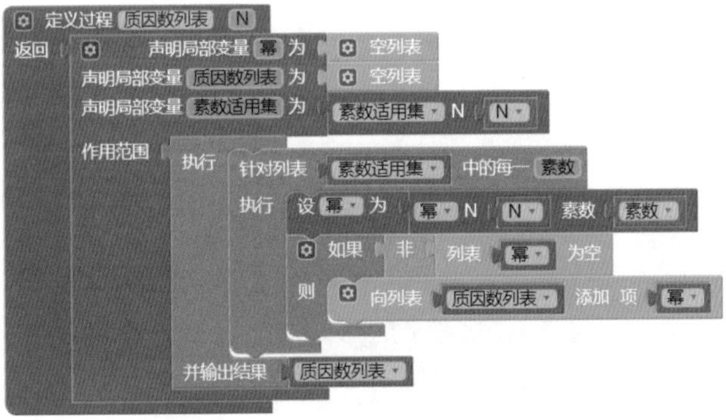

图 11-11 创建有返回值的过程：质因数列表

以上我们实现了对整数 N 的分解，为了测试，需要编写**公约数按钮**的点击事件处理程序。在处理程序中，调用**质因数列表**过程，过程的参数从文本输入框 **N** 中获得，过程的返回值显示在**结果**标签中，代码如图 11-12 所示。

图 11-12 在结果标签中显示质因数列表

测试结果如图 11-13 所示。测试结果中，$54\ 321 = 3^1 * 19^1 * 953^1$。有兴趣的读者不妨验算一下这个结果是否正确。

公约数与公倍数
M
10000
最大公约数 最小公倍数
((2 4) (5 4))

公约数与公倍数
M
12345
最大公约数 最小公倍数
((3 1) (5 1) (823 1))

公约数与公倍数
M
54321
最大公约数 最小公倍数
((3 1) (19 1) (953 1))

图 11-13 求任意整数 *N* 的质因数列表的测试结果

3. 求任意两个整数的最大公约数

前面我们已经创建了一个**最大公约数**过程，如图 11-2 所示。创建这个过程是为了解释如何用程序求解两个自然数的最大公约数。该过程只针对两个特定的自然数：150 及 300，而且事先已经给出了它们的质因数列表。现在我们的任务是改造这个过程，为过程添加两个参数：**质因数列表 _M** 及**质因数列表 _N**，来替代两个特定的整数，以便使过程适用于任意两个自然数。修改后的代码如图 11-14 所示。

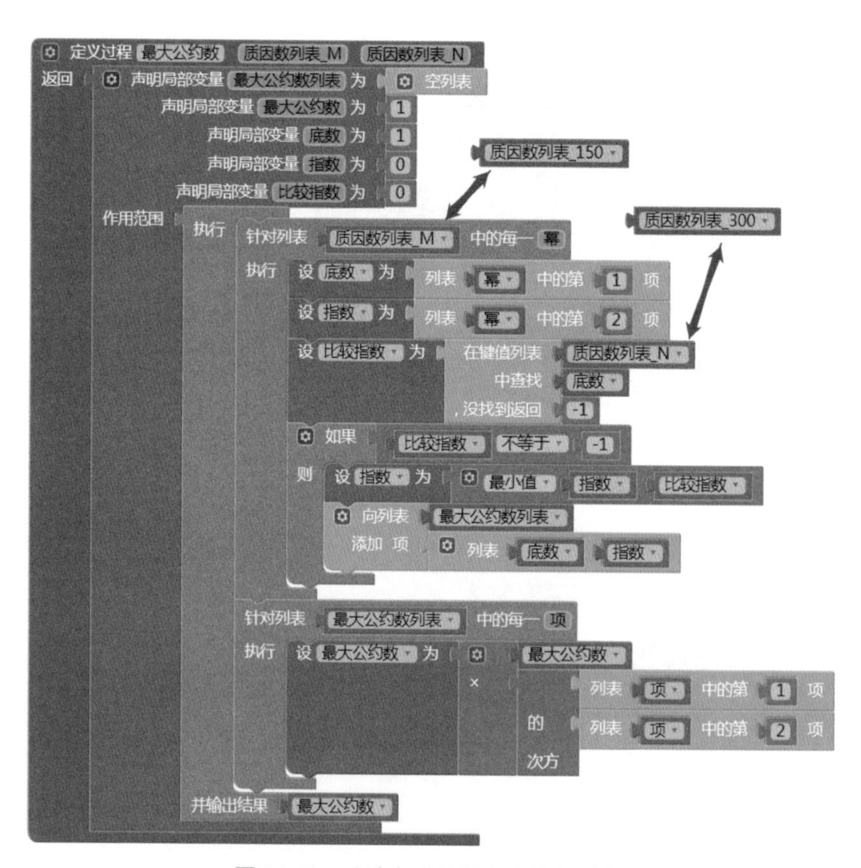

图 11-14 改造之后的最大公约数过程

然后在公约数按钮的点击事件中，调用新的**最大公约数**过程，并将结算结果显示在**结果**标签中，代码如图 11-15 所示。

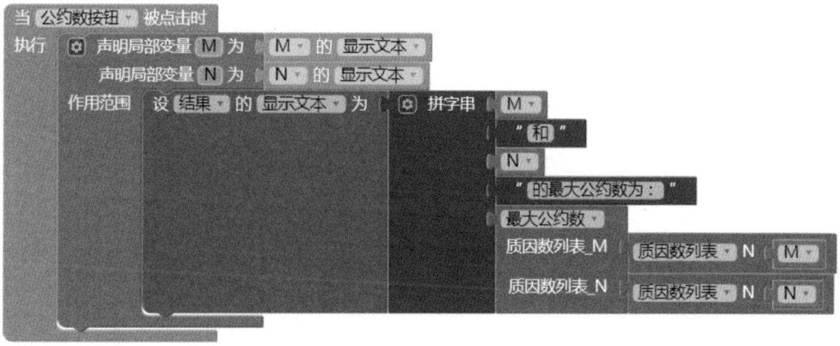

图 11-15 在公约数按钮的点击事件中调用最大公约数过程

最后进行测试：在用户界面上输入不同的整数，求它们的最大公约数，测试结果如图 11-16 所示。有兴趣的读者可以用纸笔验算一下图中的题目，看程序给出的结果是否正确。

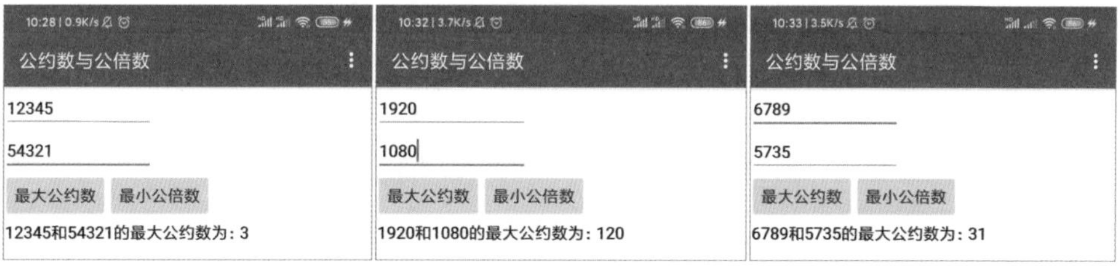

图 11-16 求任意两个整数的最大公约数的测试结果

以上我们实现了求两个自然数最大公约数的目标，在这个过程中，有两个关键步骤。

- 将实际问题转化为数学问题——用数学语言描述问题的本质，将整数分解为标准的指数分解式，并明确两个整数的最大公约数就是它们分解式中共有的部分。
- 将数学问题转化为程序问题——用列表表示整数的分解式，利用循环语句筛选出分解结果中共有的部分，并计算出最终的结果。

下面我们来解决本章的第二个问题——求两个整数的最小公倍数。

11.2 求 *M* 与 *N* 的最小公倍数

与最大公约数相对应的另一个问题，是自然数之间的最小公倍数问题。沿着解决公约数问题的思路，我们先来寻找这一问题的数学表示方法。

11.2.1 问题的数学表述

有了前面求最大公约数的经验，求最小公倍数的问题变得简单了。解决问题的起点是对两个自然数进行质因数分解的结果，即标准的指数分解式。这里仍然以 100 及 150 为例，$100 = 2^2 * 5^2$，$150 = 2^1 * 3^1 * 5^2$，最大公约数取两个分解式中同底的幂，且指数取最小值，然后求幂的乘积，即 $2^1 * 5^2$，而最小公倍数则是取两个分解式中所有不同底的幂，且**指数**取最大值，然后求幂的乘积，即 $2^2 * 3^1 * 5^2$，这就是 100 与 150 的最小公倍数的指数分解式，简称为公倍数分解式。

这个结论的另一种解释是：将两个自然数的分解式相乘，针对同底的幂，如果指数相同，则去掉重复的幂；如果指数不同，则去掉指数较小的幂。如 $100 * 150 = 2^2 * 5^2 * 2^1 * 3^1 * 5^2$，其中有两个 5^2，去掉其中的一个，另外，在同底的幂 2^2 与 2^1 中，去掉 2^1，最后得到 $2^2 * 3^1 * 5^2$。

有了上述结论，接下来我们把数学问题转换为程序问题，并解决问题。

11.2.2 问题的程序表述

如前所述，从数学的角度来看，求最小公倍数就是求最小公倍数的指数分解式，而指数分解式对应程序中的质因数列表。因此，编写程序的目标是求出最小公倍数的质因数列表，这里简称为公倍数列表。获得公倍数列表的具体思路是：将两个自然数的质因数列表合并，对于其中同底的幂，如果指数相同，则去除重复的项；如果指数不同，则去掉指数较小的幂。

一旦得到了公倍数列表，就可以利用循环语句求出最小公倍数，并将结果显示在结果标签中。

11.2.3 编写程序

求解最小公倍数的目标需要分以下几个步骤来实现：

(1) 合并质因数列表
(2) 求最小公倍数
(3) 显示运算结果

下面按顺序实现以上步骤。

1. 合并质因数列表

解决问题的起点是两个自然数的质因数列表，即图 11-11 中**质因数列表**过程的返回值。我们创建一个有返回值的过程——**公倍数列表**，对两个质因数列表进行合并，代码如图 11-17 所示。

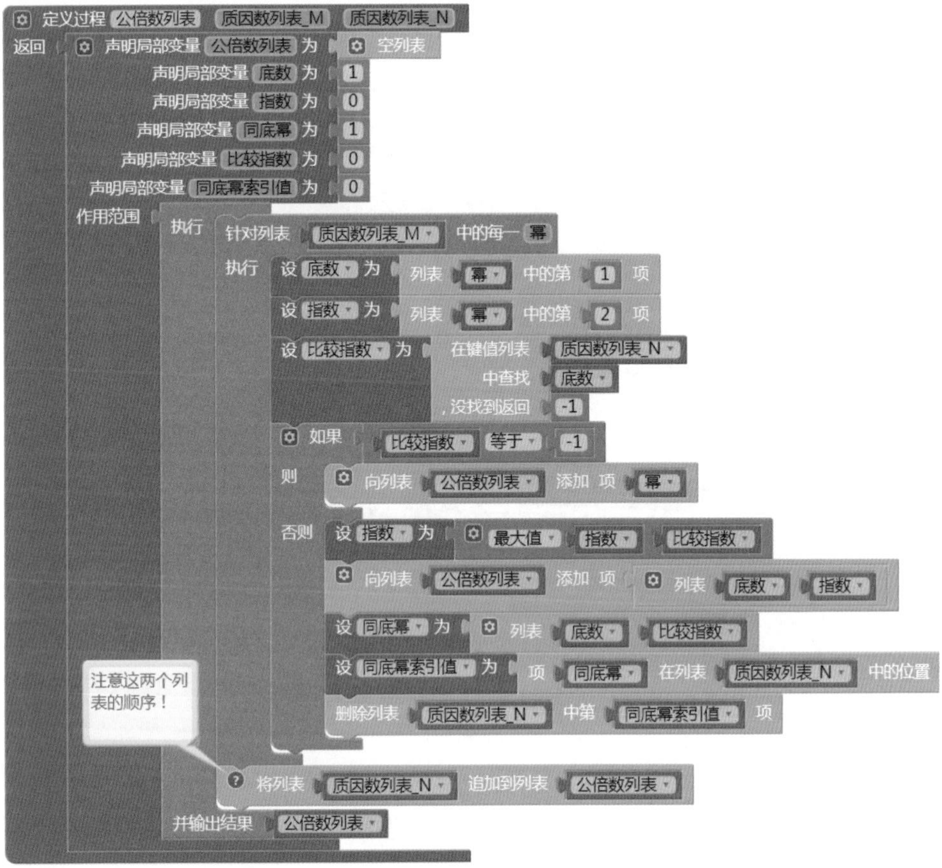

图 11-17 创建有返回值的过程：公倍数列表

仍然沿用求**最大公约数列表**的思路，对**质因数列表 _M** 进行遍历。对于每一个循环变量**幂**，在**质因数列表 _N** 中查找同底的**幂**，如果不存在同底的**幂**，则**比较指数**为 –1，并将循环变量**幂**添加至**公倍数列表**；如果存在同底的**幂**，则首先将**同底幂**中**指数**较大者添加至**公倍数列表**，然后删除**质因数列表 _N** 中的**同底幂**（求**同底幂索引值**是为了删除**质因数列表 _N** 中的**同底幂**列表项）。当程序完成了对**质因数列表 _M** 的遍历之后，该列表中的全部**幂**已经被添加到**公倍数列表**中，其中有些**幂**的**指数**可能被改写为更大的值（**质因数列表 _N** 中**同底幂**的指数值），而此时，**质因数列表 _N** 中的**同底幂**已经被删除干净，剩下的列表项被一次性地追加到**公倍数列表**之后。最后，将**公倍数列表**返回给调用者。

2. 求最小公倍数

如前所述，**公倍数列表**与**质因数列表**具有相同的结构，也由若干个**幂**组成，求最小公倍数，也就是求这些幂的乘积。通过遍历**公倍数列表**，可以求得最小公倍数的值。创建一个有返回值的过程——**最小公倍数**，代码如图 11-18 所示。

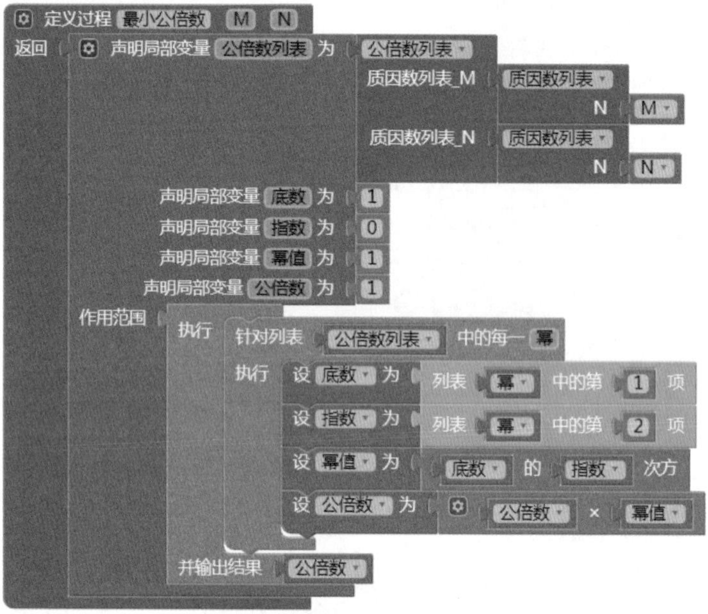

图 11-18 创建有返回值的过程：最小公倍数

3. 显示运算结果

在**公倍数按钮**的点击事件中，调用**最小公倍数过程**，并将运算结果显示在**结果**标签中，代码如图 11-19 所示。

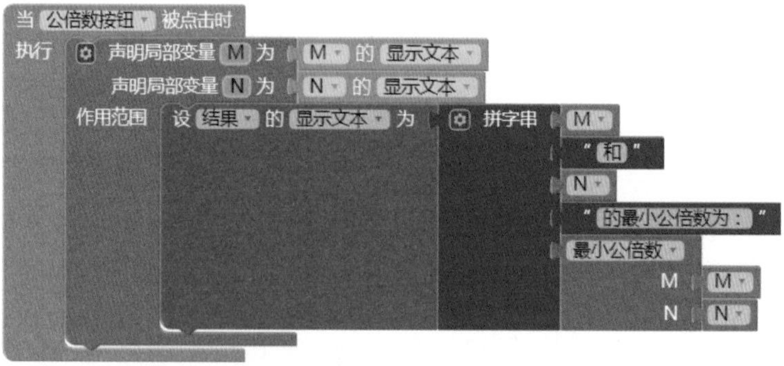

图 11-19 显示最小公倍数的运算结果

以上我们完成了求**最小公倍数**的全部程序，下面进行测试。在文本输入框 M 及 N 中分别输入不同的数字，查看程序的执行结果，测试结果如图 11-20 所示。

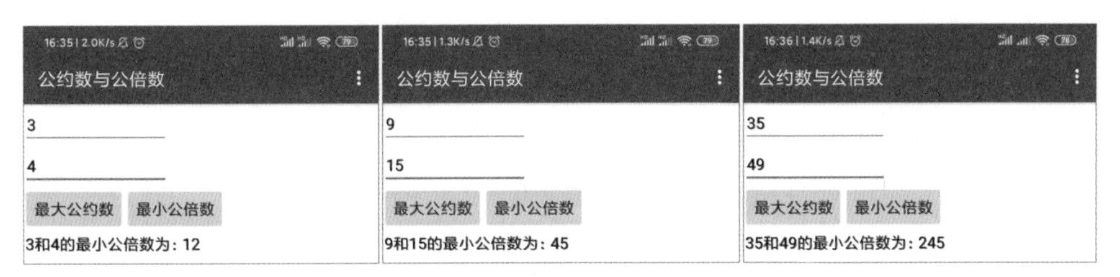

图 11-20 显示最小公倍数的测试结果

11.3 讨论：程序解题的三级台阶

到目前为止，数学实验室已经尝试用程序的方法解决了三类数学问题，无论是鸡兔同笼问题、素数问题，还是公倍数与公约数问题，问题本身都没有超出小学数学的范围。也就是说，对于一个正在读书的小学高年级学生而言，解这类的数学题应该是绰绰有余的。但是，如果你希望把这些问题交给计算机，让程序来解题，你还需要具备一些数学以外的技能：

(1) 将人类语言翻译为程序语言；

(2) 将数学知识应用到程序中；

(3) 利用已有的知识和经验，创造性地解决问题。

首先，上述这些技能不是与生俱来的，而是后天习得的；其次，这些技能的获得不可能一蹴而就，它需要一个循序渐进的过程，上述技能的排列顺序，也是技能逐步养成的顺序；最后，技能不同于知识，技能是运用知识和工具解决问题的能力，是个人区别于他人的最本质的特征。技能一旦习得，便不会失去，就像骑车和游泳，而知识只是一些静止的符号。

在第 9 ~ 11 章中，三类问题的解决方法，可以具体地解释上述三项技能的含义。

在鸡兔同笼的例子中，我们介绍了枚举法。在计算机诞生之前，人类就已经发明了枚举法，枚举法虽然有些笨拙，但它是一种可以信赖的方法。要用程序来实现枚举法，就要将枚举法翻译为程序语言，那就是循环语句。于是，我们用手动循环和自动循环两种方法演示了程序解题的方法。在这个例子中，我们要做的就是将人类语言简单而直接地翻译为程序语言。

在解素数问题时，枚举法仍然有效。但是，当数字变得越来越大，枚举法所消耗的计算时间也越来越长，最终因资源耗尽而导致了机器的崩溃。此时，简单而直接地翻译似乎已经失效，我们需要借助于数学知识将问题简化——将循环变量的最大值由减小为。于是问题得以解决，这个例子彰显了数学知识的威力——四两拨千斤。但更重要的是，我们要能够在编写程序时，想起这些知识，并恰到好处地使用这些知识。

接下来就是公约数与公倍数问题，我们极尽所能地动用数学的力量，将整数的标准分解式表示为指数形式，并将指数分解式翻译为质因数列表。通过对两个质因数列表的操作，求出了两个整数的最大公约数及最小公倍数。在这个过程中，枚举法依然在起作用，因为列表与循环总是相生相伴的。然而，在求最小公倍数时，我们面临了一道难题：如何将两个质因数列表合并，合并后的列表中不能有重复项，而且对于同底的幂，要保留指数较大者。这些对于人类来说轻而易举的事情，一旦交给程序来做，就变得无从下手，语言翻译和数学知识都变得苍白无力。这时，程序和数学之外的经验起到了举足轻重的作用。图 11-21 中给出了程序背后的思考过程，这是将解题思路置于时间“显微镜”下观察到的结果。

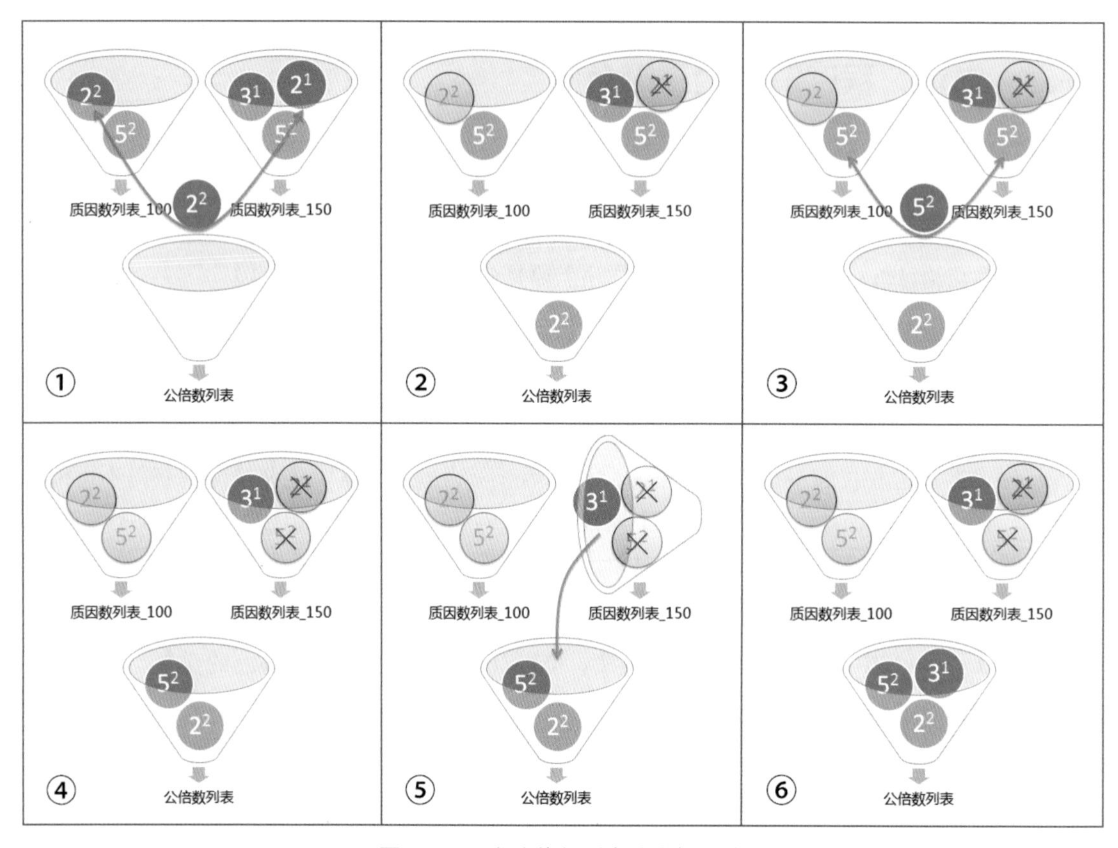

图 11-21 求公倍数列表的求解思路

图中的解题思路可以分为 6 步，在这 6 步之前，还有一个第 0 步：将题目中的抽象概念，如质因数列表，想象成一个具体的事物，比如某种容器，再具体一些，如漏斗。图中共有 3 个漏斗，分别代表我们即将操作的 3 个列表：质因数列表 _100（以下简称 M）、质因数列表 _150（以下简称 N）及公倍数列表。

一旦为抽象的概念找到了可以依托的具体事物，我们的思路就可以针对具体的事物展开了。如图 11-21 所示，可以将注意力集中在 M 上。

① 检查 M 中的第一项 2^2：在 N 中查找以 2 为底的幂，找到一个 2^1，比较它们的指数，取两者中指数较大的项，将其放入公倍数列表。

② 在 M 中，对 2^2 的处理已经完成（变成灰色），在 N 中，删除已经被比较过的 2^1。

③ 继续检查 M 中剩下的项 5^2，在 N 中找到了一个相同的 5^2，将一个 5^2 放入公倍数列表。

④ 在 M 中，对 5^2 的处理已经完成，在 N 中，删除已经被比较过的 5^2。

⑤ 当 M 中的所有项都被检查完之后，将 N 中剩余的项追加到公倍数列表中。

⑥ 追加之后，N 中剩余的项 3^1 被添加到公倍数列表中，至此，两个列表合并的任务已经完成。想想看：追加之后 N 中是否为空？

以上是对合并列表操作的文字描述，斟酌其中的每一步，看如何将这些操作对应到具体的代码，对照图 11-17，可以找到答案。

利用已有的知识和经验创造性地解决问题，这不仅是编写程序时所追求的目标，它也是我们日常生活的目标。问题总会出现，困难的问题更是在所难免，要想解决这些问题，除了知识和技能的储备，还需要另一种修炼，那就是跳出惯性思维，让自己的思维“慢”一点，并且“笨”一点。

所谓“慢”一点，就是将时间放大，再放大，捕捉自己思考过程中留下的每一丝线索，将它们记录下来。这些思考的线索，就像风中的一缕花香，稍纵即逝，需要安静与专注，才能捕获。

所谓“笨”一点，就是回归我们的天真状态，忘记那些高级的技巧，以最质朴的方法去面对问题，并解决问题。之所以要“笨”一点，是因为计算机并不像你想象得那样无所不能，相反，它其实比人类“笨”太多太多。因此，用计算机解决问题，你就要向它“靠拢”，习惯它的逻辑和方法，只有这样，才能找到解决问题的钥匙。

第 12 章　农夫过河

农夫过河问题也称狼羊菜问题。话说从前有一位农夫带着一头狼、一只羊和一棵卷心菜过河，无奈船小，农夫每次只能运送一样东西，如图 12-1 所示。考虑到狼吃羊、羊吃菜，农夫必须按照特定的顺序运送，以确保三样东西都能安全抵达对岸。

图 12-1　农夫过河问题

在现实世界里解决这个问题并不困难，相信很多人已经有了答案，但是如何用程序来解决这一问题，就需要动动脑筋了。

解决这类问题大致分为 3 个步骤。

(1) 将现实问题转化为数学问题，即设法用数学方法描述现实问题中的事物，然后找出事物之间的关系，并用数学公式描述这些关系。这一过程也称为建立数学模型。
(2) 将数学问题转化为程序问题，即针对已经建立的数学模型（公式），确定数据的格式以及处理数据的方法。
(3) 编写程序解决问题。

上述思路听起来或许有些抽象，尤其是数学模型，让人摸不着头脑！不必担心，下面我们就来具体地描述上述思路的实现过程，从建立模型开始。

12.1 建立数学模型

在农夫过河问题中，狼、羊、菜（以下统称为物品）是我们的研究目标，因此，首先要考虑如何用数学方法来表示这三件物品，然后找出它们之间的关系。

最简单的数学元素莫过于自然数，而最简单的运算莫过于自然数的四则运算。因此，我们设法用自然数来代表农夫要运送的三件物品，现在假设：

$$狼 = 1 \quad ①$$

$$羊 = 2 \quad ②$$

$$菜 = 3 \quad ③$$

下面再来找出这三件物品之间的关系。三者之间有两种关系：狼吃羊，羊吃菜。根据上述假设，很容易用数学公式来描述这两种关系：

- ❑ $|狼 - 羊| = 1$ ——狼减羊的绝对值等于 1
- ❑ $|羊 - 菜| = 1$ ——羊减菜的绝对值等于 1

有了这两个公式，我们就可以判断何时会发生“危险”，并加以避免。

12.2 数据格式及处理方法

12.2.1 确定数据格式

首先来思考一下状态与顺序的问题：物品在某一时刻可能存在的状态，以及在下一时刻状态会有怎样的改变。在现实问题中，河有两个岸，假设农夫从左岸驶向右岸，那么每件物品都有三种可能的状态：

- ❑ 在左岸
- ❑ 在船上
- ❑ 在右岸

显然，它们在船上是“安全”的，因此，这里只需考虑它们在左岸及右岸时的状态。先来考虑左岸可能存在的状态。

(1) 初始状态下，三件物品都在左岸。

(2) 下一时刻，左岸有三种可能的状态：
  a) 狼、羊（农夫运走了菜）
  b) 狼、菜（农夫运走了羊）
  c) 羊、菜（农夫运走了狼）
(3) 再下一时刻，左岸依然有三种可能的状态：
  a) 只剩下狼
  b) 只剩下羊
  c) 只剩下菜
(4) 最后，左岸变为空，三件物品全部转移到右岸。

上述状态将顺序反过来，就是右岸的状态变化。从上述对状态的描述中，已经暗示出表示状态的数据格式，那就是列表。可以将上述左岸的状态用列表描述出来，分别用 1、2、3 来替代狼、羊、菜。

- 初始状态：(1 2 3) ①
- 下一时刻可能的状态：
  a) (1 2) ②
  b) (1 3) ③
  c) (2 3) ④
- 再下一时刻可能的状态：
  a) (1) ⑤
  b) (2) ⑥
  c) (3) ⑦
- 最终状态为空列表：()

同样，上述用列表表示的状态，其顺序反过来就是右岸的状态变化。由此看来，列表是解决问题的关键。我们将用两个列表来分别表示左岸及右岸的状态，用列表的变化来表示状态的变化。

12.2.2 数据的处理方法

接下来考虑如何实现从初始状态到最终状态之间的转化，即实现物品从左岸移动到右岸，移动的过程包含以下 3 个步骤。

(1) 首次离岸：按照某种规则从左岸列表中选取一件物品，选取的条件是左岸剩下的物品不存在“危险”；然后，将选中物品添加到右岸列表中，再从左岸列表中删除该物品。

(2) 从右岸返回左岸：如果右岸列表中存在"危险"，则从右岸列表中选取一件物品，转移到左岸列表中，并从右岸列表中删除该物品。

(3) 重复上述两项操作，直至左岸列表为空。

以上是我们解决问题的核心方法。在上述第二个步骤中，有一个潜在的规则需要加以说明：农夫不能连续运送同一件物品。例如，如果农夫刚刚从左岸将羊运到右岸，那么当农夫再次返回左岸时，不能立即将羊再运回左岸。

基于上述构思，我们可以开始在 App Inventor 中实现这些设想了。

12.3 设计用户界面

创建一个项目，命名为"农夫过河"。然后向屏幕中添加组件，只需一个画布和四个精灵，如图 12-2 所示。

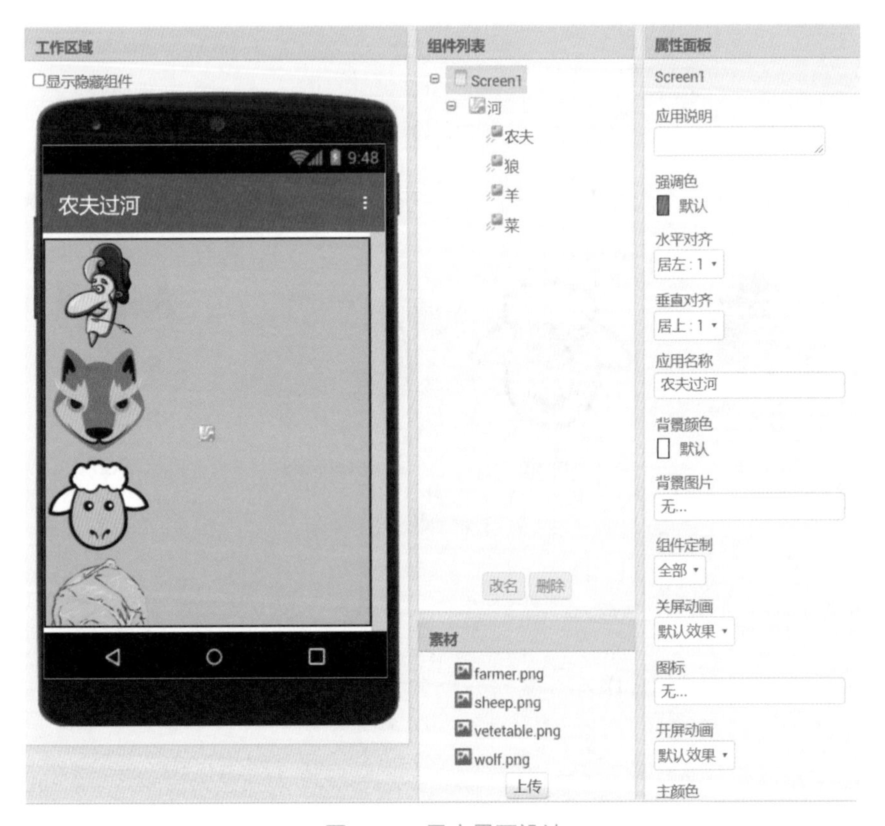

图 12-2 用户界面设计

图 12-2 中组件的命名及属性设置见表 12-1。

表 12-1　组件的命名及属性设置

组件类型	组件命名	属　　性	属　性　值
屏幕	Screen1	主题	默认
		标题	农夫过河
画布	河	宽度 | 高度	充满
精灵	{ 以下四个精灵 }	宽度 | 高度	100（像素）
		间隔	200（毫秒）
		x 坐标	0
	农夫	*y* 坐标	0
		速度	10（像素）
		图片	farmer.png
	狼	*y* 坐标	100（像素）
		图片	wolf.png
	羊	*y* 坐标	200（像素）
		图片	sheep.png
	菜	*y* 坐标	300（像素）
		图片	vegetable.png

注意，项目中使用了 4 个图片素材，如图 12-3 所示。图片为 png 格式，宽、高均为 200 像素。

图 12-3　项目中使用的素材

12.4　编写程序

我们将按照以下顺序编写程序：

(1) 变量与常量

(2) 创建过程

(3) 编写事件处理程序

这是编写程序的通用顺序。

12.4.1 变量与常量

根据前面对数据格式及处理方法的分析，我们需要两个列表类型的全局变量，来保存左岸物品及右岸物品的状态。声明全局变量**左岸**及**右岸**，如图 12-4 所示。需要特别说明的是，图中的**数物对照表**是一个键值对列表，在这里用作常量（在程序运行过程中保持不变的量），用于保存数字与精灵组件之间的对应关系。

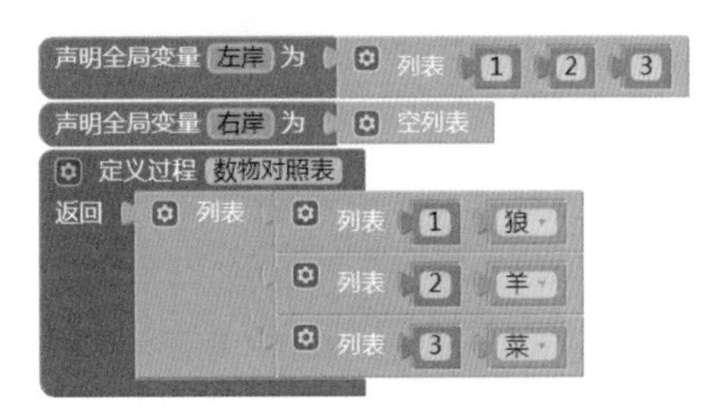

图 12-4 全局变量与常量

12.4.2 创建过程

从时间顺序上讲，即将创建的过程将实现以下操作：

(1) 绘制河岸；
(2) 判断两件物品之间是否存在危险；
(3) 找出第一件离开左岸的物品，并且要确保留在左岸的两件物品的安全；
(4) 控制精灵在画布上的移动与停止；
(5) 实现物品在河岸间的移动。

1. 绘制河岸

在画布的左右两端绘制宽为 70 像素的橙色粗线，来表示河的两岸，代码如图 12-5 所示。

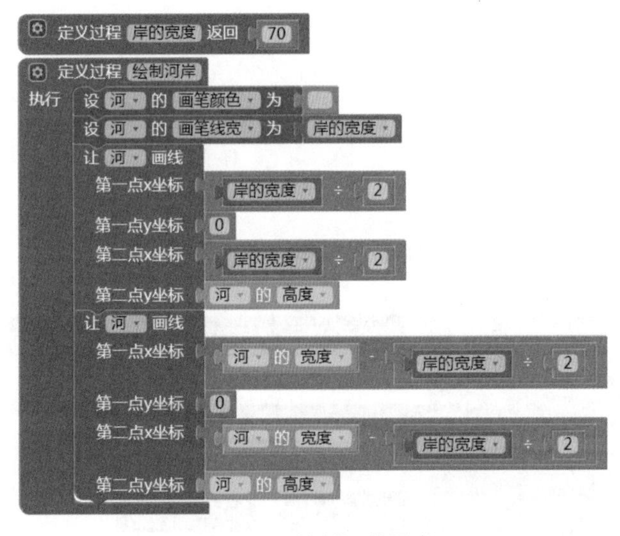

图 12-5 绘制河的两岸

2. 判断是否危险

对于给定两个整数参数 n1 与 n2，当两者差值的**绝对值**等于 1 时，返回值为真，即返回**危险**，代码如图 12-6 所示。

图 12-6 创建有返回值的过程：危险

3. 找出首次离开左岸的物品

农夫在第一次过河时，需要携带一件物品，这件物品的选择，要确保留在左岸的两件剩余物品是安全的。创建一个有返回值的过程——**首次离岸物品**，代码如图 12-7 所示。该过程返回某个数字（1、2 或 3），当该数字被选中时，左岸剩下的两个数字是“安全”的。

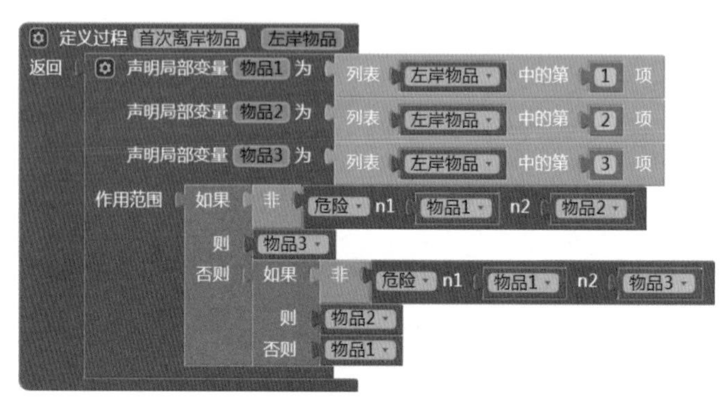

图 12-7 创建有返回值的过程：首次离岸物品

4. 控制精灵的移动与停止

项目中为了演示农夫过河的过程，农夫及三件物品要在河的两岸之间往返。通过设置精灵组件的**速度**可以实现精灵的移动。当精灵的**速度**大于 0 时，精灵向右移动，反之，则向左移动；当速度为 0 时，精灵停止移动。创建三个过程，实现物品的移动，代码如图 12-8 所示。这三个过程带有一个相同的参数——**物品**，在调用过程时，参数的值为精灵组件对象，即农夫、狼、羊或菜。

```
定义过程 速度 返回 10
定义过程 左移 物品
执行 设某精灵组件的 速度 该组件为 物品 设定值为 负数值 速度
定义过程 右移 物品
执行 设某精灵组件的 速度 该组件为 物品 设定值为 速度
定义过程 停止 物品
执行 设某精灵组件的 速度 该组件为 物品 设定值为 0
```

图 12-8 创建控制物品移动的过程：左移、右移及停止

5. 物品在河岸间的移动

农夫携带某件物品在河的两岸之间往返，农夫与物品之间保持相同的速度与方向。不过，从程序的角度来看，农夫与物品的移动规则是不同的。农夫的移动规则相对简单：只要左岸还有物品，农夫就会在两岸之间往返；当农夫抵达右岸，且左岸为空时，农夫将停止移动。而物品的移动则相对复杂，它的移动是单向的：从左岸移动到右岸，或者反向移动，而且同一件物品不能连续移动。下面来创建一个过程，处理物品从左向右的移动，过程命名为**物品右移**，代码如图 12-9 所示。

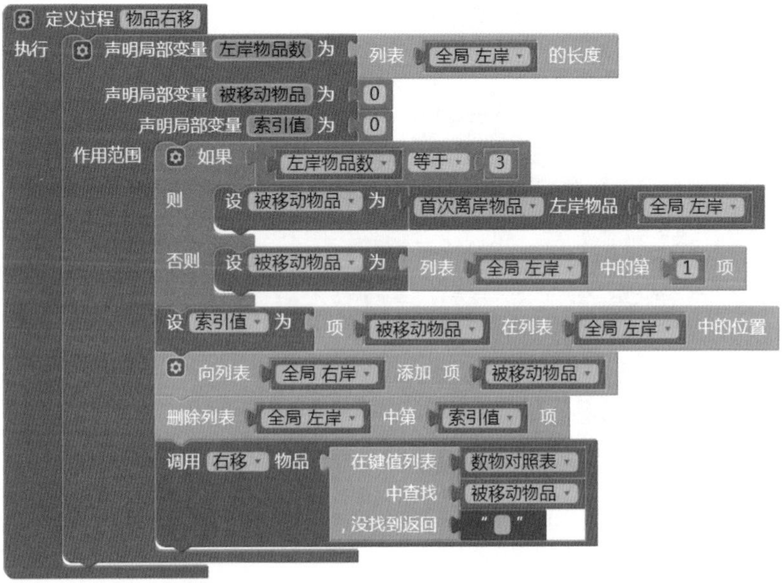

图 12-9 创建过程：物品右移

在**物品右移**过程里，首先要选择**被移动物品**，选择物品的条件语句中有两个分支：当条件成立时，即在初始状态下，从三件物品中选出一件安全的**被移动物品**；否则，即在其余状态下，选择列表中的第一项作为**被移动物品**。

为什么在否则分支中要选择第一项？

我们在 12.2.1 节中讨论数据格式问题时，分析过左岸物品可能的状态，如式①至式⑦所示。在**物品右移**过程的否则分支中，处理的是式②至式⑦的情形。这 6 种情形又分为两组：式②至式④，以及式⑤至式⑦。前一种情形有两种物品可供选择，不过，选择第 1 项是符合规则的，因为第 2 项有可能是刚刚从右岸移动过来的；在后一种情形下，只能选择第 1 项。因此，选择第 1 项至少是不会出错的。

在选中**被移动物品**后，首先更新**左岸**列表（删除物品）及**右岸**列表（添加物品），然后让物品开始移动。

下面再来处理物品向左岸的移动，创建一个过程——**物品左移**，代码如图 12-10 所示，该过程只处理**右岸**有两件物品且存在危险的情形。当存在危险时，选择右岸列表中的第 1 项作为被移动项，想想看为什么？

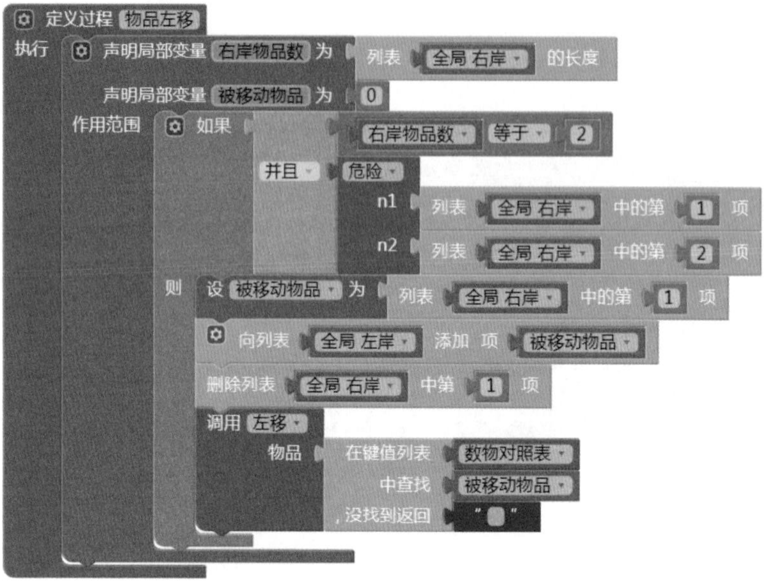

图 12-10 创建过程：物品左移

> **注意**
>
> 在**物品左移**过程里，我们将被移动项添加到了**右岸**列表的结尾，因此，为了确保不连续移动同一件物品，就必须选择列表中的第 1 项为被移动项。

12.4.3 编写事件处理程序

项目中需要处理的事件只有两个：屏幕初始化事件，及农夫精灵的碰到边界事件，下面我们分别加以处理。

1. 屏幕初始化

在屏幕初始化时，有两项任务需要完成：

- ❑ 绘制河岸
- ❑ 让农夫携带第一件物品开始向右岸移动

屏幕初始化事件的处理程序如图 12-11 所示。

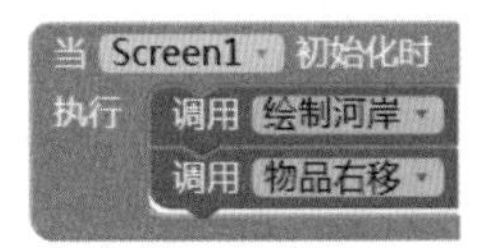

图 12-11 屏幕初始化事件的处理程序

2. 农夫精灵的碰到边界事件

在设计用户界面时，我们设置了农夫精灵的**速度**属性为 10，并设其**间隔**属性为 200，这两个属性组合在一起，决定了精灵的实际速度。**间隔**属性的单位为毫秒，**速度**属性的单位为像素，这样设置的结果，使得精灵每隔 200 毫秒前进 10 像素。如果将时间单位换算为秒，那么精灵的实际速度为 50 像素 / 秒。在屏幕初始化时，农夫精灵的**速度**为 10，被选中物品的右移速度也为 10。因此，农夫将携带被选中物品一同向屏幕的右方移动，直到精灵碰到画布的右边界，此时会触发精灵的碰到边界事件。我们将利用农夫精灵的**碰到边界**事件，来实现数据的更新及物品的移动，代码如图 12-12 所示。

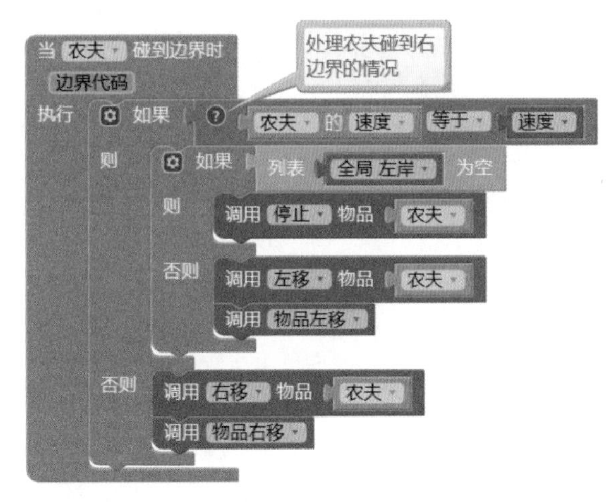

图 12-12 农夫精灵碰到边界事件的处理程序

至此我们的程序已经全部完成，下面进入测试环节，测试结果如图 12-13 所示，图中标注了图的测试结果的先后顺序（注意测试图中手机状态栏中的时间信息）。可见，农夫首先将羊移动到右岸（图①），这样，左岸留的狼和菜是安全的；然后，将狼移动到右岸（图②），同时将羊再运回左岸（图③），以免羊与狼共处；接下来，将羊留在左岸，将菜移至右岸（图④）；最后将羊移至右岸（图⑤）。右下角的图⑥为最终状态：物品全部被移至右岸，此时，农夫也停止移动。

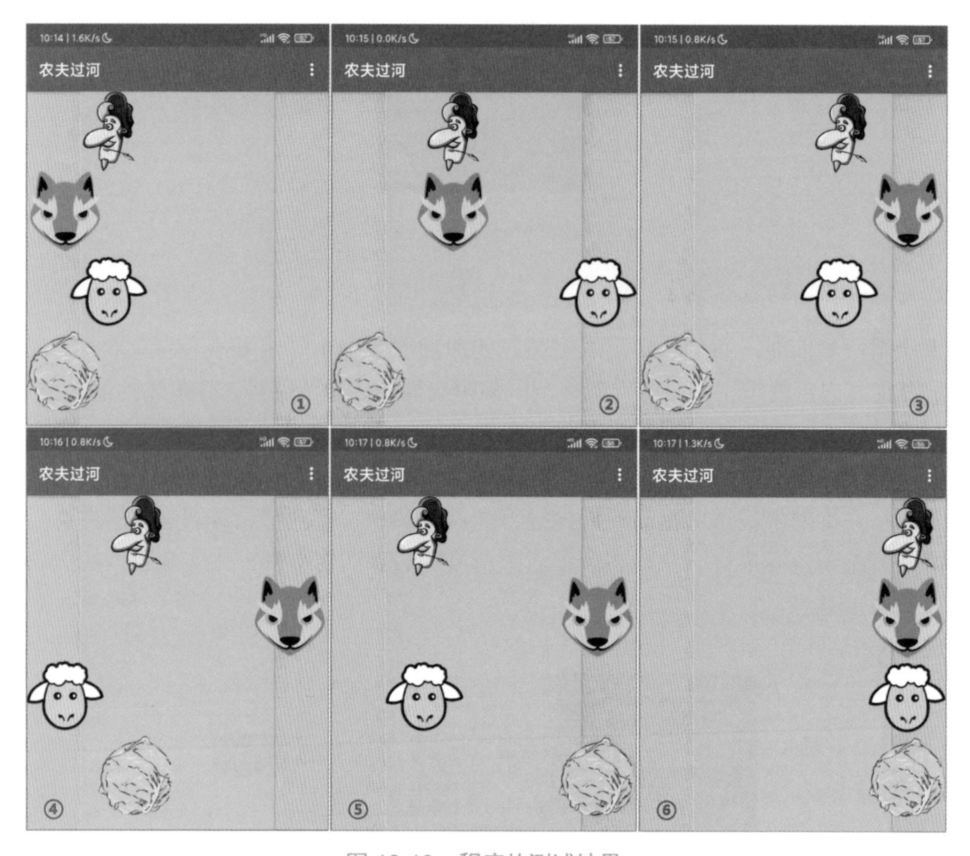

图 12-13 程序的测试结果

12.5 讨论

与第 9 ~ 11 章相比，农夫过河问题实际上并不是一道数学（算术）问题，而应该归属于逻辑问题。题目中所涉及的三件物品之间，原本不存在数量上的关系，但是，由于我们人为地制造了三个假设，如式①、式②及式③所示，因此，就将逻辑问题转化为数学（算术）问题，而数学（算术）问题很容易转化为程序问题。于是，如你所见，农夫过河问题得到了解决。

如果从编程的角度来看，这个例子非常简单，但它提供了一种利用计算机解决现实问题的思路，其中最关键、也是最困难的一步，就是用数学的方法来描述现实问题中的概念或事物，并找出这些概念或事物之间的数学关系。当然，最后还要用程序在计算机上验证你的思路，这正是数学实验室的意义所在。

第 13 章　绘制函数曲线

第 9 ~ 12 章通过编写程序解决了三个数学问题和一个逻辑问题，并借此展示了将实际问题转化为数学问题，再将数学问题转化为程序问题的思路。本章将继续讨论数学相关问题——通过编程来绘制函数曲线。本章内容涉及中学数学中的函数以及平面直角坐标系等相关知识，对于尚未学习这些内容的读者来说，建议首先了解相关知识。

本章的目标是在平面直角坐标系中绘制两种类型的函数曲线，一是二次函数曲线，即抛物线，二是正弦曲线。

13.1　坐标变换

要用 App Inventor 来开发一款绘制函数曲线的应用，能够胜任这项任务的组件就只有**画布**。在第 2 章《打地鼠》中，我们简单地介绍了**画布**组件的功能，以及画布坐标系的特点：

(1) 原点位于**画布**的左上角；
(2) *X* 轴的正方向指向屏幕右方，*Y* 轴正方向指向屏幕的底部；
(3) 坐标的长度单位为像素。

本章即将绘制曲线的坐标系为平面直角坐标系，它的特点不同于画布坐标系：

(1) 原点可以位于**画布**中央，也可以在**画布**内的任何地方；
(2) *X* 轴正方向向右，*Y* 轴正方向向上；
(3) 坐标的单位长度要根据曲线的形状进行调整。

所谓**坐标变换**，就是将一个坐标系中某一点的坐标，转换为该点在另一个坐标系中的坐标。举例来说，如果在宽度、高度均为 300 像素的**画布**中央建立了一个直角坐标系，来观察直角坐标系的原点 O，O 点在直角坐标系中的坐标为 (0, 0)，而在画布坐标系中的坐标为 (150, 150)。这两个坐标之间存在着某种换算关系，本节的目标就是找出这个换算公式，将直角坐标系中的坐标转化为画布坐标，只有这样，才能在**画布**上绘制图形。

13.1.1 画布坐标系统

我们需要在具体的**画布**中来讲解画布坐标系，为此，要在 App Inventor 中创建一个新项目，将其命名为“画布坐标”。在设计视图中，向屏幕中添加组件，并设置组件的属性，结果如图 13-1 所示，组件的命名及属性设置见表 13-1。

图 13-1 画布坐标项目的用户界面

表 13-1 组件的命名及属性设置

组件类型	组件命名	属 性	属 性 值
屏幕	Screen1	主题	默认
		水平对齐	居中
		标题	画布坐标
标签	顶部标签	显示文本	画布：
		粗体	选中
画布	画布	宽度 | 高度	300（像素）

（续）

组件类型	组件命名	属　性	属 性 值
水平布局	水平布局 1	宽度	充满
		垂直对齐	居中
标签	左标签	显示文本	画线间隔
文本输入框	画线间隔	宽度	充满
		仅限数字	选中
		提示	输入数字
标签	右标签	显示文本	像素
按钮	画坐标线	显示文本	画坐标线

画布的长度单位为像素，为了对该单位有一个感性的认识，我们在**画布**上分别沿水平方向及垂直方向，每隔一定距离画一条线，线与线之间的距离由用户在文本输入框**画线间隔**中输入。绘制直线的代码如图 13-2 所示。

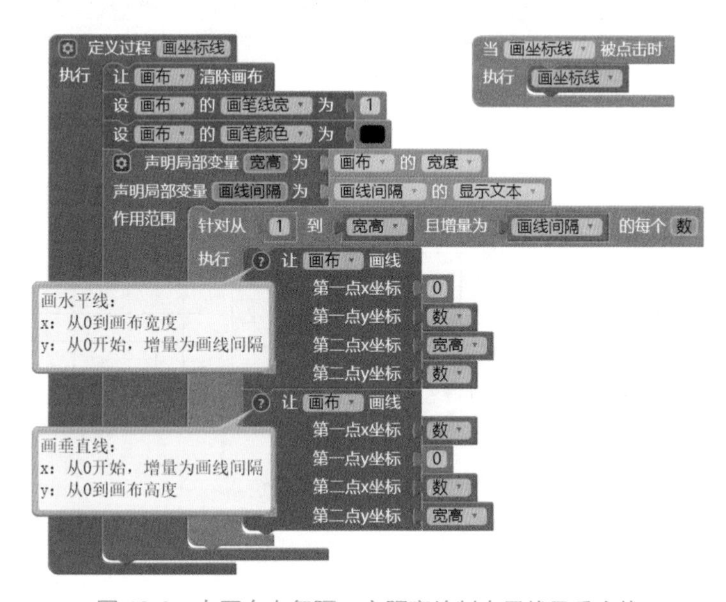

图 13-2　在画布上每隔一定距离绘制水平线及垂直线

程序的执行结果如图 13-3 示。用户在**画线间隔**输入框中输入不同的数值，然后点击**画坐标线**按钮。注意观察平行线之间距离随**画线间隔**的变化。图中特别保留了手机的状态栏，这些现实世界中的参照物，可以帮助读者建立起关于像素尺寸的空间感。另外，**画布**上方的标签显示了**画布**的宽度和高度，其中文字的字号为 14。不妨对比一下，看哪一张图中的方格大小更接近 14 号字的大小，以便在头脑中形成对像素大小的认识。在图 13-3 左上角的图中标有红色文字，这是笔者后来添加的，是几个关键点的坐标。这里再次提醒读者注意：画布坐标系统的原点在**画布**的左上角，也就是说，Y 轴的正方向指向下方，这是与数学中的平面直角坐标最大的不同。

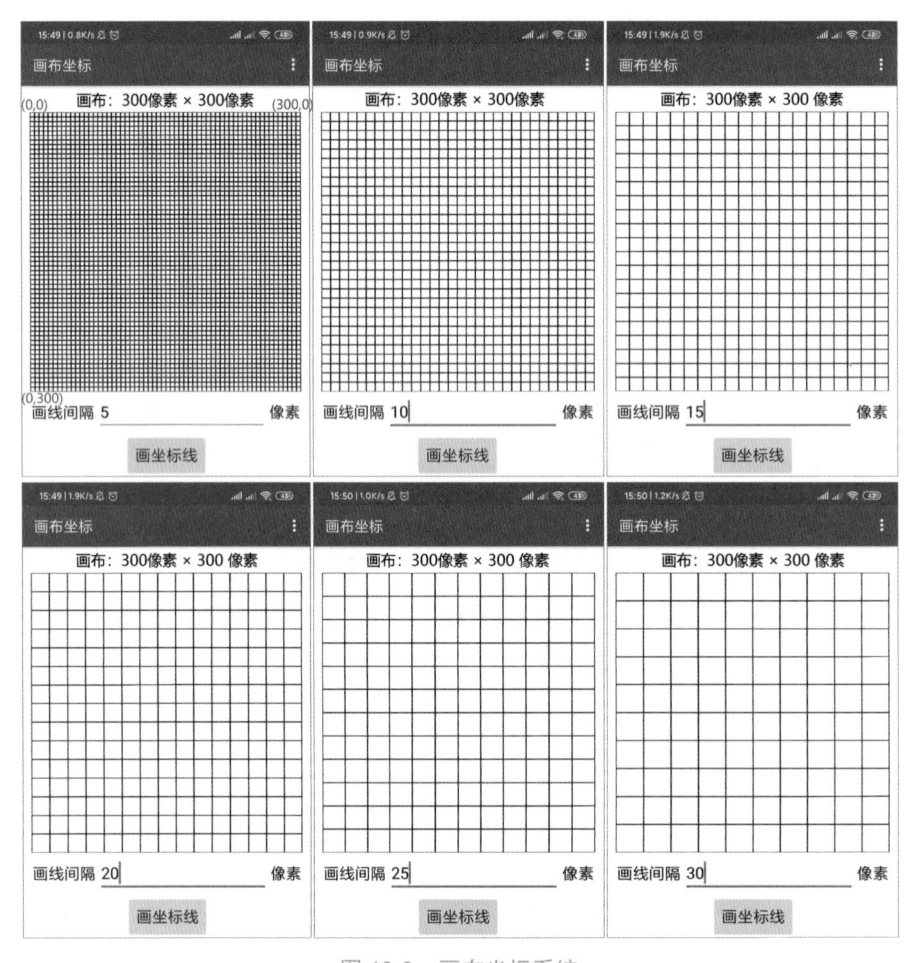

图 13-3 画布坐标系统

13.1.2 平面直角坐标系

绘制上述图形的另一个目的，就是最终绘制我们需要的平面直角坐标。在数学中，一个平面直角坐标系中包含两个坐标轴（垂直相交且带有正方向箭头的直线）、长度单位标记及其数字标注，通常 X 轴指向右方，Y 轴指向上方。我们以图 13-3 中右下角的图（**画线间隔**为 30 像素）为背景，在 Photoshop 中绘制了 4 个典型的平面直角坐标系，如图 13-4 所示。图中的黑色文字用于描述画布坐标系，红色文字用于描述平面直角坐标系，蓝色文字用于描述两个坐标系之间的关系。

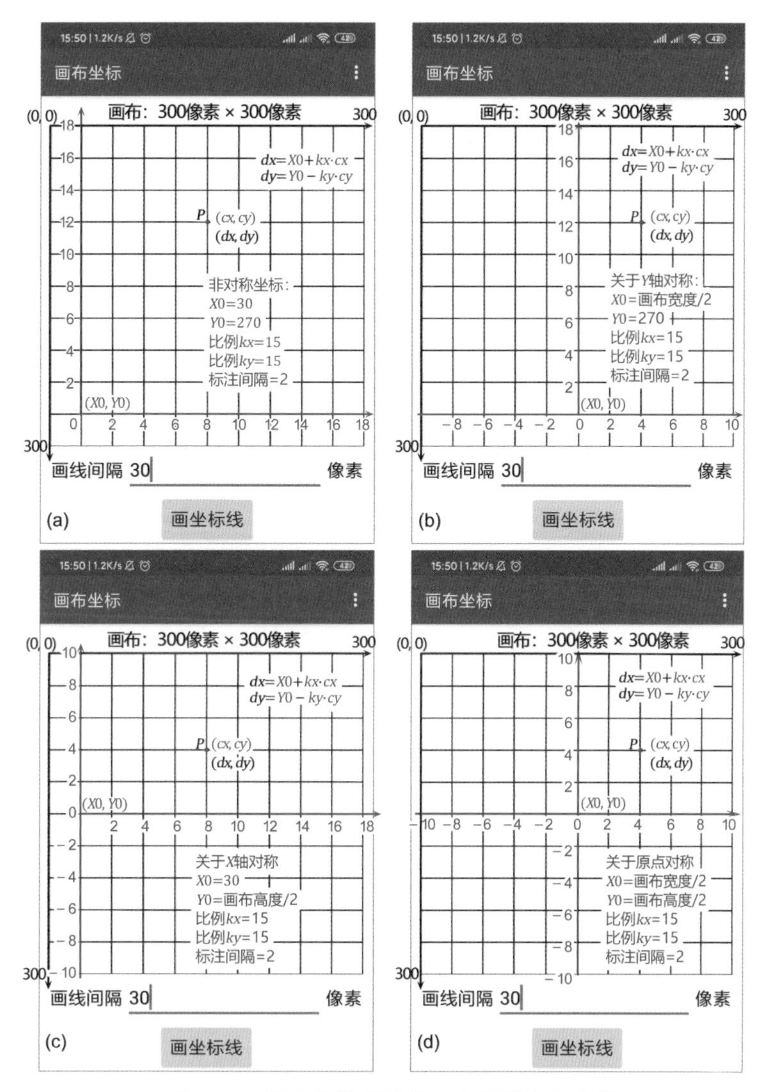

图 13-4 原点位置不同的 4 个平面直角坐标

我们以左上角的图 (a) 为例，解释图中标注的文字。首先确定两个最重要的名词。

- 画布坐标系：图中黑色线条及相关文字描述的坐标系。原点位于**画布**左上角，水平方向为 X 轴，正方向指向右方，垂直方向为 Y 轴，正方向指向下方，单位为像素。X 轴及 Y 轴最大标注值为 300，标注间隔为 30 像素。
- 平面直角坐标系：图中红色线条及相关文字描述的坐标系，原点位于**画布**的左下角，距**画布**的左边界及下边界均为 30 像素，X 轴正方向指向右方，Y 轴正方向指向上方，单位长度为 15 像素，X 轴及 Y 轴的最大标注值均为 18，标注间隔为 2（2 个单位 = 30 像素）。

下面解释图中标注文字的含义。

(1) $(X0, Y0)$：平面直角坐标的原点在画布坐标系统中的坐标，图 (a) 中原点坐标为 (30, 270)。

(2) P 点：图中的红点，平面上的任意一点。

(3) (cx, cy)：P 点在平面直角坐标系中的 x 坐标、y 坐标，也称作**计算坐标**，图 (a) 中 P 点的计算坐标为 (8,12)。

(4) (dx, dy)：P 点在画布坐标系中的 x 坐标、y 坐标，也称作**绘图坐标**，图 (a) 中 P 点的绘图坐标为 (150, 90)。

(5) 比例 kx：在 X 轴方向上，平面直角坐标系中的 1 个单位与画布坐标系中的 1 个单位之间绝对长度的比值，即 x 方向上 1 个平面直角坐标单位所包含的像素数，4 幅图中的 kx 均为 15。

(6) 比例 ky：与 kx 类似，ky 是 y 方向上 1 个平面直角坐标单位所包含的像素数，4 幅图中的 ky 均为 15。

(7) 标注间隔：平面直角坐标系中，两个标注数字之间的间隔，以平面直角坐标系中的单位为计量单位，4 幅图中 X 轴及 Y 轴的标注间隔均为 2。

(8) X 轴与 Y 轴的比例以及标注间隔可以相同，也可以不同。

图 13-4 中绘制了 4 个平面直角坐标系，它们的区别在于对称性，这里所说的对称性，是指在**画布**的可视范围内，坐标轴的对称性。下面分别加以解释。

(1) 非对称坐标：如图 (a) 所示，只保留了平面直角坐标系的第一象限，用于绘制 x、y 值均大于等于 0 的图形，例如 $y=\sqrt{x}$ 。

(2) 关于 Y 轴对称：如图 (b) 所示，保留了平面直角坐标系中的第一象限、第二象限，用于绘制 $y \geqslant 0$ 的图形，例如 $y=x^2$。

(3) 关于 X 轴对称：如图 (c) 所示，保留了平面直角坐标系中的第一象限、第四象限，用于绘制 $x \geqslant 0$ 的图形。例如当 x 的取值范围是 $[0, 2\pi]$ 时，$y=\sin x$ 的图像。

(4) 关于原点对称：图 (d) 完整地保留了平面直角坐标系的 4 个象限，可以绘制任意类型的函数曲线。

13.1.3 两个坐标系之间的坐标变换

在图 13-4 的 4 个平面直角坐标系中，有一个相同的部分，就是坐标转换公式：

$$dx = X0 + kx \cdot cx \quad ①$$

$$dy = Y0 - ky \cdot cy \quad ②$$

我们已经在上一个标题中解释了公式中各项的含义，现在来说明这些数据的来源。计算坐标 (*cx*, *cy*) 来自对曲线方程的计算，以 $y = x^2$ 为例，*cx* 的值由绘图程序自动生成（循环语句中的循环变量），它们可以是 0、1、2 等间隔相等的整数，也可以是 0、0.5、1、1.5 这样间隔相等的非整数。*cy* 的值通过对函数的计算求得，例如，对于二次函数 $y = x^2$，它对应 0、1、2 这样的 *cx* 值，*cy* 的值分别为 0、1、4 等；又比如，对于三角函数 $y = \sin x$，*cx* 的值可以设为 0、1、2 等（单位为度），*cy* 的值可以用 App Inventor 中的正弦函数求得（sin 1°、sin 2°、sin 3° 等）。

有了计算坐标，就可以利用坐标变换公式求出绘图坐标，因此也就可以实现在**画布**上绘图的目标。关于坐标变换公式，读者如果有兴趣，可以在不同的坐标系中，在平面上随便找一个点，来验证公式的正确性。

13.2 绘制坐标系

在 13.1.2 节中，图 13-4 中的 4 个平面直角坐标系并不是在 App Inventor 中用程序绘制出来的，而是在 Photoshop 中手动绘制出来的。在正式开始绘制函数曲线之前，我们要用程序来绘制坐标轴、确定坐标轴长度单位的比例以及标记数字的间隔，而这些因素与我们要绘制的曲线有关，如曲线的形状、自变量 *x* 的取值范围，等等。

以二次曲线 $y = x^2$ 为例，假设 *x* 的取值范围为 [–10,10]（共 20 个单位），则 *y* 的取值范围为 [0,100]（100 个单位）。为了充分利用**画布**有限的绘图空间（300 像素 × 300 像素），可以选择图 13-4(b) 作为绘图坐标系，并设 *X* 轴的比例 *kx* = 15（单位长度为 15 像素，300 像素被均分为 20 个单位），*Y* 轴的比例 *ky* = 2.5（单位长度为 2.5 像素，300 像素被均分为 120 个单位）。同时，对于坐标轴上标注的数字，也要加以考虑：对于 *X* 轴，比较适宜的标注间隔是 2 个单位（30 像素），对于 *Y* 轴，适宜的标注间隔为 10 个单位（25 像素）。

上面的分析为绘制坐标轴提供了足够的依据，其中包含下列要素。

(1) 原点坐标 (0, *Y*0)。
(2) 坐标轴的单位比例：比例 *kx*、*ky*。
(3) 坐标轴标注间隔：标注间隔 *X*、标注间隔 *Y*。

有了这些要素，我们就可以绘制出满足绘图要求的坐标轴，继而就可以绘制对应的曲线。下面我们回到 App Inventor 中，搭建一个简单实用的用户界面，然后用程序来绘制坐标轴。

13.2.1 界面设计

在 App Inventor 中创建新项目“绘制函数曲线”，用户界面如图 13-5 所示，其中组件的命名及属性设置如表 13-2 所示。

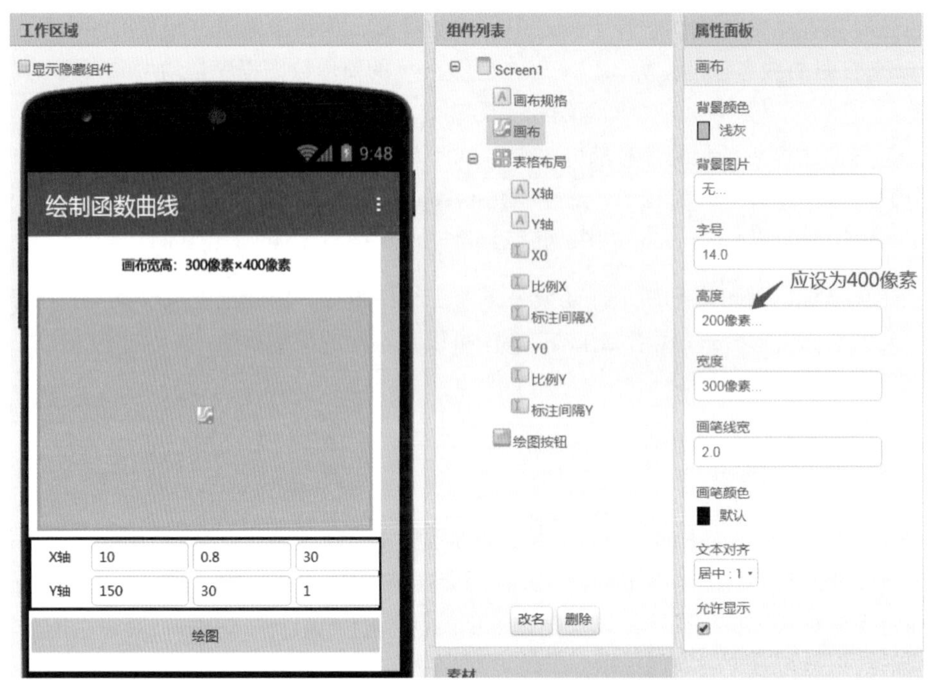

图 13-5 绘制函数曲线项目的用户界面

注意

图中画布高度应为 400 像素，这里临时设为 200 像素，是为了显示完整的用户界面。

在图 13-5 中有 6 个文本输入框，它们均设置了显示文本属性，这是为了方便稍后编写程序，读者可以自行设置这些值的大小，但必须保证 X0、Y0 的值在 0 与画布宽度、高度之间。

表 13-2 组件的命名及属性设置

组件类型	组件命名	属　性	取　值
屏幕	Screen1	标题	绘制函数曲线
		水平对齐 | 垂直对齐	居中
		主题	默认
		显示状态栏	取消勾选
标签	画布规格	高度	30（像素）
		粗体	选中
		显示文本	画布宽高：300 像素 × 400 像素
画布	画布	宽 | 高	300 | 400（像素）
		背景颜色	浅灰

（续）

组件类型	组件命名	属　性	取　值
表格布局	表格布局	行数	2
		列数	4
		宽度	充满
标签	{ 以下两个标签 }	宽度	15%
		文本对齐	居中
	X 轴	显示文本	X 轴
	Y 轴	显示文本	Y 轴
文本输入框	{ 以下 6 个输入框 }	宽度	28%
		仅限数字	选中
	X0	提示	原点 X
		显示文本	10
	Y0	提示	原点 Y
		显示文本	200
	比例 X	提示	比例 X
		显示文本	0.8
	比例 Y	提示	比例 Y
		显示文本	30
	标注间隔 X	提示	标注间隔 X
		显示文本	30
	标注间隔 Y	提示	标注间隔 Y
		显示文本	1
按钮	绘图按钮	宽度	充满
		显示文本	绘图

13.2.2 编写代码

绘制坐标轴的任务包含以下两个目标。

- 绘制坐标轴：选定原点后，绘制带箭头的 *X* 轴及 *Y* 轴。
- 坐标轴的标注：在坐标轴上标出长度单位（或其倍数）及其所对应的数字。

1. 绘制坐标轴

绘制坐标轴就是绘制两条交汇于原点的带有箭头的直线。用户界面中有 6 个文本输入框，其中的 X0、Y0 用来设定直角坐标系的原点坐标（X0, Y0），我们就以 X0、Y0 为参数，来创建一个过程——**画轴线**，代码如图 13-6 所示。

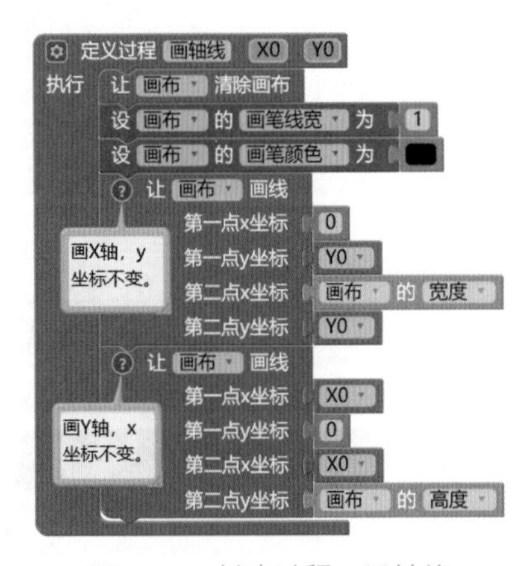

图 13-6　创建过程：画轴线

下面为两条直线的末端绘制箭头，首先绘制 X 轴右端的箭头。创建过程——**画 X 轴箭头**，代码如图 13-7 所示。图的右下角有一个箭头的示意图，它是计算两条箭头短线起点及终点坐标的依据，其中涉及简单的三角函数知识，即 $\tan\theta$ = 对边 / 邻边。注意，图中所有与坐标有关的数据均是针对画布坐标系的。

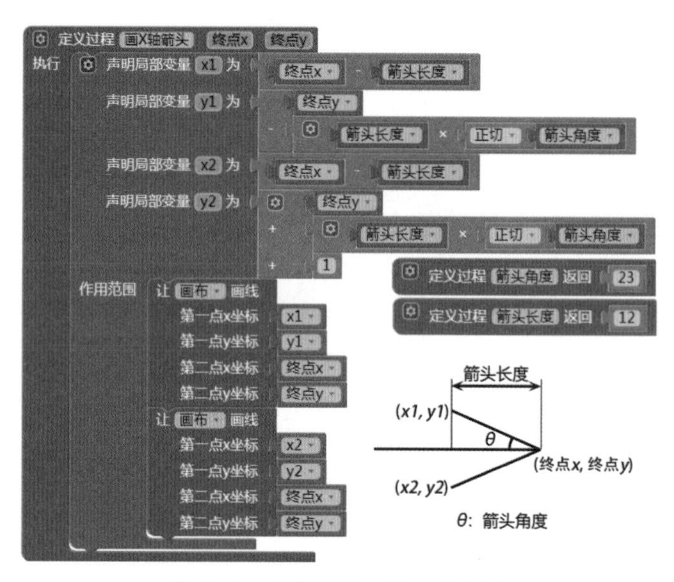

图 13-7　创建过程：画 X 轴箭头

再来绘制 Y 轴顶端的箭头，创建过程——**画 Y 轴箭头**，代码如图 13-8 所示。

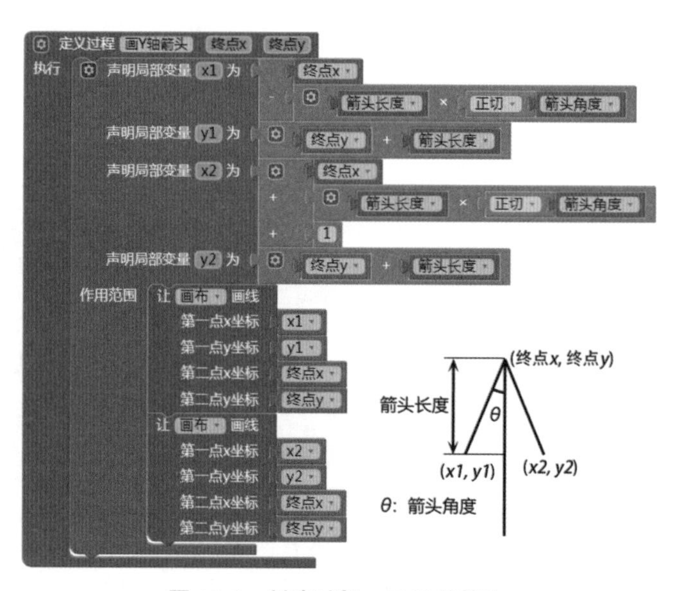

图 13-8　创建过程：画 Y 轴箭头

最后，在**绘图按钮**的点击事件中调用上述三个过程，代码如图 13-9 所示。

图 13-9 在按钮点击事件中画坐标轴

现在进行测试：在用户界面上输入不同的 X0、Y0 值，然后点击**绘图按钮**，得到以下测试结果，如图 13-10 所示。

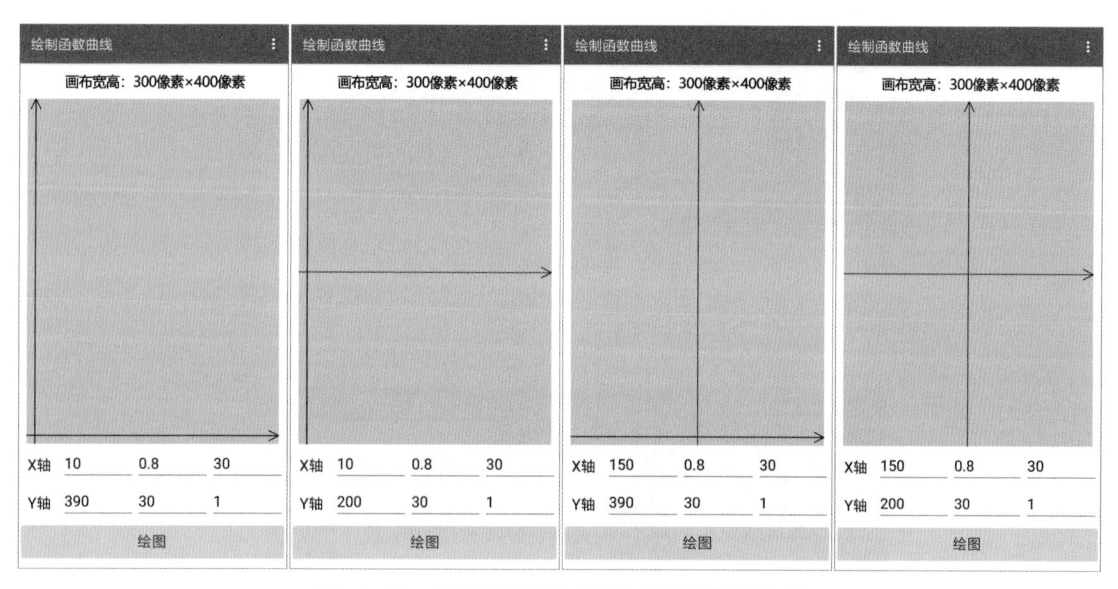

图 13-10 在不同的原点绘制坐标轴的测试结果

读者可以对比一下图 13-10 与图 13-4，看看程序绘制的图形中还缺少什么？是的，程序绘制的坐标轴看起来光秃秃的，我们还需要绘制标尺，并在合适的位置标注数字。

2. 坐标轴的标注

首先考虑对 *X* 轴进行标注：沿着 *X* 轴从左向右依次绘制标尺标记，并标注数字，代码如图 13-11 所示。注意，在标注 0 时，要避开坐标轴。

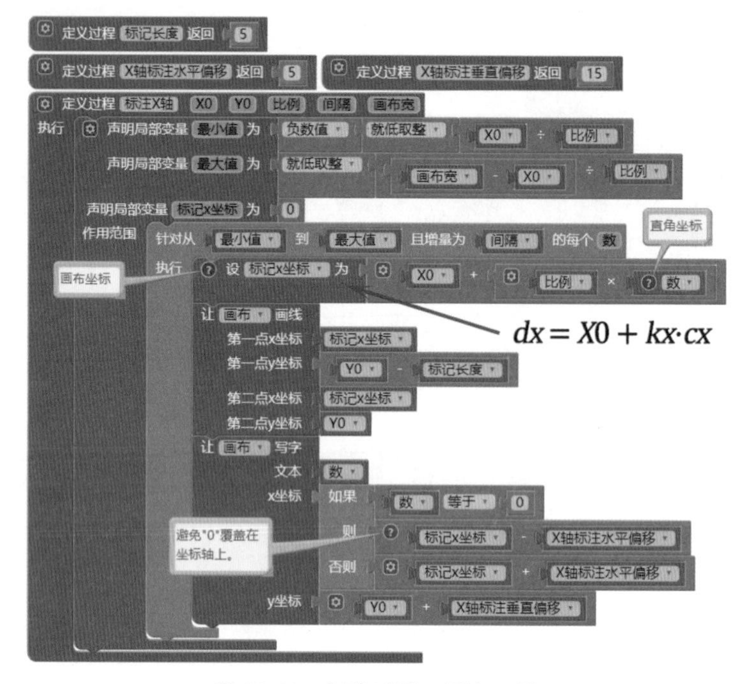

图 13-11 创建过程：标注 X 轴

接下来创建**标注 Y 轴**过程，代码如图 13-12 所示。

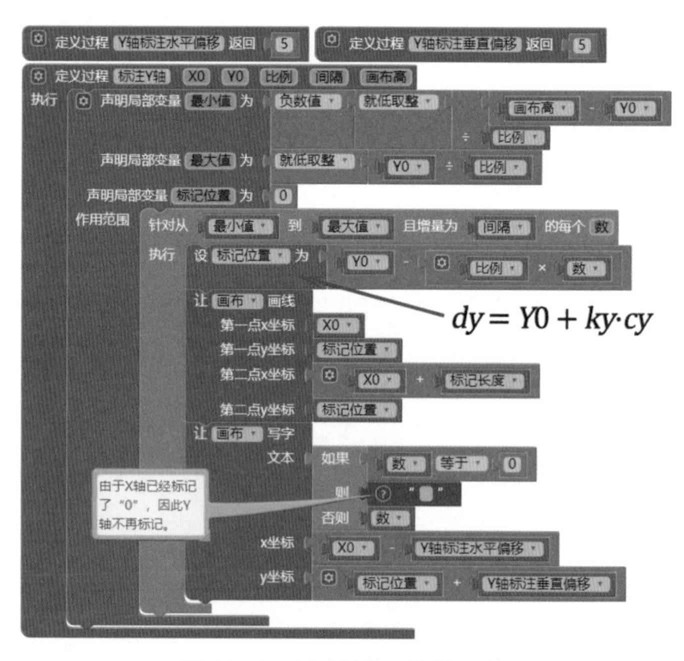

图 13-12 创建过程：标注 Y 轴

在上述两个过程里，我们用到了坐标变换公式①及②（参见 13.1.3 节）。另外，图 13-11 中还定义了三个有返回值的过程：**标记长度**、**X 轴标注水平偏移**及 **X 轴标注垂直偏移**。同样，图 13-12 中也有两个有返回值的过程：**Y 轴标注水平偏移**及 **Y 轴标注垂直偏移**。这几个量的取值需要反复调整，直到找到满意的绘图效果。将这些数值保存在过程里，当数值需要修改时，只需要在这几个过程里修改返回值，而无须改动**标注 X 轴**过程及**标注 Y 轴**过程，这减少了代码的修改量，更重要的是降低了代码因修改而引入错误的风险。

现在我们已经实现了画轴线、画箭头以及标注坐标轴的功能，下面将实现这些功能的过程封装在另一个过程里，取名**绘制坐标系**，并在**绘图按钮**的点击事件中调用该过程，代码如图 13-13 所示。

绘制坐标系过程里声明了许多局部变量，这是为了避免反复读取组件的属性值（这会降低程序的运行效率），同时，也让程序有更好的可读性。

下面进行测试，绘图参数及测试结果如图 13-14 所示。

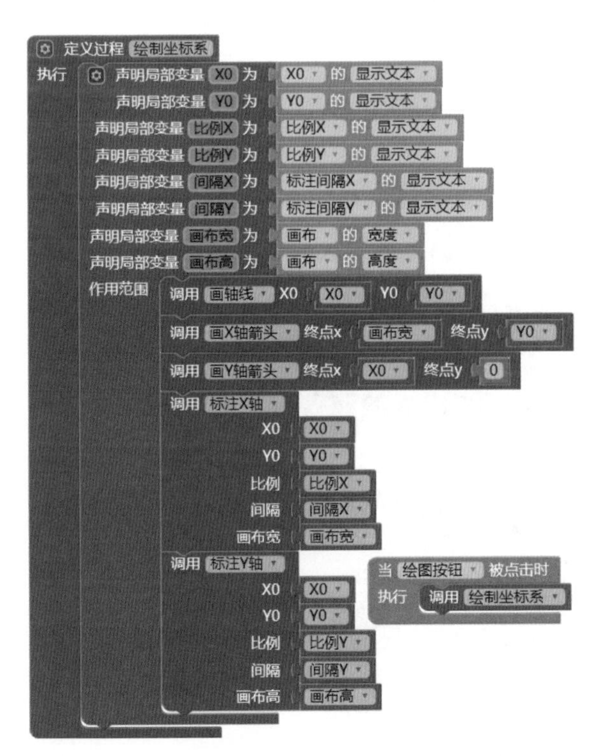

图 13-13 在绘图按钮的点击事件中绘制坐标系

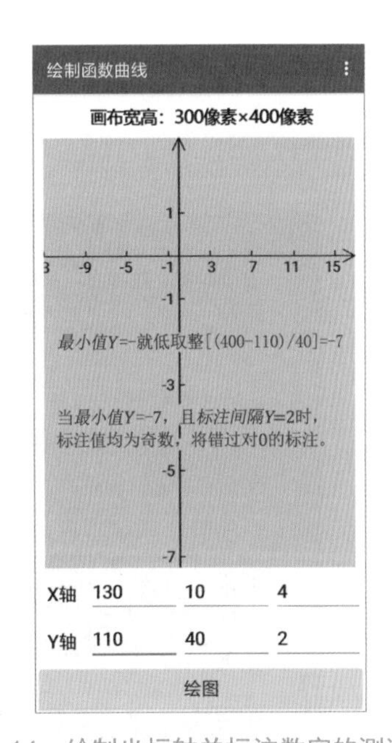

图 13-14 绘制坐标轴并标注数字的测试结果

从测试结果中可以看出，坐标轴的标注存在问题：无论是 X 轴，还是 Y 轴，都错过了对原点的标注。这样的标注方式不符合惯例，因此我们要寻找方法来解决这一问题。

以图 13-14 中的绘图参数为例，当 Y 轴的标注最小值为 –7，而 Y 轴的标注间隔为时，标注的数字均为奇数，因此会错过 0。如果让 Y 轴标注的最小值为 –6，那么标注的数字中就会包含 0，这意味着我们要找到一个合适的标注最小值。显然，对于 Y 轴而言，标注最小值与两个因素有关：①坐标系中 y 坐标的最小值；② Y 轴的标注间隔，且必须满足下列 3 个条件：

(1) 标注最小值必须大于 Y 轴的最小值；

(2) 标注最小值必须是标注间隔的整数倍；

(3) 在符合前两个条件的数字中，标注最小值必须离原点最远，即它的值最小。

根据以上分析，我们创建一个过程——**标注最小值**，以**最小值**及**间隔**为参数，来求得标注最小值，代码如图 13-15 所示。这里的参数**最小值**既可以是 X 轴的最小值，也可以是 Y 轴的最小值。

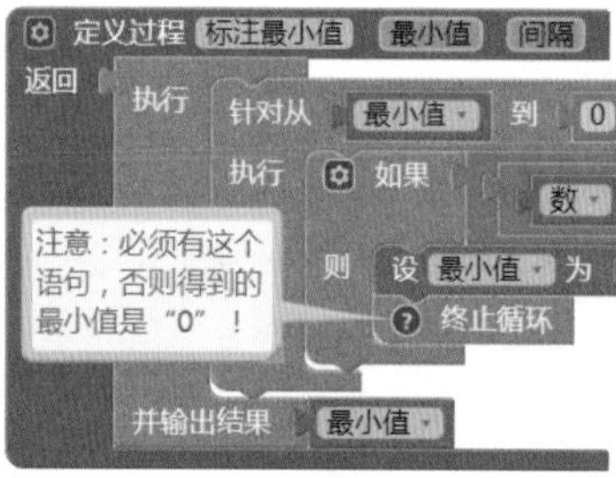

定义过程 标注最小值 最小值 间隔
返回 执行 针对从 最小值 到 0 且增量为 1 的每个 数
执行 如果 数 除 间隔 的 余数 等于 0
则 设 最小值 为 数
终止循环
注意：必须有这个语句，否则得到的最小值是“0”！
并输出结果 最小值

图 13-15　创建过程：标注最小值

然后来修改**标注 X 轴**与**标注 Y 轴**过程，修改结果如图 13-16 所示。

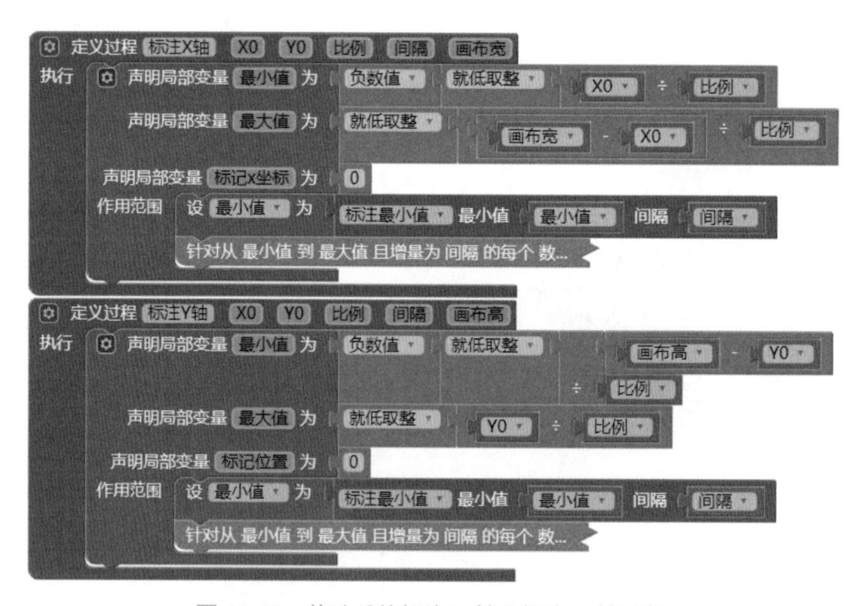

图 13-16　修改后的标注 X 轴及标注 Y 轴过程

对修改后的程序进行测试，仍然以图 13-14 中的绘图参数为例，测试结果如图 13-17 所示。

测试结果中包含了对原点“0”的标注，至此我们已经实现了**绘制坐标系**的功能，下面将选择合适的坐标系来绘制不同类型的函数曲线——二次曲线及三角函数曲线。

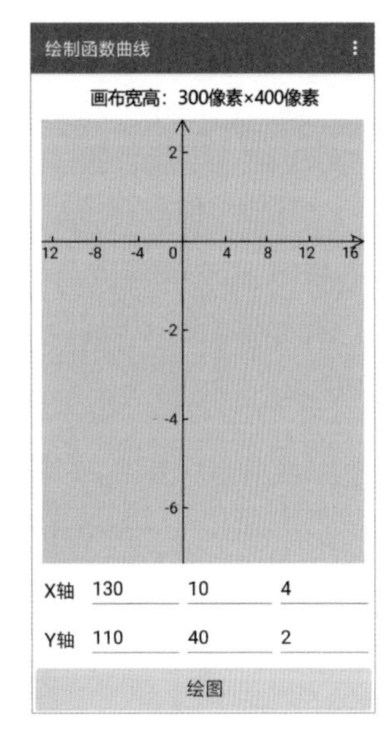

图 13-17 找到合适的标注最小值的测试结果

13.3 绘制二次函数曲线

标准的二次函数可以写为：

$$y = ax^2 + bx + c \qquad ③$$

其中 a、b、c 称作二次函数的系数，系数不同，曲线的位置及形状也有所不同。我们将从最简单的二次函数 $y = x^2$ 开始，然后通过设置不同的系数值来观察曲线形状随系数的变化。

13.3.1 绘制最简单的二次曲线

App Inventor 并不具备绘制曲线的功能，所谓曲线，实际上是由一系列微小的线段拼接而成。我们选择图 13-10 中的右二图为坐标系，来绘制 $y = x^2$ 开曲线。

1. 确定绘图范围

我们在图 13-4 中引入了计算坐标及绘图坐标的概念，并给出了它们之间的换算关系：

$$dx = X0 + kx \cdot cx$$

$$dy = Y0 - ky \cdot cy$$

其中 dx、dy 为绘图坐标（画布坐标），cx、cy 为计算坐标。为了确定坐标系的绘图参数，需要首先设定 cx 的取值范围（函数的定义域），然后根据 $y = x^2$ 求出 cy 的取值范围（函数的值域），并由此计算出坐标轴的缩放比例及标注间隔。举例来说，设 cx 的取值范围为 [–10, 10]，则 cy 的取值范围为 [0, 100]，X 轴的缩放比例 $kx = 300/20 = 15$（每个单位长度包含 15 像素）。为了确保标注间隔不低于 30 像素，因此将 X 轴的标注间隔设为 2。再来看 Y 轴，假设原点位于 (150, 380)，则 $ky = 380/100 = 3.8$。关于 Y 轴的标注间隔，最好是 5 或 10 的倍数，为了使标注间隔不小于 30 像素，这里设 Y 轴的标注间隔为 10。

现在，我们可以根据上述分析，在文本输入框中设置好绘图参数，以便稍后在对应的坐标系中绘制函数图像。

2. 绘制函数图像

上面已经确定了 cx 的取值范围 [–10,10]，现在需要设置 cx 的增量，暂且将 cx 的增量设为 1。这两个因素确定后，就可以将 cx 设定为循环语句的循环变量，然后根据 $y = x^2$ 来求 cy 值，这样就有了计算坐标 (cx, cy)，再根据坐标换算公式，求得对应的绘图坐标，并利用一系列的绘图坐标来绘制微小的线段，从而得到一条完整的曲线。

首先创建两个有返回值的过程——**绘图坐标 X** 及**绘图坐标 Y**，将计算坐标换算为绘图坐标，代码如图 13-18 所示。

```
定义过程 绘图坐标X 计算坐标X
返回  X0 的 显示文本
    + 比例X 的 显示文本 × 计算坐标X

定义过程 绘图坐标Y 计算坐标Y
返回  Y0 的 显示文本
    - 比例Y 的 显示文本 × 计算坐标Y
```

图 13-18 将计算坐标换算为绘图坐标的过程

然后，创建一个过程——**绘制二次函数曲线**，并在**绘图按钮**点击程序中调用该过程，来实现曲线的绘制，代码如图 13-19 所示，测试结果如图 13-20 所示，注意 6 个文本输入框的数值。

```
定义过程 绘制二次函数曲线
执行 声明局部变量 增量X 为 1
     声明局部变量 计算坐标Y1 为 0
     声明局部变量 计算坐标Y2 为 0
     声明局部变量 绘图坐标Y1 为 0
     声明局部变量 绘图坐标Y2 为 0
     作用范围 针对从 -10 到 10 且增量为 增量X 的每个 数
              执行 设 计算坐标Y1 为 数 的 2 次方
                   设 计算坐标Y2 为 (数 + 增量X) 的 2 次方
                   设 绘图坐标Y1 为 绘图坐标Y 计算坐标Y 计算坐标Y1
                   设 绘图坐标Y2 为 绘图坐标Y 计算坐标Y 计算坐标Y2
                   让 画布 画线
                      第一点x坐标 绘图坐标X 计算坐标X 数
                      第一点y坐标 绘图坐标Y1
                      第二点x坐标 绘图坐标X 计算坐标X (数 + 增量X)
                      第二点y坐标 绘图坐标Y2

当 绘图按钮 被点击时
执行 调用 绘制坐标系
     调用 绘制二次函数曲线
```

图 13-19 在按钮点击事件中调用绘制二次函数曲线过程

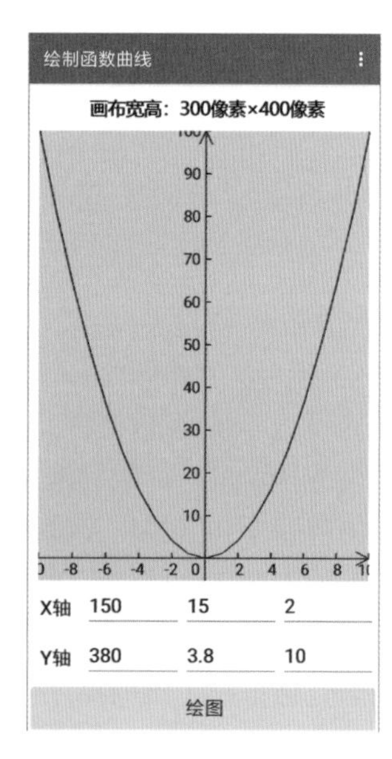

图 13-20 绘制二次函数曲线的测试结果

如果仔细观察，会发现这条曲线不够平滑，尤其在 x 取值范围为 [–2, 2] 时，我们可以明显地看到折线的痕迹。可以通过缩小 x 的增量，即循环语句中的**增量 X**，来增加曲线的平滑度。例如，设增量为 0.5 或其他不超过 0.5 的值（请读者自行修改），并测试绘图效果，这里就不再给出测试结果。

13.3.2　绘制任意系数的二次曲线

图 13-20 中所绘制的是最简单的二次曲线，在曲线方程中，$a = 1$，$b = 0$，$c = 0$。下面我们回到 App Inventor 的设计视图，将表格布局组件的行数由 2 改为 3，向新增的第三行中添加一个标签及三个文本输入框，标签的显示文本设为**系数**，文本输入框分别命名为 a、b 及 c，宽度均设为 28%，并勾选**仅限数字**选框。通过在输入框中输入不同的 a、b、c 值，来改变曲线的位置及形状。同时，将顶部标签的高度改为**自动**，将其显示文本改为**画布宽高：300 像素 × 380 像素**，并将**画布**的高度修改为 380 像素，以便显示完整的**绘图按钮**。修改后的用户界面如图 13-21 所示。

绘制带有系数的二次曲线，最困难的是坐标轴的确定，也就是原点位置的确定。为了简化程序，我们将坐标原点设在**画布**的中心，即 (150, 190) 点，并令 $kx = 15$，$ky = 3$，标注间隔 $X = 2$，标注间隔 $Y = 10$。如图 13-21 所示，以固定的坐标系来绘制不同的曲线，以便观察曲线的变化。

首先创建一个有返回值的过程——y，对给定的参数 x，求 $ax^2 + bx + c$ 的值，代码如图 13-22 所示。

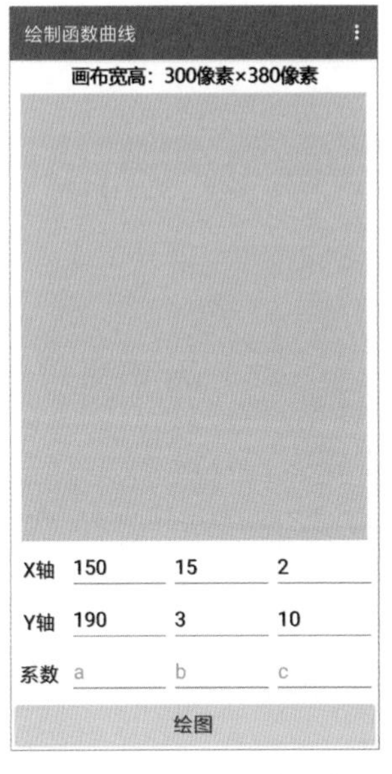

图 13-21　添加三个系数输入框

图 13-22　创建有返回值的过程：y

然后修改**绘制二次函数曲线**过程，如图 13-23 所示。

定义过程 绘制二次函数曲线
执行 声明局部变量 增量X 为 0.1
声明局部变量 计算坐标Y1 为 0
声明局部变量 计算坐标Y2 为 0
声明局部变量 绘图坐标Y1 为 0
声明局部变量 绘图坐标Y2 为 0
作用范围 针对从 -10 到 10 且增量为 增量X 的每个 数
执行 设 计算坐标Y1 为 y x 数
设 计算坐标Y2 为 y x 数 + 增量X
设 绘图坐标Y1 为 绘图坐标Y 计算坐标Y 计算坐标Y1
设 绘图坐标Y2 为 绘图坐标Y 计算坐标Y 计算坐标Y2
让 画布 画线
第一点x坐标 绘图坐标X 计算坐标X 数
第一点y坐标 绘图坐标Y1
第二点x坐标 绘图坐标X 计算坐标X 数 + 增量X
第二点y坐标 绘图坐标Y2

图 13-23 可以绘制任意二次函数曲线的过程

为了测试上述程序，我们需要制定一个测试策略，即每次只改变一个系数，另外两个系数保持不变，这样才能确定每个系数对曲线位置及形状的影响；此外，为了测试方便，在 App Inventor 设计视图中，预先设置好 6 个绘图参数，测试过程中仅改变系数值即可。第一组测试让 *b*、*c* 保持不变，*a* 分别取 –3、–1、0、1、3，测试结果如图 13-24 所示。

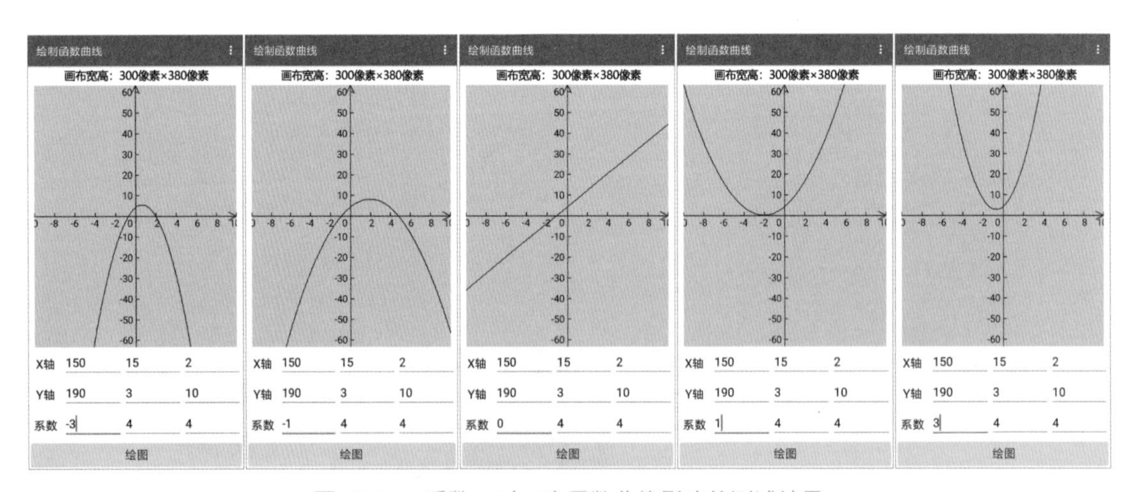

图 13-24 系数 *a* 对二次函数曲线影响的测试结果

从测试结果可以得出以下结论：

(1) 当 $a>0$ 时，曲线开口朝上，当 $a<0$ 时，曲线开口朝下；

(2) $|a|$ 越大，曲线开口越小，反过来，$|a|$ 越小，曲线开口越大；

(3) 当 $a=0$ 时，二次曲线变为直线，可以视为曲线的开口无限大。

下面保持 a、c 不变，b 分别取 –12、–6、0、6、12，测试结果如图 13-25 所示。

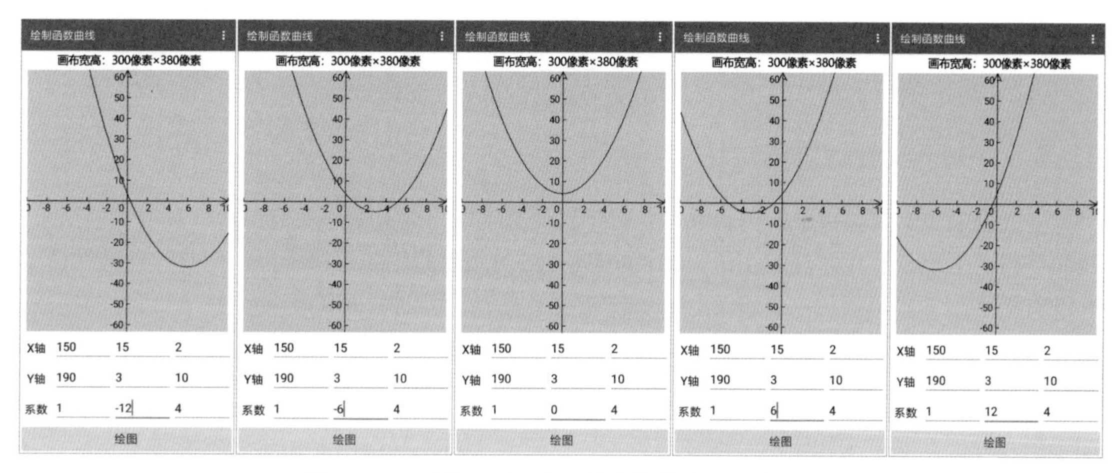

图 13-25 系数 b 对二次函数曲线影响的测试结果

从测试结果可以看出：

(1) 当 $b=0$ 时，曲线关于 Y 轴对称，如左三图所示；

(2) 当 $a>0$ 时，随着 b 的增大，曲线的最低点左移；

(3) 当 $a>0$ 时，随着 $|b|$ 的增大，曲线的最低点下移，即 $b=0$ 时，函数的极小值最大。

下面保持 a、b 不变，c 分别取 –10、–5、0、5、10，测试结果如图 13-26 所示。

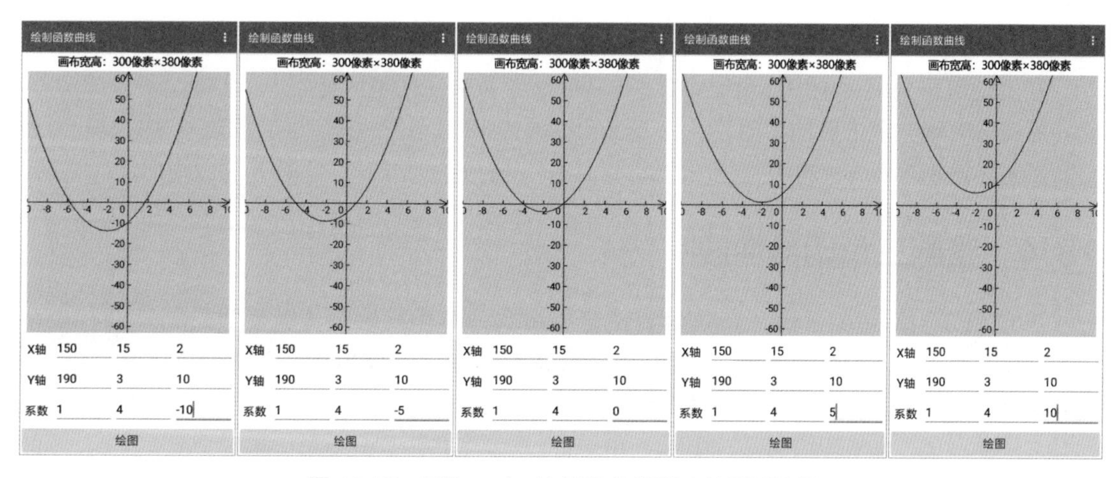

图 13-26 系数 c 对二次函数曲线影响的测试结果

从测试结果可以看出：

(1) 曲线对称轴的位置与 c 无关，图中当 $a=1$，$b=4$ 时，曲线的对称轴为 $x=-2$；

(2) 曲线的开口大小看似与 c 无关；

(3) 当 $a>0$ 时，随着 c 的增大，曲线的最低点上移。

以上我们通过单独改变某一个系数，观察系数对曲线位置及形状的影响。上述观察可能还不够全面，有兴趣的读者可以继续尝试不同的系数组合，进一步地探索二次函数曲线的特点。

13.3.3 关于实验结果的讨论

在我们的数学实验室中，实验并不是目的，而是手段，通过调整实验参数，观察实验结果，我们获得了某些具有规律性的结论，如 $|a|$ 越大，二次函数曲线的开口越小。但是，这些结论还远没有揭示出二次函数的本质特征，我们需要对这些结论作进一步的思考，找出更为一般性的规律，只有这样，才能拓宽函数的应用范围，达到学以致用的目的。

仍旧以系数 a 为例，为什么 $|a|$ 会影响曲线开口的大小？开口的大小又意味着什么？如果你能提出这样的问题，其实距离答案就很近了。从直观上看，开口越大，曲线越平缓；相反，开口越小，曲线越陡峭。那么“平缓”或“陡峭”这样的形容词，在数学中对应的概念是什么呢？它们对应曲线的变化率，即在相同的自变量间隔内，函数值变化的快慢。也就是说，函数值变化越快，那么曲线越陡峭，反之，函数值变化越慢，则曲线越平缓。

其实二次函数的解析式 $y=ax^2+bx+c$ 已经向我们透露了这个秘密。函数的解析式中包含三项，分别为二次项 ax^2、一次项 bx 及常数项 c。想想看，当 $|x|>1$ 时，随着 $|x|$ 的增大，哪一项对于函数值的贡献大呢？显然是二次项。通常，二次项称作平方级增长，一次项称作线形增长，两者的变化率就是抛物线与直线的差别。因此，如果等量地改变系数 a、b 的大小，那么 a 的改变对函数值的影响更为巨大。

在上述解析式的讨论中，我们设定了 $|x|>1$ 这个条件。这是因为当 $|x|<1$ 时，$x^2<|x|$，因此 a 的变化对函数值的影响不明显。由于受到篇幅的限制，这里没有讨论系数 b 对曲线开口大小的影响，希望对此有兴趣的读者，能够自行设计一组实验，来研究系数 b 与曲线形状的关系。

13.4 绘制三角函数曲线

三角函数包括正弦函数、余弦函数及正切函数，本章只绘制正弦函数，另外两种类型的函数请读者参照本节内容自行完成。假设我们要绘制 x 取值范围为 $[0, 2\pi]$ 时正弦曲线 $y=a\sin(\omega x+\varphi)$ 的图像，其中 a 的最大值为 5，ω 的取值范围为 $[1, 3]$，则应采用图 13-4(c) 的坐标系来绘制曲线。需要说明的是，在 App Inventor 中，三角函数自变量的单位是度，因此，x 的取值范围应该是 [0, 360]。

13.4.1 坐标轴的位置

在正式开始绘制曲线之前，先要确定直角坐标系的绘图参数。

- $(X0, Y0)$：(20, 190)。
- 比例 $kx = 0.7$（在 X 轴正方向的 280 像素的长度上，有 $280/0.7 = 400$ 个单位）。
- 比例 $kx = 30$（在原点上下 190 像素的长度上，各有 6 个单位）。
- 标注间隔 X：45，即每隔 45 度（约 31 像素）设置一个标注数字。
- 标注间隔 Y：1，即每隔 30 像素设置一个标注数字。

此外，还需设置 a、ω 及 φ 的值，利用三个系数输入框来依次设置这三个值。

13.4.2 编写过程：绘制正弦函数

为了测试方便，我们在设计视图中设置好上述绘制坐标轴的参数以及三角函数曲线的参数，如图 13-27 所示，图中还画出了即将用于绘制图形的直角坐标系。

创建一个有返回值的过程——**正弦 y**，对于任意给定的参数 x，返回值 $y = a\sin(\omega x + \varphi)$。然后创建**绘制正弦函数**过程，其中循环变量的变化范围为 0 至 360，且增量为 1。最后在**绘图按钮**点击程序中调用**绘制正弦函数**过程，代码如图 13-28 所示。

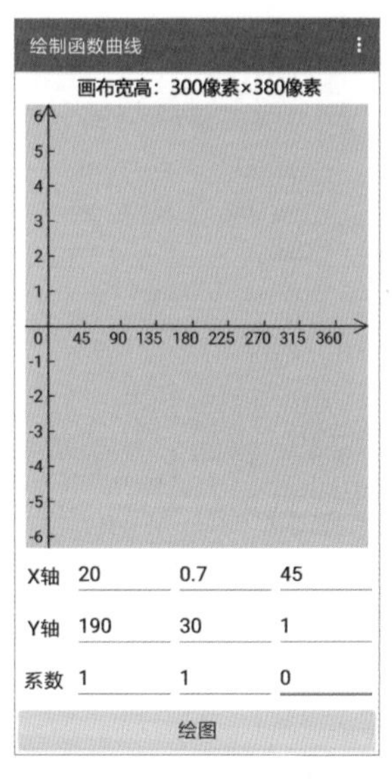

图 13-27 预先设置绘图参数及函数的参数

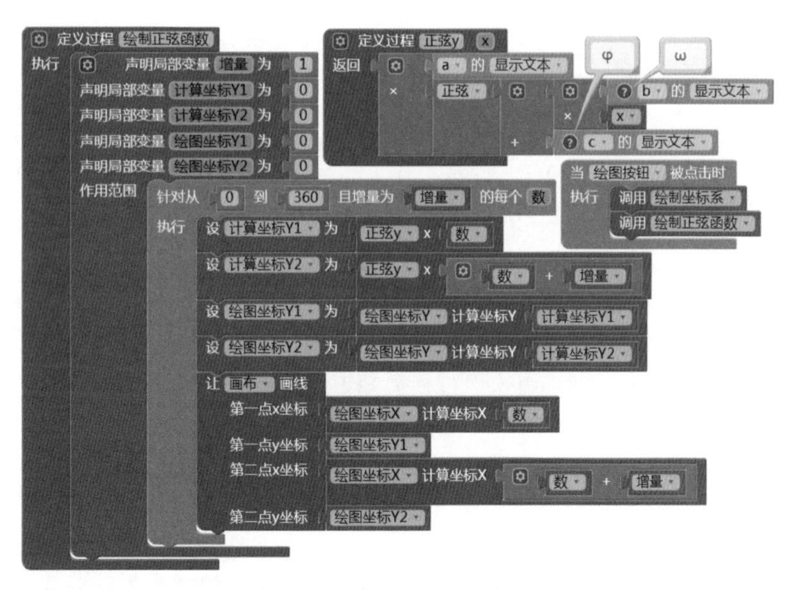

图 13-28 绘制正弦函数的相关代码

现在开始测试，依次改变 α、ω 及 φ 的值并绘制图形。其中，a 的取值依次为 1、3、–3、5，

ω 的取值依次为 1、2、3，φ 的取值依次为 0、45、–45、90、180。系数的组合方式及绘图结果如图 13-29 所示。

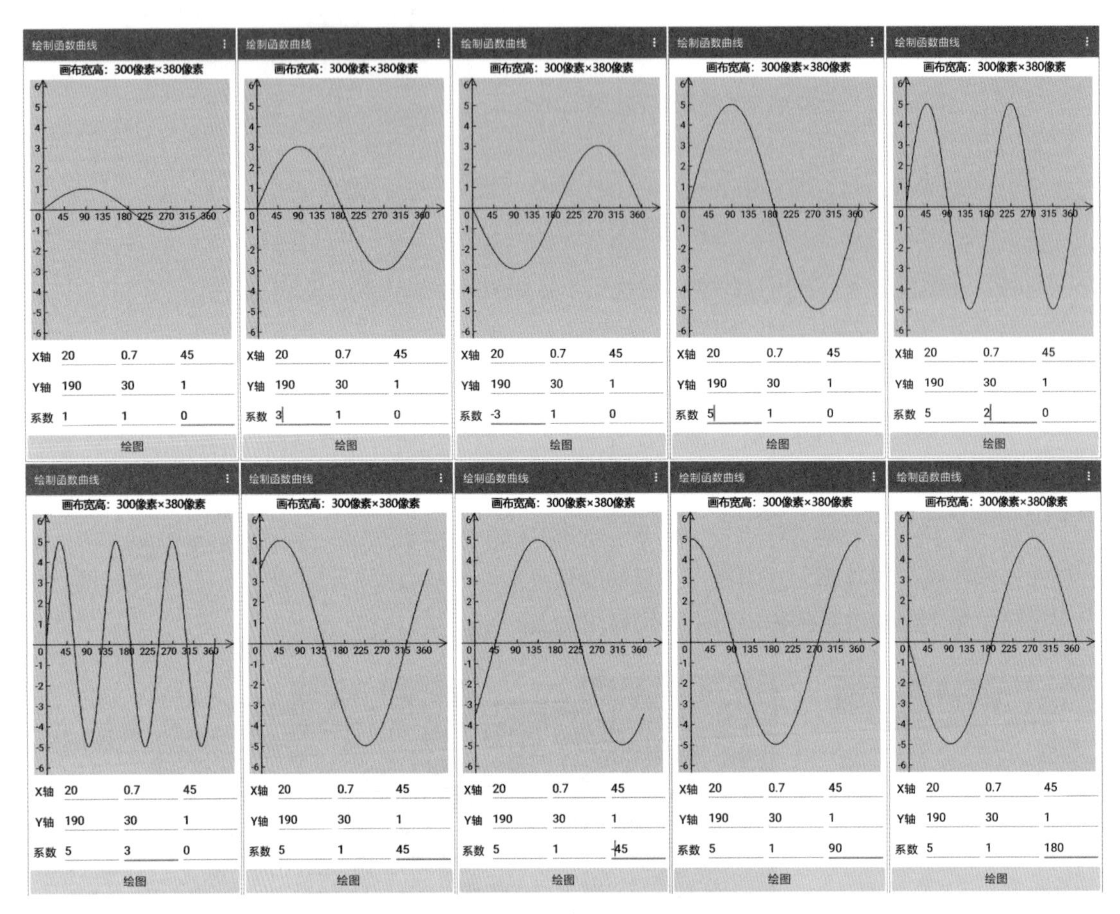

图 13-29 绘制不同参数下的正弦函数的测试结果

已经学习过三角函数及其曲线性质的读者可以根据自己已经掌握的知识，验证一下程序绘制的图形是否正确；尚未学过相关知识的读者，可以尝试自己归纳一下曲线的形状与各个参数之间的关系。这恰好是在“实验室”中做完实验后应该完成的任务——写一份实验报告。

13.5 小结

利用**画布**组件的画线功能，通过编写程序来绘制函数的曲线，这是一件极有趣的事情，不仅可以锻炼我们的编程能力，还可以加深对数学知识的理解，从而提高自己的抽象思维能力。绘制函数曲线，说起来容易，但在实现过程中，涉及许多参数以及它们之间的关系，现归纳如下，以供参考。

(1) 画布尺寸：决定可用的绘图范围，是计算坐标轴比例的依据。

(2) 函数的取值范围：首先设定自变量 x 的范围，并据此预估函数值 y 的范围，函数的取值范围决定了坐标轴的原点位置、缩放比例及标注间隔。

(3) 影响曲线特性的参数：在实验之前需要设定这些参数的具体取值，并提供参数的输入方法，本章用文本输入框来输入参数。

要想实现用程序绘制函数图像，以上几点是成功的必要条件。App Inventor 的内置数学块中提供了许多种函数块，如三角函数、反三角函数、指数函数、对数函数等，可以利用这些函数来绘制各种类型的曲线，也可以将这些函数进行各种组合运算，绘制复合函数的图形。

数学实验室结语

第 9 ~ 13 章介绍了 5 种类型的数学实验，现在，让我们来简单回顾一下这些实验的内容。

1. 鸡兔同笼

这是一道算术问题，也是一道代数问题，人类利用知识和智慧来解题，但机器靠“蛮力”来解题。在这个例子中，我们使用了枚举法来寻找问题的解，包括手动枚举法及程序枚举法。枚举法是程序解题的通用方法，它有效地利用了机器的长处：做大量简单而重复的操作。

2. 素数问题

素数问题包括以下两部分：

- 判断整数 N 是否为素数
- 求 N 以内的素数

对于这两个问题，从理论上讲，枚举法依然有效，但是，当 N 越来越大时，机器会因为资源耗尽而终止工作，因此，实际上枚举法是受限的。此时，需要动用人类的知识与智慧，寻找一条“捷径”，来克服这种限制。为了减小计算量，我们采取了以下两种方法。

- 利用数学知识：一个合数 M 的最小质因数小于或等于 $\sqrt{M}$ ，循环次数因此由 M 降低为 $\sqrt{M}$ 。
- 预先求出素数列表：在判断 N 是否为素数时，不必执行 $\sqrt{N}$ 次循环，只要遍历素数列表即可。当然，素数列表中的最大素数必须大于或等于 $\sqrt{N}$ 。

这两种方法体现了人类智能在解决问题时的重要性，它具有“四两拨千斤”的效果。

3. 公约数与公倍数

公约数与公倍数是小学数学问题。在做分数四则运算时，少不了约分与通分，这些都可以归结为公约数及公倍数问题，因此，对于人类而言，这是一个非常简单的问题。但是，要想让机器来解决它就没那么简单了，其中最关键的步骤是从数字到数据的转换。想想看我们都做了什么？

(1) 给出合数的标准分解式（基于欧几里得的算术基本定理：合数分解为质因数乘积时，如果不考虑质因数的排列顺序，则分解的方式具有唯一性），如 100 = 2 × 2 * 5 × 5。

(2) 将标准分解式表示为标准的指数分解式，如 $100 = 2^2 * 5^2$。

(3) 将指数分解式表示为列表：((2 2)(5 2))。列表中的项称为幂，幂的第一项为底数，第二项为指数。

经过这样的处理之后，数字就变成了程序可以处理的数据；而有了数据，程序就有了用武之地，于是问题也就得到解决。

4. 农夫过河

农夫过河问题本来不是一道数学题，但是，如果想用程序来解，就必须先将它转化为数学题。于是，我们想到用数字来代表狼、羊和菜（狼 = 1，羊 = 2，菜 = 3）。当两件物品放在一起时，如果数字之差的绝对值为 1，就会发生“危险”。于是一道逻辑题转化为一道数学题，之后，我们再利用程序的循环及条件判断语句，很容易就解决了问题。

本例中所采用的问题转换方法，虽然不具有通用性，但是它提供了一种问题的转换思路。当我们遇到其他类似的问题时，不妨回想一下这个例子，或许能够从中获得启发。

5. 绘制函数图像

函数表达的是一种关系——自变量与函数值之间的关系。函数表达式是冷冰冰的（抽象），但函数的图像是活生生的（直观），它将抽象的关系表达为优雅的曲线。绘制函数图像，用计算机科学的术语来说，叫作**数据的可视化**。然而，作为数据的自变量及函数值，并不能直接用于绘制图形，这些数学上的值必须首先转化为程序可用的绘图坐标，然后才能将自变量与函数之间的关系体现出来。

将数据（自变量、函数值）转换为绘图坐标，其中涉及的知识仅限于四则运算，转换的难度不大，但复杂度不小，因此需要细心与耐心。

数学实验室写到这里就要结束了，但是我们对数学的喜爱和对程序的追求才刚刚开始。

本单元包含 3 个工具类应用案例，分 4 章加以讲解，它们是：

- 计算器
- 音频笔记
- 节气钟（上）
- 节气钟（下）

说起工具，这里忍不住要就这个话题讲上两句。人类发明了工具，并不断地改进工具，在这个过程中，人类将知识和智慧凝聚到工具中。反过来，工具本身对人类又具有"驯化"作用——人类通过长期反复地使用工具，获得了某些特殊的技能，从而扩展了自身的知识与智慧。由此可见，工具与知识和智慧是相生相伴的。举例来说，我们正在使用的 App Inventor 就是一个工具——用于开发软件的工具。它由一些杰出的人发明出来，并且一直处于不断的完善之中，作为这个开发工具的使用者，通过使用这一工具，我们学会了开发软件的一般思路，并拓展了自身的知识与能力，不是这样吗？

从用途上说，工具的覆盖范围十分广泛，从日常生活的衣食住行，到尖端科技的计算和模拟，因此，工具类的应用软件有无穷多种可能的形态。不过，从一般意义上来说，这些应用会具有以下的一些特征。

首先，工具类应用必须是有用的，本单元中给出的**计算器**等三个例子，都具有这一特征。

其次，工具类应用的使用方法必须符合日常生活的逻辑，例如，在**音频笔记**应用中，笔记的内容是按时间顺序排列的。

最后，在某些应用的背后，蕴含着一套完整的知识体系，例如，**节气钟**应用凝聚了诸多有关天文、历法及中医学的知识。

通常，我们开发一款应用的动机，是我们自己需要它。从开发者自身的需求出发，也可以开发出符合大多数人需要的作品，因为我们自己就是大多数人之中的一份子。

第 14 章　计算器

计算器是日常生活中常用的计算工具，市面上可以买到各式各样的“硬”计算器，电脑和手机中也有各种预装的“软”计算器。无论是哪一种计算器，它们的使用方法都是相同的，而且用户无须借助说明书就可以使用它的大部分功能。这可能会给大家造成一种错觉：开发一款“软”计算器是一件简单的事情。本文想告诉读者的恰恰是一个相反的结论：越是使用起来方便的工具，制作起来就越复杂。现在，我们就来开发一款最简单的计算器，这款计算器仅有 20 个按键，可以实现简单的加减乘除运算，并具有清除、回退、求相反数等功能。计算器的用户界面如图 14-1 所示，下面让我们共同领略一个看似简单实则复杂的开发过程。

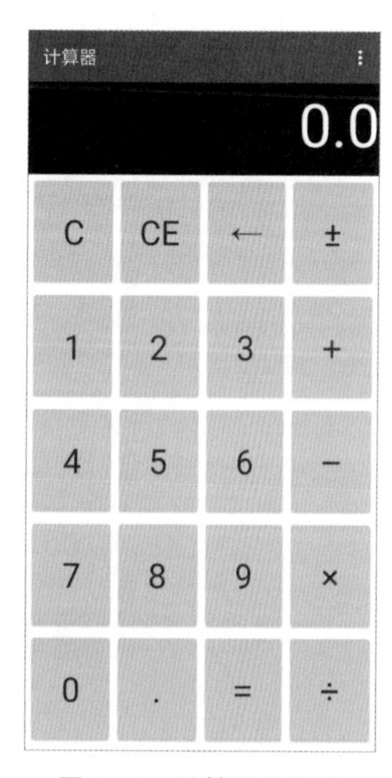

图 14-1　计算器的外观

14.1　开发准备

本章假设读者已经对计算器的功能有所了解，因此不再单独设置功能描述环节，而是从开发者的角度，为即将编写的程序搭建起一个概念体系，并在此基础上明确开发的具体目标。这里所说的概念体系，指的是开发过程中将要使用的符号及术语，这些符号及术语可以帮助我们实现下列事件：

(1) 描述开发目标
(2) 解释开发过程
(3) 设置全局变量及过程

对于读者而言，只有理解了这些符号和术语的含义，才能顺利完成本章的学习。

14.1.1 符号及术语

即将创建的计算器应用中包含了以下 9 个符号及术语，其中最重要的是前数、后数与算符。如果在纸上写一个加法算式，如 12 + 9 = 2，那么习惯的书写顺序是从左向右写，也就是说，从时间顺序上讲，12 在前，算符居中，9 在后。另外，从空间顺序上讲，也是 12 在前，算符居中，9 在后。最后，算式中等号后面的 21 称为和。这是人类对加法算式的理解。但是，在我们即将编写的程序中，前数和后数具有更多的含义和作用，这里我们先剧透一下：在程序中，**前数**、**后数**、**算符**将被定义为全局变量，其中后数可以先转变为前数然后参与运算，也可以直接参与运算；同样，前数可以由后数转变而来，也可以是运算的结果，它们三者之间的关系如图 14-2 所示。

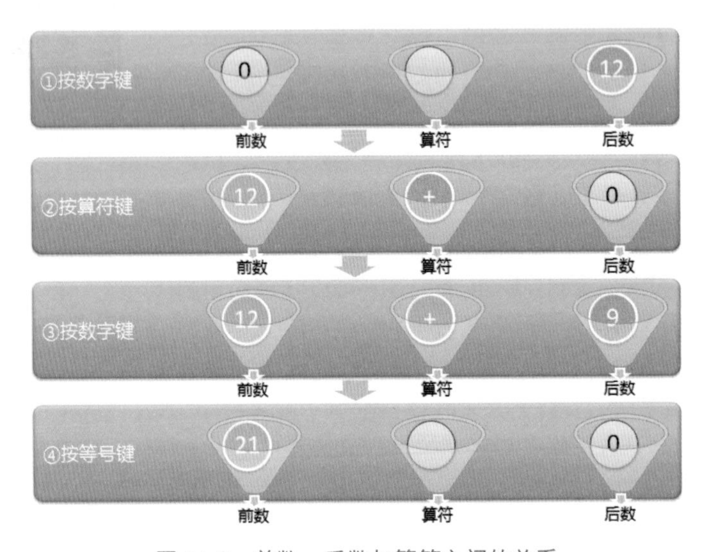

图 14-2 前数、后数与算符之间的关系

以下是 9 个符号及术语的具体说明。

(1) 后数：用户最后输入的数字，有 2 种情况会生成后数。
  a) 程序运行伊始，用户直接输入的数字即为后数，如图 14-2 中的①所示，此时，如果用户输入算符，那么这个后数就会被转成前数，同时后数被设为 0，如图 14-2 中的②所示。
  b) 用户按算符键之后继续输入数字，在按等号键之前，这个数字也是后数，如图 14-2 中的③所示。

(2) 前数：应用中除了后数以外的数字均被称为前数，前数的来源有 3 种。
  a) 程序运行伊始，用户直接输入数字，再按算符键，此时后数转变为前数。
  b) 用户依次输入数字、算符、数字、等号后，所产生的计算结果被设定为前数，如图 14-2 中的④所示。

c) 用户依次输入数字、算符、数字、算符后，其中第二个算符具有等号的功能，它利用第一个算符对两个数字进行运算，运算结果被设定为前数。

(3) 算符：在本程序中特指 +、−、×、÷ 这四个运算符。

(4) 纯算符：用户先后输入数字、算符、数字、算符、数字、算符……其输入的第一个算符就是纯算符，它不具有等号的功能。

(5) 等号算符：用户先后输入数字、算符、数字、算符、数字、算符……除了第一个算符——纯算符外，其他算符兼具等号功能，因此被称为等号算符。

(6) C：英文 CLEAR 的缩写，用于清除此前输入的全部信息或计算结果。

(7) CE：英文 CLEAR ENTRY 的缩写，用于清除整个后数。

(8) ←（回退）：用于清除后数的最后一个字符。

(9) ±（相反数）：用于求相反数，如果后数不为 0，则运算对后数生效，如果后数为 0 且前数不为 0，则对前数生效；也可以理解为对屏幕上显示的数生效。

14.1.2 开发目标

开发目标是从开发者角度来理解应用的功能，本章的计算器应用将实现以下功能。

(1) 单次运算：用户按顺序输入数字、算符、数字及等号后，显示运算结果。

(2) 连续运算：用户按顺序输入数字、算符、数字、算符、数字、算符……后，从第二个算符开始，每次输入算符后，显示运算结果，并设运算结果为前数，设后数为 0。

(3) 连续两次输入算符：如果用户输入算符之后没有输入数字，而是再次输入算符，则后输入的算符有效（前面的算符被覆盖了）。

(4) 输入纯小数：用户有两种方法输入 0.5，即输入 0.5 或输入 .5。

(5) 其他功能键的描述见 14.1.1 节。

以上是应用将要实现的功能，与这些功能密切相关的是项目中的用户界面组件，具体地说，是 20 个按钮组件，以及一个标签组件，其中按钮组件是实现功能的出发点。因此，上述功能的实现，依赖于每一个按钮的点击事件处理程序，这就是我们具体的开发目标。而实现这些目标的首要任务是创建项目，并设计应用的用户界面。

14.2 用户界面设计

用户界面中用到了 1 个标签、20 个按钮以及 5 个水平布局组件，其中 20 个按钮分别放置在 5 个水平布局组件中，如图 14-3 所示，组件的命名及属性设置见表 14-1。注意，按钮及水平布局组件的属性值均采用默认值，其中按钮组件的属性稍后在编程视图中用程序来设置。

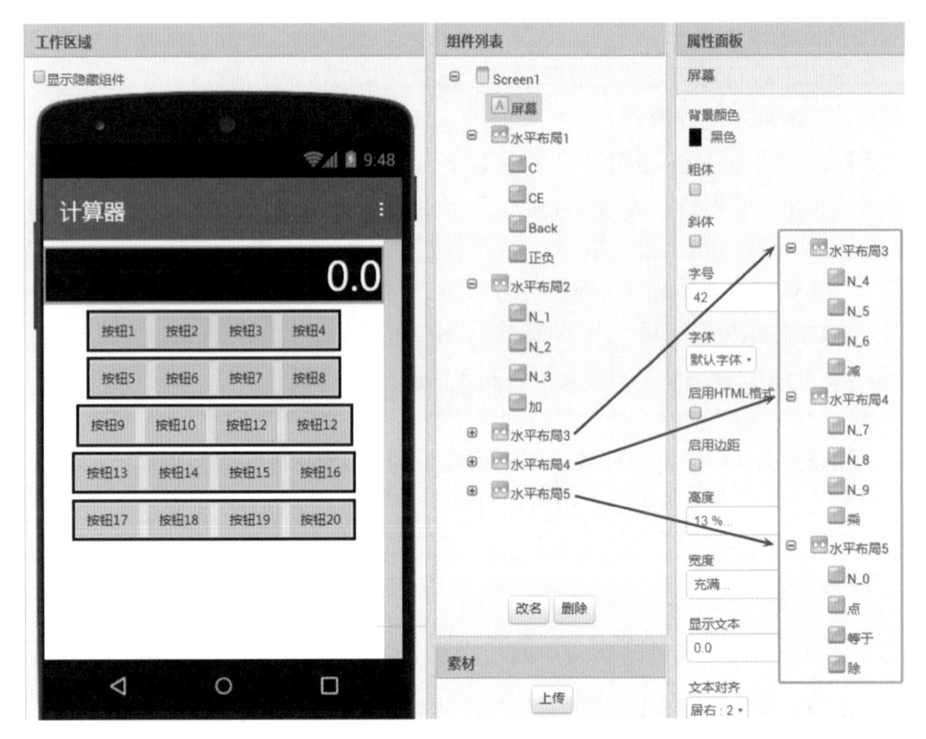

图 14-3 计算器的用户界面设计

表 14-1 组件的命名及属性设置

组件类型	组件命名	属 性	属 性 值
屏幕	Screen1 水平对齐 标题	主题	默认
		居中	
		计算器	
标签	屏幕	背景颜色	黑色
		启用边距	取消勾选
		字号	42
		显示文本	0.0
		文本对齐	居右
		文字颜色	白色
		高度	13%
		宽度	充满
水平布局（5 个）	默认名称	全部属性	默认
按钮（10 个数字）	N_0、N_1、……、N_9	全部属性	默认
按钮（5 个算符）	加、减、乘、除、正负	全部属性	默认
按钮（小数点）	点	全部属性	默认
按钮（4 个功能）	C、CE、Back、等于	全部属性	默认

14.3　编写程序：屏幕初始化

在屏幕初始化事件中，唯一的任务就是设置 20 个按钮的 4 个属性：宽、高、字号及显示文本。为了方便设置这些属性，也为了后续开发的需要，首先创建若干个有返回值的过程，将编写程序时可能用到的常量保存到过程里，代码如图 14-4 所示。

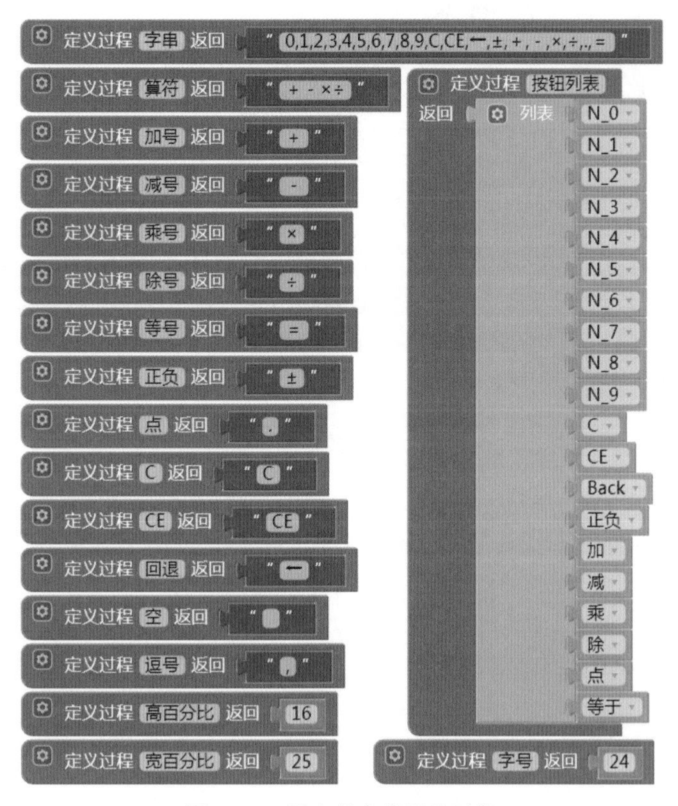

图 14-4　用来保存常量的过程

其实，按钮的这些属性完全可以在设计视图中设置，不过，由于按钮的数量较多，20 个按钮，每个按钮设置 4 个属性，粗算起来至少需要 80 次操作，而且属性值不可能一次设置到位，为了达到预期的效果，可能需要反复修改，因此操作起来相当烦琐。作为程序员的我们，不能容忍自己做大量简单而重复的工作，因此，我们要用程序来设置这些属性。图 14-4 中与属性设置相关的过程是：**按钮列表**、**字串**、**逗号**、**空**、**字号**、**宽百分比**及**高百分比**。在**字串**过程里，将按钮上即将显示的字符拼写成一个连续的**字串**，字符之间以半角的逗号分隔，以方便将**字串**分解为列表。需要特别强调的是，**字串**中字符的顺序必须与**按钮列表**中按钮的顺序保持一致。

现在可以编写屏幕初始化程序了，代码如图 14-5 所示。首先将**字串**分解为**字符列表**，然后在针对数字的循环语句中，逐一设置按钮的字号、显示文本及宽高百分比。

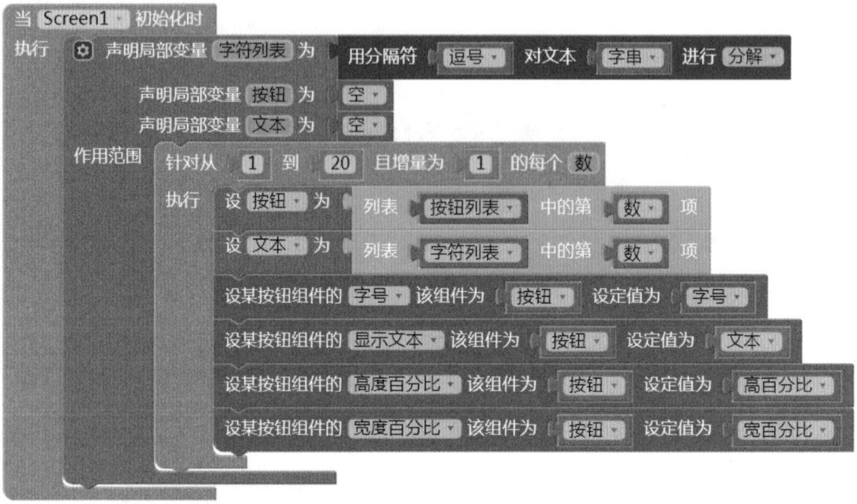

图 14-5　屏幕初始化程序

如果是在设计视图中，可以将按钮的宽、高设为充满，但遗憾的是，充满的属性值无法用程序来设置，因此，这里采用了设置宽、高百分比的方法，力图实现充满的效果。注意观察项目中所有组件的高度：屏幕标签高 13%，5 排按钮的总高度为 80%（5 × 16%），因此组件的高度总和为 93%，但是在手机上进行测试时，可以看到它们已经充满了屏幕。如果将按钮高度调整为 17%，那么计算所得的高度总和为 98%，但测试结果是，最后一行按钮不能完整地显示。但同样是宽度百分比，每个按钮占 25%，4 个按钮都可以完整地显示，这说明某些组件之间在垂直方向上存在着不被计算的空隙。

屏幕初始化程序的测试结果请见图 14-1。

14.4　编写程序：实现功能

这款应用的复杂性来自两个方面，一是用户操作的不确定性：用户可能随意地、想当然地按下某个键，就像使用一个实物计算器一样，这就要求程序必须面对所有可能的操作，包括那些不合逻辑的操作；二是按键的种类和数量较多，而且按键的功能之间存在关联关系，例如，数字键、算符键及等号键之间的操作顺序决定了计算的结果。面对这种复杂的局面，有两条开发路径可供选择，一是装配式开发，即针对每一类按键，先写出对应的过程，然后在按钮类点击事件中，将这些过程组装在一起；二是进化式开发，即先实现简单的功能，并在此基础上，不断完善程序，最终实现完整的功能。对于初学者而言，后一种路径更容易成功，因为在经验不足的情况下，你很难预料开发过程中可能出现的麻烦。但在本章中，我们假设你已经具备了一定的开发经验，因而将采用装配式的开发路径。

在动手编写过程之前，需要完成两项准备工作：

- 按照功能对按键进行分类
- 声明全局变量

此处我们可以将按键可以分为三大类：

(1) 数字类：数字 0 ~ 9（共 10 个）

(2) 算符类：+、−、×、÷（共 4 个）

(3) 功能类：其余的 6 个按键：C、CE、←、=、.、±

在上述分类中，数字键和算符键各自需要创建一个过程，但是功能键中 6 个按键功能各异，相当于需要创建 6 个过程。因此，在接下来的程序中至少需要编写 8 个无返回值的过程，来处理这些按键的点击事件。

至于全局变量，整个计算器项目中只需要 3 个，它们是**前数**、**后数**及**算符**，代码如图 14-6 所示。

图 14-6 计算器项目中的全局变量

上述准备工作完成之后，可以开始着手编写过程了，按照按键分类的顺序，先来处理数字类按键，然后处理算符类按键，最后再依次处理各个功能类按键。

14.4.1 输入数字

在刚刚声明的全局变量中，**后数**是参与运算的数字，而**前数**可能是参与运算的数字，也可能是运算结果，这两个变量的取值规则如下。

(1) **后数**的来源只有一个：用户通过数字键输入。

(2) **前数**的来源有三个：

  a) 当用户输入纯算符时，将**后数**转为**前数**；

  b) 当用户输入等号算符时，将计算结果转为**前数**；

  c) 当用户点击等号键时，将计算结果转为**前数**。

(3) 程序运行伊始，**后数**与**前数**的初始值均为 0。

(4) 在任何情况下，当用户点击数字键时，都要先判断**后数**是否为空：

a) 如果**后数**为空，则将数字保存为**后数**；

b) 如果**后数**不为空，则将数字添加到**后数**末尾。

根据以上规则，当用户按下数字键时，只对**后数**有影响，而与**前数**无关。下面创建一个过程——**输入数字**，过程的代码如图 14-7 所示。在该过程里，参数**数字**来自数字键的显示文本，此外，每输入一个数字，屏幕的显示内容都会更新。

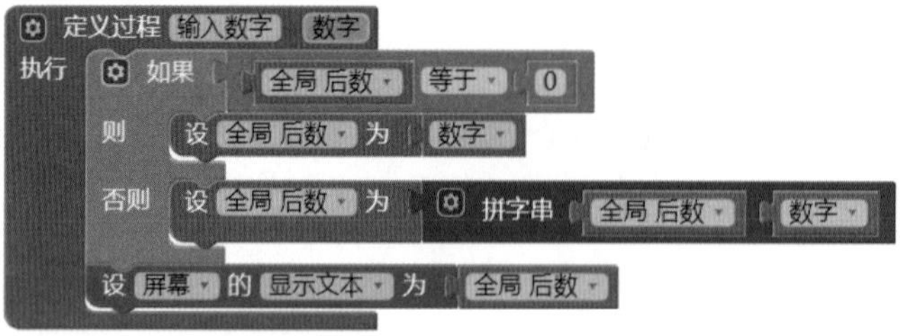

```
定义过程 输入数字 数字
执行 如果 全局 后数 等于 0
     则 设 全局 后数 为 数字
     否则 设 全局 后数 为 拼字串 全局 后数 数字
     设 屏幕 的 显示文本 为 全局 后数
```

图 14-7 创建过程：输入数字

14.4.2 输入算符

算符键具有以下两项功能。

- 纯算符：用户第一次输入的算符，仅具有算符功能。
- 等号算符：在连续运算中，除纯算符外，后续输入的算符兼具等号功能。

与算符有关的程序是计算器项目中最容易出错的部分。如前所述，用户的操作可能是随意的，他们可能在任何情况下点击算符键。因此，我们需要列举出应用中所有可能的状态，并分析在这些状态下，当用户按下算符键时，应用应该执行的操作。那么问题是，如何标定这些状态呢？或者说，用哪些量来描述这些状态呢？

通常，用来描述状态的量应该是可变量，可以是全局变量，也可以是组件的属性值。在计算器应用中，可变的因素共有 4 个，除了 3 个全局变量外，还有显示屏的显示文本，但是显示文本的值依赖于全局变量**前数**或**后数**的值。因此，项目中独立的可变量就只有 3 个全局变量。我们将以全局变量为观察对象，列出全局变量取值的所有可能组合，分析在这些状态下，点击算符键后应用应该执行的操作。然后，根据不同类型的操作反观这些状态，看能否找出区分这些状态的特征。表 14-2 中列举了所有可能的 8 种状态——按**算符**键之前 3 个全局变量不同取值的组合，然后又给出了按**算符**键之后这些变量的值，并根据这些值，推断出按**算符**键后应用所执行的操作（最后一列）。注意，表格中的“1”或“2”代表非零数字，“+”、“-”代表 4 种运算符（+、-、×、÷）。

表 14-2 点击算符键时所有可能的状态

序号	前置操作	按算符键之前			按算符键（“—”）之后			执行操作
		前数	后数	算符	前数	后数	算符	
1	屏幕初始化 按 C 后	0	0	空	0	0	—	记录算符
2	按 C 后直接按算符	0	0	+	0	0	—	记录算符
3	按数字后	0	1	空	1	0	—	记录算符 转移后数
4	按数字后再按算符	0	1	+	1	0	—	求和运算 记录算符
5	按等号后	1	0	空	1	0	—	记录算符
6	按 CE 后	1	0	+	1	0	—	记录算符
7	按等号后直接按数字	1	1	空	1	0	—	记录算符 转移后数
8	连续计算	1	1	+	2	0	—	求和运算 记录算符

注意观察表 14-2，不同的颜色用于区分不同的操作类型，共有 3 种可能的操作。

(1) 绿色背景行：仅记录算符，不执行其他操作。

(2) 黄色背景行：记录算符并转移后数（将**后数**保存到**前数**中，并设**后数**为零）。

(3) 蓝色背景行：执行求和运算，然后记录算符。

再观察不同背景行中按**算符**键之前变量的取值。

(1) 绿色背景行：**前数**可能为零或某数，**后数**均为零，**算符**为空或某种算符，具有共性的特征是**后数**为零。

(2) 黄色背景行：**前数**可能为零或某数，**后数**均不为零，**算符**均为空，具有共性的特征是**后数**不为零，且**算符**为空。

(3) 蓝色背景行：**前数**可能为零或某数，**后数**均不为零，**算符**均不为空，具有共性的特征是**后数**不为零，且**算符**不为空。

经过上述观察及分析，我们似乎已经找到了区分不同状态的依据，它们同时也是执行不同操作的判断依据。

(1) 无论何种状态下，都要执行记录算符操作，即为全局变量**算符**赋值。

(2) 当**后数**不为零时，判断**算符**是否为空：

  a) 如果**算符**为空，则执行转移后数操作；

  b) 如果**算符**不为空，则执行求和操作，这里的求和代表了加减乘除 4 种运算。

在得出上述结论后，我们可以开始编写代码了：先创建一个空的过程——**点击等号**，稍后再编写它的具体内容；然后创建一个过程——**输入算符**，在该过程里实现上述逻辑，代码如图 14-8 所示。

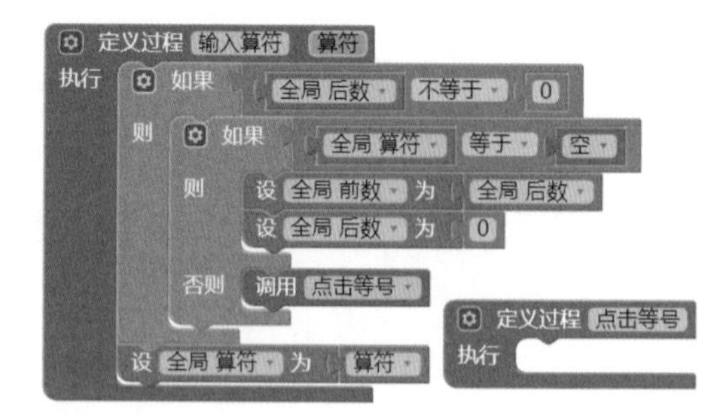

图 14-8 创建过程：输入算符

从图 14-8 可以看出，**输入算符**过程其实非常简单，然而这样的结果来之不易！上面的分析过程虽然显得有些啰唆，但它充分地保障了程序的完备性。在人类思维的跳跃性与机器逻辑的严整性之间存在一道鸿沟，而缜密的思考与分析，是跨越这道鸿沟的唯一方法，这应该是计算器应用留给我们的经验。

14.4.3 点击等号

在跨越了**输入算符**这座高山之后，剩下的任务相对来说会简单一些。当用户依次输入了**前数**、**算符**、**后数**及等号之后，需要对**算符**进行判断，针对不同的**算符**，执行不同的运算。在运算完成后，将所得结果保存在**前数**中，并显示在屏幕上，同时，设**后数**为零，设**算符**为空。将上述操作写入刚才创建的空过程——**点击等号**中，具体代码如图 14-9 所示。

图 14-9 中的代码包含了一个多分支的条件语句，这是在处理多种可能性时采取的通用方法。但是，这种方法有它的局限性，当需要扩展应用的功能时，例如增加指数运算，就不得不修改**点击等号**过程，增加新的条件分支。下面我们介绍一种更具扩展性的程序写法。创建一个有返回值的过程——**运算结果**，代码如图 14-10 所示。

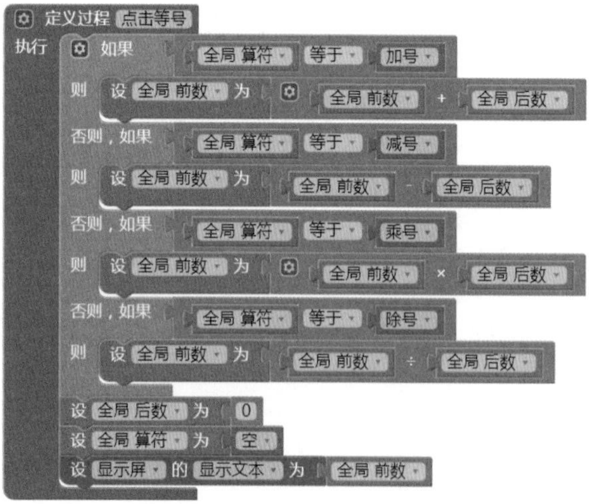

图 14-9 创建过程：点击等号

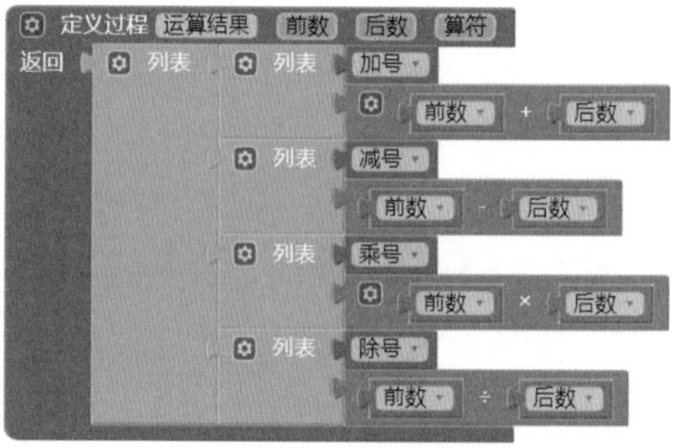

图 14-10 创建有返回值的过程：运算结果

注意观察**运算结果**过程，你会发现，它实际上是一个键值对列表，其中的键是**算符**，值是运算结果。当用户点击等号时，可以通过查询该键值对列表，直接获得运算结果，从而避免了多分支条件语句的使用。如果需要增加新的计算类型，如指数运算，只要在上述键值对列表中添加一个键值对即可。

下面修改**点击等号**过程，代码如图 14-11 所示。

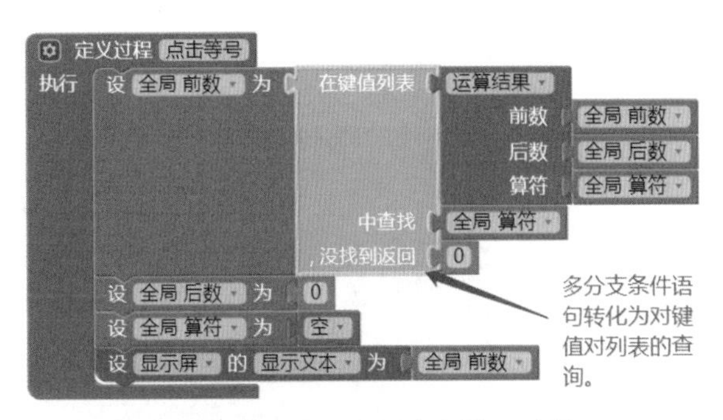

图 14-11 修改后的点击等号过程

结合图 14-8 中的**输入算符**过程：当**后数**不为零且**算符**不为空时，调用**点击等号**过程，此时的**算符**为等号算符，此时的运算为连续运算。也就是说，至此我们已经实现了功能描述中的前两项功能：单次运算及连续运算。

14.4.4 输入小数

到现在为止，我们的程序还只能进行整数运算，下面我们来实现小数的输入。创建一个过程——**输入小数**，代码如图 14-12 所示。

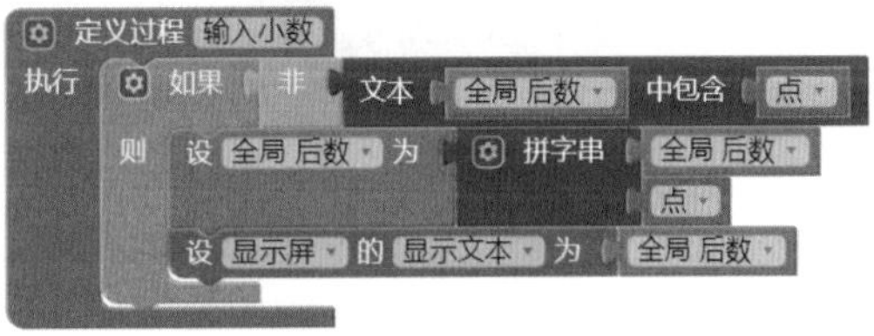

图 14-12 创建过程：输入小数

在上述程序中，首先要对**后数**进行判断，查看其中是否已经有了小数点：如果**后数**中不包含小数点，则在**后数**末尾添加小数点；如果**后数**中已经有了小数点，则程序不予响应。

14.4.5 求相反数

按照 14.1 节功能描述中的定义，按键 ± 用于求相反数。但究竟是求**前数**的相反数，还是**后数**的相反数呢？原则上讲，是求屏幕上正在显示的数的相反数。那么屏幕上有时会显示**前数**（如按等号或等号算符键之后），有时会显示**后数**，这就需要为求相反数设定一个判定条件，以便决定针对哪个数求相反数。我们用**后数**的值作为判断依据，如果**后数**不为零，则运算对**后数**生效，如果**后数**为零且**前数**不为零，则运算对**前数**生效；如果**前数**、**后数**均为零，则不执行任何操作，代码如图 14-13 所示。

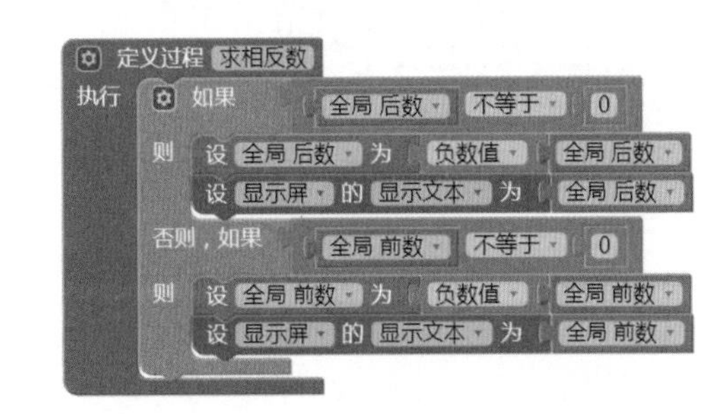

图 14-13 创建过程：求相反数

14.4.6 删尾部字符

按键←仅对**后数**有效，用于从**后数**的尾部删除一个字符。创建一个过程——**删尾部字符**，当用户点击←键时，首先求出**后数**的字串长度，如果**后数长度**等于 1，则设**后数**为零，否则，从**后数**字串的首位开始截取长度为“后数长度 –1”的子串，将其设为新的**后数**，并在屏幕上显示新**后数**，代码如图 14-14 所示。

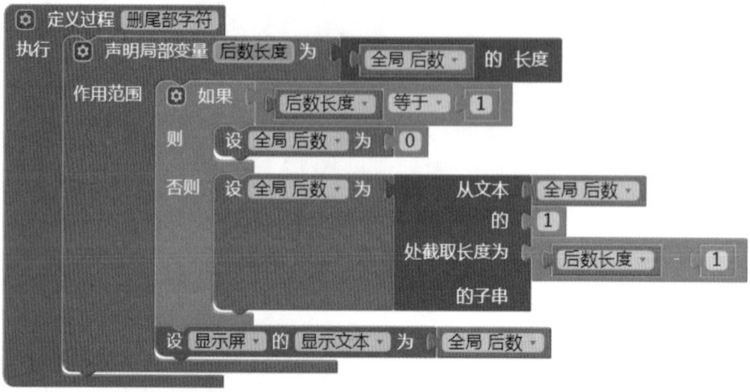

图 14-14 创建过程：删尾部字符

14.4.7 清除后数

当用户点击 CE 按键时，将已经输入的**后数**设为 0，并显示**后数**。代码如图 14-15 所示。

14.4.8 清除全部信息

当用户点击 C 按键时，清空所有已输入的信息及运算结果，代码如图 14-16 所示。

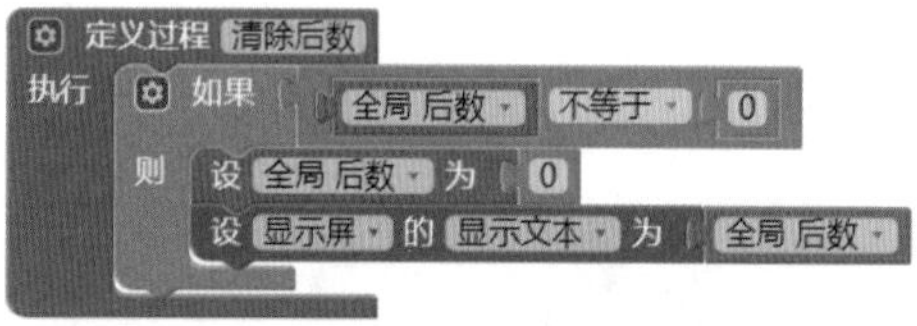

图 14-15 创建过程：清除后数

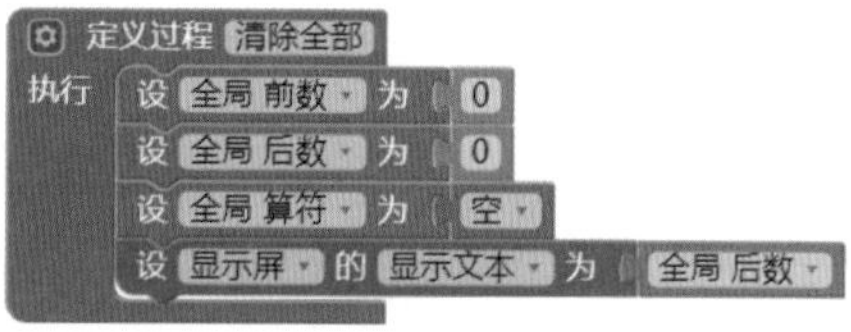

图 14-16 创建过程：清除全部

14.4.9 组装过程

利用按钮类点击事件块，可以将上述过程“组装”起来。由于按钮类事件块携带了**组件**参数，因此该参数代表的正是刚刚触发点击事件的那个按钮。在取得了按钮上的显示文本属性后，就可以根据属性值来决定执行哪一类操作，即调用与操作相应的过程。事件处理程序的代码如图 14-17 所示。

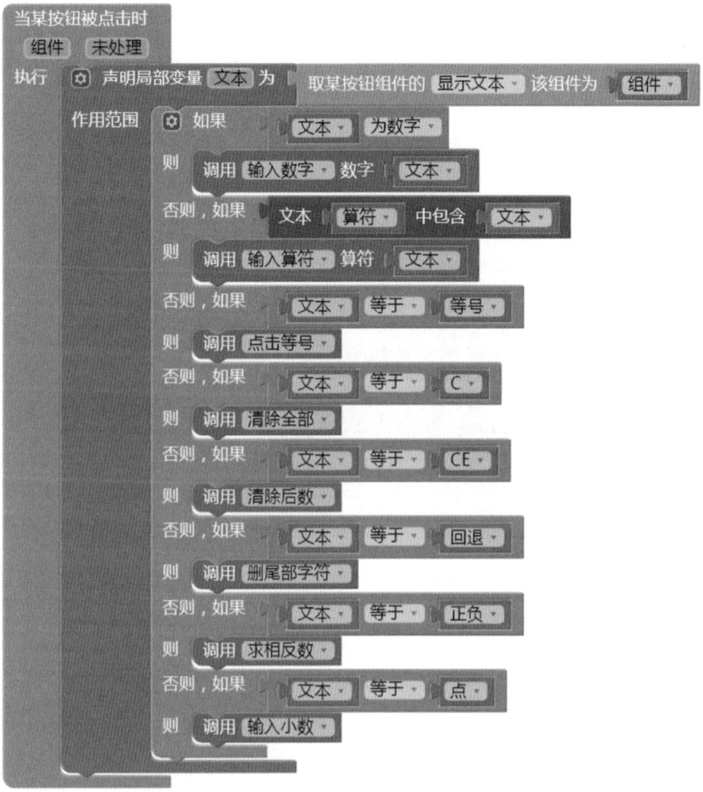

图 14-17 在按钮类点击事件中将过程组装起来

至此我们已经完成了计算器应用的开发，下面进行测试。

14.4.10 测试

这是本章的第一次测试，但这并不意味着计算器应用可以一次性开发完成，恰恰相反，目前已经完成的代码，是经过了各种尝试和反复修改后才获得的，这中间经历了无数次测试。出于写书的需要，也了方便读者阅读，本章所呈现出来的开发过程，是对真实开发过程的归纳和总结。

测试的内容包括 8 个部分，分别对应图 14-17 中条件语句的 8 个分支，在对最后一个分支进行测试时，发现无法输入像 0.1 这样的小数，具体现象如下：

(1) 连续点击“0”键及“.”键后，显示屏显示“0.”，这个结果符合预期；

(2) 继续点击其他数字键（包括“0”），如点击 5 后，屏幕上显示“5”，而不是“0.5”，这不符合预期。

分析上述现象，猜想问题可能出在输入数字环节，回头查看**输入数字**过程，如图 14-7 所示，发现问题出在条件语句的“则”分支中：当**后数**等于 0 时，设**后数**等于输入的数字，这正是测试的第 (2) 步中发生的事情，因为“0.”也是 0。为了区分“0”与“0.”，需要增加对**后数**字符长度的判断，当**后数**为 0，且**后数长度**为 1 时，才执行“则”分支，修改后的代码如图 14-18 所示。

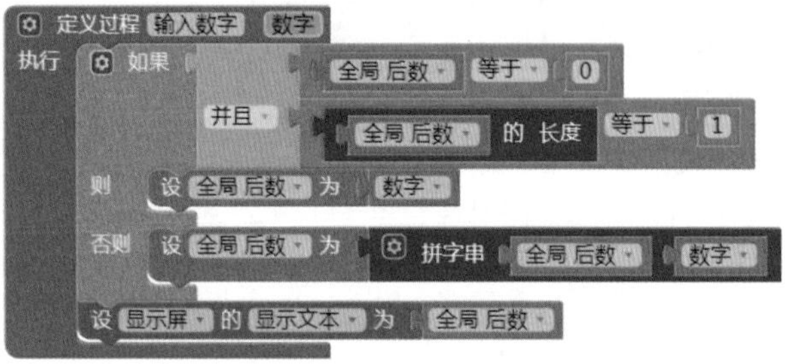

图 14-18 修改后的输入数字过程

再次进行测试，程序运行正常，可以输入任何小数。需要说明的是，这个程序并未经过严格测试，难免存在一些错误。如果读者发现了错误，请自行修改程序，也希望能够将错误反馈给笔者[①]，以便改进，多谢！

14.5 小结：描述状态

在计算器应用的开发过程中，有两项操作比较难处理，一是输入算符，二是输入数字（包括小数）。在处理输入算符时，我们制作的表 14-2，列举了点击算符键之前，全局变量所有可能的取值组合，并逐一分析点击算符键后应该执行的操作。通过对操作类型的分类，反推出 3 类可区分的状态，并针对这些状态，写出了**输入算符**过程。这是在处理具有多种可能性的问题时常用的方法——枚举法，而实现枚举法最好用的工具就是表格。

用枚举法分析并解决问题会引出另一个问题：如何锁定被枚举的对象？在计算器项目中，问题可以理解为用哪些要素来标定应用的状态？首先，要明确的就是锁定那些可变的要素；其次，在这个前提下，寻找枚举对象的过程将沿着两条线索展开（听起来像侦探小说），一条是全局变量，另一条是组件的属性值；最后，要分析这些可变要素之间的关系，即排除那些存在依赖关系的部分。在计算器应用中，显示屏的显示文本属性依赖于全局变量前数或后数，因此，不能作为独立的要素来标定应用的状态。

① 可以在图灵社区本书主页提交勘误，或者发送邮件到：jcjzl@126.com。

第 15 章　音频笔记

音频笔记是一个简单实用的小工具，用户可以随时随地用声音记录信息。这些信息可能是某些稍纵即逝的灵感，也可能是一些重要的事件或日程。这些声音信息将以文件的形式保存在手机中，用户可以将声音文件分享给手机中的其他应用，也可以将声音转成文本并保存在手机中。应用在手机中的样子如图 15-1 所示。

图 15-1　音频笔记的外观

15.1　功能描述

音频笔记的核心功能是录音及声音的播放，因此应用中包含了两个功能页面，如图 15-1 所示，其中左图为录音页，用于实现录音功能，同时显示已经录制的笔记列表，其中显示了每条笔记录制的日期与时间。当用户点击笔记列表中的某一项时，应用将切换到播放页，如图 15-1 中的右图所示。当用户点击**播放**按钮时，将播放笔记的声音内容，同时声音内容将转成文本显示在文本框中，此时用户可以编辑**保存**文本内容，也可以**分享**声音文件，或**删除**整条笔记（包括声音和文本），当用户点击**返回**按钮时，应用将返回到录音页。

在上述两个功能页面中，共同的部分是屏幕顶部的时钟，它显示了当前的日期、时间及星期信息，每秒更新一次。

15.2　用户界面设计

应用中虽然包含了两个功能页面，但这两个页面都部署在同一个屏幕（Screen1）中，也就是说，程序将不同功能的组件分别放在两个垂直布局组件中，通过设置垂直布局组件的允许显示属性，来实现两个功能页面之间的切换。应用的用户界面设计如图 15-2 所示，组件的命名及属性设置见表 15-1。

图 15-2　应用的用户界面设计

表 15-1 组件的命名及属性设置

组件类型	组件命名	属 性	属 性 值
屏幕	Screen1	主题	默认
		水平对齐	居中
		标题	音频笔记
水平布局	顶端布局	水平对齐 | 垂直对齐	居中
		背景颜色	橙色
		宽度 | 高度	充满 | 8%
标签	时钟	粗体	选中
		字号	12
		文字颜色	深灰
垂直布局	录音垂直布局	水平对齐	居中
		宽度 | 高度	90% | 充满
列表显示框	笔记列表	背景颜色	透明
		逗号分隔字串	1, 2, 3（临时）
		宽度 | 高度	充满 | 53%
		显示搜索框	选中
		文本颜色	黑色
		字号	42
水平布局	录音布局 高度	垂直对齐	居中
		充满	
按钮	录音	背景颜色	青色
		字号	24
		宽度 | 高度	160（像素）
		形状	椭圆
		显示文本	录音
垂直布局	播放垂直布局	水平对齐	居中
		宽度 | 高度	90% | 充满
		允许显示	取消勾选
文本输入框	语音文本	宽度 | 高度	充满
		提示 | 显示文本	空
		允许多行	选中
水平布局	播放布局	全部属性	默认值
按钮	播放	背景颜色	青色
		字号	24
		宽度 | 高度	160（像素）
		形状	椭圆
		显示文本	播放

（续）

组件类型	组件命名	属　　性	属　性　值
水平布局	按钮布局	宽度	充满
按钮	{ 以下 4 个按钮 }	宽度	充满
		字号	12
		背景颜色	白色
	返回	显示文本	返回
	保存	显示文本	保存
	分享	显示文本	分享
	删除	显示文本	删除
		字体颜色	红色
计时器	计时器	全部属性	默认
录音机	录音机	全部属性	默认
本地数据库	本地数据库	命名空间	AUDIO_NOTEBOOK
信息分享器	分享器	—	—
音频播放器	音频播放器	全部属性	默认
语音识别器	语音识别器	全部属性	默认
文件管理器	文件管理器	—	—

在上述属性设置中，注意观察两个垂直布局组件的差别：录音垂直布局与播放垂直布局。它们的属性设置仅有一点差别，即播放垂直布局的允许显示属性为“取消勾选”，这说明在应用启动时，播放垂直布局处于隐藏状态，用户只能看到录音垂直布局。

15.3　技术准备

我们的应用中共使用了 7 个非可视组件，本节将介绍这些组件的用法，为稍后的程序编写做好技术上的准备。

15.3.1　计时器

计时器是游戏类应用中不可缺少的重要组件，第 1 ～ 4 章中无一例外地使用了**计时器**组件。游戏中的**计时器**组件的功能是多方面的，如推动游戏进展（《贪吃蛇》），控制游戏节奏（《打地鼠》），统计游戏耗时，等等。本章中我们将学习使用**计时器**组件的另一项重要功能——查询时间功能。

1. 系统时间与当前时间

在 App Inventor 的编程视图中打开**计时器**组件的代码块抽屉，你会发现长长的一列紫色代码块，它们都是有返回值的内置过程，且都与时间查询功能有关。在紫色块的最后部分，可以看到“当前时间”块及“系统时间”块，如图 15-3 所示。了解这些块的最直接的办法，是单独运行这些块，并观察它们的返回值。

现在，我们取出当前时间块及系统时间块，连接 AI 伴侣，然后单独运行这两个块，运行结果如图 15-4 所示。从图中可以看出，系统时间是一个长长的整数，这个整数叫作毫秒数，是从 1970 年 1 月 1 日 0 时起至今的总毫秒数。这是一个非常重要的数字，是比较时间先后的依据。

图 15-3 计时器组件的代码块抽屉

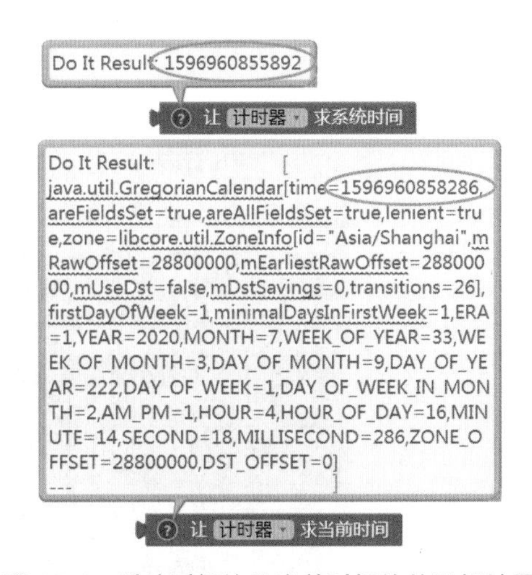

图 15-4 系统时间块及当前时间块的运行结果

再来看图 15-4 中当前时间块的运行结果。这是一组复杂的数据，笔者在图中标出了两个蓝色的方括号，它们对应数据的起点和终点。方括号内的数据可以看作是一个键值对列表，键值对之间以逗号分隔。在每一个键值对中，等号前面的字符为键，等号后面的字符为值。首先来看第一个键值对，它的键为“time”，值是一个长长的整数。将系统时间与这个长整数进行比较，可以发现它们前面的数字是相同的，两者的差值为 2394。你可能已经猜到了，这个长整数也是毫秒数，两者的差值说明两次测试之间相差不到 3 秒。

数据中有许多红色的波浪线，这是浏览器自动识别出的拼写错误，如果关闭浏览器的拼写检查功能，这些红线就会消失。我们忽略这些标有红线的部分，关注数据的后半部分，你会看到一些熟悉的文字：

YEAR=2020,MONTH=7,…,DAY_OF_MONTH=9,…,AM_PM=1,HOUR=4,HOUR_OF_DAY=16,MINUTE=14,SECOND=18,MILLISECOND=286,…DST_OFFSET=0

它们正是此时此刻的时间信息：2020 年 8 月 9 日下午 4 点 14 分 18 秒 286 毫秒。值得注意的是，MONTH=7，即月份值为 7，代表 8 月，因为月份值是从 0 开始的，1 月对应的月份值为 0。另外，AM_PM 值表示 12 小时制的上午、下午，上午值为 0，下午值为 1。

2. 时间点

图 15-3 中有许多求时间的代码块，如求年份、求月份、求分钟，等等，这些块都有一个共同的特点，即要求提供一个参数——时间点。那么什么是时间点呢？答案非常简单，时间点就是图 15-4 中的当前时间。如果我们想单独求此时此刻的年、月、日等信息，就需要找到对应的代码块，并以当前时间为参数，求这些代码块的返回值，代码的具体写法如图 15-5 所示，图中右上角显示了程序经过单步执行后的测试结果：2020 年 8 月 10 日 9:13:1。

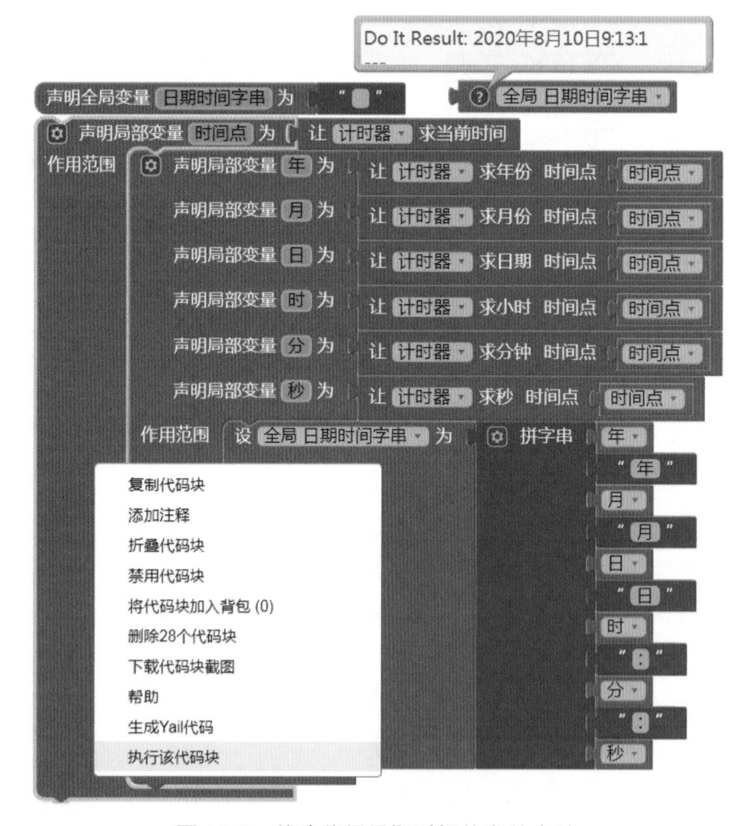

图 15-5 单独获得日期时间信息的方法

3. 设置日期时间格式

在图 15-5 中，声明 7 个局部变量，除时间点外，其他 6 个变量分别为年、月、日、时、分、秒，可见为了拼写出一个简单的日期时间字串，我们花费了不少的代码。其实，App Inventor 已经为我们提供了一个更为简洁的方法，来拼写符合要求的日期时间字串，如图 15-6 所示。

图 15-6 用于设置日期时间格式的代码块

图 15-6 中上面的代码块用于设置日期格式，其中只包含年、月、日信息，而下面的代码块用于设置完整的时间格式，其中包含年、月、日、时、分、秒全部 6 项信息。在这两个块中，除了要提供时间点参数外，还要提供一个格式参数。**格式参数**是一个字串，字串中的每个字符以及字符的数量都具有特别的含义，下面就以“2020-08-10 9:13:1 239”为例，逐一介绍这些字符的用法，如表 15-2 所示。

表 15-2 日期时间格式字串中字符的用法（注意区分大小写）

字　符	含　义	举例：2020-08-10 9:13:1 239
y	年份	2020
yy	两位数的年份	20
yyyy	四位数的年份	2020
M	月份，取值范围 1 ~ 12	8
MM	两位数的月份，取值范围 01 ~ 12	08
MMM	两位数月份 + 汉字“月”	08 月
MMMM	汉字月份	八月
d	日，取值范围 1 ~ 31	10
dd	两位数的日，取值范围 01 ~ 31	10
D	一年中的第几天	223
h	12 小时制的小时，取值范围 0 ~ 11	9
hh	12 小时制的两位数小时，取值范围 00 ~ 11	09
H	24 小时制的小时，取值范围 0 ~ 23	9
HH	24 小时制的两位数小时，取值范围 00 ~ 23	09
m	分钟，取值范围 0 ~ 59	13
mm	两位数的分钟，取值范围 00 ~ 59	13
s	秒，取值范围 0 ~ 59	1
ss	两位数的秒，取值范围 00 ~ 59	01
SSS	毫秒数，取值范围 000 ~ 999	239
a	12 小时制的上午或下午	上午
其他字符	如“年”、“月”、“日”、“-”、“:”等，用作分隔符	

图 15-7 中举例说明了设置日期时间格式的具体方法，其中表示“上午 / 下午”的字母“a”被置于“日”与“hh”之间，这样的设置方式更符合中国人的阅读习惯。

图 15-7 设置日期时间格式举例

4. 求时间点

前面介绍了由时间点求日期时间的方法，反过来，也可以由日期时间或毫秒数求时间点，方法如图 15-8 所示。必须强调的是，在用日期时间求时间点时，必须提供标准的日期时间格式，如图 15-8 中右上角的代码所示，其中前面的“MM/dd/yyyy”是必须提供的，后面的“hh:mm:ss”可以省略，程序将取其默认值“00:00:00”。细心的读者可以从测试结果中发现，这两个时间点的毫秒数（time）是相同的，这是因为笔者首先运行了上面的代码块，然后从测试结果中将毫秒数复制粘贴到下面的代码中，因此，这两个结果对应于同一个时间点。此外，还可以在测试结果中比较两个值：HOUR 与 HOUR_OF_DAY，它们分别是 2（12 小时制的下午 2 点）及 14（24 小时制的下午 2 点）。

图 15-8 用日期时间或毫秒数反求时间点

以上我们介绍了**计时器**组件的时间查询功能，对于那些与时间相关的应用，时间查询功能是至关重要的。在即将展开的音频笔记应用中，我们将会用到以上知识，希望大家认真地加以阅读和理解。

15.3.2 多媒体组件

在 App Inventor 设计视图的组件面板中，有一个多媒体的分组，其中有许多与多媒体有关的组件，本章使用了其中的 3 个组件：**录音机**、**音频播放器**及**语音识别器**，下面分别加以介绍。

1. 录音机

App Inventor 中的**录音机**组件本身并不具备真正的录音功能，它只是一个转接器，当用户调用**录音机**组件的录音功能时，**录音机**组件将转而调取手机系统的内置录音功能，关于这一点，我们有图为证，如图 15-9 所示。

图 15-9 使用录音功能时需要获得系统的授权

当应用开发完后，它需要经过编译并下载安装到手机上。在第一次使用音频笔记的录音功能时，系统会弹出提示窗口，询问用户是否允许音频笔记使用手机内置的录音功能，如图 15-9 所示。此时，用户只有点击**始终允许**按钮，应用才能正常地使用手机的录音功能；如果选择**拒绝**，那么，每次用户点击录音按钮时，系统都会弹出同样的提示窗口。

关于**录音机**组件，项目中即将使用的代码块如图 15-10 所示。

图 15-10 项目中与录音功能有关的代码块

下面简单地加以介绍。

- 开始录音与停止录音

录音机组件有两个紫色的内置过程块：开始与停止。顾名思义，它们的作用是开始录音与停止录音。当**录音机**执行停止录音命令时，将触发完成录制事件。

- **完成录制事件**

在录音任务完成之后，系统会将刚刚录制的声音文件保存在手机指定的文件夹下，文件名由系统自动生成，其中包含了录制开始时的系统时间（毫秒数）。在完成录制事件块中，有一个参数**声音**，如图 15-10 所示，该参数中保存着声音文件的文件路径及文件名，具体内容举例如下：

storage/emulated/0/My Documents/Recordings/app_inventor_1596936735135.3gp

- **声音文件的存放位置**

根据上述**声音**参数的提示，我们打开手机中的**文件管理器**，找到了此前录制的声音文件，如图 15-11 所示。这些音频文件都存放在手机内部存储设备的“My Documents/Recordings”文件夹下，文件名以“app_inventor_”开头，后面是录音开始时的毫秒数，文件的扩展名为“3gp”，这些内容与**声音**参数的内容一致。

图 15-11 声音文件的存放位置

2. 音频播放器

本章中**音频播放器**组件的使用方法非常简单，主要包括两个步骤：

(1) 设置**音频播放器**的源文件属性；
(2) 调用**音频播放器**的开始播放内置过程。

这里需要解释一下源文件属性的设置，通常源文件有 3 种来源，不同的来源有不同的设置方法。

(1) 作为素材上传到项目中的声音文件：需要将源文件的属性设置为完整的文件名。
(2) 保存在手机上的声音文件：需要将源文件的属性设置为完整的文件路径及文件名。
(3) 来自于互联网的声音文件：需要将源文件的属性设置为完整的网络地址及文件名。

本章要播放的声音文件保存在手机上，因此需要设源文件为完整的文件路径及文件名。不过读者不必担心如何记住这些长长的字串，这些文件路径及文件名将被完整地保存在**本地数据库**中，需要时只要读取它们的值即可。

3. 语音识别器

与**录音机**组件相似，**语音识别器**组件本身并不具备识别语音的功能，它也是一个转接器。当用户调用其识别语音功能时，该组件将转而调用手机系统中已有的语音识别功能（也称为语音引擎）。因此，在应用第一次使用语音识别功能时，系统会弹出一个窗口，询问用户是否允许应用调用此项功能，此时用户必须选择**允许**，才能确保**语音识别器**实现它应有的功能。图 15-12 中显示的是笔者的红米手机（Redmi Note 8）弹出的提示窗口，不同品牌或型号的手机，内置的语音引擎可能有所不同，但其功能基本相同。

图 15-12　调用识别语音功能时需要系统的授权

打开编程视图中**语音识别器**的代码块抽屉，找到本项目中即将使用的代码块，如图 15-13 所示，下面我们逐一解释这些块的用法。

- *内置过程——识别语音*

当程序执行该代码块时，**语音识别器**会转而调用系统的语音识别功能，如果应用已经获得了系统的授权，则会弹出一个语音识别窗口，如图 15-14 所示。此时，**语音识别器**开始采集环境中的声音信息，窗口中的灰色横条是音量的标尺，蓝色横条表示当前音量的幅度。当声音采集完毕时，用户可以点击**说完了**按钮（该按钮由系统的内置语音引擎提供，不同品牌或型号的手机可能会有所不同），此时会触发**语音识别器**的完成识别事件。

- *完成识别事件*

有两种情况可以触发**语音识别器**的完成识别事件，一是用户主动点击**说完了**按钮，二是用户输入的语音量达到了**语音识别器**的上限。**语音识别器**的完成识别事件块携带了两个参数：**识别结果**及**同步识别**，你可以从事件块中直接提取识别结果，也可以稍后从属性读取块**语音识别器的结果**中得到识别结果，如图 15-13 所示。

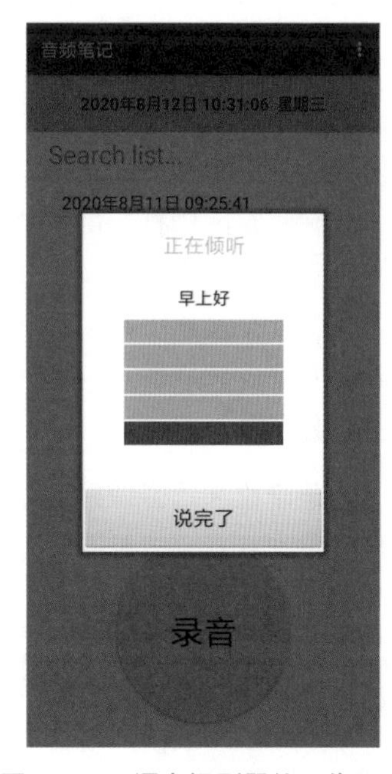

图 15-14　语音识别器的工作画面

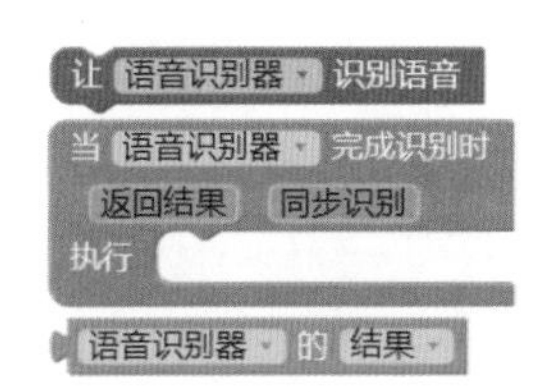

图 15-13　项目中与语音识别功能有关的代码块

顺便说一句，完成识别事件块中的另一个参数**同步识别**，就笔者使用的小爱语音引擎而言，它的值是 false，即非同步识别，也就是说，当语音采集完成后，再进行识别。

15.3.3 本地数据库

本书前面的章节不止一次地使用过**本地数据库**组件，想必读者已经对它的使用方法有了一些了解，这里主要介绍它的获取标记及清除标记功能，如图 15-15 所示。获取标记块将返回**本地数据库**中现存的全部标记，清除标记可以删除指定的标记以及标记所对应的内容。

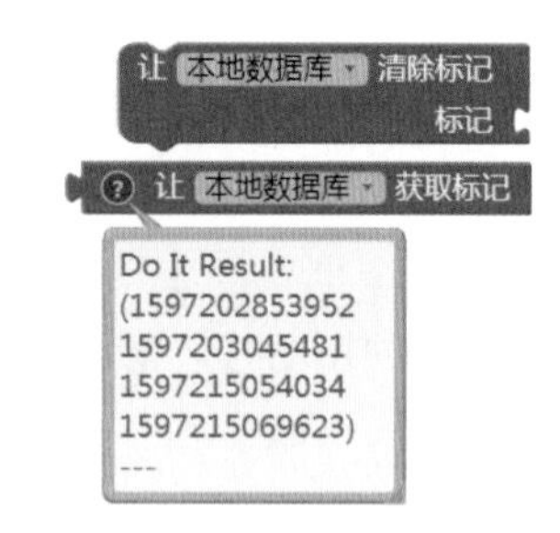

图 15-15 本地数据库的获取标记与清除标记块

有兴趣的读者可以比较一下**本地数据库**与**网络数据库**，**网络数据库**是不允许获取标记的，想想看为什么？

需要特别强调的是**本地数据库**的命名空间属性，如果你采用默认设置（TinyDB1），同时你的手机中安装了其他由 App Inventor 开发的应用，这款应用恰好也使用了**本地数据库**组件，且其命名空间也采用了默认值，那么音频笔记应用有可能会读取到其他应用的数据，并导致程序出错，因此务必将命名空间属性设置为不同于默认值的字串，这里将其设为大写字母 AUDIO_NOTEBOOK（见表 15-1）。

与**录音机**、**语音识别器**相同，**本地数据库**的使用也需要获得系统的授权。当应用经过编译并安装到手机上后，应该在手机的应用设置中打开应用“读写手机存储”的权限。

15.3.4 信息分享器

在编程视图中打开信息分享器的代码块抽屉，可以发现其中只有 3 个内置过程块，如图 15-16 所示。分享器可以将消息(文本）或文件分享给手机中的其他应用。在音频笔记应用中，我们选择分享音频文件，有兴趣的读者也可以将语音文本以消息的方式分享出去。

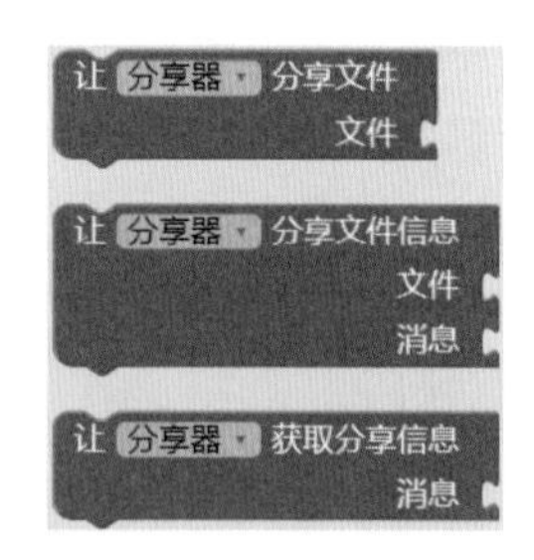

图 15-16 分享器的内置过程块

与**录音机**和**语音识别器**相似，分享器也是一个转接器，它调用的是安卓系统内置的消息发送功能。当程序开始执行分享操作时，系统将弹出一个窗口，如图 15-17 所示，窗口中显示了所有可以接收分享数据的应用，用户只要从中选择一项即可开始执行分享操作。

15.3.5 文件管理器

文件管理器组件有 4 项功能，分别由它的 4 个内置过程块来实现，如图 15-18 所示。这 4 个块的共同之处是，都需要提供文件名参数。文件名参数有两种书写方法：

(1) 如果文件存放在手机的“AppInventor/data”文件夹下，那么可以直接写文件名；

(2) 如果文件存放在其他文件夹下，则需要提供完整的路径及文件名（以下统称为文件名），例如，为了删除根目录下的 test.png 文件，文件名需写作“/test.png”。

图 15-17 调用分享器的分享功能

文件管理器主要用于处理文本类型的文件，无论是读取文件、追加内容还是保存文件，都只能对文本文件进行操作。追加内容可以将文本添加到现有文本文件的尾部，而保存文件可以将文本单独保存为由文件名指定的文本文件。本章将要使用的是删除文件功能，只有删除文件功能不受文件类型的限制，本章将要删除的是声音文件。

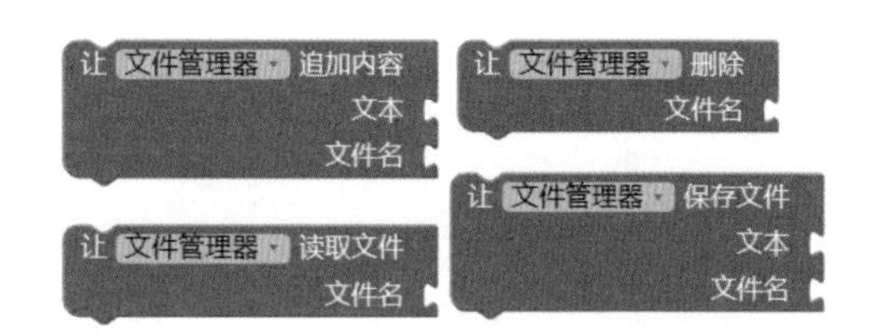

图 15-18 文件管理器组件的内置过程块

以上我们简单地介绍了 7 个非可视组件的使用方法，在此基础上，我们要设计应用的数据结构及操作流程，然后才能进入编写程序环节。

15.4 数据与流程

本节内容是编写程序的基础：关于数据，需要确定数据的结构与存储方式；关于流程，需要明确用户操作的时间顺序。

15.4.1 数据的存储

音频笔记的数据由若干条笔记组成，其中每一条笔记包含以下 4 项内容：

(1) 录音生成的声音文件；

(2) 声音文件在手机中的文件名；

(3) 由声音转化而来的文本，以下简称为语音文本；

(4) 录制声音时的时间信息——系统时间，即毫秒数。

每一次录音完成时，都会进行一次存储操作，不过上述 4 项内容的存储方式有所不同：第一项，即录音生成的声音文件，将被自动保存在**录音机**默认的文件夹下，而其余 3 项数据将被保存到**本地数据库**中。保存的具体方式如图 15-19 所示，存储标记为录音开始时的毫秒数，存储数据为一个两项列表，第一项为声音文件的文件名，第二项暂时为空字符，稍后用来保存语音文本。

图 15-19　数据的存储方式

15.4.2　数据结构

在音频笔记应用中，**本地数据库**实际上是充当了全局变量的角色，全部的笔记组成了一个键值对列表，每一条音频笔记都是一个键值对，其中都包含了如下信息。

(1) 键：一个长整数——毫秒数。

(2) 值：一个两项列表，内容均为文本类型，第一项为声音文件的文件名，第二项为语音文本。

这里的键和值恰好就是图 15-19 中的存储标记及存储数据。如前所述，我们可以随时读取**本地数据库**中的全部标记，也可以随时读取某个标记所对应的数据，由于**本地数据库**的访问效率很高，因此这些读取操作就如同访问项目中的全局变量一样快捷。

15.4.3　操作流程

按照时间顺序，音频笔记的操作包含了以下 3 个主流程：

(1) 应用启动

(2) 记录笔记

(3) 查看笔记

下面分别叙述每一个流程中用户的操作以及系统的响应。

1. 应用启动

应用启动时，屏幕上显示录音页，如图 15-1 的左图所示。屏幕顶端显示时钟，屏幕中央显示笔记列表——每一条笔记的标题列表，屏幕下方显示录音按钮。所谓笔记的标题，指的是每一条笔记生成的日期及时间，如“2020 年 8 月 13 日 10:47:28”，这个标题字串由存储标记（毫秒数）转化而来。

2. 录制笔记

录制笔记功能由录音按钮来控制：当用户按下按钮时，开始录音，当用户松开按钮时，录音结束。当录音结束时，声音文件会自动保存在**录音机**默认的文件夹下，应用可以获取声音文件的文件名，并以录音开始时的毫秒数为存储标记，将文件名及空文本以列表的方式保存到**本地数据库**中，同时，页面中央的笔记列表将自动更新。

3. 查看笔记

当用户在录音页中点击笔记列表中的某一项时，将开启查看笔记功能。此时，用户界面切换到播放页，如图 15-1 的右图所示。查看笔记包含以下 6 项功能。

(1) 显示语音文本（第一次查看笔记时内容为空）。

(2) 播放语音：如果语音文本为空，则识别语音并显示识别结果。

(3) 编辑保存文本：用户可以编辑语音文本，并保存编辑结果。

(4) 分享语音：用户可以将语音文件分享给手机中的其他应用。

(5) 删除笔记：删除当前正在查看的笔记，包括删除语音文件及删除**本地数据库**中的记录，删除成功后，应用将回到录音页。

(6) 返回录音页：当用户点击**返回**按钮时，应用将切换到录音页。

以上我们阐述了数据的存储方式、数据结构以及应用的操作流程，有了这些准备工作，现在可以开始编写程序了。

15.5 编写程序

按照 15.4.3 节描述的操作流程，编写程序的任务也将被划分为 3 个部分：

(1) 应用初始化

(2) 录制笔记

(3) 查看笔记

下面我们逐一实现上述功能。

15.5.1 应用初始化

应用的初始化包含以下两项任务：

(1) 显示时钟
(2) 显示标题列表

它们分别对应于**计时器**的计时事件以及屏幕的初始化事件，下面分别加以实现。

1. 显示时钟

15.3 节已经介绍了**计时器**的时间查询功能，现在将使用**计时器**的当前时间块，并从中提取 7 项信息：年、月、日、时、分、秒及星期，作为时钟的显示内容。创建一个过程——**显示时钟**，代码如图 15-20 所示。图中还包含了一个作为常量的有返回值过程——**时间格式**，注意其中的小时格式，采用的是 24 小时制的“H”，而非 12 小时制的“h”。

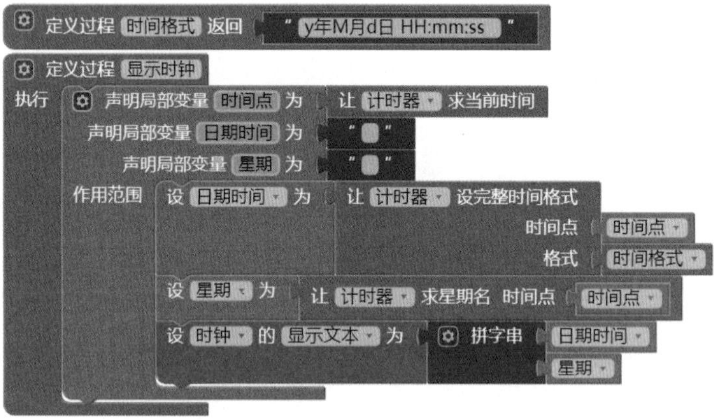

```
定义过程 时间格式 返回 " y年M月d日 HH:mm:ss "
定义过程 显示时钟
执行  声明局部变量 时间点 为 让 计时器 求当前时间
      声明局部变量 日期时间 为 " "
      声明局部变量 星期 为 " "
  作用范围  设 日期时间 为 让 计时器 设完整时间格式
                              时间点 时间点
                              格式 时间格式
            设 星期 为 让 计时器 求星期名 时间点 时间点
            设 时钟 的 显示文本 为 拼字串 日期时间
                                         星期
```

图 15-20 创建过程：显示时钟

大家可能已经注意到了，图 15-3 中有两个查询星期的代码块，分别为“求星期”及“求星期名”，前者返回的是 1 ~ 7 的整数，星期日对应整数 1，后者返回的是文字，如“星期日”，这里使用的是后者——求星期名。

2. 显示标题列表

15.4 节中介绍了数据在**本地数据库**中的存储方式：存储标记为录音开始时的系统时间，即毫秒数。现在我们要从**本地数据库**中获取所有的标记，获取的结果是一个列表，其中每个列表项均为毫秒数，我们要将这些毫秒数转化为时间字串，用这些时间字串组成标题列表，并将标题列表显示在列表显示框中。创建一个有返回值的过程——**标记列表**，用于从**本地数据库**获取全部标记，并将列表项进行逆序排列，代码如图 15-21 所示。逆序排列的目的是，让最新的笔记显示在最前面。

图 15-21 创建过程：标记列表

再创建一个过程——**显示标题列表**，代码如图 15-22 所示。在该过程里，首先读取逆序的**标记列表**，然后利用针对列表的循环语句，逐一将毫秒数转化为时间字串，即**标题**。再将**标题**添加到**标题列表**中，最后将**笔记列表**的**列表**属性设置为**标题列表**。

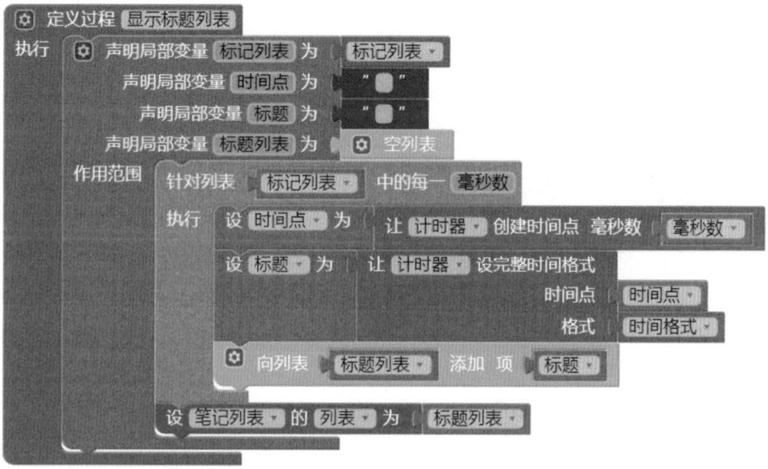

图 15-22 创建过程：显示标题列表

有了上面几个过程，现在可以编写事件处理程序了。有两个事件需要处理，一是屏幕初始化事件，二是**计时器**的计时事件，代码如图 15-23 所示。

图 15-23 在事件处理程序中显示时钟及标题列表

以上是应用启动时所要执行的程序，而计时事件会每隔 1 秒触发一次，以便不断更新时钟的显示内容。

15.5.2 录制笔记

录制笔记的操作与以下 3 个事件相关。

(1) **录音**按钮的按压事件：启动**录音机**开始录音。

(2) **录音**按钮的释放事件：让**录音机**停止录音，此时会触发完成录制事件。

(3) **录音机**的完成录制事件：以系统时间（毫秒数）为存储标记，将声音文件的文件名及空文本以列表的方式保存到**本地数据库**中，并更新标题列表。

以上 3 个事件的处理程序如图 15-24 所示。在完成录制事件中，要调用**显示标题列表**过程，来实现笔记列表的更新。注意，最新录制的笔记标题显示在列表的最上方。

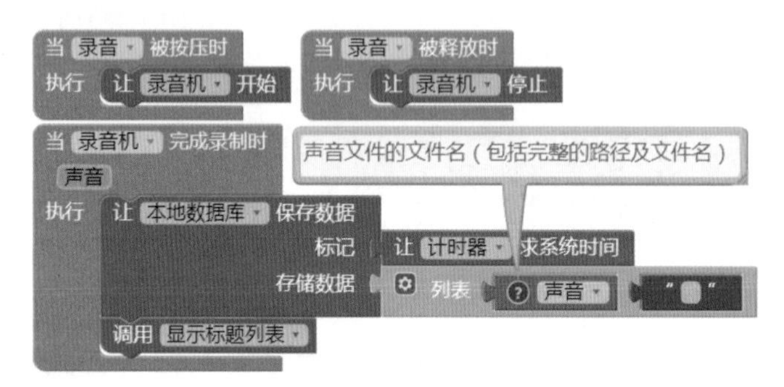

图 15-24 与录制笔记有关的事件处理程序

15.5.3 查看笔记

如前所述，查看笔记功能包含以下 6 项子功能：

(1) 显示语音文本

(2) 播放与识别语音

(3) 编辑保存语音文本

(4) 分享语音

(5) 删除笔记

(6) 返回录音页

下面逐一加以实现。

1. 显示语音文本

当用户点击笔记列表中的某一项时，将触发笔记列表的完成选择事件。在该事件中，用户界面从录音页切换到播放页。图 15-25 给出了笔记列表的完成选择事件处理程序，图中还声明了全局变量**选中标记**，用来记录选中笔记所对应的存储标记——**毫秒数**。选中标记此处用于读取选中的数据，稍后还将用于语音文本的保存及笔记的删除。

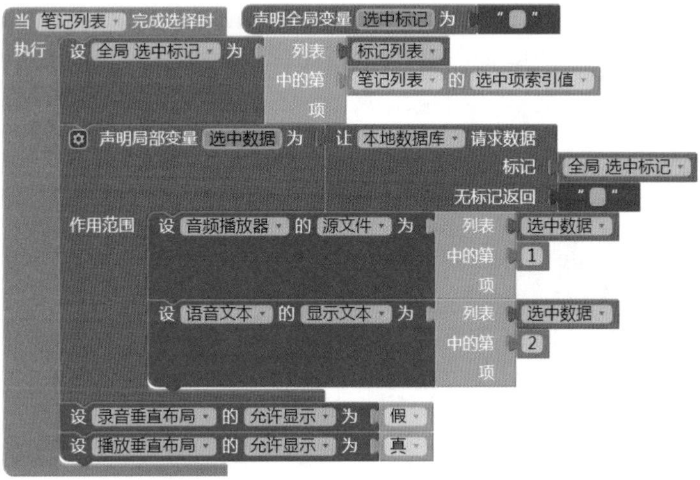

图 15-25 笔记列表的完成选择事件处理程序

在上述事件处理程序中，除了显示语音文本外（第一次查看时内容为空），还设置了**音频播放器**的源文件属性，这为语音内容的播放做好了准备。最后，隐藏**录音垂直布局**，显示**播放垂直布局**。

2. 播放与识别语音

语音的播放及识别与以下 3 个事件有关。

(1) **播放**按钮的点击事件：当用户点击**播放**按钮时，开始播放语音，同时检查语音文本是否为空，如果为空，则开始识别语音。

(2) **音频播放**器的完成播放事件：当语音文件播放完成时，将触发**音频播放器**的完成播放事件，在该事件中，如果语音文本为空，则让**语音识别器**停止识别。

(3) **语音识别器**的完成识别事件：当**语音识别**器停止识别时，将触发其完成识别事件，语音识别的结果保存在该事件块携带的参数**返回结果**中。

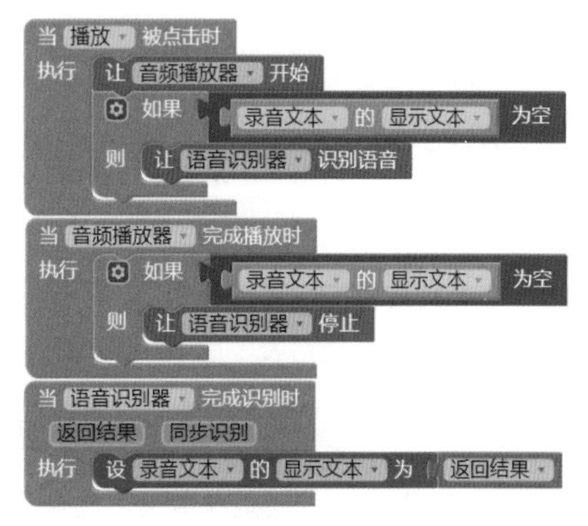

图 15-26 在播放语音的同时将语音转成文本

图 15-26 给出了 3 个事件的处理程序，在**语音识别器**的完成识别事件中，将**返回结果**显示在**录音文本**的输入框中。

3. 编辑保存语音文本

在**语音识别器**的完成识别事件中，语音识别的结果被自动填写到语音文本的输入框中，用户可以对文本内容进行编辑修改，并将文本内容保存到**本地数据库**中，相关的代码如图 15-27 所示。在**保存**按钮的点击事件中，首先根据选中标记读取**原数据**，**原数据**为一个两项列表，第 1 项为语音文件的文件名，第 2 项为**语音文本**，保存操作只更新**语音文本**部分，即**原数据**列表中的第 2 项。

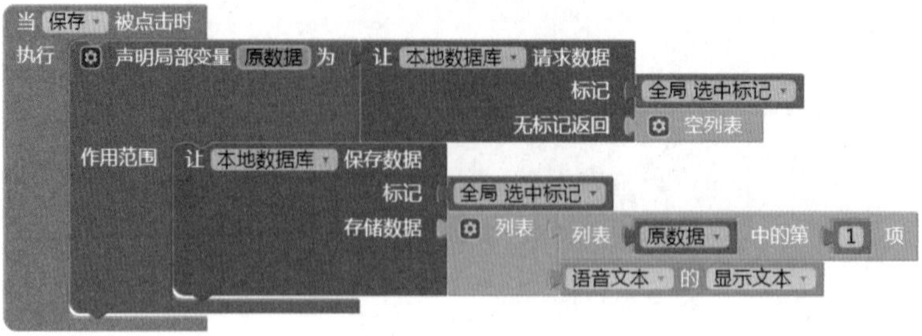

图 15-27　将语音文本内容保存到本地数据库

4. 分享语音

分享功能的实现非常简单，只要在**分享**按钮的点击事件中调用**分享器**的分享文件功能即可，代码如图 15-28 所示。注意，分享文件块要求提供文件在手机上的完整路径及文件名，而这些内容恰好保存在**音频播放器**的源文件属性中。

5. 删除笔记

这是一个容易出错的环节，通常我们理解的删除笔记，就是删除**本地数据库**中的一条记录。但是别忘了，在音频笔记应用中，除了要删除数据库中的记录，还要删除手机上已经保存的音频文件。在删除操作完成之后，已经没有可供播放的语音及可供编辑的文本，因此，继续停留在播放页已经毫无意义，此时应该返回到录音页。创建一个过程——**返回录音页**，代码如图 15-29 所示。

图 15-28　在分享按钮的点击事件中实现分享功能

图 15-29　创建过程：返回录音页

在**返回录音页**过程里，最后一行代码“设全局变量选中标记为空”其实可以省去，因为用户只有点击了笔记列表中的某一项时，才能再次进入播放页，而此时全局变量**选中标记**将被重新赋值，此前保存的值将被覆盖。如此看来，最后一行代码果真没有必要，不过，在程序员心里，全局变量的值表示了应用的某种状态，如果变量中保存了一个本不该存在的状态，心中不免有些忐忑，因此，此处还是保留这行代码。

下面编写**删除**按钮的点击事件处理程序，实现上述两项删除操作，代码如图 15-30 所示。注意，别忘了更新标题列表，以便被删掉的笔记标题不再出现在笔记列表中。

6. 返回录音页

在播放页中，如果不执行删除操作，则可以通过点击返回按钮，返回到录音页，**返回**按钮的点击事件处理程序如图 15-31 所示。

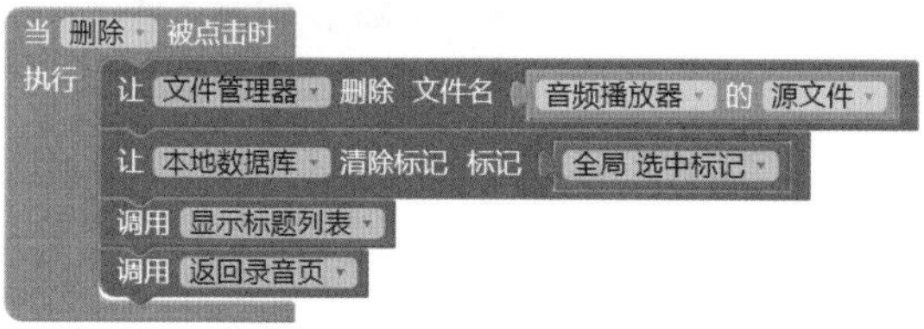

图 15-30 删除语音文件及本地数据库中的记录

图 15-31 返回按钮的点击事件处理程序

至此，我们已经实现了音频笔记的全部功能，下面进入测试环节。

15.6 测试与完善

在开始测试之前，需要清空此前非正式测试时留下的数据，为此，我们来创建一个过程——**清空数据**，代码如图 15-32 所示。在连接 AI 伴侣的情况下，单步执行清空数据块，可以删除本应用保存在手机中的音频文件，同时删除**本地数据库**中的全部记录。

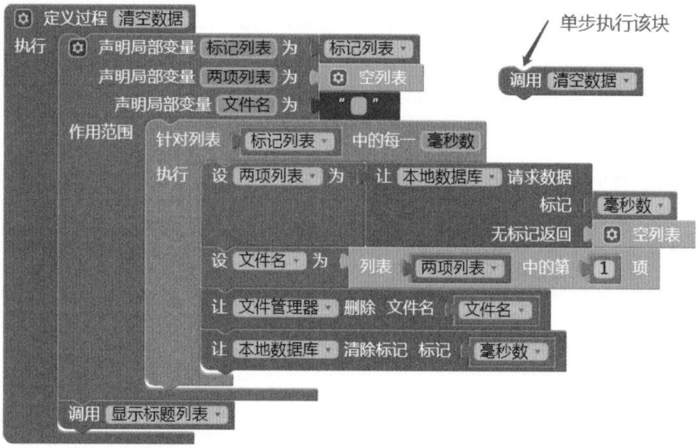

图 15-32 创建过程：清空数据

清空数据之后，开始测试录音功能，点击**录音**按钮，测试手机的屏幕上出现了一个错误提示窗口，该信息的大概意思是在录音时发生了意外错误，如图 15-33 所示。产生错误的直接原因是按钮的点击事件：一次点击事件 = 一次按压事件 + 一次释放事件，由于点击动作过快，致使按压与释放之间的时间间隔太短，以至于录音设备来不及执行开始录音及停止录音操作，因此导致了意外错误的产生。这个错误是由用户操作导致的，但是原因不在用户，而在于应用本身对用户的提示不够。如果将按钮上的文本改为“按住录音”或“按下录音”，就会减少用户的误操作。

图 15-33 点击录音按钮的测试结果

不过，话说回来，即便我们把**录音**按钮上的文本改为“按下录音”，用户也可能在不经意间点击按钮，因此，总有可能会弹出错误窗口。像这样冷冰冰的、英文的错误提示，会让用户不知所措，也会极大地破坏用户对作品的使用体验，因此，我们要尽可能避免出现这样的提示。

在 Screen1 的代码块抽屉中，有一个事件块——当 Screen1 出现错误时，这个块可以截获应用中发生的意外错误，并让错误提示不再显示出来，我们可以在这个事件中修改**录音**按钮的显示文本，以强调正确的操作方法，代码如图 15-34 所示。

果然，当我们再次点击**录音**按钮时，屏幕上不再出现错误提示，而**录音**按钮上的文本被修改为**按下录音**。

下面我们开始录音测试。按下**录音**按钮开始说话，说完话后释放按钮停止录音。测试结果如图 15-35 所示。录音结束后，在笔记列表中出现了一条记录，显示了刚才录音开始的日期和时间。

接下来点击笔记列表中仅有的一项，将应用切换到播放页，并测试播放页的各项功能，首先测试语音播放及识别功能。

图 15-34 在 Screen1 的出现错误事件中修改录音按钮的显示文本

图 15-35 录音测试

点击**播放**按钮后，屏幕上出现了语音识别的窗口，如图 15-36 左图所示。注意将手机音量调大，否则**语音识别器**无法识别语音信息。语音播放停止后，屏幕上部的文本框中显示了语音识别的结果，如图 15-36 右图所示。

继续测试其他几项功能：保存、分享、删除及返回。

(1) 保存：将语音识别没有完成的部分补充输入到文本框中，然后点击**保存**按钮。

(2) 分享：点击**分享**按钮，屏幕上将弹出选择窗口，让用户选择分享目标，这里选择分享到微信。

(3) 返回：点击**返回**按钮，则应用返回到录音页。

图 15-36 语音播放与识别的测试结果

(4) 再次播放：重新进入播放页，屏幕上显示刚刚保存过的完整语音文本，此时点击**播放**按钮，屏幕上不再出现语音识别窗口。

(5) 删除：点击**删除**按钮，应用将自动返回到录音页，此时笔记列表中不再有显示项。

测试过程中屏幕的显示结果如图 15-37 所示。左一图为保存测试，左二图为分享测试，右二图为分享测试在微信中的结果，右一图为删除测试。所谓删除测试，即在播放页点击**删除**按钮后，自动返回录音页，笔记列表已经清空。

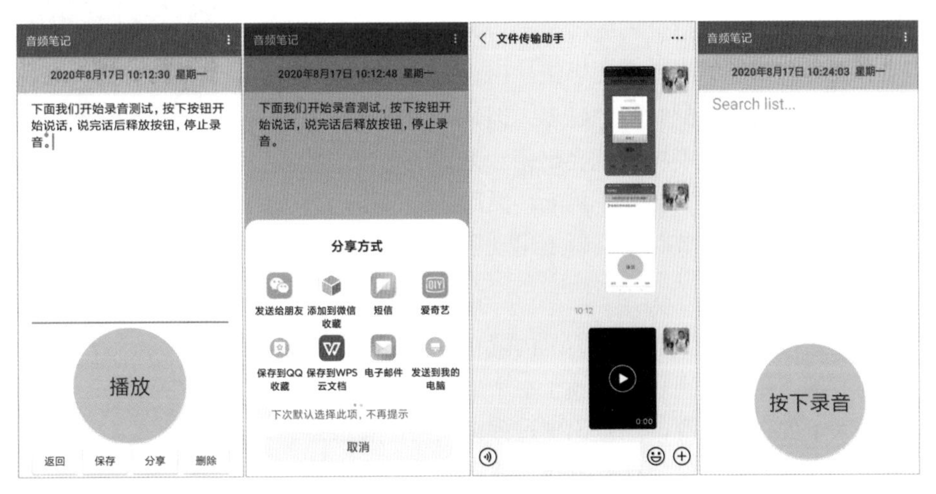

图 15-37 测试播放页的其他功能

以上测试结果均符合我们对应用的设计，美中不足的是，语音识别环节无法识别出全部的语音：当语音中间有停顿时，**语音识别器**就会自动终止识别。关于这个问题，我们将在 15.7 节讨论。

15.7 讨论

从应用名称上看，音频笔记其实只要能够记录声音就可以了，这样，应用播放页中的语音识别及语音文本的保存功能就可以省去。况且，在测试过程中，我们发现语音识别功能的效果实在是差强人意。就笔者测试手机中的小爱语音引擎来说，语音识别功能有两个明显的不足，一是语音必须连续不断，如稍遇停顿，则识别意外终止；二是能够识别的语音长度有限，即便语音是连续的，最多也只能识别 10 秒左右的语音长度。这两点不足使得本应用中的语音识别功能有如鸡肋一般，食之无味，弃之可惜。不过，笔者的出发点并非创作一款实用的应用，而是尽最大可能挖掘 App Inventor 的开发能力，为应用提供更加丰富的可能性，希望读者能够理解笔者的用心。

目前的语音识别技术已经发展到相对成熟的阶段，市面上也有许多流行的语音引擎，甚至有许多以语音为指令的智能产品。最近笔者家中添置了一个智能音箱，它的名字叫“肥猫精灵”。当我需要它的服务时，我需要先喊它的名字，然后再说一条指令，例如“半小时闹钟”，这样就可以实现闹钟功能了。但是，实现这些功能的前提是，音箱必须连接到互联网上，也就是连到我家的 WIFI 上，否则它会拒绝执行指令，并提示我“网络开小差了”。这说明了一个事实，这些所谓的智能设备，其核心的语音识别功能并没有内置在设备中，而是放在了网络服务器，即云端上，当网络断开时，语音识别功能就失效了。

我们手机中内置的语音引擎也遵循同样的道理：用户在使用语音识别功能时，声音信息首先被传到厂家的语音服务器上，稍后服务器再将识别结果返还给手机。由于网络传输速度很快，因此用户几乎察觉不到时间的延迟。但是，如果你的手机脱离了网络，那么语音识别功能就会出错。为了证明这一结论，笔者将应用编译后下载安装到手机上，然后断开网络运行应用，当运行到语音播放环节时，屏幕上出现了错误提示，如图 15-38 所示。

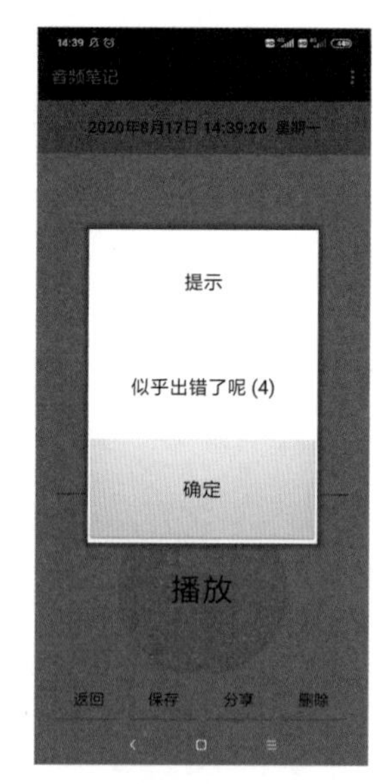

图 15-38 网络断开时语音识别功能失效

语音引擎之所以要放在云端，而不是内置在手机中，主要有两个方面的原因，一是识别功能依赖于一个庞大的语音资料库，需要消耗大量的存储资源，二是识别过程涉及对声音信息的解析和处理，这会消耗大量的计算资源。除此之外，语音引擎本身也在进化中，现在有大量用户使用云端的语音引擎，这为语音识别模型的训练和改进提供了可能性。虽然目前语音识别功能还存在一定的局限性，但我们有理由相信，在不久的将来，它将与键盘和鼠标一样，成为一种通用的输入方法。

第 16 章　节气钟（上）

如果我说数字里面隐藏着秘密，你可能会说我故弄玄虚。但是，如果我说 24 里隐藏着秘密，你能联想到什么呢？ 24 是一个与我们终生相伴的数字，生命的长河被切割成无数个长度为 24 的片段。24 可以是一个昼夜的长度，我们称其为“日”，这也是太阳的名字。然而，还有一个更大的尺子，用来测量生命的长度，或者说时间的长度，那就是“年”，而年的本意是谷物成熟。巧合的是，在中国的历法中，每年分四季，每季有 6 个节气，因此，一年中有 24 个节气。这两个用来描述时间的 24，是巧合，还是另有玄机，是一个值得思考的问题。不过，我们此刻的目的并不是寻找这一问题的答案，而是用两章的篇幅，制作一款叫作节气钟的应用，将日与年的等分刻度分布在同一个圆周上，然后让读者从中寻找问题的答案。

节气钟应用的外观如图 16-1 所示，笔者写作本章时恰好是白露节气，程序的运行时间是下午 2 点 57 分，图中深蓝色的圆点落在“白露”两个字中间，亮蓝色的圆点落在数字 15 上，这两个圆点就是钟表的指针。下面我们来描述应用的具体功能，然后分两章实现这些功能。

16.1　功能描述

首先请读者仔细观察图 16-1 中的每一项内容，我们将按照自上而下的顺序来描述应用的功能。

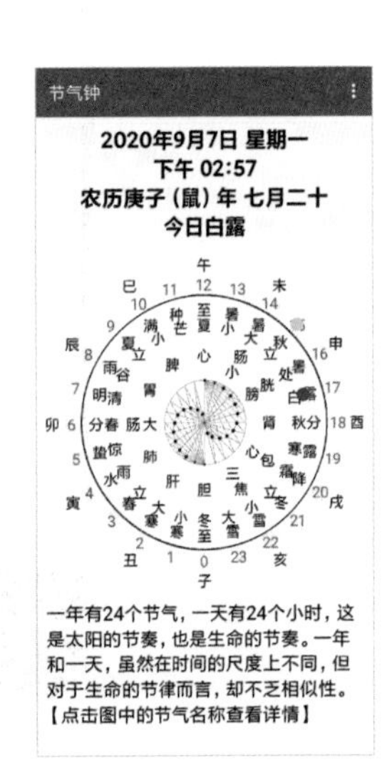

图 16-1　节气钟的外观

(1) 在屏幕的上方显示准确的时间信息。

a) 公历的日期：年、月、日及星期。

b) 公历的时刻：上（下）午、时、分。

c) 农历的日期：干支纪年、生肖、月、日。

d) 如果适逢节气日，则显示节气，如“今日白露”。

(2) 在屏幕的中部显示节气钟的表盘，按照从外向内的顺序，分别为以下内容。

a) 日的 12 等分：这是一种传统的时刻表示法，用十二地支表示十二时辰。

b) 日的 24 等分：现代的时刻表示法，用 0 ～ 23 表示小时。

c) 年的 24 等分：二十四节气，点击节气名称，可以在屏幕下方看到与该节气有关的文字信息。

d) 十二脏腑：与十二时辰相对应，代表人体的 12 条经脉，不同时辰人体气血流经不同的经脉；点击脏腑名称，可以在屏幕下方看到与该脏腑有关的文字信息。

e) 太极图①：表示一年或一日之间阴阳转换的示意图，点击该图可以在屏幕下方看到有关的文字信息。

(3) 在表盘上用圆点指针指示当前的时间及节气。

(4) 屏幕的下方是文字信息显示区，当用户点击表盘上的节气、脏腑名称或太极图时，此处会显示对应的文字内容。

以上就是应用的功能描述，本章将实现第一项功能，其余三项功能则在第 17 章完成。下面我们先创建项目，设计应用的用户界面，然后进入技术准备、数据准备、编写程序环节。

16.2 用户界面设计

节气钟的用户界面比较简单，如图 16-2 所示，主要由标签、画布、精灵及计时器组成，还有若干个布局组件用于调整可视组件的位置。

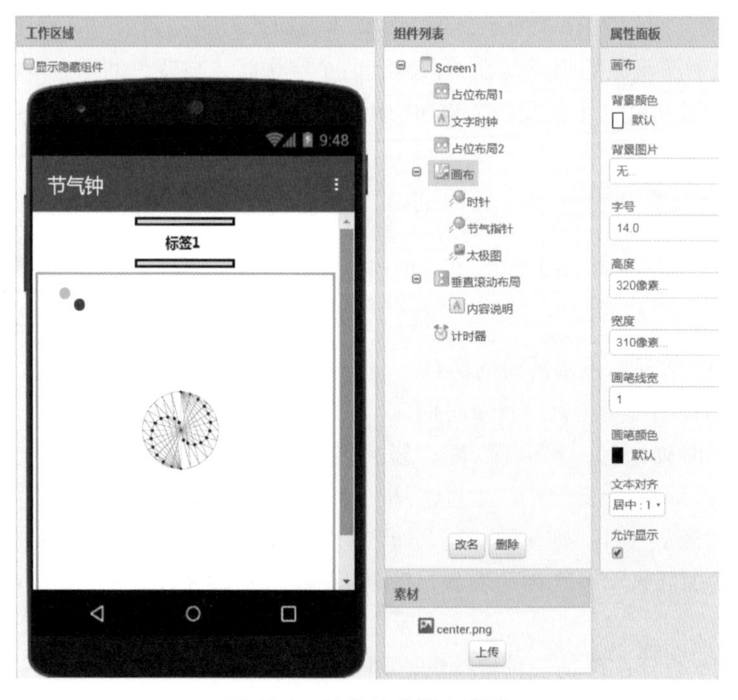

图 16-2 节气钟的用户界面

① 该图片创意及本章相关图片素材参考百度百科。

图 16-2 中各组件的命名及属性设置见表 16-1。

表 16-1 组件的命名及属性设置

组件类型	组件命名	属 性	属 性 值
屏幕	Screen1	主题	默认
		水平对齐	居中
		显示状态栏	取消勾选
		标题	节气钟
水平布局	占位布局 1 占位布局 2	高度	5（像素）
标签	文字时钟	粗体	选中
		字号	16
		启用 HTML 格式	选中
		文本对齐	居中
画布	画布	宽度 | 高度	310|320（像素）
		画笔线宽	1（像素）
		文本对齐	居中
球	时针	背景颜色	亮蓝色
		半径	6（像素）
	节气指针	背景颜色	深蓝色
		半径	6
精灵	太极图	宽度 | 高度	80（像素）
		背景图片	center.png
		x|y	115|120（像素）
垂直滚动布局	垂直滚动布局	宽度 | 高度	96%| 充满
标签	内容说明	宽度	充满
		启用 HTML 格式	选中
计时器	计时器 计时间隔	一直计时 | 启用计时	取消勾选
		100（毫秒）	

注：项目中用到了一个素材文件，即 center.png，这是精灵组件太极图的背景图片，图片要求为方形，且圆形以外的部分需保持透明。

16.3 技术准备

节气钟是与时间相关的应用，其中的公历时间可以从计时器组件中获取（参见第 15 章音频笔记），但农历与节气是独立于公历之外的两套计时方法，它们与公历之间无法用简单的公式进行换算，因此，农历及节气日期的确定只能依赖于事先编制好的数据。本章使用的农历及节气数据来自网络上的示例程序，如图 16-3 及图 16-4 所示。图 16-3 中是农历数据，图 16-4 中是节气数据。

```
//1901~2100农历数据
04ae0,0a570,054d5,0d260,0d950,16554,056a0,09ad0,055d2,04ae0,0a5b6,0a4d0,0d250,1d255,0b540,
0d6a0,0ada2,095b0,14977,04970,0a4b0,0b4b5,06a50,06d40,1ab54,02b60,09570,052f2,04970,06566,
0d4a0,0ea50,06e95,05ad0,02b60,186e3,092e0,1c8d7,0c950,0d4a0,1d8a6,0b550,056a0,1a5b4,025d0,
092d0,0d2b2,0a950,0b557,06ca0,0b550,15355,04da0,0a5b0,14573,052b0,0a9a8,0e950,06aa0,0aea6,
0ab50,04b60,0aae4,0a570,05260,0f263,0d950,05b57,056a0,096d0,04dd5,04ad0,0a4d0,0d4d4,0d250,
0d558,0b540,0b6a0,195a6,095b0,049b0,0a974,0a4b0,0b27a,06a50,06d40,0af46,0ab60,09570,04af5,
04970,064b0,074a3,0ea50,06b58,055c0,0ab60,096d5,092e0,0c960,0d954,0d4a0,0da50,07552,056a0,
0abb7,025d0,092d0,0cab5,0a950,0b4a0,0baa4,0ad50,055d9,04ba0,0a5b0,15176,052b0,0a930,07954,
06aa0,0ad50,05b52,04b60,0a6e6,0a4e0,0d260,0ea65,0d530,05aa0,076a3,096d0,04afb,04ad0,0a4d0,
1d0b6,0d250,0d520,0dd45,0b5a0,056d0,055b2,049b0,0a577,0a4b0,0aa50,1b255,06d20,0ada0,14b63,
09370,049f8,04970,064b0,168a6,0ea50,06b20,1a6c4,0aae0,0a2e0,0d2e3,0c960,0d557,0d4a0,0da50,
05d55,056a0,0a6d0,055d4,052d0,0a9b8,0a950,0b4a0,0b6a6,0ad50,055a0,0aba4,0a5b0,052b0,0b273,
06930,07337,06aa0,0ad50,14b55,04b60,0a570,054e4,0d160,0e968,0d520,0daa0,16aa6,056d0,04ae0,
0a9d4,0a2d0,0d150,0f252,0d520
```

图 16-3　应用中使用的农历数据

```
//1901~2100年节气数据
6aaaa6aa9a5a,aaaaaabaaa6a,aaabbabbafaa,5aa665a65aab,6aaaa6aa9a5a,aaaaaaaaaa6a,aaabbabbafaa,5aa665a65aab,
6aaaa6aa9a5a,aaaaaaaaaa6a,aaabbabbafaa,5aa665a65aab,6aaaa6aa9a56,aaaaaaaa9a5a,aaabaabaaeaa,569665a65aaa,
5aa6a6a69a56,6aaaaaaa9a5a,aaabaabaaeaa,569665a65aaa,5aa6a6a65a56,6aaaaaaa9a5a,aaabaabaaa6a,569665a65aaa,
5aa6a6a65a56,6aaaa6aa9a5a,aaaaaabaaa6a,555665665aaa,5aa665a65a56,6aaaa6aa9a5a,aaaaaabaaa6a,555665665aaa,
5aa665a65a56,6aaaa6aa9a5a,aaaaaaaaaa6a,555665665aaa,5aa665a65a56,6aaaa6aa9a5a,aaaaaaaaaa6a,555665665aaa,
5aa665a65a56,6aaaa6aa9a5a,aaaaaaaaaa6a,555665655aaa,569665a65a56,6aa6a6aa9a56,aaaaaaaa9a5a,5556556559aa,
569665a65a55,6aa6a6a65a56,aaaaaaaa9a5a,5556556559aa,569665a65a55,5aa6a6a65a56,6aaaa6aa9a5a,5556556555aa,
569665a65a55,5aa665a65a56,6aaaa6aa9a5a,55555565556a,555665665a55,5aa665a65a56,6aaaa6aa9a5a,55555565556a,
555665665a55,5aa665a65a56,6aaaa6aa9a5a,55555555556a,555665665a55,5aa665a65a56,6aaaa6aa9a5a,55555555556a,
555665655a55,5aa665a65a56,6aa6a6aa9a5a,55555555456a,555655655a55,5a9665a65a56,6aa6a6a69a5a,55555555456a,
555655655a55,569665a65a56,6aa6a6a65a56,55555155455a,555655655955,569665a65a55,5aa6a5a65a56,15555155455a,
555555655555,569665665a55,5aa665a65a56,15555155455a,555555655515,555665665a55,5aa665a65a56,15555155455a,
555555555515,555665665a55,5aa665a65a56,15555155455a,555555555515,555665665a55,5aa665a65a56,15555155455a,
555555555515,555655655a55,5aa665a65a56,15515155455a,555555554515,555655655a55,5a9665a65a56,15515151455a,
555551554515,555655655a55,569665a65a56,155151510556,555551554505,555655655955,569665665a55,155110510556,
155551554505,555555655555,569665665a55,55110510556,155551554505,555555555515,555665665a55,55110510556,15
5551554505,555555555515,555665665a55,55110510556,155551554505,555555555515,555655655a55,55110510556,1555
51554505,555555555515,555655655a55,55110510556,155151514505,555555554515,555655655a55,54110510556,155151
510505,555551554515,555655655a55,14110110556,155110510501,555551554505,555555655555,14110110555,15511051
0501,555551554505,555555555555,14110110555,55110510501,155551554505,555555555555,110110555,55110510501,1
55551554505,555555555515,110110555,55110510501,155551554505,555555555515,100100555,55110510501,155151514
505,555555555515,100100555,54110510501,155151514505,555551554515,100100555,54110510501,155150510505,5555
51554515,100100555,14110110501,155110510505,555551554505,100055,14110110500,155110510501,555551554505,55
,14110110500,55110510501,155551554505,55,110110500,55110510501,155551554505,15,100110500,55110510501,155
551554505,555555555515
```

图 16-4　应用中使用的节气数据

两张图中以逗号分隔的字串均为十六进制数，每个字串中都保存了一年的数据。图中被圈出来的字串是 2020 年的数据。在解释这些数据的具体内容之前，我们先认识一下十六进制数，并了解其与十进制数、二进制数之间的关系。

16.3.1　十六进制数与十进制数、二进制数

我们日常使用的数字是十进制数，十进制数有以下 3 个特点。

(1) 拥有 10 个表示数字的符号，即从 0 到 9 的 10 个数字。

(2) 逢十进一：从 0 开始，每计满 10 个数字，向高位进一位。比如从 0 开始数，数到 9，计满了 10 个数字，于是十位变为 1，个位变为 0，9 的下一个数字写作 10。
(3) 在数字前面添加 0 不会影响数字的大小。

与十进制数相似，十六进制数也有 3 个特点。

(1) 拥有 16 个表示数字的符号，即从 0 到 9 的 10 个数字，外加从 a 到 f 的 6 个字母，a 到 f 分别表示十进制数中的 10 到 15。
(2) 逢十六进一：从 0 开始，每计满 16 个数字，向高位进一位。比如从 0 开始数，数到 f，计满了 16 个数字，于是十位变为 1，个位变为 0，f 的下一个数字写作 10。由此可见，十六进制数中的 10 与十进制数中的 16 相等。
(3) 在数字前面添加 0 不会影响数字的大小。

同样，二进制数也有类似的 3 个特点。

(1) 拥有 2 个表示数字的符号，即 0 和 1。
(2) 逢二进一：从 0 开始，每计满 2 个数字，则向高位进一位。比如从 0 开始数，数到 1，计满了 2 个数字，于是十位变为 1，个位变为 0，1 的下一个数字写作 10。可以看出，二进制数中的 10 与十进制数中的 2 相等。
(3) 在数字前面添加 0 不会影响数字的大小。

为了便于稍后解释农历及节气数据的内容，我们将这 3 种进制数之间的关系用表格的方式呈现出来，如表 16-2 所示。

表 16-2 3 种进制数之间的对应关系

十六进制	0	1	2	3	4	5	6	7	8	9	a	b	c	d	e	f
十进制	0	1	2	3	4	5	6	7	8	9	10	11	12	13	14	15
二进制	0	1	10	11	100	101	110	111	1000	1001	1010	1011	1100	1101	1110	1111

16.3.2 解析农历数据

图 16-3 包含 200 年的农历数据，每一年的数据分别被保存在一个长度为 5 的十六进制数中。此十六进制数包含对一年中农历十二个平月[①]的大小月设定，以及闰月的大小和月份。下面以 2020 年的数据为例，解释农历数据的含义和使用方法。

图 16-3 中被圈出来的数据为 07954，下面以表格的方式解析这个数据，如表 16-3 所示。

① 平月：指不是闰月的月份，大月 30 天，小月 29 天。

表 16-3 解析 2020 年的农历数据

十六进制数	0	7				9				5				4
十进制数	0	7				9				5				4
二进制数		0111				1001				0101				
		0	1	1	1	1	0	0	1	0	1	0	1	
数据意义	闰月大小 0: 小月 1: 大月	12 个平月的大小 0: 小月 1: 大月												闰月月份 0: 无闰月
数据内容	闰月 29 天	1月小	2月大	3月大	4月大	5月大	6月小	7月小	8月大	9月小	10月大	11月小	12月大	闰 4 月

注：对于 7 和 5 来说，对应的二进制数不足四位，要在前面加 0 来补足。

有兴趣的读者可以查询网上的万年历，看看 2020 年农历大小月的设置是否与表 16-3 中的数据一致。

16.3.3 求农历日期

利用表 16-3 中的数据，可以获得 2020 年每个农历月份的天数，包括闰月的天数，进而求出农历整年的天数。但是，如何建立农历日期与公历日期之间的对应关系呢？在历史上，公历与农历是独立发展的两套计时体系，它们之间可以说毫无瓜葛，不过好在它们的计时单位都是“日”，因此我们可以从万年历中找到以往的某一天，查询这一天的公历日期及农历日期，并以这一天为起点，分别累计公历的天数与农历的天数，从而推算出未来某个公历日期对应的农历日期。注意，在下述讲解过程中，凡是写作“2020 年 9 月 7 日”格式的日期均为公历日期，凡是写作“庚子年正月初一”格式的日期均为农历日期，这也是大家约定俗成的公历日期与农历日期的表达形式。

首先要确定一个起点日期，由于节气钟应用中不涉及对以往日期的查询，因此我们就以公历 2020 年 1 月 25 日为起点日期，这一天恰好是农历庚子鼠年的正月初一。为了后续讲解的方便，我们称这个起点日期为“起算日”、起算日之后的某个公历日期为“当前日”，有了起算日与当前日这两个时间点，就可以求当前日的农历日期了。同样为了便于讲解，我们假定一个具体的当前日，如 2023 年 9 月 7 日，我们的目标是求这一天对应的农历年、月、日，求解的基本思路参见图 16-5。

图 16-5 中有两个时间轴，其中公历时间轴上标出了两个已知的时间点：起算日和当前日。过这两个时间点分别垂直向下画虚线，两条虚线与农历时间轴相交的点同样是起算日和当前日，不同之处在于农历时间轴上的起算日为已知，当前日为未知。在农历时间轴的下方，公历总天

数被划分为 3 项：农历的整年天数、整月天数及当月天数。我们正是通过求解这三项的值，来获得当前日的农历日期。

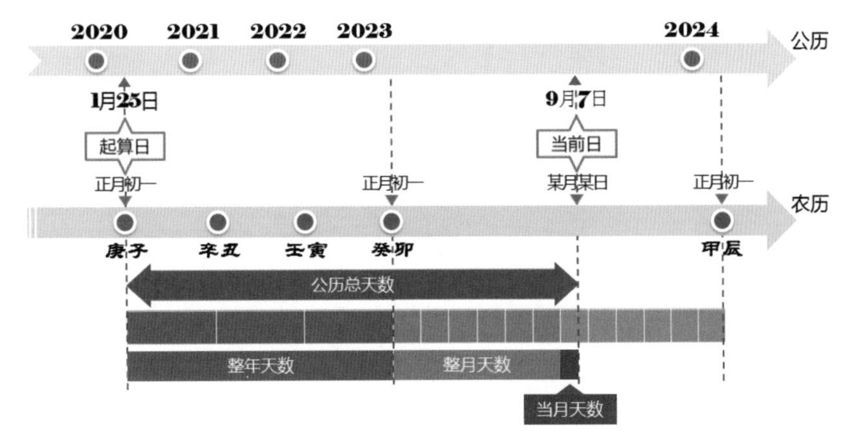

图 16-5 求某个公历日期对应的农历日期

农历时间轴放大了癸卯年所占的比例，公历时间轴上与癸卯年对应的部分也等比例放大，这样做的目的是清楚呈现整月天数及当月天数。由以上分析可知，在已知公历总天数的前提下，可以将求农历日期的问题转化为以下 3 个小问题。

(1) 公历总天数中包含几个完整的农历年？这些农历年的整年天数分别是多少？

(2) 从总天数中减去整年天数后，剩余的天数中包含几个完整的农历月？

(3) 从总天数中减去整年天数及整月天数后，还剩几天？

解答上述 3 个问题可分别得出当前日的农历年、月、日。稍后会在 16.5 节，给出具体的求解方法。

16.3.4 解析节气数据

在解析节气数据之前，需要先了解一下节气与公历的关系。同公历、农历一样，节气也是一套计时系统，称作节气历，它的计时周期是一个太阳年，也就是地球绕太阳旋转一周的时间长度，1 年 ≈ 365.242199 日。从这个角度来看，公历和节气历都是太阳历。所谓太阳历，就是以地球为中心，通过观察太阳运动的周期性，并由此形成的计时系统。太阳历的最小计时单位是日、最大计时单位是年，这两个计时单位的长度是太阳运动的周期，是固定不变的。而公历的月则是人造的计时单位，节气也是，两者的不同之处是月的长短是人为规定的，每个月的天数不尽相同，但每个节气的长短却是等分的结果。注意，这里的等分不是指对时间的等分，而是对地球公转轨道 360 度圆周角的等分，如图 16-6 所示。由于地球公转轨道不是正圆，而是椭圆，因此地球公转的速率（速度的大小）不是恒定的——在近日点处的速率要大于远日点处的速率，因此，24 个节气之间的时间间隔也不尽相等。由于节气是等分的结果，因此每个节气的起止都有精确的时间刻度，不仅有日的属性，还有时的属性。例如，2020 年的立春节气开始于 2020 年 2 月 4 日 17:03，结束于 2020 年 2 月 19 日 12:56，这个结束时刻恰好是下一个节气雨水的开始时刻，这个过程叫作节气的**交司**，就好像两个人交接班一样，立春下班了，雨水就该上班了。通常取一个节气的开始日作为节气日。

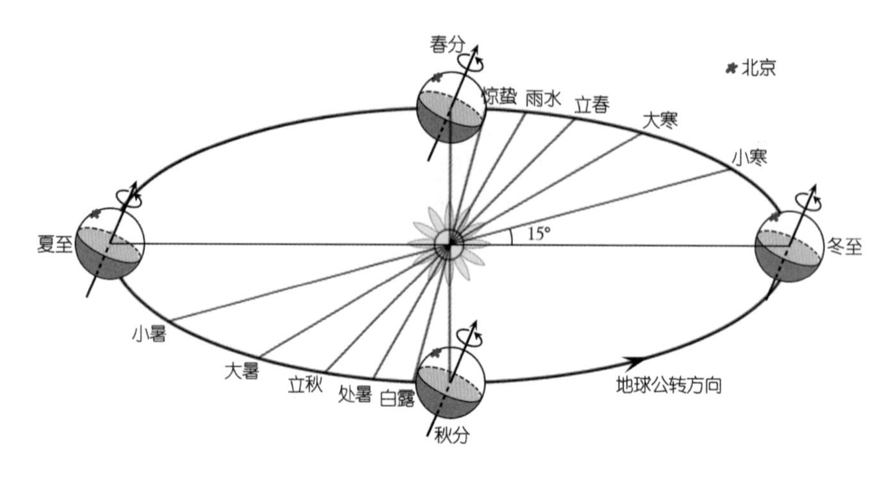

图 16-6 节气是对地球公转轨道 360 度圆周角的等分

公历的月与节气在时间长短上的差异，导致节气日与公历日之间无法保持一种固定的关系，但节气日与公历日之间的时间差很小。例如，立春总是开始于 2 月 4 日左右，最早不过 2 月 3 日，最晚不过 2 月 5 日。大体的规律是，每个公历月包含两个节气日，其中第一个节气日位于月的上旬，第二个节气日位于月的中旬末或下旬初。得益于节气日与公历日的偏差很小，用来描述节气日的数据就可以简化：无须描述节气日所在的月和日，只要描述节气日与某个固定的公历日之间的差值即可。

与节气日有关的数据包含两部分，第一部分是图 16-4 中的数据，其中记录了节气日与固定公历日之间的日数差；第二部分是由这些固定公历日组成的列表，本章称其为**节气基准日列表**，其内容如下：

(4,19,3,18,4,19,4,19,4,20,4,20,6,22,6,22,6,22,7,22,6,21,6,21)

节气基准日列表中包含 24 个列表项，分别对应每个月中的两个日期。例如，第 1 项“4”指的是 1 月 4 日，是 1 月的第一个节气——小寒的基准日；第 2 项“19”指的是 1 月 19 日，是 1 月的第二个节气——大寒的基准日；第 3 项“3”指的是 2 月 3 日，是 2 月的第一个节气——立春的基准日，以此类推。每个基准日的值都是该节气日取值的下限，也就是说，实际的节气日≥节气基准日。

好！到此为止，我们已经具备了理解图 16-4 中节气数据的基础，下面就以 2020 年的节气数据为例，来解释这些数据的具体含义以及使用方法。如前所述，图 16-4 中被圈出来的“155110510556”就是 2020 年的节气数据，我们仍以表格的方式来拆解数据，如表 16-4 所示。

表 16-4 解析 2020 年节气数据

1	十六进制数	1		5		5		1		1		0		5		1		0		5		5		6	
2	二进制数	00	01	01	01	01	01	00	01	00	01	00	00	01	01	00	01	00	00	01	01	01	01	01	10
3	十进制数（a）	0	1	1	1	1	1	0	1	0	1	0	0	1	1	0	1	0	0	1	1	1	1	1	2
4	节气	冬至	大雪	小雪	立冬	霜降	寒露	秋分	白露	处暑	立秋	大暑	小暑	夏至	芒种	小满	立夏	谷雨	清明	春分	惊蛰	雨水	立春	大寒	小寒
5	基准日（b）	21	6	21	6	22	7	22	6	22	6	22	6	20	4	20	4	19	4	19	4	18	3	19	4
6	实际日（$a + b$）	21	7	22	7	23	8	22	7	22	7	22	6	21	5	20	5	19	4	20	5	19	4	20	6
7	节气月份	12	12	11	11	10	10	9	9	8	8	7	7	6	6	5	5	4	4	3	3	2	2	1	1

注意表 16-4 中数据的顺序。

(1) 第 1 行：一个 12 位的十六进制数，按照节气数据的原有顺序排列。

(2) 第 2 行：将第 1 行中的十六进制数转为二进制数，并依据第 1 行分列，再将每列中的 4 位二进制数两两分为一列，最后共得到 24 个二进制数。注意，在这 24 个二进制数中，第奇数个二进制数对应某月的第 2 个节气，第偶数个二进制数则对应某月的第 1 个节气！这里所说的“对应”并非“等于”。

(3) 第 3 行：将第 2 行的 24 个二进制数转为十进制数，并用 a 来表示，a 为实际节气日与节气基准日之间的日差。

(4) 第 4 行：与数据相对应的节气。注意，24 个节气是按照时间顺序从后向前排列的，即 1 月份的第一个节气小寒位于最后，12 月份的最后一个节气冬至则位于最前面。

(5) 第 5 行：节气基准日，用 b 表示。注意这里的排列顺序与上面介绍的列表顺序正相反。

(6) 第 6 行：实际节气日，由 $a + b$ 运算而得。

(7) 第 7 行：节气所在的月份。注意这行的月份也是从左向右逆序排列的。

有兴趣的读者不妨对照自己手头的万年历，来验证一下数据解析结果的正确性。

现在回过头去观察图 16-4 中的节气数据，会发现后面几行数据排列得不够整齐，也就是说，并非所有年份的节气数据的长度都是 12 位。例如，倒数第 2 行中就有两个两位数的数据——55 和 15，那么这样的数据意味着什么？又如何处理呢？处理的方法很简单，一种是在现有数据之前添加 0，将其长度补足 12 位；另一种是不加处理，直接使用。

为什么可以不加处理直接使用呢？这需要理解 0 的含义，0 意味着节气日与节气基准日完全吻合，即日差为 0。换句话说，就是表 16-4 中第 3 行的 $a = 0$，因此实际节气日 $a + b = b$，b 就是基准日。在 16.5 节中，我们将使用第二种方法。

数据的解析结果为编程提供了依据，这里最重要的是数据的顺序，如果我们用循环语句来处理十六进制字串，那么循环变量应该是从大到小地改变，即从 12 变到 1。对于那些不足 12 位的数据来说，则是从字串的长度变到 1！

16.3.5　节气数据的使用

节气钟应用中的节气数据用于在文字时钟标签中显示“今日 **”字样。在表 16-4 中，我们最终要获得的数据是第 6 行的实际节气日列表，且列表项的排列顺序要符合节气的时间顺序，即从小寒开始，然后是大寒、立春，等等，最后是冬至。因此，为了便于编写程序，也为了便于读者理解这些程序，我们重新整理了表 16-4 中的部分数据，并编制了表 16-5。

表 16-5　程序中即将使用的数据格式

1	序号	1	2	3	4	5	6	7	8	9	10	11	12	13	14	15	16	17	18	19	20	21	22	23	24
2	公历月份	1	1	2	2	3	3	4	4	5	5	6	6	7	7	8	8	9	9	10	10	11	11	12	12
3	节气日列表	6	20	4	19	5	20	4	19	5	20	5	21	6	22	7	22	7	22	8	23	7	22	7	21
4	节气名列表	小寒	大寒	立春	雨水	惊蛰	春分	清明	谷雨	立夏	小满	芒种	夏至	小暑	大暑	立秋	处暑	白露	秋分	寒露	霜降	立冬	小雪	大雪	冬至

在表 16-5 中，第 1 行为序号，1 ～ 24 分别对应 24 个节气；第 2 行为公历月份，每个月份连续出现两次，表示每个月都有两个节气；第 3 行是节气对应的公历日，即实际节气日；第 4 行是节气的名称。在编写程序时，首先会根据表 16-4 提供的方法，求出表 16-5 中的第 3 行数据——当前年的实际节气日列表，然后再创建一个节气名列表，如表 16-5 中的第 4 行所示。有了这两个列表，就可以判断当前日是否为节气日。这里以 2020 年 9 月 7 日为例，讲解具体的判断方法。

- 取得当前时刻的公历月及公历日：公历月 = 9，公历日 = 7。
- 利用公历月的值求公历月节气的序号：
  - 节气 1 序号 = 公历月 ×2 – 1，9 月的第一个节气序号为 9 × 2 – 1 = 17；
  - 节气 2 序号 = 公历月 ×2，9 月的第 2 个节气序号为 9 × 2 = 18。
- 根据节气序号，在节气日列表中找到两个节气日：
  - 节气 1 序号为 17，对应的节气 1 公历日 = 7；
  - 节气 2 序号为 18，对应的节气 2 公历日 = 22。
- 分别对公历日与两个节气的公历日进行比较：
  - 如果当前公历日和节气 1 公历日相等，则用节气 1 的序号在节气名列表中查找节气名，本例中的当前公历日 7 与节气日 1 公历日相等，因此，用序号 17 可以查到节气名列表中的第 17 项——白露；

- 如果当前公历日和节气 2 公历日相等，则用节气 2 的序号 18 在节气名列表中查找对应的节气名；
- 如果当前公历日与两个节气的公历日均不相等，则说明当前日期不是节气日。

以上是技术准备的全部内容，下面进入数据准备环节。

16.4 数据准备

如果按照类别来划分应用，那么节气钟应该归属于内容类应用，其核心价值取决于它所提供的内容。这些内容体现在程序中，就是数据。数据通常可以分为动态数据和静态数据两类，所谓动、静指的是数据是否会变化。在节气钟应用中，日期和时间是变化的，因此都是动态数据，除此之外的其他数据，如 1901—2100 年的节气数据、农历数据以及与节气、健康有关的知识等，都属于静态数据[①]。静态数据在程序中体现为常量，因此，在正式开始编写程序之前，我们需要将这些数据编写在有返回值的过程里（关于用过程保存常量的方法见第 5 章）。

16.4.1 列表类数据

列表类数据包括前面提到的农历数据及节气数据，诸如天干、地支、脏腑名等成套的汉字字符，还有节气说明及子午流注数据，等等。这些数据的原始形态是用逗号（,）或井号（#）分隔的文本，在编写有返回值的过程时，将文本分解为列表这一过程的代码如图 16-7 所示。

图 16-7 用有返回值的过程保存列表类静态数据

① 为了便于读者在阅读的同时能够跟随练习，我们将应用中的静态数据保存在文本文件 TermClockData.txt 中，读者可以在本书的素材文件中找到这份文件。

在上述列表类数据中，有些数据内容很多，无法完整显示在代码中，如节气说明及子午流注数据等，但是读者有必要了解这些数据的完整内容，以便更好地理解与此相关的程序。这些数据在文本编辑器中的样子如图 16-8 所示。从图中可以看出，这两套数据的分隔符均为“#”。

图 16-8　节气说明及子午流注数据的完整内容

16.4.2　文本类数据

文本类数据包括应用说明、关于节气和关于子午流注的简介等，这部分内容不需要做处理，文本内容本身就是过程的返回值，代码如图 16-9 所示。虽然代码中没能完整地显示文本内容，但这不影响读者对后续程序的理解。

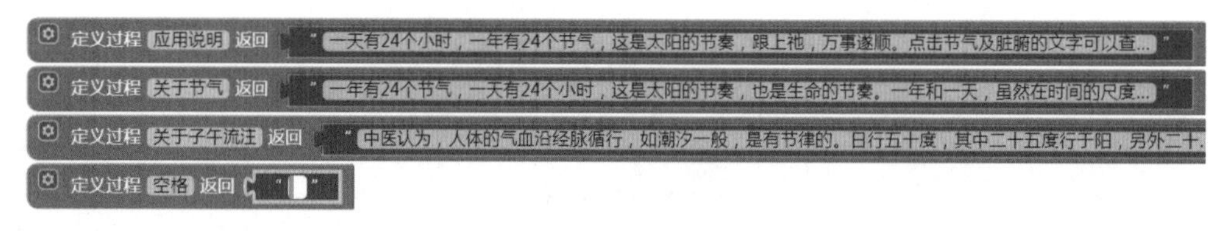

图 16-9　文本类静态数据

16.4.3　计算类数据

如图 16-10 所示，计算类数据分为两部分。一部分是用于计算时间的数据，其中“农历起点”过程返回的是时间点类型的数据，利用它可以求农历起点对应的毫秒数；“甲子起始年”过程返回的是数字 1984，这是因为公历的 1984 年为农历的甲子年。每隔 60 年会有一个甲子年，1984 年是距离现在最近的、已经过去的甲子年。

计算类数据的另一部分是绘图数据，因为要在画布上写字，而且字要写在不同半径的圆周上，所以事先要给出这些圆周的圆心坐标（X0、Y0）及半径，其中圆心坐标位于画布的中心。需要特别说明的一点是，在 4 个半径中，地支半径是最大的，它以圆心的 x 坐标为基准，其他 3 个半径则分别以邻近的外层半径为基准依次缩小。这样做的好处是当某个半径的值需要调整时，比它小的半径也会随之自动调整，这在最初调整文字的位置时，能够减小数字代码的修改量。

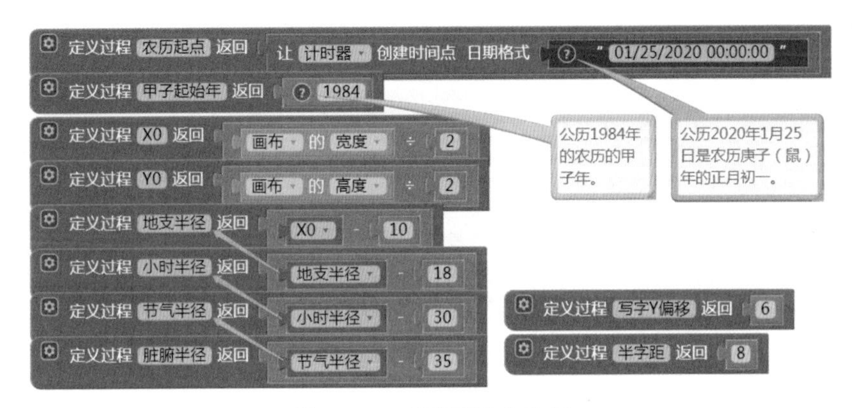

图 16-10 计算类静态数据

以上是本章的数据准备环节，之所以没有将这部分内容纳入编程环节，是因为本章的编程任务稍显繁重。不过请读者不必担心，我们已经在 16.3 节解决了最棘手的技术问题，即如何解析农历数据和节气数据，因此在接下来的编程环节，只需保持耐心与细心即可。

16.5 编写程序：显示文字时钟

从总体上讲，节气钟应用的程序可以分为三部分，这三部分体现在用户界面上，就是三个核心组件：文字时钟标签、画布及内容说明标签。与这三个组件相关的程序将实现以下功能。

(1) 显示文字时钟

a) 显示公历信息：公历的年、月、日、星期及时刻；

b) 显示农历信息：农历的年、生肖、月、日；

c) 如果恰逢节气日，则显示今日节气。

(2) 绘制时钟

a) 绘制四个圆周的文字：地支、小时、节气及脏腑名；

b) 标明当前的时间进度：用两个球精灵作为节气钟的指针，表示日进度及年进度。

(3) 响应用户的点击操作

当用户点击画布的某些区域时，在屏幕下方显示相关的文字信息：

a) 点击节气文字时，显示所选节气的相关简介；

b) 点击脏腑文字时，显示脏腑对应的健康提示；

c) 点击画布中心的太极图时，轮流显示“关于节气”及“关于子午流注”信息（图 16-9 中两个过程的返回值）。

除此之外，本应用还要设置 Screen1 的“应用说明”属性。

在上述任务中，第 (1) 项任务的复杂度最大，代码量占到了全部任务的七成以上，本章只能实现这项任务，其余任务留到下一章完成。

显示文字时钟是本章的编程任务，我将按照公历、农历及节气的顺序编写程序，接下来先实现最简单的部分——显示公历信息。

16.5.1 显示公历信息

公历信息的数据可以从计时器组件的“当前时间”块中获取。创建一个有返回值的过程——公历信息，代码及单步测试结果如图 16-11 所示。为了节省篇幅，本章尽量采用单步测试，只在完成一项阶段性任务后，才进行手机测试。

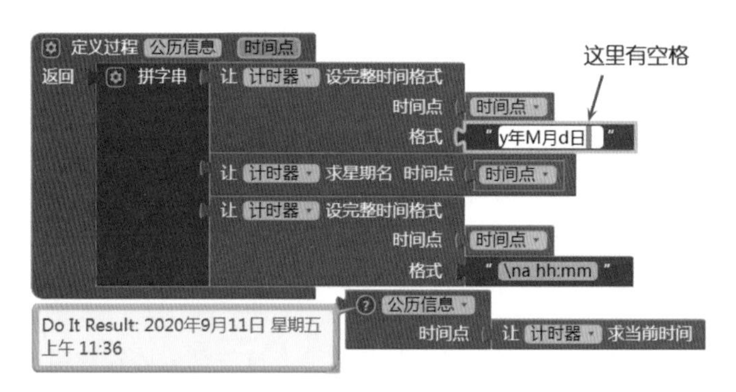

图 16-11 公历信息过程及其测试结果

16.5.2 显示农历信息

农历信息包括年、生肖、月、日这 4 项信息。在 16.3.3 节，我们已经给出了求解这些信息的思路：首先求出起算日与当前日之间的总天数，然后求总天数中包含的整年天数及整月天数，再从总天数中减去这些整年天数及整月天数，得到的差就是农历的日；一旦农历日确定下来，农历的月和年也就可以确定下来。在开始求农历日期前，需要做好一系列准备工作，具体体现为创建一系列有返回值的过程，这些过程之间的关系如图 16-12 所示。

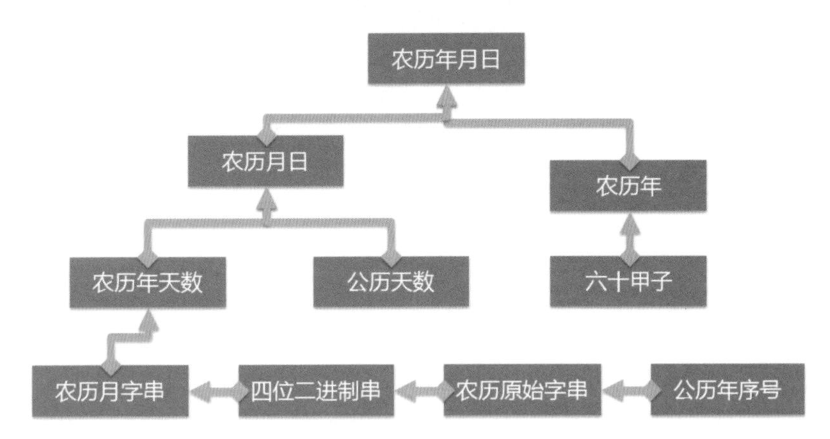

图 16-12　求农历日期系列过程之间的关系

图 16-12 中有 10 个紫色的矩形，表示即将编写的 10 个过程。其中最上方的**农历年月日**过程为最终的目标过程，其他过程直接或间接地支持这个目标过程，因此称作支持过程。支持过程包含两个分支，左侧分支包含 7 个支持过程，从**公历年序号**开始，沿着箭头一路逆流而上，经过**农历月日**过程到达目标过程；右侧分支包含 2 个支持过程，即**六十甲子**及**农历年**。我们接下来先实现左侧分支，目标是**农历月日**过程；再实现右侧分支；最后实现目标过程——**农历年月日**。

1. 公历年序号

图 16-3 中包含的农历数据是从公元 1901 年开始的，每个十六进制字串中都存储了一年的大小月数据。这些字串以列表的形式保存在“农历数据”过程里，因此如果想获得某一年的农历数据，必须先求出该年数据在农历数据列表中的序号，这里称为“公历年序号”，其计算方法为：

公历年序号 ＝ 公历年份 – 1901 + 1

创建一个过程——公历年序号，代码如图 16-13 所示。图中给出了单步测试结果：2020 年的数据排在农历数据列表中的第 120 位。

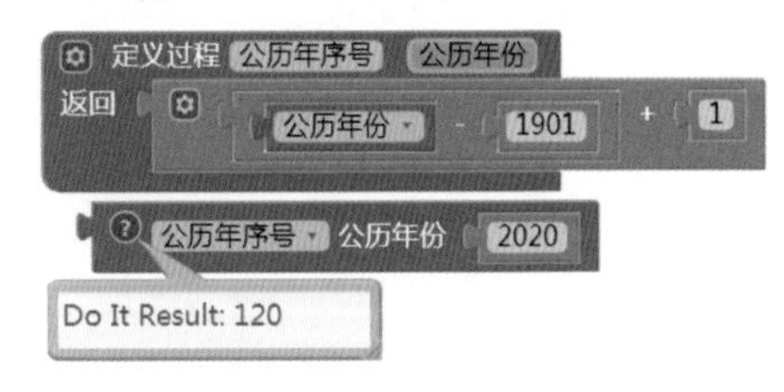

图 16-13　创建过程：公历年序号

2. 农历原始字串

根据公历年序号，可以查询该公历年的农历数据——长度为 5 的十六进制字串，我们给这个字串起一个名字——农历原始字串，这个名字同时也是过程的名称。创建农历原始字串过程的代码及单步测试结果如图 16-14 所示。测试结果与图 16-3 中标出的数据相同。

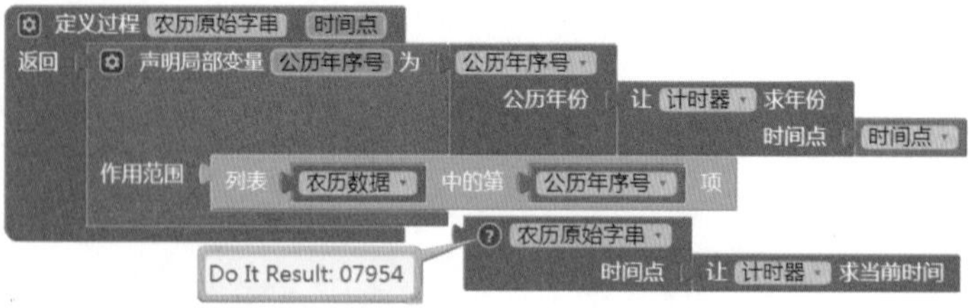

图 16-14 创建过程：农历原始字串

3. 四位二进制串

现在来解析农历原始字串。我们已经知道，2020 年的原始字串为 07954，其中中间的三位“795”需要转为 12 位二进制字串，用于获取农历 12 个平月的大小月（0 表示小月、1 表示大月）；最后一位“4”表明这一年闰 4 月；第一位“0”表明闰 4 月为小月。注意，大月为 30 天，小月为 29 天。基于这些内容，我们创建一个过程——四位二进制串，并将十六进制数 795 中的每一位分别转为长度为 4 的二进制数，代码如图 16-15 所示，图中同时给出了单步测试结果。

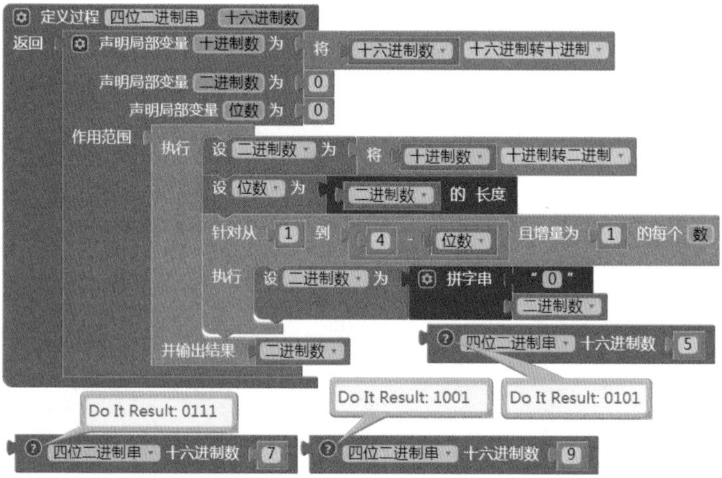

图 16-15 创建过程：四位二进制串

4. 农历月字串

从图 16-15 的测试结果中可知，795 转化为二进制串的结果是 011110010101，这就是 2020 年农历 12 个平月的大小月数据，我们给这个字串起一个名字——农历月字串，简称月字串。现在得到的月字串中不包含闰月的数据，由于 2020 年闰 4 月，因此月字串中还应该包含闰月的信息：闰月的月份及闰月的大小。按照历法，闰月必须排在月份相同的平月之后，即闰 4 月要排在平 4 月之后，因此我们在原有月字串的第 4 位后面插入一个“0”，表示闰 4 月为小月，同时在整个月字串的末尾追加一个“4”，表示闰月的月份，这样月字串就变成了

01110100101014，其中红色字符为新添加的闰月信息。根据以上叙述，我们创建一个过程——农历月字串，来拼出完整的月字串，代码如图 16-16 所示，图中的测试结果与预想的完全相同。农历月字串过程里多次使用了“截取子串”块，尤其是在返回含闰月的字串时，分别截取闰月前字串和闰月后字串，再将它们与闰月大小及闰月月份拼接起来。

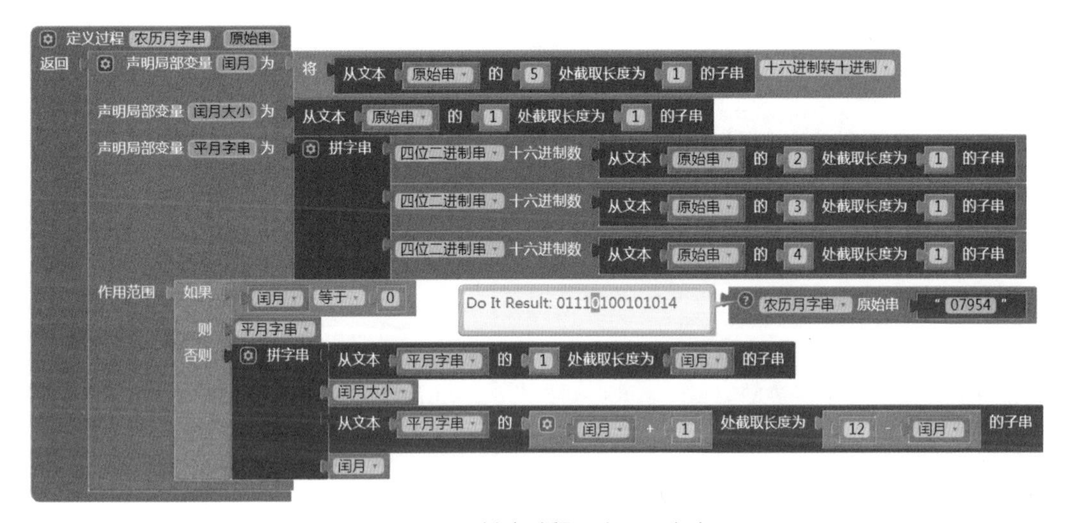

图 16-16　创建过程：农历月字串

5. 农历年天数

有了农历月字串，就可以利用循环语句，求出整个农历年的天数。创建一个过程——农历年天数，代码如图 16-17 所示，测试结果显示庚子年共 384 天。

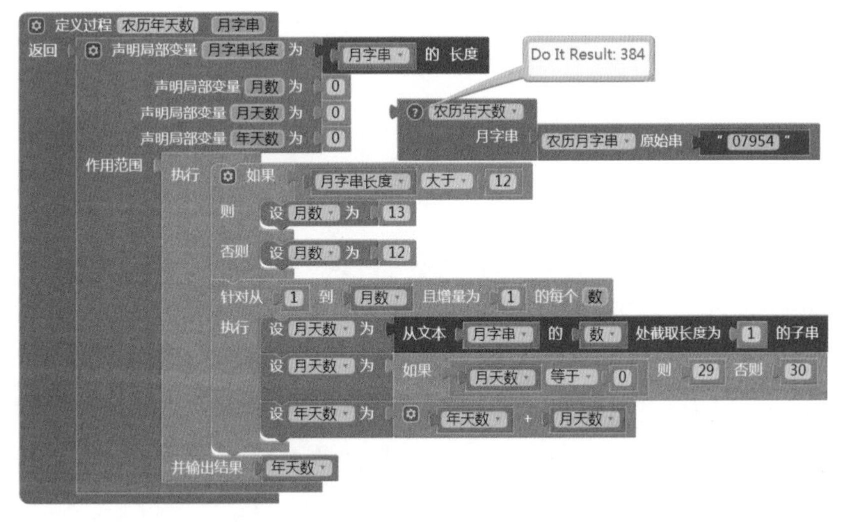

图 16-17　创建过程：农历年天数

6. 公历天数

创建一个过程——公历天数，代码如图 16-18 所示，其中的农历起点过程见图 16-10。公历天数过程里使用了计时器的时间换算块，该块的参数“时长”必须为毫秒数。测试结果显示，笔者写作这部分内容的当天（2020/9/14）是 2020 年春节后的第 233 天。

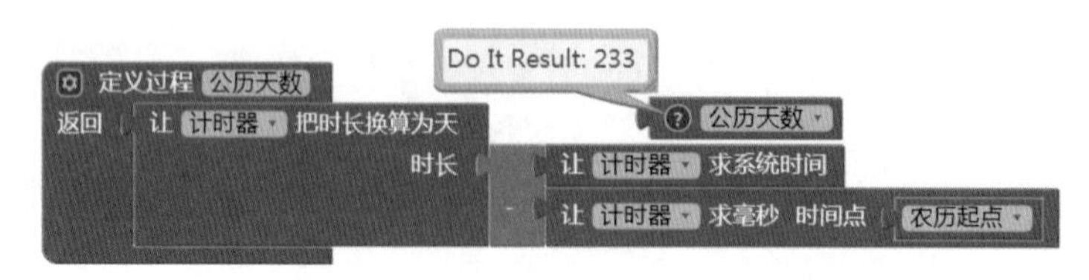

图 16-18 创建过程：公历天数

7. 农历月日

我们一路逆流而上，现在终于来到了图 16-12 中左侧分支的终点。下面创建农历月日过程，这里先给出代码，然后再解释编写代码的思路，代码及测试结果如图 16-19 所示。

这是本应用中最复杂，也最长的一段代码，单从局部变量的数量上看，就足以令人生畏了。不过，仔细品味这些局部变量的名称，会发现其实每一个都不陌生，都可以“望文生义”，请大家注意区分总天数、年天数及月天数这三者之间的差别。

农历月日过程大致由三部分组成，包括两个条件循环语句和一个嵌套的条件语句。首先来分析第一个循环语句，这是针对年份的循环。在已知公历总天数的前提下，从起算年（2020）开始，累计农历整年的天数，当农历总天数大于公历总天数时，循环终止，此时需要注意两点：一是农历总天数中包含当前年的整年天数，二是年序号进行了加 1 运算，因此在循环结束后，应该取消这次加 1 运算，即把年序号减 1，同时用农历总天数减去循环语句中最后一次累加的当前年天数。

接下来要将当前年的整月天数累加到农历总天数中，从正月开始，逐月累加，当农历总天数大于公历总天数时，循环终止。与累加整年天数时一样，循环终止时的农历总天数中包含当前月的整月天数，并且对农历月进行了加 1 运算。因此，当循环结束后，要将农历月减 1，同时将最后一次累加的整月天数从农历总天数中减去。此时的农历月就是当前月，而农历日则等于公历总天数减去农历总天数再加 1。

最后来处理闰月的情况。当月字串的长度大于 12 时，说明这一年中有闰月，闰月的月份是月字串中的最后一个字符。农历月与闰月这两个局部变量之间有以下三种关系。

- 农历月≤闰月：农历月位于闰月之前，此时农历月的值不受闰月影响，可以直接返回农历月。

- 农历月 = 闰月 + 1：农历月为闰月，此时需要在闰月前面加“闰”字再返回。
- 农历月 > 闰月 + 1：农历月位于闰月之后，此时需要将农历月减 1 后再返回。

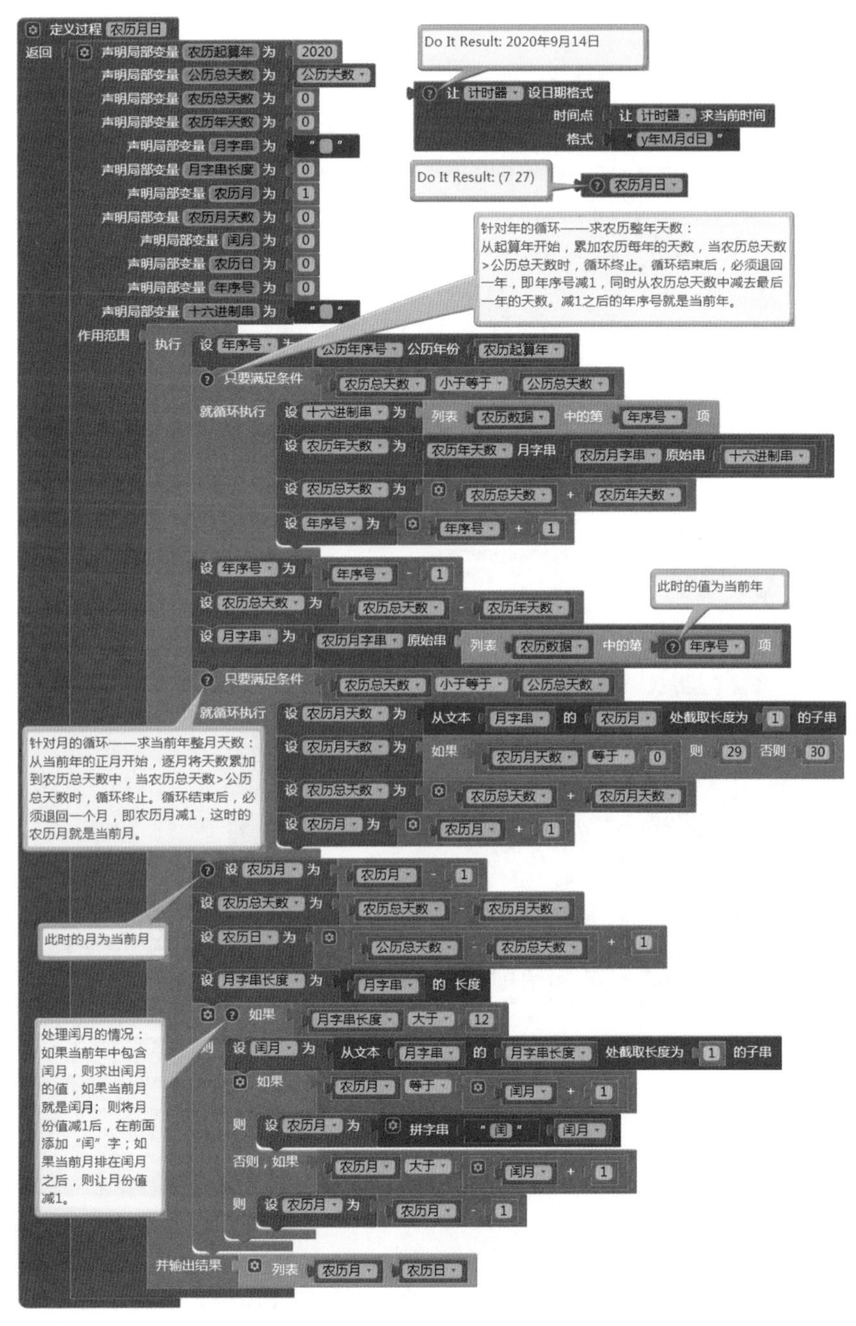

图 16-19 创建过程：农历月日

此外，请留心农历月日过程的返回值——一个两项列表，其中第一项为农历月，第二项为农历日。

8. 六十甲子

现在处理图 16-12 中的右侧分支，先来编写六十甲子过程。六十甲子是中国独有的一套六十进制的计时体系，其中包含 60 个计时符号，每个符号包含 2 个汉字（天干在前，地支在后）。天干包含 10 个字符：甲乙丙丁戊己庚辛壬癸；地支包含 12 个字符：子丑寅卯辰巳午未申酉戌亥。大家可以把天干和地支想象成两个啮合转动的齿轮，天干有 10 个轮齿，地支有 12 个轮齿，甲（1）与子（1）咬合，乙（2）与丑（2）咬合，……当癸（10）与酉（10）咬合后，天干就转过了一圈，而地支还余下两个，于是甲（1）与戌（11）咬合，乙（2）与亥（12）咬合，就这样无休止地咬合下去——在第 61 次咬合时，又重新出现甲（1）与子（1）的组合。你也可以从最小公倍数的角度来理解干支的配合：10 与 12 的最小公倍数为 60。

基于上述对六十甲子的理解，下面我们用程序来配成这 60 个计时字符。创建过程——六十甲子，代码如图 16-20 所示，测试结果中显示了六十甲子的具体内容。

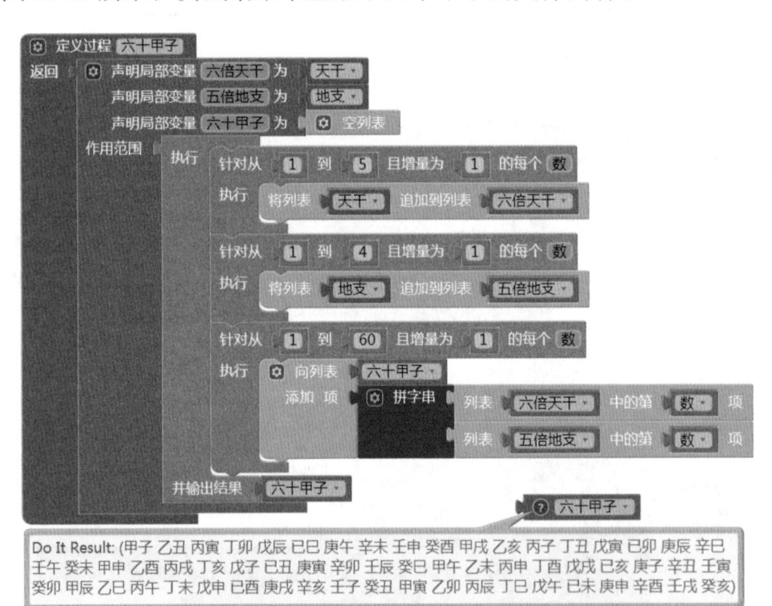

图 16-20 创建过程：六十甲子

9. 农历年

六十甲子既可以用来纪年，也可以用来纪月、日、时。不过在节气钟应用中，我们仅用它来纪年。在 16.4.3 节中，我们设定甲子起始年为 1984 年（见图 16-10），也就是说公历 1984 年为甲子年，那么如何求这之后随意一年的干支呢？假设公历年的年份为 Y，以下是通用的计算公式：

$$干支序号 = (Y - 1984)\ \%60 + 1 \tag{①}$$

其中的符号“%”表示取余运算，如 10%3 = 1 表示 10 除以 3 的余数为 1。为了验证公式①，我们设 Y = 1985，代入公式后的计算结果为 2，即 1985 年为乙丑年，这与事实是相符的。

尽管公式①被称作通用公式，但其通用性并不总是成立，因为两个农历年的转换发生在春节，即农历的正月初一，而不是公历的 1 月 1 日。举例来说，对于公历 2020 年 1 月 24 日，按照计算公式，2020 年的干支序号为 37，对应庚子年，但 1 月 24 日是除夕，对应农历的己亥年。

除了用干支纪年外，还有另外一种纪年方法——十二生肖纪年。我们每个人，从生下来开始就与某种动物联系在了一起，且相伴终生。与十二生肖一一对应的是十二地支，如子鼠、丑牛，等等，因此地支序号等同于生肖序号。假设公历年的年份为 Y，它的计算公式如下：

$$地址序号 = (Y - 1984)\ \%12 + 1 \tag{②}$$

以 2020 年为例，地支序号为 1，对应的地支为“子”，对应的生肖为“鼠”。

根据上面的叙述，我们创建一个过程——农历年，来求当前年的干支及生肖，代码如图 16-21 所示。在该过程里，条件语句用来判断当前时刻是否位于春节之前：如果公历月小于 3，且农历月为 11 或 12，那么当前时刻位于春节前，此时需要将公历年减 1，然后再求干支序号及地支序号。过程的测试结果显示，公历 2021 年 2 月 1 日仍然是庚子（鼠）年。

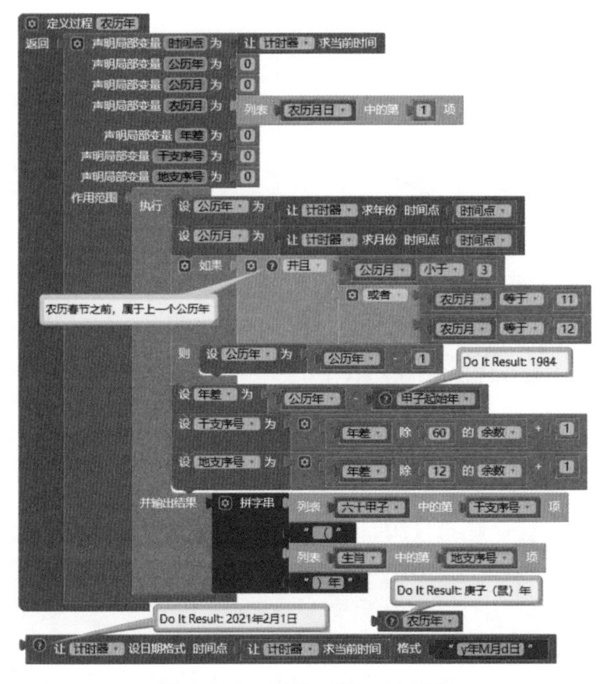

图 16-21　创建过程：农历年

> **注意**
>
> 在测试农历年过程时，为了获得 2020 年 2 月 1 日这个时间，笔者特意修改了测试手机的系统时间。

10. 农历年月日

现在到了把图 16-12 中左右两个分支汇合在一起的时刻，我们还是创建一个过程——农历年月日，代码如图 16-22 所示。为了测试该过程，笔者将测试手机的系统日期修改为 2020 年 6 月 1 日，测试结果显示这一天是农历庚子（鼠）年的闰四月初十。

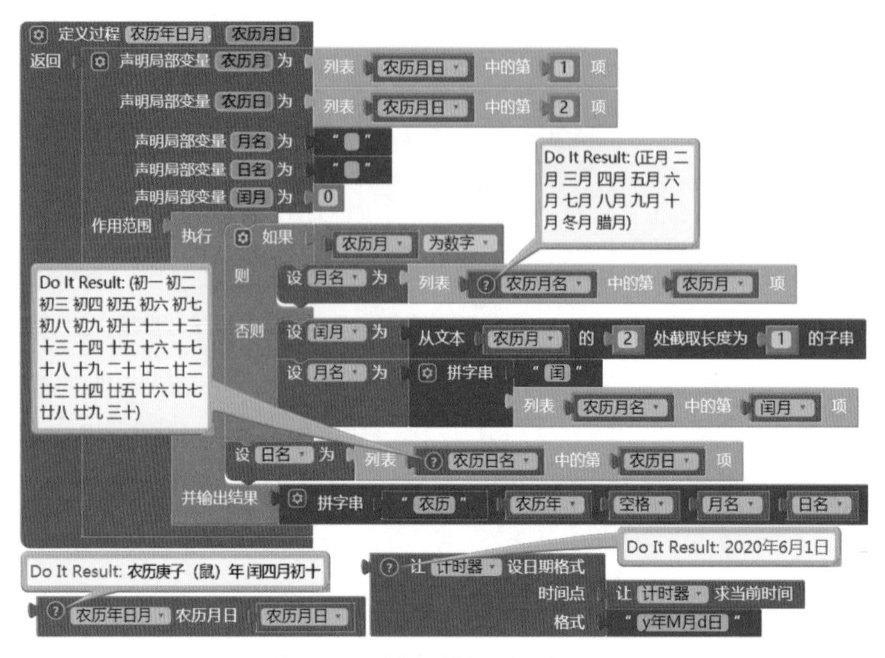

图 16-22　创建过程：农历年月日

至此，我们取得了完整的农历信息，下面来讨论如何获得节气信息。

16.5.3 显示节气信息

在 16.3 节，我们已经详细讲解了如何判断当前日期是否为节气日。首先求出当前年的节气日列表，再根据当前的公历月，计算出该月的节气日在节气日列表中的序号。

- 节气 1 序号：公历月 × 2 – 1。
- 节气 2 序号：公历月 × 2。

用节气序号在节气日列表中查找对应的节气日，并对公历日与两个节气日进行比较。如果公历日恰好等于某个节气日，则在节气名列表中查找对应的项。下面我们来求节气日列表。

1. 节气日列表

求节气日列表，首先需要根据当前公历年的值，在节气数据中找到这一年对应的十六进制串，然后将十六进制串解析为二进制数，再将二进制数转为十进制数，进而求出每个节气日与节气基准日之间的日差，最后对日差与基准日进行加和运算，得出实际的节气日，所有的实际节气日组成当前年的节气日列表。下面我们来创建过程——节气日列表，代码如图 16-23 所示，图中同时给出了单步测试结果，测试结果与我们在 16.3 节中给出的结果完全一致。

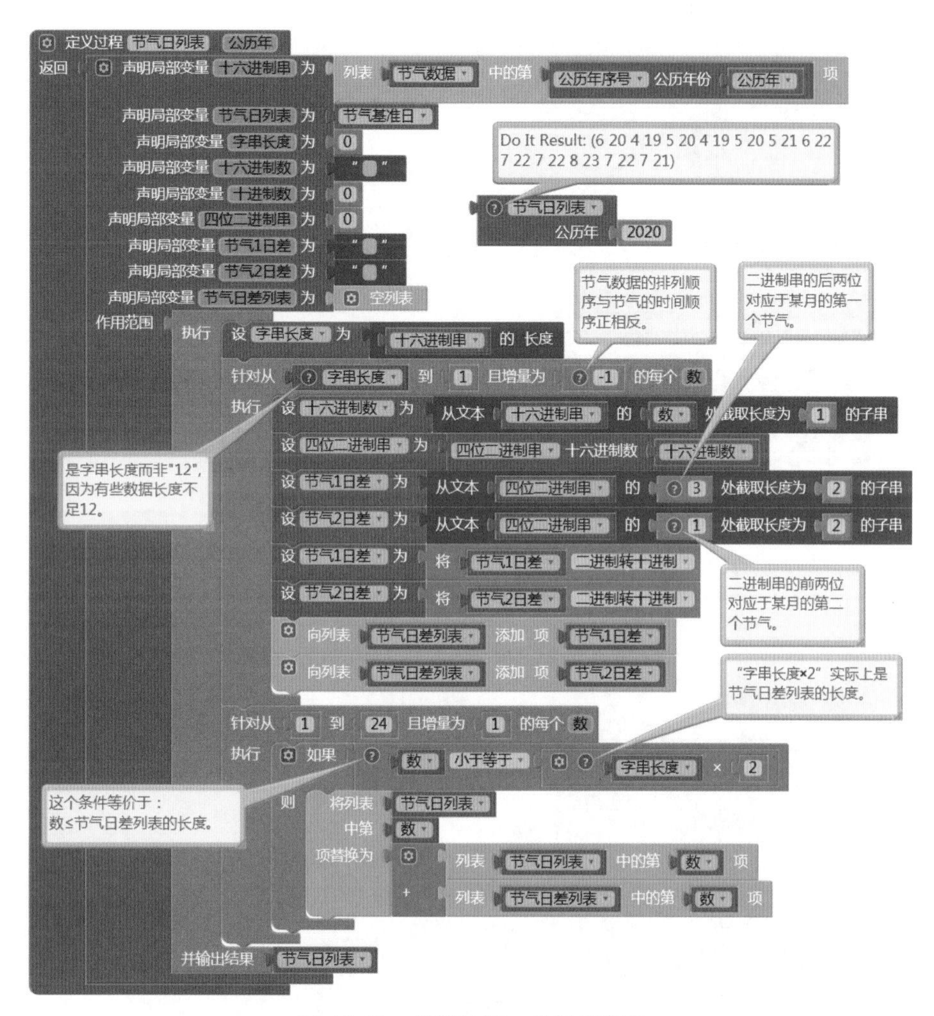

图 16-23 创建过程：节气日列表

需要特别说明的是，局部变量节气日列表的初始值是节气基准日（列表）。在第二个循环语句中，只有当“数≤字串长度 ×2”时，才进行列表项的替换操作，这是考虑到有些节气十六进制串的长度不足 12 位。例如 2096 年的节气数据为“15”（见图 16-4 的倒数第 2 行），这意味着只有公历 1 月、2 月的节气日与节气基准日之间存在日差，而 3 月之后的节气日与基准日全部吻合，不存在日差；或者你也可以将节气数据“15”理解为“000000000015”。

2. 今日节气

有了节气日列表，就可以判断当前日期是否为节气日。现在创建过程——今日节气，代码如图 16-24 所示。图中的测试结果显示，2020 年 9 月 7 日为白露节气。

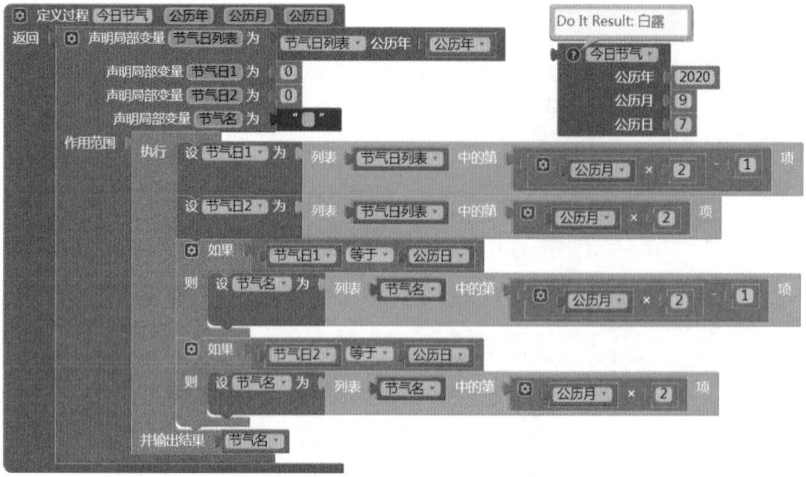

图 16-24 创建过程：今日节气

现在，我们已经准备好了所需的公历信息、农历信息及节气信息，是时候让它们显示在屏幕上了。具体地，在屏幕初始化事件中设置文字时钟标签的显示文本，以显示公历信息、农历信息及节气信息，代码如图 16-25 所示，该代码在手机中的测试结果如图 16-26 所示。

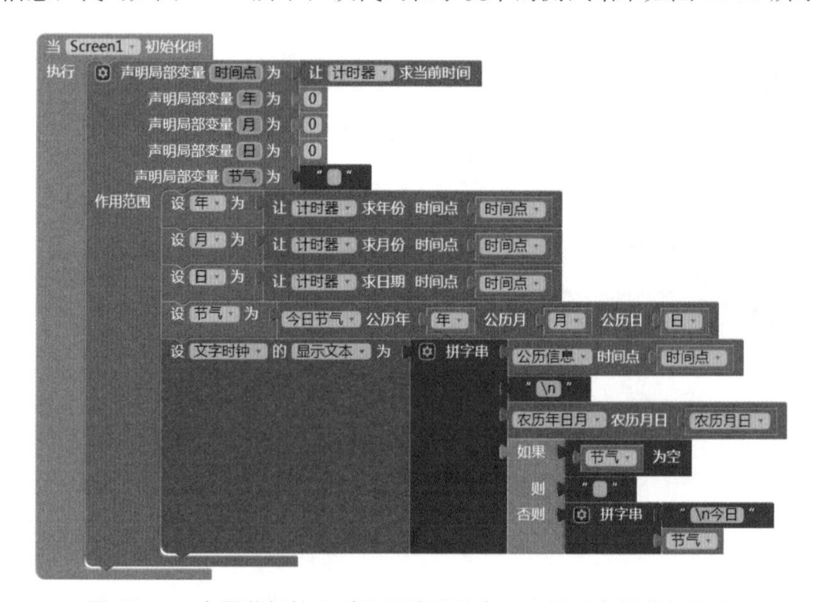

图 16-25 在屏幕初始化时显示公历信息、农历信息及节气信息

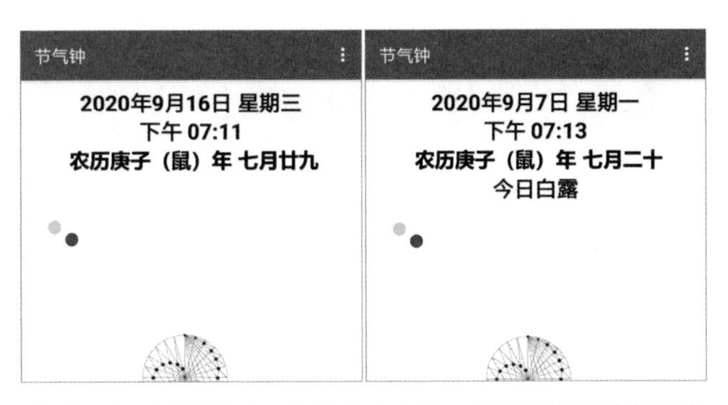

图 16-26 手机测试：显示公历信息、农历信息及节气信息

至此，我们已经成功把公历信息、农历信息及节气信息显示在了屏幕上方，意味着本章的目标已经达成，其余三项功能将在下一章实现。

第 17 章　节气钟（下）

在第 16 章中，我们实现了节气钟应用的第一部分功能——在屏幕上方显示公历信息、农历信息及节气信息，本章将实现剩余三项功能。

- 绘制节气钟的表盘：分别将四套文字序列绘制在四个圆周上，从外向内依次为：地支、小时、节气、脏腑名。绘制好后，在小时与节气的圆周中间画一个圆。
- 设置时针与节气针：设定时针及节气针的位置，并让时钟走起来。
- 当用户点击画布上的节气、脏腑文字或者太极图时，在屏幕下方显示相关的文字内容。

这两项功能均与画布组件相关，而且与画布组件的 x、y 坐标关系最为密切。无论是写字、画圆，还是设置指针位置、用户点击画布上的文字，都需要精确地设置或读取画布上某一位置的坐标。在即将讨论的问题中，存在两个坐标系：画布坐标系及节气坐标系。前者是开发工具默认的坐标系，后者是我们在解决问题时用来思考数量关系的坐标系。在正式开始编写程序之前，我们先来明确这两个坐标系之间的关系。

17.1　节气坐标系

在 16.2 节中，我们在 App Inventor 的设计视图中设置了画布的宽、高，分别为 311 像素和 321 像素。如图 17-1 所示，绿色部分表示画布的范围。图中的黑线是画布坐标系的坐标轴，黑色坐标表示画布坐标系中的坐标；红线是节气坐标系的坐标轴，节气坐标系的原点 O 位于画布的中心，该原点在画布坐标轴中的坐标为 $(X0, Y0)$，坐标轴的方向与画布坐标系的相同。

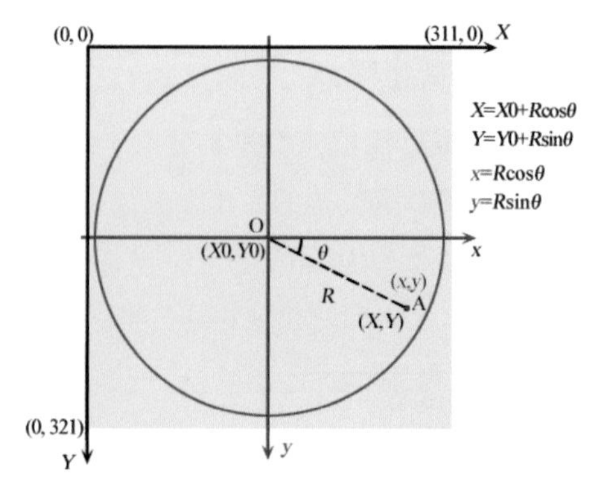

图 17-1　画布坐标系与节气坐标系

图 17-1 中有一点 A，A 在画布坐标系中的坐标为 (X, Y)、在节气坐标系中的坐标为 (x, y)，A 到节气坐标系原点 O 的距离为 R，则两组坐标之间的关系可以表示为：

$$\begin{cases} X = X0 + x \\ Y = Y0 + y \end{cases} \quad ①$$

或

$$\begin{cases} X = X0 + R\cos\theta \\ Y = Y0 + R\sin\theta \end{cases} \quad ②$$

上面的两组公式是我们编程的数学依据。

在第 16 章中，我们创建了若干个保存常量的过程，这些常量中有 4 个半径，即地支、小时、节气及脏腑半径，这些半径对应于图 17-1 中的 R。我们即将在这些不同半径形成的圆周上书写相应的文字，只要让角度 θ 从 0 递增到 360，即可获得文字所在位置的坐标。下面我们就来编写程序，绘制节气钟的表盘。

17.2 编写程序：绘制表盘

绘制表盘意味着要在画布上写字，除了小时以外，即将写在各圆周上的文字序列以列表的形式保存在过程里。这些列表的长度要么是 12，如地支与脏腑；要么是 24，如节气。每个文字序列都将等间距地分布在一个 360° 的圆周上。在开始写字之前，必须先考虑清楚三个问题。

- 首字符：对于某一个文字序列而言，最先开始书写的字符是首字符，如小时包含 24 个字符（0 ～ 23），那么从哪一个数字开始写呢？
- 首字符的位置：首字符在圆周上的位置，确切地说，是首字符对应的角度 θ。
- 书写方向：顺时针还是逆时针。

在 4 套文字序列中，我们以小时为基准序列。一旦小时序列的排列方式确定下来，其他序列就可以参照它进行排列（小时序列就像坐标轴一样）。首先假设小时序列的首字符是 0，那么 0 应该写在哪里呢？

这个问题其实很容易回答，如果我们把太极图看作地球，把小时的指针看作太阳，那么 0 点时太阳在哪里？是的，太阳在我们的脚下，在地球的另一面，因此，0 应该写在圆周的最低点，即 $\theta = 90°$。一旦 0 点的位置确定下来，与 0 点对应的地支[①]和脏腑[②]的位置也就确定下来了，因为 0 点对应于子时，而子时又对应于胆经。

---

① 古时用地支来计时，十二地支对应于 12 个时辰，每个时辰 2 个小时，子时对应于夜间 11 点至凌晨 1 点、丑时对应于凌晨 1 点至 3 点，以此类推。

② 中医认为，人体的气血沿经脉循行，如潮汐一般，是有节律的。人体有十二条纵向的经脉，称为十二条正经，分别以十二脏腑的名字命名。这十二条经脉首尾相连，如环无端。在不同的时辰，气血的潮头流经不同的经脉，十二时辰用地支表示，恰好与十二经脉一一对应，如子时气血潮头流经胆经、丑时流经肝经，等等。

下面来考虑节气序列的首字符。在 24 节气中，有 4 个特殊的节气，分别是两分、两至，即春分、秋分、冬至、夏至。在图 16-6 中，我们在地球的公转轨道上标出了这 4 个节气所对应的方位。由于地球的自转轴并不垂直于公转轨道平面①，因此在一个太阳年中，北半球有一半时间可以获得更多的光照，而另一半时间南半球可以获得更多的光照，这两段时间的分水岭就是春分、秋分这两天。在这两天里，太阳光直射赤道，南北半球获得等量的光照。对于居住在北半球的人来说，从春分到夏至再到秋分，我们度过的是夏季——在夏至这一天太阳直射北回归线②，北半球的光照强度最大，白天最长；从秋分到冬至再到春分，我们度过的是冬季——在冬至这一天，太阳直射南回归线，北半球的光照强度最小，黑夜最长。由此可见，对于北半球（严格来说是北回归线以北）的居民来说，太阳的光照强度是随时间变化的，而且一年之中的变化犹如一日之中的变化，冬至对应于午夜 0 点、夏至对应于中午 12 点，因此我们将冬至写在 0 点对应的角度上，也就是说，冬至是节气序列的首字符。

我们已经确定了每套文字序列的首字符，也明确了首字符的书写位置，那么书写方向又是怎样的呢？很自然地，我们选择顺时针方向，因为节气钟需要与现实世界中的钟表保持一致，而且指针沿顺时针方向移动，也符合太阳在地球上东升西落的常识③。此外，这样的设定也便于程序的编写，因为在画布坐标系中，顺时针是角度增加的方向。

根据以上分析，我们已经明确了文字在圆周上的排列方式，下面开始编写程序。首先创建一个过程——**写字**，代码如图 17-2 所示。该过程中的参数“半径”对应于 17.1 节中公式②中的 R，参数“角度”对应于公式②中 θ。过程调用了画布的写字功能，并依照公式②将半径和角度转化为文字在画布坐标系中的 x、y 坐标。图中还用单步执行的方法给出了 3 个常量过程——**X0**、**Y0** 及**写字 Y 偏移**的返回值，这三个过程的定义见图 16-10。

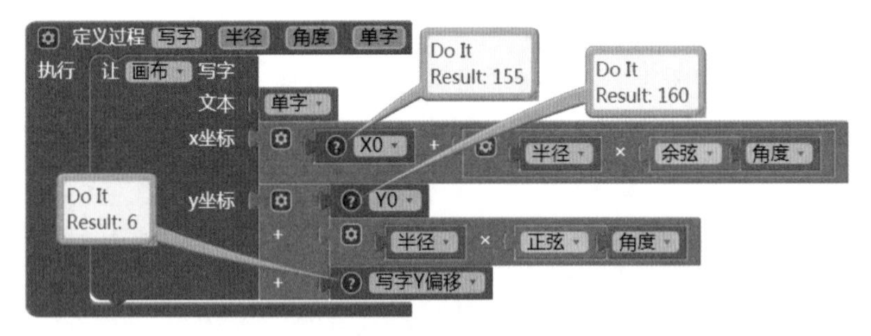

图 17-2 创建过程：写字

① 地球自转轴与公转轴之间的夹角为 23.5°，或者说，自转轴与公转轨道平面间的夹角为 66.5°。

② 北回归线位于北纬 23.5°，等于地球自转轴与公转轴之间的夹角。

③ 中国古代对方位的描述不同于现代地图对方位的描述。中国古代以人为本，人面南而立，上为南（朱雀），下为北（玄武），左为东（青龙），右为西（白虎）。

我们要在 4 个圆周上写字，其中地支和脏腑的列表长度均为 12，因此可以在一个循环语句中同时写这 2 个圆周上的文字。创建过程——**写地支脏腑**，代码如图 17-3 所示。

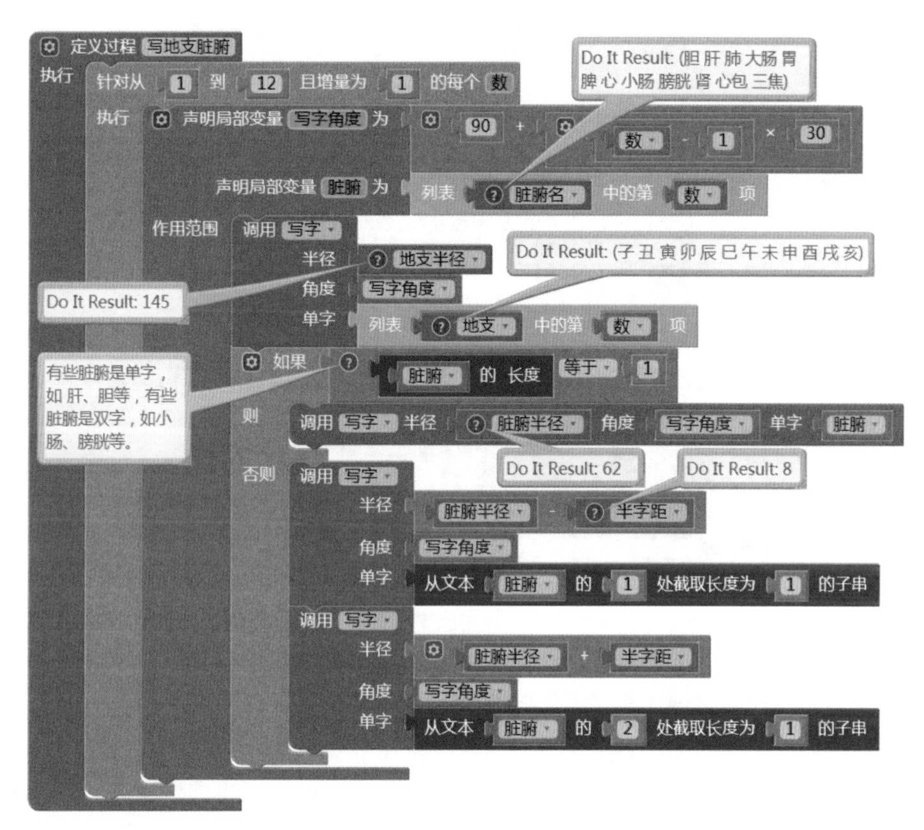

图 17-3 创建过程：写地支脏腑

需要说明的是，在画布坐标系中，0° 角在 x 轴的正方向上，且顺时针为角度增加的方向。在图 17-3 所示的过程里，循环变量**数**从 1 递增到 12，当数 = 1 时，写字角度为 90°，即写字的起始位置在圆周的最低点。由图 17-3 可知，写地支非常简单，因为所有地支都只有一个汉字，而写脏腑就要费些周折，因为有些脏腑是单字，有些是双字。在写双字的脏腑时，需要分别写两个单字，其中第一个汉字的半径 = 脏腑半径 − 半字距、第二个汉字的半径 = 脏腑半径 + 半字距，因此在阅读脏腑名称时，要从圆心向外读。

下面来写小时和节气，创建过程——**写小时节气**，代码如图 17-4 所示。此处的循环变量**数**从 0 递增到 23，恰好与小时数相对应。需要注意的是，**节气名**列表中排在第一位的是一月份的第一个节气，即小寒，；节气序列在圆周上的首字符是冬至，冬至位于节气名列表的第 24 位，而**数**的取值范围中不包含 24，因此当数 = 0 时，让局部变量**节气** = 冬至，这样就取到了所有的节气。

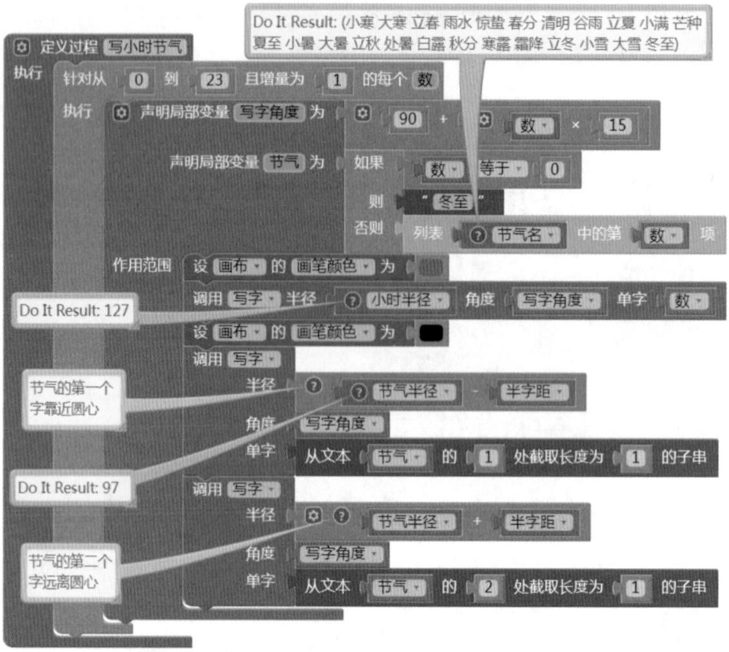

图 17-4 创建过程：写小时节气

在第 16 章中，我们曾经讨论过节气与公历月的区别：月的天数有人为设定的成分，而节气的长短是对地球公转轨道圆周角等分的结果，每个节气覆盖 15° 圆周角。但是，由于地球公转轨道是椭圆形的，因此地球公转速率不是常数，致使节气之间的时间间隔不尽相同。在**写小时节气**过程里，虽然 24 个节气等分了 360° 圆周，但需要特别强调的是，这个等分是对时间的等分，而不是对公转轨道的等分，稍后在设置节气针位置时，你会理解等分的真正含义。

最后，我们希望在节气与小时之间画一个圆，来增加一点装饰的效果。创建过程——**画同心圆**，并在屏幕初始化事件中调用上述三个过程，代码如图 17-5 所示。

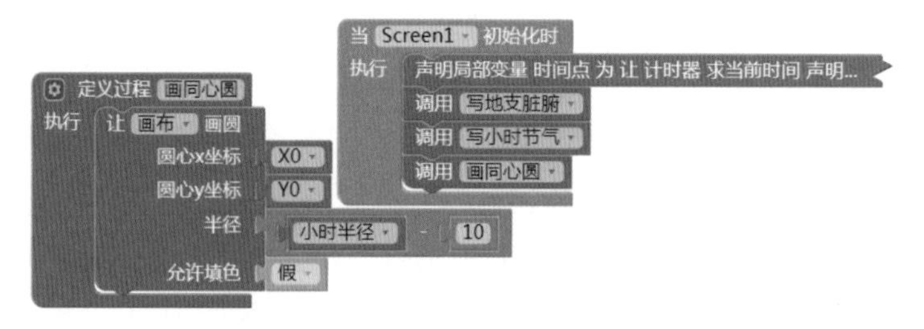

图 17-5 创建过程画同心圆，并在屏幕初始化事件中调用上述过程

至此，我们已经把四套文字序列分别绘制在了四个圆周上，下面进行测试，测试结果如图 17-6 所示。

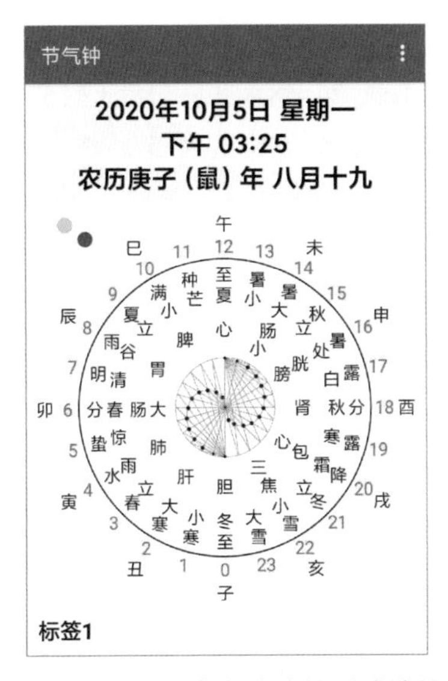

图 17-6　绘制表盘功能的测试结果

17.3　编写程序：设置时针与节气针

我们在画布中放置了两个球精灵，并分别命名为“时针”及“节气针”，它们用来指示当前时刻在一日及一年之中所处的位置。此外我们还以一分钟为间隔，随着时间的流逝更新两个指针精灵的位置。所谓的位置，指的是两个指针的 *x*、*y* 坐标。我们先来设定两个指针的位置，然后再让它们走起来。

17.3.1　设时针位置

在设时针位置时，已知条件是小时半径及当前时间（时、分、秒等）。首先需要将当前时间换算成角度，再根据角度和半径求 *x*、*y* 坐标。

创建三个过程，分别命名为**时间转角度**、**X 坐标**及 **Y 坐标**，代码如图 17-7 所示。

```
定义过程 时间转角度 小时 分钟
返回 90 + 小时 × 15 + 分钟 × 0.25
定义过程 X坐标 角度 半径
返回 X0 + 半径 × 余弦 角度
定义过程 Y坐标 角度 半径
返回 Y0 + 半径 × 正弦 角度
```

图 17-7　创建三个过程：时间转角度、X 坐标及 Y 坐标

在时间转角度过程里，参数"小时"及"分钟"表示当前时刻的时、分值，可以从计时器中获得这两个值。将 360° 圆周等分成 24 份，每一份就是 15°，即时针每小时走 15°；再将 15° 等分为 60 份，每一份是 0.25°，即时针每分钟走 0.25°。注意，通过小时和分钟计算出的角度，表示的是时针从午夜 0 点到当前时刻转过的角度，而 0 点位于画布坐标系中 90° 的位置。因此要在小时和分钟组成的角度上再加 90，才能作为过程的返回值。另外两个过程——X 坐标及 Y 坐标，使用 17.1 节中的公式②，将半径和角度换算为对应点的 *x*、*y* 坐标。

再创建一个过程——设时针位置，代码如图 17-8 所示。由于精灵在画布坐标系中定位的基准点位于精灵所在矩形的左上角，而我们在设置精灵位置时，考虑的是精灵的圆心，因此，这里精灵的实际位置应该向上、向左分别移动一个半径的长度，即从精灵的 *x*、*y* 坐标中各减去一个半径的长度。

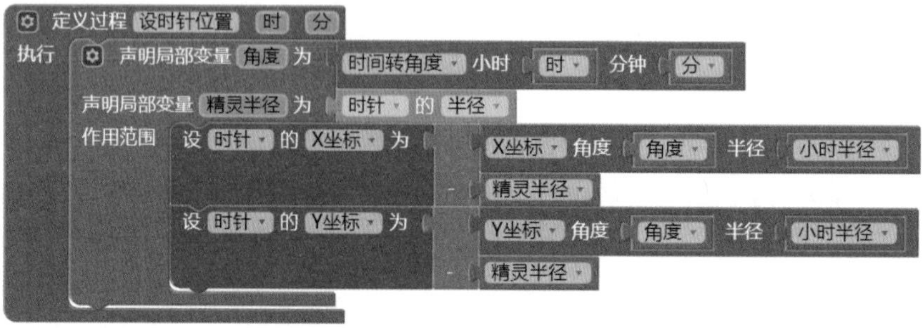

```
定义过程 设时针位置 时 分
执行  声明局部变量 角度 为 时间转角度 小时 时 分钟 分
      声明局部变量 精灵半径 为 时针 的 半径
      作用范围 设 时针 的 X坐标 为 X坐标 角度 角度 半径 小时半径
                                  - 精灵半径
              设 时针 的 Y坐标 为 Y坐标 角度 角度 半径 小时半径
                                  - 精灵半径
```

图 17-8 创建过程：设时针位置

时针的位置已经设置妥当，暂时先不进行测试，待节气针设置完成后，再一并进行测试。

17.3.2 设节气针位置

与时针设置相同的是，设节气针位置同样是设节气针精灵的 *x*、*y* 坐标，坐标值由节气半径和角度换算得来，其中节气半径为常量，故关键问题在于求角度：一年中的某一天在 360° 圆周上的角度。指针角度的计算公式如下：

$$\begin{cases} \text{指针每日转角} = \dfrac{360}{365.242199} \\ \text{指针角度} = \text{指针每日转角} \times \text{天数} \end{cases} \quad ③$$

其中的 365.242199，我们在第 16 章中提起过，这是一个太阳年天数的近似值。公式③将求角度的问题转化为求天数的问题。在求天数时，需要先确定累计天数的起始日，再求起始日与当前日之间的差值天数。当前日可以从计时器组件中获得，因此，求天数的重点在于求起始日。起始日就是我们绘制节气圆周时的起点——冬至日。有两种情况需要分别加以考虑，一种是当前日位于当年的冬至日之前，此时起始日为上一年的冬至日；二是当前日位于当年的冬至日之后，或恰好是当年的冬至日，此时起始日为当年的冬至日。

根据上述分析，我们来创建一个过程——**日期转角度**，代码如图 17-9 所示。该过程首先求出当年及上一年的节气日列表；再求出当年及上一年的冬至日；然后判断当前日是否位于当年的冬至日之前——如果是，则从上年的冬至日开始累计天数，否则，从当年的冬至日开始累计天数，最后将天数换算成角度。

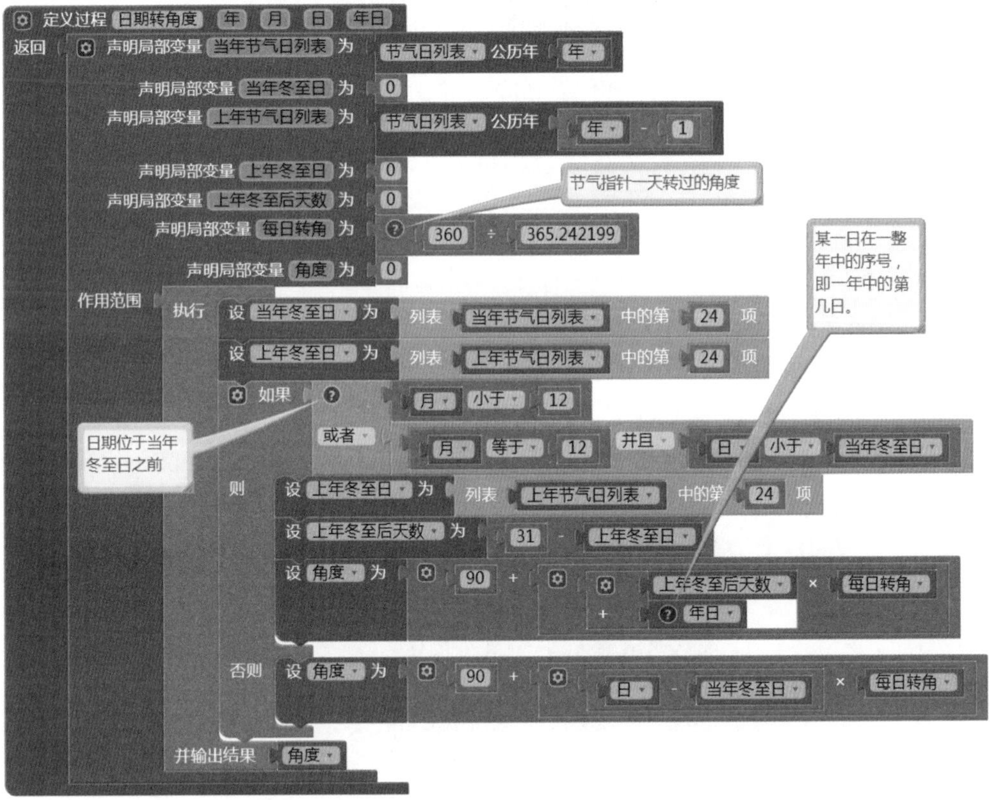

图 17-9　创建过程：日期转角度

关于日期转角度过程，还需要说明一点，就是参数**年日**指的是某一日在一整年中的序号，即某日是一年中的第几日。

再创建一个过程——**设节气针位置**，该过程将角度换算为坐标，并设置节气针的位置，代码如图 17-10 所示。与设时针位置过程不同的是，在设置时针坐标时，*x*、*y* 坐标的偏移量均为精灵的半径（等于 6）；但在设置节气针的 *x*、*y* 坐标时，*y* 坐标的偏移量为 8，这个值是反复试验的结果，它可以确保节气针在春分、秋分这两天，在垂直方向上位于文字的中点。

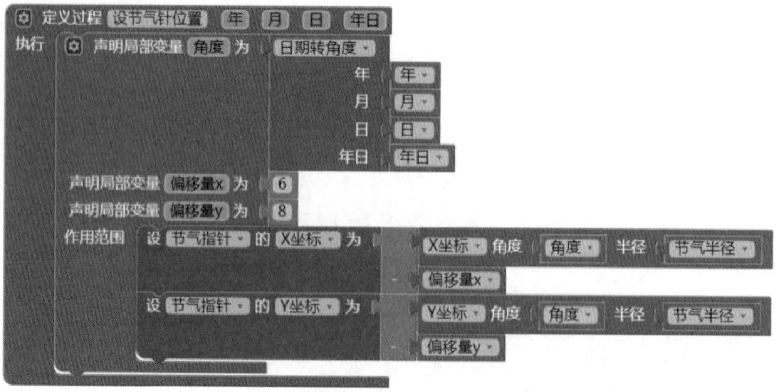

图 17-10 创建过程：设节气针位置

对 y 坐标进行的修正，纯粹是为了让节气针的位置看起来更精准，修正后的位置其实并不符合实际情况。如果节气针的 y 坐标的偏移量也取为 6，那么在春分、秋分两点，指针的位置会偏低，这与地球的公转轨道形状有关。地球的公转轨道为椭圆形，地球在每年公历 1 月初时（冬季）到达轨道的近日点，7 月初时（夏季）到达远日点。地球在近日点附近的公转速度要比远日点附近的公转速度大，因此每年从春分到秋分的总天数为 186 天，而从秋分到下一年春分的总天数为 179 天。图 17-11 中显示了 2020 年春分到秋分的总天数，以及 2020 年秋分到 2021 年春分的总天数。

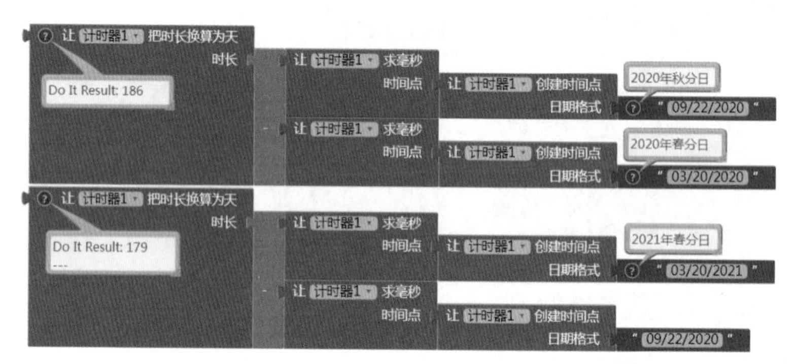

图 17-11 春分到秋分的天数及秋分到春分的天数

以上我们定义了两个设指针位置的过程：设时针位置和设节气针位置。下面我们在屏幕初始化事件中调用这两个过程，代码如图 17-12 所示。需要注意的是，在调用这两个过程时，需要为它们提供必要的时间参数，因此应该在局部变量块的内部调用这两个过程，以便利用已有的变量值——时间点及年、月、日等。

下面进入测试环节，分别将手机的系统时间调整为 2020 年的 3 月 20 日（春分）、6 月 21 日（夏至）、9 月 22 日（秋分）及 12 月 21 日（冬至），然后对程序进行测试，测试结果如图 17-13 所示。在 4 个测试结果中，左二图中的夏至点指针位置稍稍偏左，这是因为夏季地球位于公转轨道的远日点附近，公转速度减慢，需要更长的行走时间。

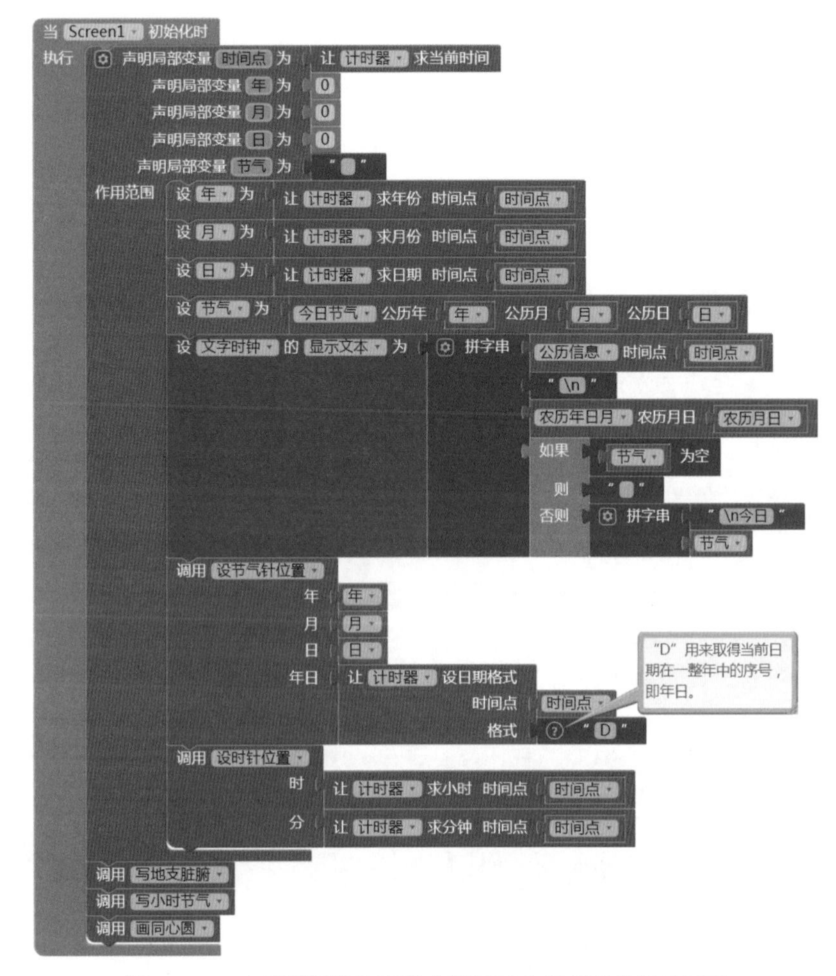

图 17-12　在屏幕初始化事件中调用两个设指针位置的过程

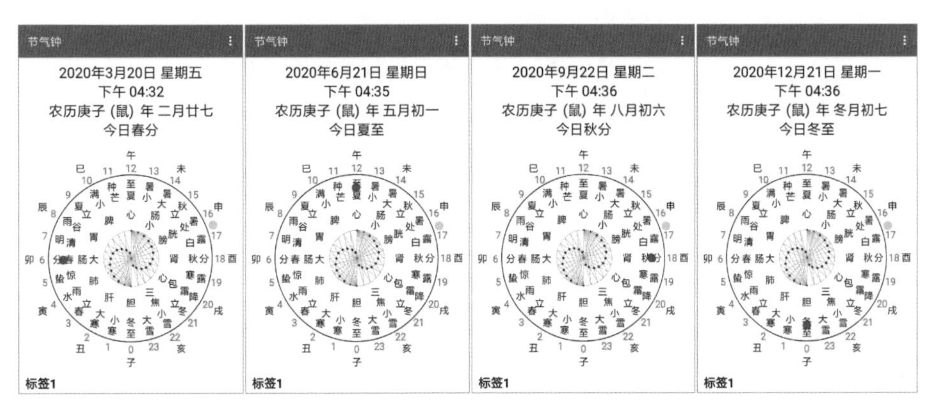

图 17-13　设时针位置及设节气针位置的测试结果

17.3.3　指针的行走

与设置指针有关的事件有两个，一是屏幕初始化事件（见图 17-12），另一个是计时器的计时事件。在编写计时事件处理程序之前，我们先整理一下屏幕初始化程序，将其中与显示时间有关的程序封装为过程，并取名为**显示时间**。之后分别在屏幕初始化事件及计时事件中调用该过程，代码如图 17-14 所示。

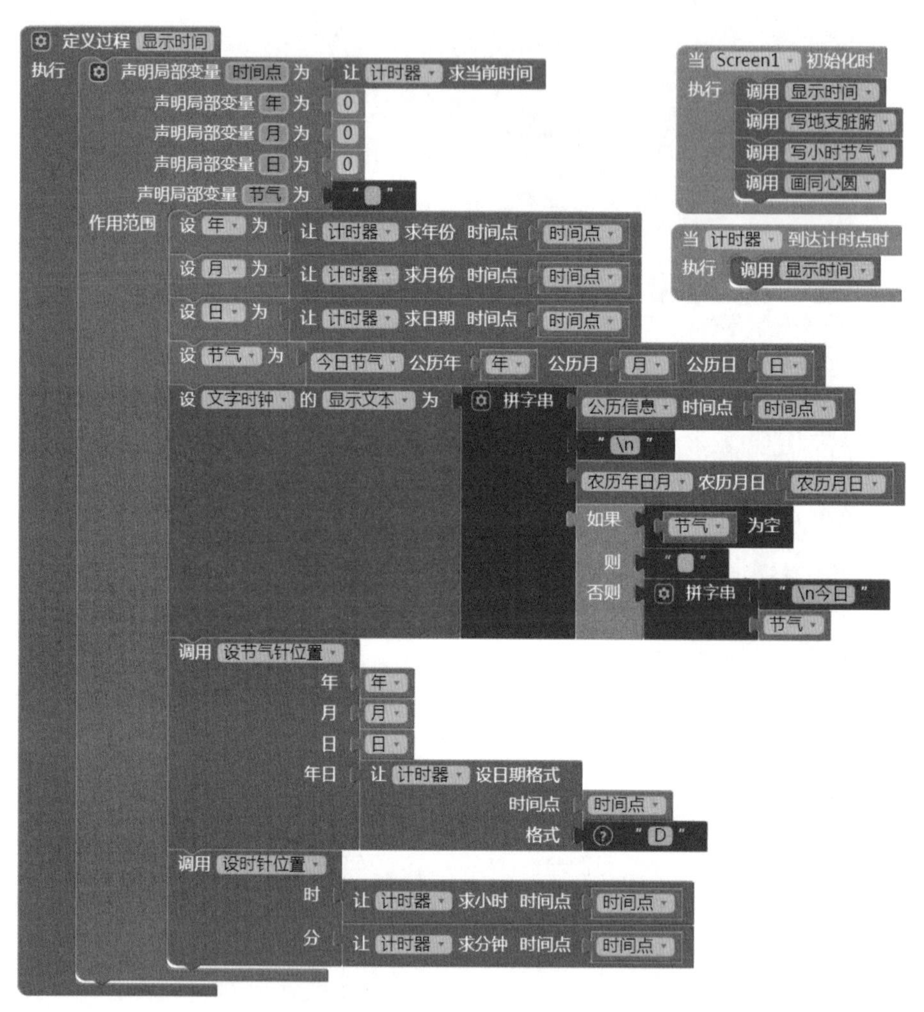

图 17-14　将与显示时间有关的程序封装为过程

以上我们设置好了时针及节气针的位置，并让指针走了起来，绘制表盘的功能顺利达成。接下来将实现本章的最后一个目标，也是节气钟应用的最后一项功能：当用户点击表盘上的某些文字时，在屏幕下方显示相关的文字内容。

17.4 编写程序：显示文字内容

图和文字都是表达方式，图是形象的、直观的，而文字是抽象的、概念化的。节气钟应用的指针和表盘，就像太阳和地球，形象地描述了太阳的运动与晨昏交替、季节更迭之间的关系。但中华五千年文明的精神宝库，更多是依靠文字才得以流传至今的，因此，接下来我们要使用文字信息为应用增加更多功能。

本节使用的文字信息，有些是从古籍中摘录的，如节气说明①，有些则是笔者在学习典籍的基础上加入个人的心得体会而得出的，如子午流注数据等。无论是典籍，还是个人心得，都是对探求真理过程及结果的记录，其中难免夹杂着谬误，恳请读者以批判的态度对待这些文字内容。

在节气钟应用中，文字内容的显示与三个事件有关：屏幕初始化事件、画布的触摸事件、太极图的触摸事件，具体功能描述如下。

- 屏幕初始化事件：显示“关于节气”的内容（见图 16-9）。
- 画布触摸事件：当用户点击画布上的某些文字时，显示相应的内容。
  - 当用户点击节气名时，显示对应的节气说明词条（见图 16-7）。
  - 当用户点击脏腑名时，显示对应的子午流注词条（见图 16-8）。
- 太极图触摸事件：当用户点击太极图时，轮流显示“关于节气”与“关于子午流注”（见图 16-9）的内容。

在这三个事件中，最复杂的是画布触摸事件，我们先来解决这一部分。

画布触摸事件中携带了三个参数，其中有两个是触摸点的 x、y 坐标，这是我们解决问题的已知条件。由 x、y 坐标可以求出触摸点在节气坐标系中的角度和半径，由角度和半径可以判断用户触摸的是哪块文字，由此决定显示什么文字内容。

如 17.1 节所述，节气坐标系的原点位于画布的中心，其 x 轴、y 轴的方向与画布坐标系的方向相同，0° 角是 x 轴的正方向，顺时针为角度增加的方向。以下程序中涉及的半径和角度都是基于节气坐标系的。

首先求触点的半径。创建一个过程——触点半径，代码如图 17-15 所示。要想理解这段代码，需要一点解析几何的知识——两点间的距离公式是 $d=\sqrt{(x-x_0)^2+(y-y_0)^2}$，其中 (x, y) 是画布坐标系中任意一点的坐标、

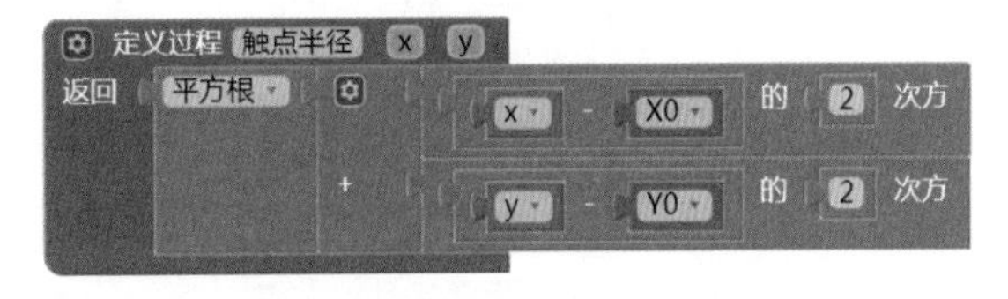

图 17-15 创建过程：触点半径

① 选自汉代著作《逸周书·时训解》。《逸周书》本名《周书》，内容涉及周及春秋时期的史事、训诂、政令、说教等。

(x_0, y_0) 是节气坐标系的原点在画布坐标系中的坐标、d 是画布坐标系中任意一点到节气坐标系的原点的距离，也是我们要求的触点半径。

根据触点半径的值，可以判断用户点击的文字是节气还是脏腑。于是创建两个过程——**是节气半径**和**是脏腑半径**，代码如图 17-16 所示。两个过程中的参数 R 就是触点半径，参数**字距**与画布的字号属性值有关。

定义过程 是节气半径 R 字距
返回 R 大于等于 节气半径 - 字距
并且 R 小于等于 节气半径 + 字距

定义过程 是脏腑半径 R 字距
返回 R 大于等于 脏腑半径 - 字距
并且 R 小于等于 脏腑半径 + 字距

图 17-16 创建过程：是节气半径与是脏腑半径

以上两个过程可以帮助我们判断用户点击文字的种类：节气或者脏腑。在此基础上，我们还需要获得触点的角度，来判断用户点击的具体内容。创建一个过程——触点角度，代码如图 17-17 所示，图中给出了 6 个单步测试的结果，目的是让读者了解节气坐标系中不同方位的角度值。图中借用了“上北下南左西右东”的地图语言，读者请留意，在 360° 圆周中，x 轴下方的角度沿顺时针方向从 0° 增加到 180°；而 x 轴上方的角度则沿逆时针方向从 0° 减小到 –180°。

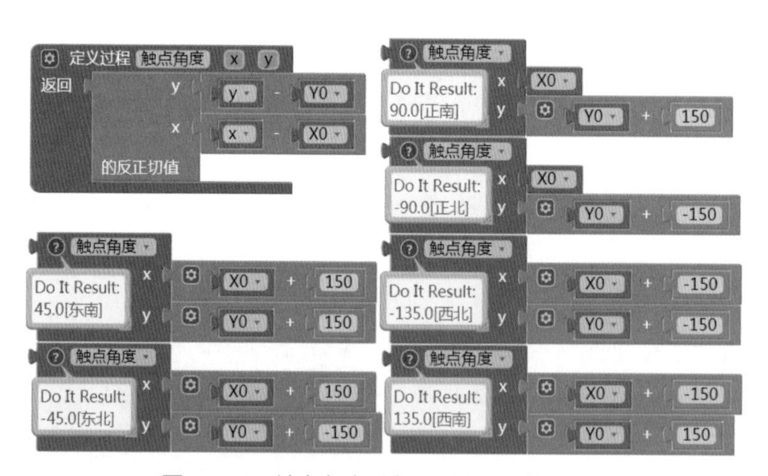

图 17-17 触点角度过程及过程的测试结果

上述过程返回的触点角度值还不能直接用于判断触点对应的文字，为了配合节气名列表和脏腑列表的排列顺序，我们需要将触点角度转换成节气钟角度。所谓节气钟角度，它的取值范围是 0° ~ 360°，而且 0° 位置在节气坐标系中 82.5°（= 90° – 7.5°）的位置，如图 17-18 所示。图中画出了节气坐标系，其中的黑色数字表示节气坐标系中的角度，红色文字是节气钟角度的起止位置，即红色 0° 既是节气钟角度的起点，也是节气钟角度的最大值——360°。那么是否节气钟角度就等于“触点角度 –82.5°”呢？事情没有那么简单，由于 x 轴上方的角度值为负，因此应该分别加以处理。

首先来看图 17-18 中的绿色区域，当触点角度落在这个区域时：

$$节气钟角度 = 触点角度 - (90° - 7.5°) \quad ④$$

当触点角度落入 x 轴下方的白色区域时：

$$节气钟角度 = 270° + 7.5° + 触点角度 \quad ⑤$$

经过分析发现，当触点角度落在 x 轴上方时，公式⑤也同样适用。以 y 轴负方向为例，此时的触点角度 = –90°，节气钟角度应该为 180° + 7.5° = 187.5°，而公式⑤的计算结果恰好等于 277.5° – 90° = 187.5°。

根据上述两个角度转换公式，我们创建一个过程——节气钟角度，将触点角度转换为节气钟角度，代码如图 17-19 所示。

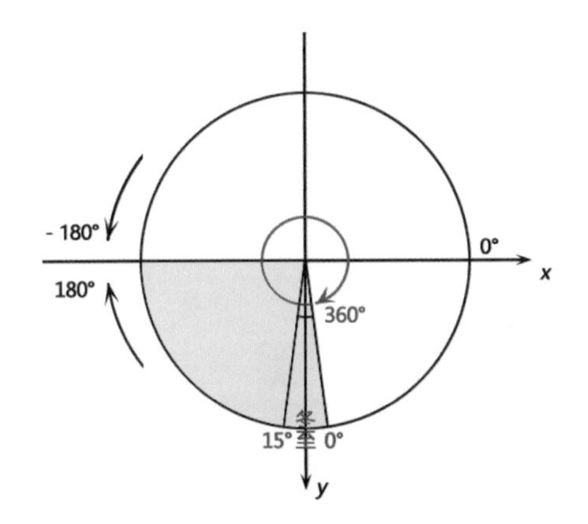

图 17-18　将触点角度转化为节气钟角度的思路

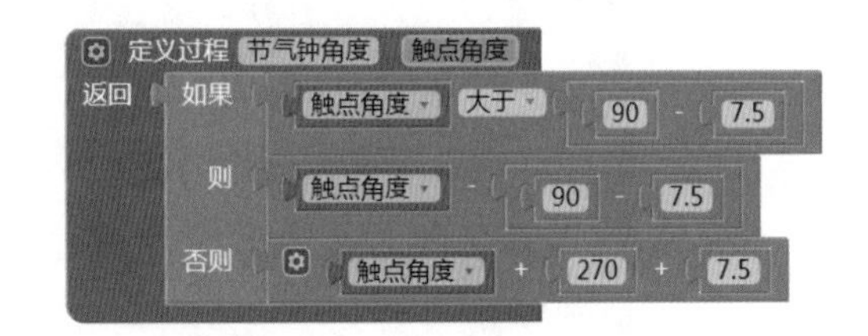

图 17-19　创建过程：节气钟角度

下面把节气钟角度换算为对应的节气序号及脏腑序号。创建两个过程——节气序号、脏腑序号，代码如图 17-20 所示。在**节气序号**过程里，节气序号等于节气钟角度除以 15 的商，当节气钟角度为 0 ~ 14.999 时，节气序号等于 0，此时让节气序号等于 24，这个序号恰好对应于“冬至”，这个结果符合我们的预期。在**脏腑序号**过程里，条件语句中的条件为脏腑序号“大于 11”而非“等于 11”，这是考虑到节气钟角度有可能等于 360°，此时脏腑序号为 12，如果再加 1，则脏腑序号变成 13，这会导致程序出错，因为脏腑列表中不存在第 13 项。

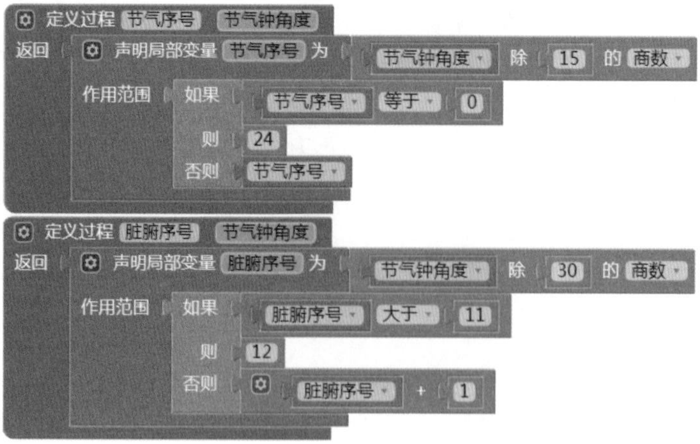

图 17-20 创建过程：节气序号与脏腑序号

完成了上述准备工作之后，下面我们来编写画布的触摸事件处理程序，代码如图 17-21 所示。基于上述过程编写出来的触摸事件处理程序，代码的语义非常明确，在此不再赘述。

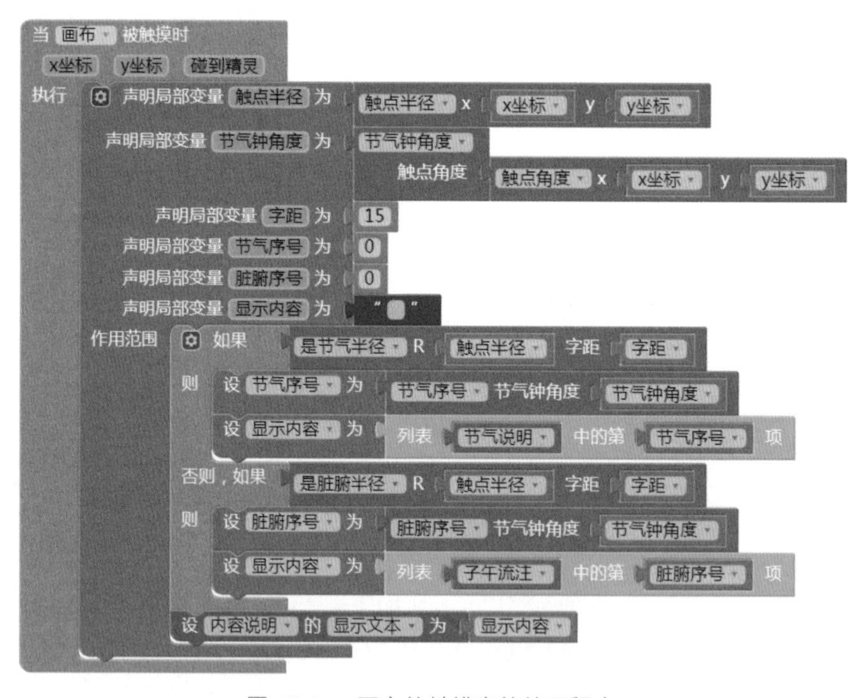

图 17-21 画布的触摸事件处理程序

下面进行测试，测试结果如图 17-22 所示。分别在在表盘上点击脏腑及节气文字，能够看到屏幕下方的文字也随之改变；当点击到脏腑和节气文字之外的区域时，文字内容将被清除。

下面处理太极图的触摸事件，编写触摸事件处理程序，代码如图 17-23 所示。在该事件中，会轮流显示“关于节气”及“关于子午流注”两项内容。

现在，我们的开发工作只剩下一项任务：在屏幕初始化时，屏幕下方显示“关于节气”的文字内容，代码如图 17-24 所示。

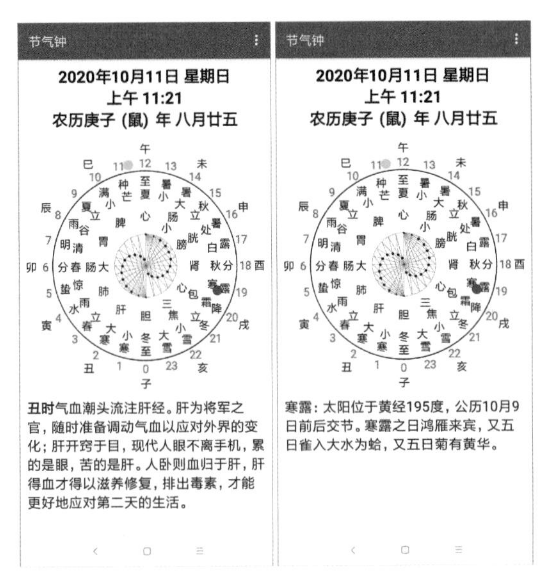

图 17-22 触摸显示文字内容的测试结果

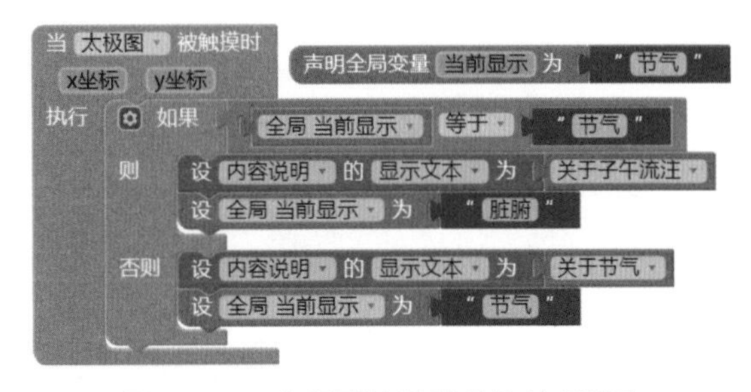

图 17-23 太极图触摸事件的处理程序

当 Screen1 初始化时
执行 调用 显示时间
调用 写地支脏腑
调用 写小时节气
调用 画同心圆
设 内容说明 的 显示文本 为 关于节气

图 17-24 在屏幕初始化时显示“关于节气”内容

至此，我们已经实现了节气应用的全部功能，下面对应用的开发过程做一下小结。

17.5 小结

我们用两章的篇幅完成了节气钟应用的设计，足以说明这个应用的复杂程度，以及其涉及的知识范围之广泛。应该说，节气钟是本书中最复杂的一个案例了。

通过这个案例，我们领略了一种独特的数据存储方式，即十六进制编码方式。如在 07954 这 5 个字符中，包含了 2020 年农历 12 个月的大小月信息，以及闰月月份和闰月的大小月信息。又如在 155110510556 这 12 个字符中，包含了 2020 年 24 个节气的标准节气日差。这样的数据存储技术不仅可以节省存储空间，更重要的是，当数据需要在网络上传输时，可以大大地提高传输效率。

本案例对计时器的使用可谓物尽其用。除了用计时器每分钟更新一次时间显示，更重要的是计时器提供了与时间有关的丰富的数据，这些数据的核心是“时间点”，即计时器的当前时间。在 15.3 节，我们详细地介绍了计时器组件与时间有关的各项功能，其中许多功能在本案例中有所体现，如根据时间点设置日期时间格式、由日期时间反求时间点、将毫秒数换算为天数、求年日，等等。在许多应用中，时间都是关键性数据，如会计的帐本、销售流水帐等。在这类应用中，时间不仅是数据查询的依据，更是数据统计分析的依据。即便是像微信这样的通信工具，时间也是至关重要的，因为聊天内容是按时间顺序排列的。试想一下，如果聊天内容不是按时间顺序排列的，结果会怎样？因此，熟练掌握计时器的时间功能对于一个应用开发者而言是至关重要的。

最后我们来谈一谈画布的使用。如果说计时器提供了对时间的把控，那么画布则提供了对空间的把控。在本案例中，画布既是输出者，也是输入者。如何理解画布的这两种角色呢？首先来看画布的输出功能。所谓输出，就是向用户呈现结果。在节气钟应用中，画布充当钟表的表盘，包含4个书写了不同文字序列的圆周，分别是地支、小时、节气及脏腑，这些文字之所以能够精确地写在正确的位置上，全依赖画布精确的坐标定位功能。此外，画布中的精灵也具有精确定位功能。只有定位精确，时针和节气针才能巡行在正确的轨道上。所谓输入，就是接受用户的指令。当用户点击画布上的节气或脏腑文字时，代表用户向应用发出了指令，此时，应用能够准确地判断用户点击的文字内容，这也有赖于画布的坐标定位功能：由触点的坐标，求出触点在节气坐标系中的角度和半径，从而判断用户的点击结果。由于具有这种坐标定位功能，画布成为开发工具中最富创造力的组件，甚至可以说是万能的用户界面组件。

数据、时间及空间，是开发应用的基本要素，当你能够熟练地操控这些要素时，就可以称自己为程序员了！

附录　两种 App Inventor 汉化版本的对照

2014 年春天，我和张路先生决定用此生剩余时间做一件力所能及的事——教普通人编程，选择 App Inventor 作为开发工具的原因是它的作品便于在安卓设备上分享。我们分工协作，他负责教学环境的搭建，我负责制作课程。当时的 App Inventor 还是英文版，而 MIT 的服务器在国内访问受限，为此，张路先生开始着手搭建国内的服务器；而我开始翻译 Hal Abelson① 教授参与编写的教程 *App Inventor 2: Create Your Own Android Apps*②。就在 2014 年六一儿童节的前一天，App Inventor 国内服务器搭建完成，与此同时，我的译稿也编辑完成，而开放这两项功能的人人编程网（www.17coding.net）正式上线运行。同年 8 月，第一个汉化版 App Inventor 上线，稍晚，汉化离线版发布。此后，我们每年都会在春节前后发布新的汉化版及离线版。

App Inventor 是一个开源项目，我们受惠于这样的成果，也希望能够对它有所贡献。恰好这时 App Inventor 官方团队发来消息，希望我们能够分享汉化成果，于是，我们有幸成为 App Inventor 项目的贡献者。此时，17coding 上的汉化版与 MIT 的官方汉化版是完全相同的。

作为一名编程教师，我有一个看似不切实际、甚至有些偏执的理想，那就是让代码读起来像短文，无须解释，其意自明。有了汉化版的 App Inventor，我的理想变得不再遥远。在制作课程过程中，我开始践行自己的理想，对最初那些蹩脚的汉化代码块实施“整形手术”。我把修改意见提交给张路先生，他会在下一个汉化版本中实现这些修改。经过几年的反复磨合，现在的 17coding 汉化版已经趋近于我的理想。这就是国内存在两个汉化版本的来由。

在笔者编写的 App Inventor 图书及录制的视频课程中，采用的全部是 17coding 汉化版，这样，有些使用 MIT 官方服务器的读者偶尔会产生困惑——在开发环境的编程视图中找不到图书或视频中对应的代码块。为此，笔者特编写此附录，将两个版本中汉化存在差异的代码块加以对照，以解除读者的困惑。

---

① Abelson 教授是 App Inventor 的创始人，MIT 计算机教育的领导者，执教已超过 30 年，他参与编写的教科书《计算机程序的构造和解释》在世界范围内被广泛采用。他主张在交互中学习，并推动了 MIT 的课程开放。

② 中文版《写给大家看的安卓应用开发书：App Inventor 2 快速入门与实战》已由人民邮电出版社出版。

表 A-1 内置块：控制类及逻辑类代码块对照表

17coding 汉化版	MIT 官方汉化版
针对从 1 到 5 且增量为 1 的每个 数 执行	对于任意 变量名 范围从 1 到 5 每次增加 1 执行
针对列表 中的每一 项 执行	对于任意 列表项目名 于列表 执行
只要满足条件 就循环执行	当 满足条件 执行
执行 并输出结果	执行模块 返回结果
求值但不返回结果	求值但忽略结果
打开屏幕	打开另一屏幕 屏幕名称
打开屏幕 并传递初始值	打开另一屏幕并传值 屏幕名称 初始值
屏幕初始值	获取初始值
关闭当前屏幕	关闭屏幕
关闭屏幕并返回值	关闭屏幕并返回值 返回值
屏幕初始文本值	获取初始文本值
关闭屏幕并返回文本值	关闭屏幕并返回文本 文本值
终止循环	break
等于 并且 或者	= 与 或

表 A-2 内置块：数学类代码块对照表

17coding 汉化版	MIT 官方汉化版
等于	=
÷	/
的 次方	^

（续）

17coding 汉化版	MIT 官方汉化版
1 到 100 之间的随机整数	随机整数从 1 到 100
就高取整 就低取整	上取整 下取整
除 的 模数 ✔ 模数 余数 商数	求模 ÷ ✓ 求模 求余数 求商
余弦 正弦 正切	sin cos tan
y x 的反正切值	atan2 y x
将 由弧度转角度	角度<——>弧度 弧度——>角度
将 转为 位小数	将数字 转变为小数形式 位数
为数字	是否为数字?
将 十进制转十六进制	convert number base 10 to hex

表 A-3　内置块：文本类代码块对照表

17coding 汉化版	MIT 官方汉化版
拼字串	合并字符串
的 长度	求长度
为空	是否为空
文本 小于	字符串比较 <
删除 首尾空格	删除空格
将 转为大写	大写
在文本 中的位置	求子串 在文本 中的起始位置
文本 中包含	检查文本 中是否包含子串
用分隔符 对文本 进行 分解	分解 文本 分隔符

（续）

17coding 汉化版	MIT 官方汉化版
从文本 的 处截取长度为 的子串	从文本 第 位置提取长度为 的子串
将文本 中所有 替换为	将文本 中所有 全部替换为
加密 " "	模糊文本 " "
为字符串	is a string? thing

表 A-4 内置块：列表及颜色类代码块对照表

17coding 汉化版	MIT 官方汉化版
空列表	创建空列表
列表	创建列表
向列表 添加 项	追加列表项 列表 列表项
列表 中包含项	检查列表 中是否含对象
列表 的长度	求列表长度 列表
列表 为空	列表是否为空？列表
列表 中的任意项	随机选取列表项 列表
项 在列表 中的位置	求对象 在列表 中的位置
列表 中的第 项	选择列表 中索引值为 的列表项
在列表 第 项处插入	在列表 的第 项处插入列表项
将列表 中第 项替换为	将列表 中索引值为 的列表项替换为
删除列表 中第 项	删除列表 中第 项

（续）

17coding 汉化版	MIT 官方汉化版
将列表 追加到列表	将列表 中所有项追加到列表 中
复制列表	复制列表 列表
是列表	对象是否为列表？ 对象
将列表 转为单行逗点分隔字串 将列表 转为多行逗点分隔字串 将单行逗点分隔字串 转为列表 将多行逗点分隔字串 转为列表	列表转换为CSV行 列表 列表转换为CSV表 列表 CSV行转换为列表 文本 CSV表转换为列表 文本
键值列表 中键 的值或 " 没找到 "	在键值对 中查找关键字 ，如未找到则返回 " not found "
合成颜色 列表 255 0 0	合成颜色 创建列表 255 0 0

以上表格中的代码块，同一行中的块虽然汉化的文字不同，但功能完全相同，例如图 A-1 中的两段代码，它们都是在屏幕初始化时求 1 ～ 100 的整数之和，并将计算结果显示在屏幕的标题栏中。

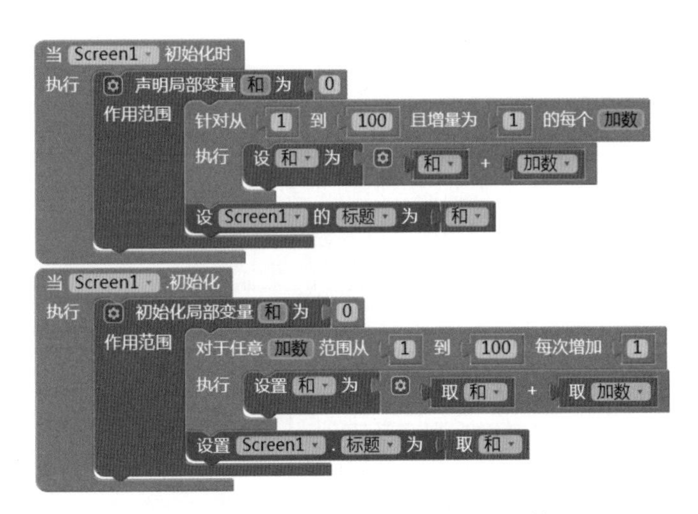

图 A-1　比较两个汉化版本的求和运算

从图中可以看出，除了代码块的汉化有差异，官方版本使用了“.”表示对象及其属性之间的归属关系；而 17coding 汉化版使用自然语言描述对象及其属性之间的关系。

后　记

时隔五年再次使用 App Inventor 编写这些或熟悉或全新的应用，感觉自己对程序又有了新的认识。这里借新书出版的机会，与大家分享一下新感悟。

编写一个应用，如同创造一个世界。

根据中国古代神话，先有盘古开天辟地，后有女娲造人，这样才有了世间的万物，包括作为万物之灵长的人类。那么编写应用如何创造世界呢？在应用的世界里，开发者创造的不是天地人，而是时间、空间和数据，以及数据在时间、空间中的变化。

这样的说法似乎有些抽象，具体来说，在创建一个应用之前，开发者需要考虑三件事：一是空间因素——这个应用的外观是什么样的，即用户界面如何设计；二是时间因素——用户对应用的操作顺序是怎样的，即应用的使用流程；三是数据的组织及呈现方式，即数据的结构以及数据在用户界面上的展示。只有当这些因素确定下来之后，开发者才开始考虑程序的编写方法，只不过，程序是由概念组成的抽象世界，而开发者是这个世界的创造者。

“无名，万物之始；有名，万物之母。”[①]

一切创造性思维活动都必须从给事物命名开始。命名贯穿于开发过程的始终，从项目、屏幕、组件、素材文件到变量及过程，都需要命名。所谓“名不正，言不顺”，命名会影响开发者的思维。好的命名让思维变得犀利而顺畅，而词不达意的命名会让思维陷入泥沼。因此，命名绝不仅仅是编程习惯的问题，它在一定程度上塑造了开发者的思维能力。

思维能力包括两个方面：一方面是克服抽象追求具体，即如何面对众多相似的事物，精准地识别独特的个体；另一方面是摆脱具体寻求抽象，即面对众多相似的事物，准确地提炼其共同特征。这种精准识别与准确提炼的能力，就体现在命名之中。本书案例中的每一个命名都经过了反复的推敲，力图确保程序具有良好的可读性。作为读者，你或许没有留意这些命名，或许认为这些命名理所当然，但是，待到有朝一日你亲自开发一款应用时，相信你会有切身体会。

① 出自老子的《道德经》。

创建应用就是构建开发者自身的知识体系。

创建应用，既是创建一个外在的作品，也是在构建开发者自身的知识体系。本书的写作就是一个鲜活的例证。

“节气钟”是笔者酝酿多年的一个应用，迟迟没有动手的原因有很多，其中最主要的原因是笔者对农历及节气数据的恐惧，那些不知所云的十六进制数让人望而生畏。这次，为了给读者一个明确的交代，也为了实现自己多年的开发夙愿，笔者搜集了网络上关于这些数据的相关论述，并将数据与真实的万年历进行比对，最终揭开了隐藏在数据背后的秘密。对这些数据的认识，也为笔者的思维打开了一扇新的窗。

不过，困难还不止于此。关于节气，起初笔者误以为 24 个节气在时间上等分一个太阳年，但开发过程中发现，在节气日那一天，节气针无法精确地指向节气日。经过阅读相关文章，笔者才意识到 24 个节气是等分空间——地球的公转轨道，而不是等分时间——一个太阳年。这样的知识，如果不是亲自开发这款应用，恐怕会永远成为笔者知识体系中的盲点。因此，毫不夸张地说，开发应用的过程也是开发者构筑自身知识体系的过程。

笔者在旧版的后记中曾经说过，创建应用、编写图书这类活动最大的受益人往往是笔者自己，新版完成之后，这种感受有增无减。希望本书的读者在未来的某一日也能够通过创作自己的作品对此有所体会。

图片版权说明

本书大部分图片素材是从免费图片网站 Pixabay 下载的，具体发布人如下。

第 1 章 《水果配对》

菠萝（ananas.jpg、ananas.png）—— OpenClipart-Vectors

苹果（apple.png）—— Mostafa Elturkey

香蕉、樱桃（banana.png、cherry.png）——C lker-Free-Vector-Images

葡萄（grape.png）—— Merethe Liljedahl

橙子（orange.png）—— Dry Heart Studio

草莓、西瓜（strawberry.png、watermelon.png）—— Clker-Free-Vector-Images

第 2 章 《打地鼠》

地鼠（0.png、1.png、2.png）—— Canva，草地背景（back.png）—— aalmeidah

第 5 章 幼儿加法启蒙

全部图片素材—— OpenClipart-Vectors

第 9 章 鸡兔同笼

鸡（chicken.png）、兔（rabbit.png）—— OpenClipart-Vectors

第 12 章 农夫过河

农夫（farmer.png）—— Tobiiiii，狼（wolf.png）—— Canva

羊（sheep.png）—— Clker-Free-Vector-Images，菜（vetetable.png）—— giant_bilker0

封面

手机界面图—— nevoski

其他图片素材版权说明如下。

第 1 章 《水果配对》

安卓机器人（back.png）—— Google 官网

第 3 章 《九格拼图》

《蒙娜丽莎》（0.jpg）—— Leonardo da Vinci, Public domain, via Wikimedia Commons

第 16 章、第 17 章《节气钟》

太极图（center.png、icon.jpg）—— 百度百科